UNDERSTANDING SEMICONDUCTORS

반도체의 이해

A TECHNICAL GUIDE FOR NON-TECHNICAL PEOPLE

Corey Richard 저 | 허준석 역

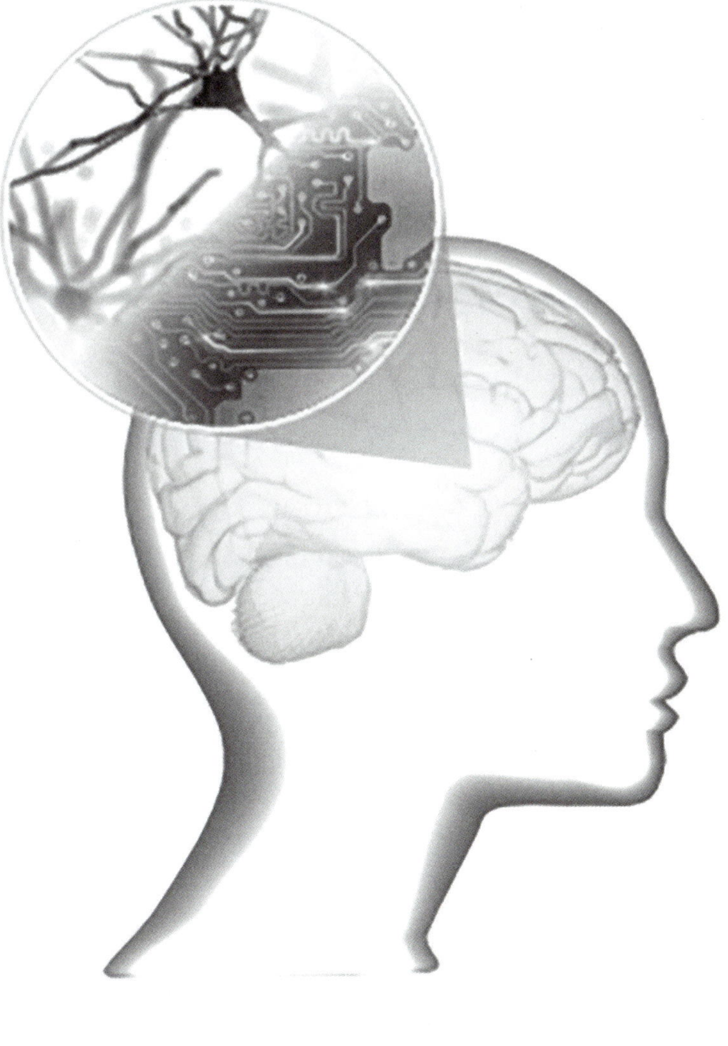

Apress®

Human Science
휴먼싸이언스

반도체의 이해

초판 인쇄 : 2023년 11월 10일
초판 발행 : 2023년 11월 20일

저　자 : Corey Richard
역　자 : 허 준 석
발행인 : 박 주 옥
발행처 : 휴먼싸이언스
주　소 : 서울시 도봉구 시루봉로 291 B1 (도봉동 613-14 숙진빌딩)
전　화 : (02) 955-0244
팩　스 : (02) 955-0245
e-mail : humansci@naver.com
표지디자인 : 성지은

등록번호 : 제2008-20호
등 록 일 : 2008. 10. 13

ISBN : 979-11-89057-40-4 93560
정가 30,000원

저자 소개

Corey Richard는 SignalFire에서 임원과 개발자 채용 업무를 이끌고 있다. 샌프란시스코에 기반을 둔 SignalFire는 Grammarly, Uber, Ro, Color Genomics 등에 투자하여 주목할 만한 성과를 거둔 20억 달러 규모의 벤처 캐피탈 펀드다. Corey는 150개가 넘는 시드 또는 성장 단계 스타트업 기업들이 엔지니어링, 제품, GTM 전반에서 핵심 인재를 유치하고 채용할 수 있도록 돕고 있다. SignalFire에 합류하기 전에는 Apple의 실리콘 엔지니어링 그룹에서 4년간 근무하며 아날로그 혼성 신호 설계와 IC 패키징까지 실리콘 설계 모든 부문에 걸친 차세대 엔지니어링 조직을 구축하였다. 그 전에는 Haman International, Cirus Logic, Xilinx FPGA 등 다양한 하드웨어 대기업의 컨설팅을 담당했다. Corey는 SDSU에서 재무, 지속가능성, 조직 심리학을 전공하였고 수석으로 학부를 졸업하였다. 이 후 펜실베이니아 대학교 와튼(Wharton) 경영대학원에서 조직 개발 및 기업가 정신 전공으로 MBA를 마쳤다.

기술 검토자 소개

Brian Trotter는 오스틴에 본사를 둔 기술 연구 및 지적 재산권(IP) 컨설팅 회사인 Bishop Rock의 CEO 겸 설립자이다. Bishop Rock을 설립하기 전에는 Maxim Integrated에서 10년간 근무하며 IC 디자인 총괄이사 자리까지 올랐고, 최첨단 오디오 프로세서를 개발하는 설계팀을 이끌었다. 또한 Brian은 Cirus Logic에서 첨단 아날로그-디지털 및 디지털-아날로그 컨버터의 RTL 구현, 합성, 레이아웃, 디버깅을 전문으로 하는 디지털 설계 엔지니어로 13년간 근무하였다.

Brian은 컨버터 설계, 델타 시그마 변조 및 디지털 인터페이스 분야에서 12개의 미국 특허를 보유하고 있다. 그는 IEEE 및 오디오 엔지니어링 학회(AES)에서 논문을 발표하고 있고, 미국 특허청(USPTO)에 등록된 특허 대리인이다.

Brian은 컬럼비아 대학교에서 전기 공학 학사 학위를, 텍사스 대학교 오스틴 캠퍼스에서 전기 공학 석사 학위를 취득하였다.

감사의 글

먼저 저를 채용 업계에 입문하게 해주시고 수많은 시간 동안 반도체 기술의 모든 것을 열심히 가르쳐 주신 옛 상사이자 멘토인 Bob Liebesman에게 감사의 말씀을 전하고 싶습니다. 퍼시픽 비치(Pacific Beach)의 오팔 스트리트(Opal St.)에서 보낸 긴 오후 이후 우리는 먼 길을 걸어왔습니다. BSI에서 트로이와 함께한 3년은 제 삶을 매우 긍정적으로 변화시키는 전환점이었습니다. 그의 지도와 우정에 정말 감사드립니다.

Hina Azam, Charlie Zhai, Reggie Cabael, Martin Thrasher, John Griego, Apple의 패키징 및 SIPI, 하드웨어 기술 채용 팀에 감사의 말씀을 전하고 싶습니다. 이렇게 열정적인 사람들과 함께 일할 수 있는 기회를 주시고, 4년 동안 매일 배우고 발전할 수 있도록 도전 의식을 북돋워 주셔서 감사합니다.

기술적인 내용을 검토하는 데 도움을 준 얀 반 데르 슈피겔(Jan Van Der Spiegel) 교수, 스타일을 검토하고 매력적인 퍼블리셔 애플리케이션을 만드는 데 도움을 준 크레이그 헬러(Craig Heller) 등 이 프로젝트를 가능하게 해준 많은 기여자에게 감사드립니다. 서문 저자인 Brian Santo에게도 큰 감사를 드립니다. 전혀 모르는 사람의 열정적인 프로젝트를 기꺼이 도와 주신 것은 마음 따뜻한 이타주의적 행동이었습니다. 많은 분들의 시간과 배려에 진심으로 감사드립니다.

기술 검토자 Brian Trotter에게 특별히 감사인사를 전합니다. 이 책을 저 만큼이나 많이 읽으셨다니 정말 대단한 분입니다. 디테일에 대한 세심한 배려와 현장의 시각으로 각 장에 색을 입혀 주셔서 정말 감사합니다.

부모님 Rhonda와 Glen, 여동생 Eliza, 조부모님 Arnold, Janice, Hal, Elaine, Howie를 포함한 제 가족과 제 인생의 스승들에게 큰 포옹을 보냅니다. 여러분의 지원과 모범은 저도 다른 사람들의 성장을 도울 수 있다는 영감을 주었습니다. 여러분 모두를 하늘만큼 땅만큼 사랑합니다.

서문

저는 주로 저널리스트로 일하면서(분석 회사와 PR 에이전시에서 일하기도 했습니다) 반도체 기술과 전자 산업에 관한 글만 써왔습니다. 이 책이 있었다면 많은 도움을 받을 수 있었을 사람들을 많이 만났습니다. 사실 저 역시 비전문가라 이 책이 도움이 됐을 겁니다.

반도체 산업은 이제 세계에서 가장 크고 가치 있는 비즈니스 중 하나입니다. 반도체 기술은 자동차 제조에서 금융 서비스, 의료에 이르기까지 점점 더 많은 거대한 산업을 발전시키는 원동력이 되고 있습니다. 스마트폰, 산업용 로봇, 심박 조절기 등 제품 차별화는 반도체 기술에 크게 좌우됩니다. 반도체에 대한 이해는 수많은 사람들의 직업에서 중요 해졌습니다.

정확히 누구에게 중요해진걸까요? 반도체 자체를 판매하고, 마케팅하고, 홍보하는 사람들입니다. 반도체가 포함된 제품을 판매하고, 마케팅하고, 홍보하는 사람들도 해당됩니다. 반도체에 대해 글을 쓰는 사람, 반도체가 들어간 제품에 대해 글을 쓰는 사람까지도... 반도체 기술에 대한 지식은 소비자들에게 유용할 수 있으며, 일부 사람들에게는 매우 중요 해졌습니다. 진지한 게이머들과 이야기를 나누다 보면 거의 모두가 PC 제조업체만큼이나 자신의 PC에 탑재된 칩에 대해 잘 알고 있습니다.

그리고 반도체 자체보다는 반도체와 반도체에 의존하는 수많은 비즈니스를 이해하는 데 중요하기 때문에 최소한 기술에 대한 기본적인 이해가 필요한 사람들이 있습니다. 여기에는 재무 분석가, 투자자, 정책 입안자 등이 포함됩니다.

반도체 기술에 대한 기본적인 이해를 통해 혜택을 받을 수 있는 전 세계 비전문가의 수는 수십만 명에 달하며, 수백만 명에 달할 수도 있습니다.

이 반도체라는 주제는 그냥 습득하기에는 어렵습니다. 제가 경험해봤기 때문에 잘 알고 있습니다. 대학에서 저는 주로 인문학 과목을 수강했습니다. 저널리즘 학위를 받고 졸업하면서 다양한 주제에 대해 글을 쓰게 될 거라고 기대했지만, 그 중 하나가 전자공학은 아니었죠. 그리고 반도체 산업을 다루는 신문사에 취직했습니다. 제가 머리가 좋아서 쉽게 배웠을 수도 있겠지만, 운이 좋았다는 것은 의심할 여지가 없습니다. 제 멘토와 업계 사람들은 모두 친절하게도 자신의 지식을 공유하는 데 적극적이었습니다. 패치워크(patchwork) 학습은 도움이 될 수 있지만(대부분 저에게는 그랬지만) 항상 제 지식의 부족함을 발견하고 있습니다. 앞서 말했듯이 저도 이 책을 지금 당장 활용해야 하는 사람입니다.

그리고 저 뿐만이 아니라는 것을 알고 있습니다. 저는 매일 다른 기자, 홍보 담당자, 세일즈맨, 정책 전문가 등 반도체를 다루어야 하고 이 분야에 대한 배경 지식이 부족한 비전문가들과 함께 일하고 이야기를 나눕니다. 이 책이 많은 사람들에게 정말 유용할 것이라는 것을 거의 매일 경험하고 있습니다.

아! 하지만 인터넷이라는 게 있잖아요! 필요할 때 인터넷에서 찾아보는 건 어떨까요?

저는 제 경력의 대부분을 인터넷에서 엔지니어링 정보를 읽으며 보냈습니다(월드와이드웹이 도입되고 관련 정보가 채워질 때까지 몇 년을 기다려야 했기 때문에 제 경력의 전부는 아닙니다). 온라인에서 찾을 수 있는 대부분의 글은 기술자가 다른 기술자와 대화한다고 가정하고 작성한 것입니다. 명확한 의사 소통 능력은 생각만큼 널리 퍼져 있는 기술이 아니며, 엔지니어가 글을 잘 쓴다고 해도 비전문가가 이해할 수 없는 전문 용어로 인해 그 의미가 모호해지기 쉽습니다. 기술 전문가가 아니더라도 반도체에 대한 이해가 필요한 분들을 위해 이해하기 쉬운 설명이 포함된 종합적인 책 한 권이 준비된 것입니다. 이 책은 유용하고 꼭 필요 한 책입니다.

Brian Santo

ASPENCORE

Global Managing Editor

EETimes

Editor-in-Chief

들어가며

엔지니어가 아닌 사람에게는 현대 컴퓨팅이 초자연적으로 보일 수 있다. 공상 과학 소설 작가 아서 C. 클라크(Arthur C. Clarke)는 "충분히 발전된 기술은 마법과 구별할 수 없다"고 말했다.

그렇다면 인간은 매일 산책하며 발견할 수 있는 돌멩이를 어떻게 강력한 기계로 바꾸어 우리의 업무 방식, 의사소통 방식, 생활 방식을 혁신할 수 있는 도구로 만들 수 있었을까?

1960년대 거대한 메인프레임 컴퓨터부터 오늘날 사회를 움직이는 강력한 마이크로 컴퓨터까지, 인류의 데이터 처리, 저장, 조작 능력은 놀라운 속도로 발전해 왔다. 1965년 저명한 엔지니어이자 인텔 창립자인 고든 무어는 트랜지스터의 수가 2년마다 두 배로 증가하고 그에 따른 컴퓨팅 성능이 향상될 것이라고 예측한 무어의 법칙을 제시했다. 1947년 벨 연구소의 윌리엄 쇼클리, 존 바딘, 월터 브래튼이 개발한 최초의 손바닥 크기 트랜지스터부터 현재 개발 중인 3나노미터(10억분의 1m) 트랜지스터에 이르기까지, 엔지니어링 리더들은 무어의 예측이 옳았음을 계속해서 증명해 왔고, 약 18개월마다 칩에 넣을 수 있는 회로의 수가 두 배로 증가했다(Yellin, 2019)(Moore, 1965).

컴퓨팅 성능의 기하급수적인 성장은 많은 사람들이 **디지털 혁명**이라고 부르는 것으로 이어졌고, 오늘날 우리가 누리고 의존하는 다양한 기술의 기반이 되었다. 휴대폰에서 인공지능에 이르기까지 반도체 기술은 수많은 산업과 혁신의 폭발적인 발전을 가능하게 했다.

반도체 산업은 그 자체로도 엄청난 규모를 자랑한다. 2020년에는 4,400억 달러의 매출을 기록했고 2021년에는 5,590억 달러에 달했으며 2022년 말에는 6,000억 달러 이상으로 성장할 것으로 예상한다(SIA 팩트북, 2021). 미국에서만 25만 명이 반도체 산업에 직접 고용되어 있고, 약 100만 개의 간접 일자리가 창출되고 있다(SIA, 2021). 업계 리더와 정치인들은 이 숫자를 더욱 늘리고 미국에 더 많은 반도체 일자리를 창출하기 위해 노력하고 있다. 반도체는 석유와 항공기에 이어 미국의 세 번째로 큰 수출품으로, GDP에서 큰 비중을 차지한다(Platzer, Sargent, & Sutter, 2020). 반도체가 없었다면 우리는 휴대폰, 컴퓨터, 전자레인지, 비디오 게임 등 현대 생활을 대표하는 많은 것들을 가질 수 없었을 것이다.

팬데믹 기간 동안 자동차를 구입해 본 사람이라면 반도체가 충분하지 않다는 것이 무엇을 의미하는지 잘 알고 있을 것이다. 요컨대, 반도체는 정말 중요하고 꼭 필요하다.

그렇다면 이들에 대해 알아보는 것도 좋은 생각이지 않을까?

반도체에 생계가 달려 있는 사람들이 이 책을 읽고 싶어 하는 이유를 쉽게 알 수 있다. 하지만 반도체와 전혀 관련이 없는 사람이라도 반도체가 무엇인지, 어떻게 만들어지는지, 미래는 어떻게 될지, 왜 반도체가 우리 일상 생활에 중요한지 이해하는 것은 보람 있는 경험이 될 것이다. 자칫 복잡하고 막연하게 느껴질 수 있는 반도체에 대한 이해의 빛을 비춰줄 것이다. 다른 기술 분야와의 연결고리를 만드는 데 도움이 될 것이다. 결국 마스터할 수 있는 실무 기술 어휘를 익힐 수 있다. 다음 디너 파티에서 친구들에게 깊은 인상을 남길 수도 있다.

이러한 이유가 충분하지 않다면, 이 책을 읽고 우리 주변 세계에 대한 새로운 통찰력을 얻기 위해 낯선 기술 경쟁에 뛰어든다는 것으로 자부심을 느낄 수 있다.

역자서문

반도체는 흔히 산업의 쌀이라 불립니다. 이 말은 특히 최근 몇 년 사이에 더욱 우리 피부에 와 닿고 있습니다. 반도체 수급 부족으로 자동차 생산이 지연되고, 바이든 美대통령이 삼성전자 메모리 사업장을 찾는 등 반도체를 확보하기 위한 많은 나라의 정치 외교적 노력이 연일 뉴스에 보도되고 있습니다. 도대체 반도체가 뭐 길래... 평소 공기의 소중함을 느끼지 못하듯이, 코로나19 팬데믹과 외교적 문제로 글로벌 반도체 공급망에 문제를 겪게 되면서 많은 사람들이 새삼 반도체의 중요성을 느끼고 있습니다. 반도체를 업으로 삼고자 관련 학과에 진학하는 학생들이 많아지는 것은 당연하고 일반인들의 관심 또한 여느 때 못지 않게 높아지고 있습니다.

반도체는 특히 우리 나라 산업에서 차지하는 비중이 높기 때문에 지속적인 관심과 지원이 필요한 분야임에 분명합니다. 그렇기 때문에 많은 사람들이 반도체를 궁금해 하고 이해하려는 분위기는 고무적입니다. 많은 사람들의 반도체에 대한 지식 수준이 올라간다면 그만큼 뛰어난 인재들이 산업으로 유입되고 정부의 관련 정책 결정에도 힘이 실릴 수 있을 것이라 생각합니다. 하지만 안타깝게도 우리가 일상에서 쉽게 말하는 반도체는 너무 광범위하고 반도체를 전공하지 않은 사람들을 대상으로 설명을 하기에 만만치는 않습니다.

현재까지 출시된 대부분의 반도체 관련 도서는 전문 서적이거나 투자 관점에서 바라보는 시장 동향을 이해하기 위한 책들이 대부분이었습니다. 비전공자를 대상으로 반도체 강의를 할 때마다 쉽게 반도체에 대한 이해를 도울 수 있는 책이 있으면 좋겠다는 생각을 여러 번 했지만, 바쁘다는 핑계로 직접 집필을 결심하지는 못했습니다. 사실 어떤 주제를 쉽게 설명한다는 것은 그 분야에 대한 오랜 내공을 바탕으로 높은 통찰력을 갖고 있어야 가능한 일입니다. 솔직히 말해서 역자는 아직 그 정도 수준에는 미치지 못하기 때문에 비전공자를 대상으로 하는 반도체 도서는 감히 엄두를 못 냈다고 봐야할 것 같습니다.

우연한 기회로 이 책의 번역을 검토하면서 오히려 반도체 비전공자가 일반인에게 더 쉽게 반도체를 설명할 수 있겠다는 생각이 들었습니다. 이 책의 저자는 반도체 기술을 직접 연구 개발하기 보다는 관련 기업에서 컨설팅 및 인사 업무를 해온 사람으로 반도체를 전문적으로 공부한 사람은 아닙니다. 하지만, 저자는 오랜 기간 반도체 업계에서 채용과 인사 업무를 하는데 있어 반도체를 알아야 했고, 비전공자인 본인이 어떻게 반도체를 이해는 것이 쉬웠고 어떤 영역을 이해하는 것이 중요한지 몸소 체득했습니다. 그러한 저자의 경험이 밑거름이 된 이 책은 반도체를 전공하지 않은 사람들에게 반도체를 이해하기 위한 좋은 출발점이 될 수 있습니다. 책의 표현이 전공자에게는 다소 거칠고 부정확한 비유로 보일 수 있지만, 일반인들이 기초적인 개념을 이해하는 데는 부족함이 없습니다. 번역 과정에서 간혹 오해의 소지가 있는 부분들은 역주로 부연설명을 하였지만, 가능하면 저자의 설명을 그대로 살리고자 했습니다. 그리고, 전문 용어에 대해 외래어를 그대로 한글로 표기하기 보다는 단어의 의미 이해를 돕고자 우리말로 표현하려 애썼습니다. 이 책이 많은 사람들에게 반도체 이해의 출발점이 될 수 있기를 기대합니다.

차례

CHAPTER 1

반도체 기초

반도체는 전기의 힘을 이용해 놀라운 일을 해낸다. 생각해 보면, 인류의 발전은 항상 강력한 자연의 힘을 활용하고 제어할 수 있는 능력으로 특정지어져 왔다. 햇빛을 이용해 농작물을 재배하고, 중력을 이용해 강에서 도시로 물을 이동하고, 바람을 이용해 대양을 항해했다. 지난 100년 동안 반도체는 특별한 자연력인 전기 에너지의 놀라운 힘을 활용하는 데 핵심적인 역할을 해왔다. 이것이 어떻게 작동하는지 정확히 이해하려면 먼저 전기 및 (전기)전도도에 대한 기본 지식을 알아야 한다.

수학은 없으니 걱정하지 말기 바란다. 글쎄, 어쩌면 조금은...

1.1 전기 및 전도도

전기는 여러 가지를 설명하는 데 사용되지만 실제로는 "사물"이 아니다. 더 정확하게 전기는 **전하**와 **전류**(BBC, nd) 사이의 관계를 나타낸다.

전하(electric charge)란 물질의 기본 구성 요소인 **양성자**와 **전자**라는 두 입자가 만들어내는 물질의 기본 속성이다(브리태니커 백과사전, 2021). 양성자와 전자가 서로 어떻게 상호 작용하는지 이해하기 위해 중학교 물리를 떠올리며 태양계와 같은 원자의 구조를 기억해 봅시다. 이 모델에서 각 원자는 양전하를 띤 양성자와 중성자로 구성된 핵이 공 모양으로 서로 붙어 있다. 핵 주변에는 음전하를 띤 전자들이 이리저리 돌아다니고 있다. 원자 구조는 그림 1-1의 전자 구름 모델에서 볼 수 있듯이 전자기력과 강한 힘이라는 두 가지 힘 사이의 균형에 의해 유지된다. 많은 물리학 교과서에서는 전자가 깔끔한 동심원을 따라 원자핵 주위를 공전하는 것으로 묘사하지만, 실제로는 훨씬 더 무질서하며 필드(field) 또는 구름으로 묘사하는 것이 더 정확하다(williams, 2016).

전자기력은 반대 전하를 끌어당기고 비슷한 전하를 서로 밀어내는 힘이다. 전자를 원자핵에 가깝게 유지하고 원자 사이를 이동시키는 힘이다. 중성자와 양성자의 전하가 비슷함에도 불구하고 중성자와 양성자를 서로 붙잡아 두는 힘은 **강한 힘**(strong force)이다. 일부 원자에서는 전자가 원자의 핵에 가깝게 머

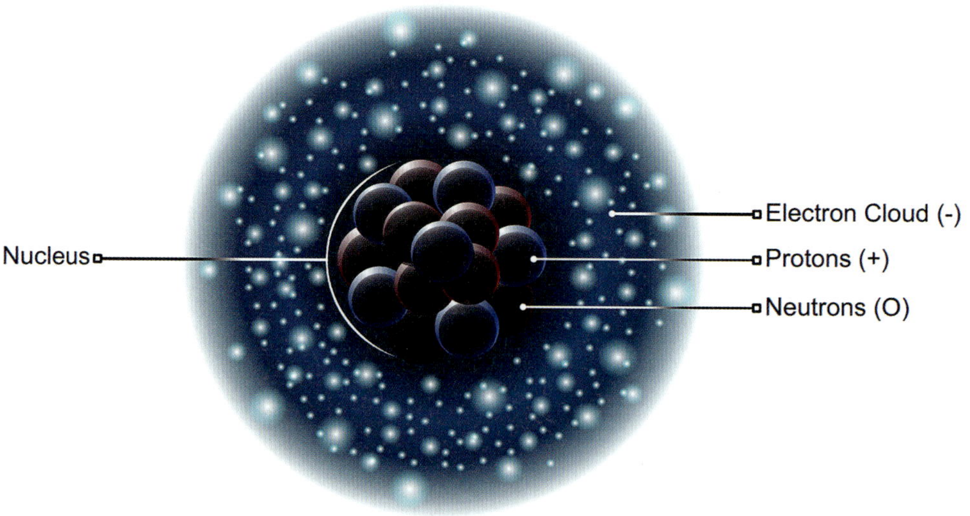

그림 1-1 원자의 전자 구름 모델

물러 있지만, 어떤 원자에서는 전자가 주변의 다른 원자로 끊임없이 튕겨(bouncing) 나간다. 이렇게 더 활동적인 전자를 가진 원자로 구성된 물질을 **도체**라고 한다.

구리와 같은 도체에서 전자는 원자와 원자 사이를 끊임없이 점프(Jump)한다. 한 구리 원자의 전자가 이웃 구리 원자로 점프할 때마다 전자를 보내는 원자와 전자를 받는 원자는 각각 전하를 띠게 되는데, 전자를 보내 전자가 하나 적

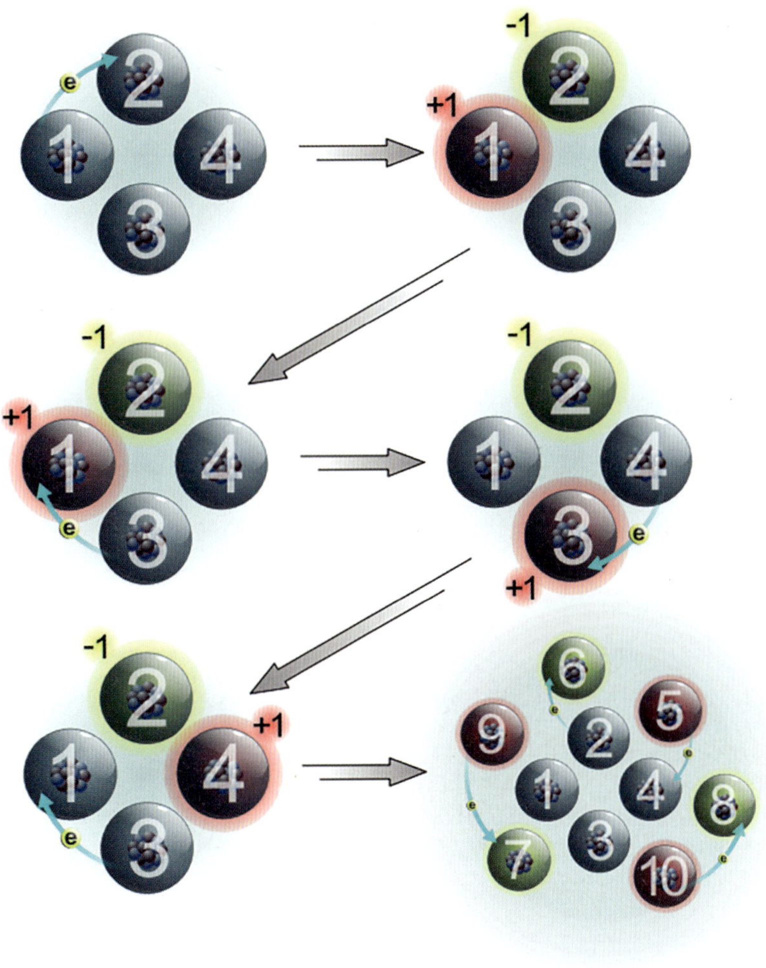

그림 1-2 원자 사이의 전하와 전자 이동

은 원자(원자 1)는 이제 양전하를, 전자를 받아 전자가 하나 많은 원자(원자 2)는 음전하를 띠게 된다. 원자 1이 양전하를 띠게 되면 서로 반대 전하를 끌어당기는 전자기력이 원자 3의 근처 전자를 끌어당기게 되고, 이 전자는 빠르게 빈 공간을 채우기 위해 뛰어들게 된다. 이제 원자 1은 중성이고 원자 3은 양전하를 띠게 되어 원자 4로부터 또 다른 전자를 끌어당긴다. 그림 1-2에서 이 과정을 확인할 수 있다.

이 과정은 우리가 보는 모든 것에서 끊임없이 계속되지만, 이러한 움직임이 모든 방향에서 무작위로 일어나고 총체적으로 서로 상쇄되기 때문에 우리가 알 수 없을 뿐이다. 이러한 상쇄 효과는 일상적인 물체가 음전하 또는 양전하를 띠지 않는 이유다. 우리가 접하는 각 물체에는 언제든지 수십억 개의 양전하와 음전하를 띤 원자가 포함될 수 있지만, 전체적으로 각 물체는 유효 전하가 전혀 없는 중성 상태다. 소파에 앉을 때마다 감전되지 않는 이유가 바로 여기에 있다!

중성 상태에서는 전자가 원자에서 원자로 무작위로 이동할 수 있지만, 이 전자가 무작위로 이동하는 대신에 어떤 규칙이 주어진다면 어떻게 될까?

전류는 전자가 같은 방향으로 흐를 때 발생하는 현상이다(Science World, nd). "흐름"은 전자 자체가 전류의 속도로 이동한다는 뜻이 아니며, 이는 일반적인 오해다. 실제로 일어나는 일은 앞서 설명한 것처럼 전자가 자기 원자를 떠나 이웃 원자와 결합하고, 그 후 이웃 원자가 세 번째 원자로 전자를 잃고, 그 원자가 네 번째 원자로 전자를 잃는 등의 과정을 반복하는 것이다. 개별 전자로는 초당 몇 밀리미터만 이동한다 하더라도 이러한 움직임의 집단적 효과는 전선을 따라 거의 빛의 속도로 전류를 전송한다(Mitchell, n.d.).

이 과정을 설명하기 위해 전선을 따라 전류가 어떻게 전달되는지 확대해 볼 수 있다(그림 1-3 참조). 전자기력은 서로 반대되는 전하를 끌어당긴다는 사실을 알고 있을 것이다. 전선 한쪽 끝(원자 1의 왼쪽)에 양전하를 가하면 원자 1은 양전하로 끌려가는 전자 하나를 잃게 된다. 이제 원자 1은 전자를 잃고 순 양전하

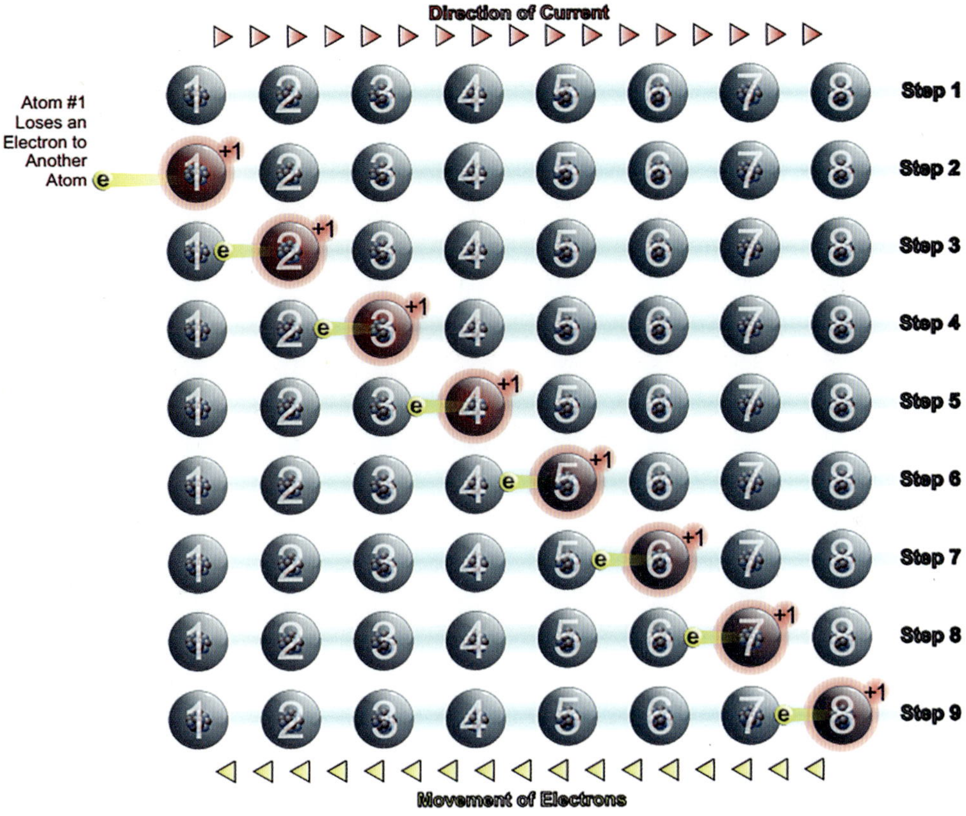

그림 1-3 전자 전류

를 띠게 된다. 이웃 원자 2의 전자는 이제 양전하에 이끌려 원자 1로 이동하고, 원자 2는 양전하를 갖게 된다. 원자 3의 전자는 이제 원자 2로 이동하고 연쇄적으로 계속 이어진다. 전자가 반대 방향으로 이동하더라도 양전하가 전선을 따라 한 원자에서 다음 원자로 전달된다. 그림 1-2에서 본 것처럼 중성 물체에서 무작위로 전자가 이동하는 것과 동일한 과정이 일어나는 것으로, 방향이 정해져 있다는 차이점만 있다.

테이블 위에 당구공이 줄지어 있다고 상상하면 이 과정을 쉽게 이해할 수 있다(그림 1.4 참조). 줄지어 선 당구공들의 한쪽 끝에 있는 공을 치면 다른 쪽 끝에 있는 공이 마치 내가 직접 친 것처럼 움직인다. **운동 에너지**가 앞쪽 1번 공에서

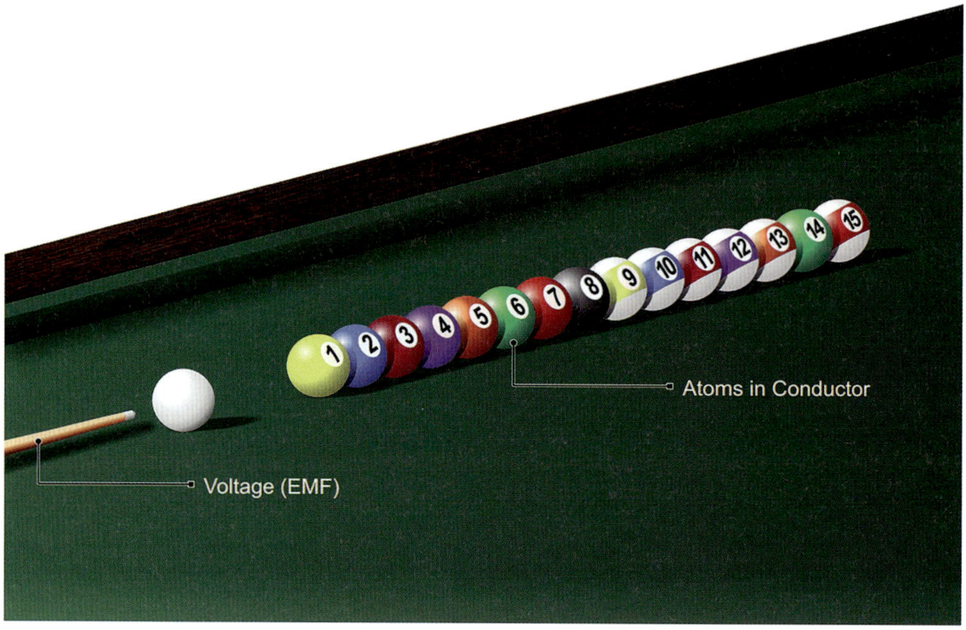

그림 1-4 전자기력과 당구 비교

뒤쪽의 15번 공으로 전달되는 것과 마찬가지로 구리선 앞쪽 원자의 에너지는 전류를 통해 금속선 뒤쪽의 원자로 전달될 수 있다(Beaty, 1999). 전류의 세기는 **암페어**(amp 또는 A)라는 단위로 표시되고, 이는 1초 동안 특정지점을 통과하는 전자수를 나타낸다(Ada, 2013).

그림 1.3과 그림 1.4는 전선 내에서 일어나는 일을 원자 수준에서 파악하는 데 도움이 된다. 조금 축소해서 전선 전체에서 일어나는 일을 보면 전류와 전자가 서로 반대 방향으로 흐르고 있음을 알 수 있다(그림 1.5 참조). 이 점이 헷갈린다면 기존의 전류가 양전하에서 음전하로 흐른다는 것을 기억하면 된다. 전자(−)는 양전하(+)에 끌리기 때문에 음전하에서 양전하로 움직이고 전류는 반대 방향으로 흘러야 한다는 것을 알 수 있다. 전하 차이를 만들어 원자 간 전자 이동의 연쇄 반응을 일으키면 전선을 따라 전류가 흐르게 되는 것이다. 두 물체 사이의 전하 차이를 **전위**라 하고 회로를 통해 전하가 흐르게 하는 역할을

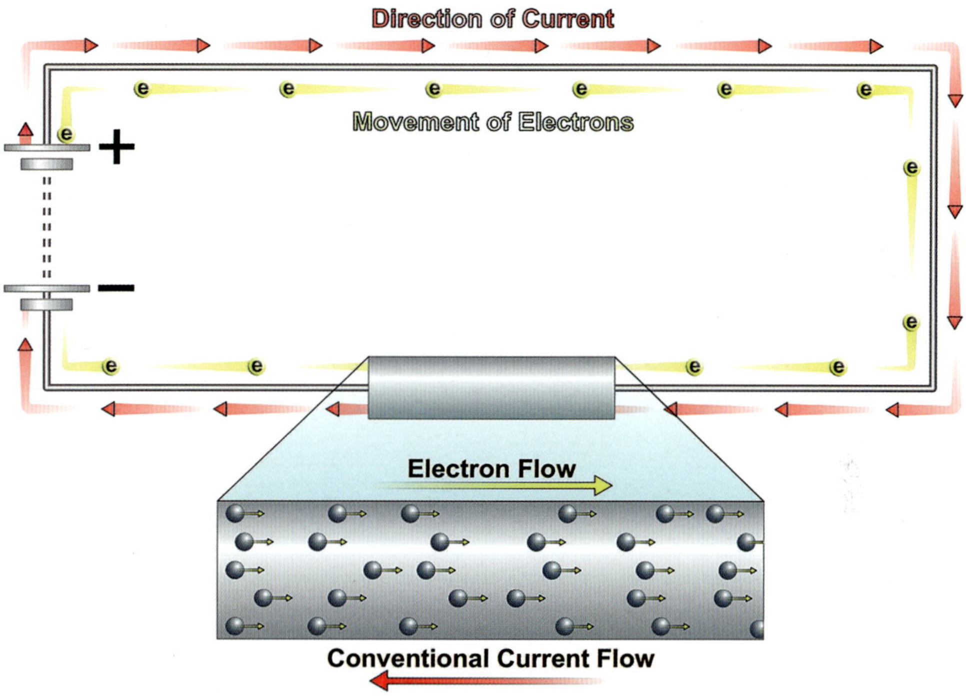

그림 1-5 전자 흐름과 전류 흐름

한다.

그렇다면 정확히 어떻게 전자가 한 지점에서 다른 지점으로 전류를 형성하게 할 수 있을까? 그 해답은 **기전력**(EMF 또는 E)이라고도 하는 **전압**(V)에 있다(Nave, 2000). 전압은 호스의 수압과 비슷하다고 생각할 수 있는데, 잔디밭에 물을 밀어내는 대신 전자를 밀어내어 A 지점에서 B 지점으로 이동시킨다(Nussey, 2019). 엄밀히 말하면 전압은 두 지점 사이에 전하 차이가 있는 곳이면 어디든 존재한다.

휴대폰이 음전하를 띠고 충전기가 양전하를 띠는 경우, 휴대폰과 충전기 사이에 전압이 존재한다. 개가 양전하를 띠고 고양이가 음전하를 띠면 둘 사이에 전압이 존재한다. 상사가 음전하를 띠고 자동차가 양전하를 띠면 둘 사이에 전압이 존재한다. 상사나 반려견이 양전하 또는 음전하를 띠고 있을 가능성은 거의 없지만, 중요한 것은 전하 차이이다. 휴대폰과 충전기, 개와 고양이, 상사와 자동차를 구리선 같은 도체로 연결하면 전류가 흐를 수 있는 전기 회로가 형성된다.

회로는 배터리 같은 전압원, 전선, 기타 전기 부품 사이의 닫힌 루프를 말한다(Rice University, 2013). 용어에 너무 겁먹을 필요는 없다. 겨울에 카펫 위를 훑고 친구를 만지면 회로를 형성하게 된다. 전류는 (전하의 형태로) 나로부터 친구를 거쳐 땅으로 흐른다. 앗 따가워!

전압의 또 다른 이름은 **전위차**로, 양전하를 한 지점에서 다른 지점으로 가져오는 데 필요한 일의 양을 나타낸다(전기 전위, 2020). 물체의 **전위**는 특정 시점의 전하 상태에 따라 결정된다. 양전하를 띤 물체는 음전하를 띤 물체보다 전위가

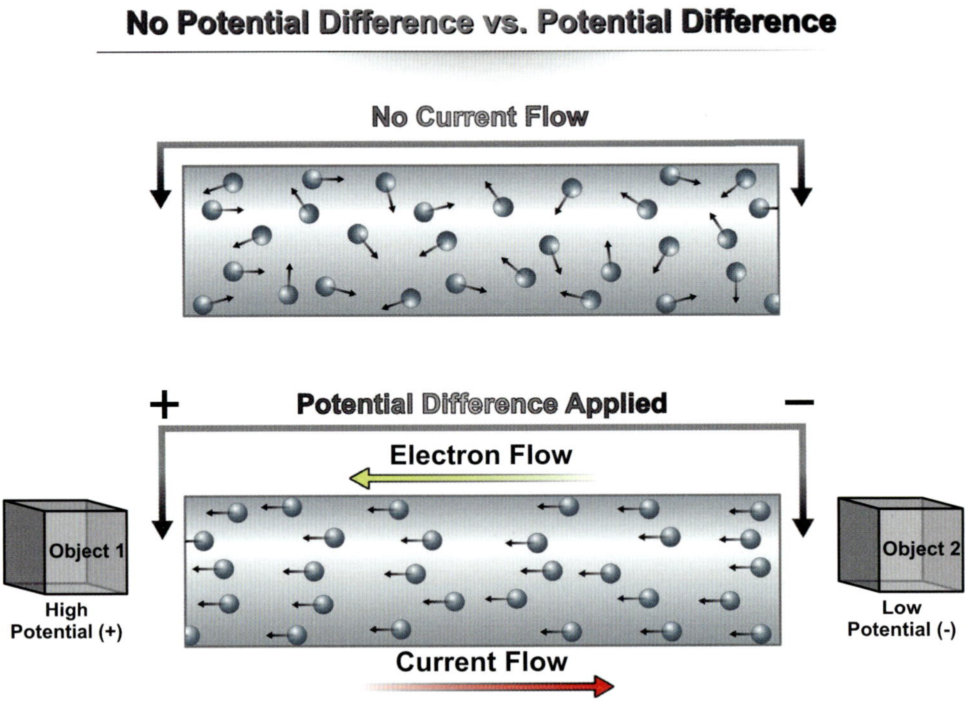

그림 1-6 전위차가 없는 경우와 있는 경우 비교

더 높은 것으로 볼 수 있다. 전위가 높은 물체와 전위가 낮은 물체 사이를 도체로 연결하면 전자는 전위가 낮은 물체에서 전위가 높은 물체로 흐르고 전류는 높은 전위에서 낮은 전위로 흐른다. 두 물체 사이의 전하 차이가 클수록 전압은 커지고, 이러한 전위차를 그림 1-6과 같이 그림으로 묘사할 수 있다.

전자가 반대 방향으로 인접한 원자 간에 전달되고 양전하가 한쪽 끝에서 다른 쪽 끝으로 이동하면서 전선을 따라 전류가 흐르는 방식을 기억할 거다. 이 연쇄 반응을 시작하고 전선을 따라 양전하를 전달하려면 회로의 두 부분 사이에 초기 전하 차이가 필요하다. 그렇지 않으면 어떻게 다이어그램 상 원자 1의 전자가 왼쪽으로 이동하고 전류가 같은 방향으로 계속 흐를 수 있겠는가? 전류는 전압 없이는 흐를 수 없는 것이다. 전기가 집을 밝히고, 물을 데우고, 생활에 필요한 일을 할 수 있게 해주는 것은 바로 이 전위차 때문이다.

전구에 전원을 공급하는 배터리 양쪽 끝이나 벤자민 프랭클린의 유명한 연 실험에서 열쇠와 천둥 구름 사이처럼 전하 차이가 있는 두 물체를 상상해 보면, 두 물체 사이에는 전위차가 존재한다. 전도성 물질로 연결하거나 물체 자체를 직접 연결하여 회로를 형성함으로써 이 전위차를 활성화할 수 있다. 회로의 경우 배터리의 한쪽 끝을 다른 쪽 끝과 연결하면 회로 한쪽 끝에서 다른 쪽 끝으로 전류가 흐르고 조명이 켜지는 것을 의미한다. 벤 프랭클린에게는 구름과 끈 끝에 있는 열쇠를 연결하는 것이 될 것이다. 두 경우 모두 전위가 높은 물체(배터리의 양극 끝 또는 뇌운)에서 전위가 낮은 물체(배터리의 음극 끝 또는 열쇠)로 양전하가 흐르게 된다.

프랭클린은 번개를 가연성 구조물로부터 안전하게 땅으로 유도할 수 있는 전기 방전이라는 것을 증명하려고 했다. 그림 1-7은 미국에서 가장 유명한 판화 회사 중 하나인 커리어 앤 아이브스(Currier & Ives)가 1876년에 출판한 프랭클린의 대담한 실험을 보여준다. 이 실험은 오늘날까지 건물과 사람을 보호하는 피뢰침의 발명으로 이어졌다(Currier & Ives, 2009).

그림 1-7 벤자민 프랭클린의 1732년 전기 실험(Curier & Ives, 2009)

배터리는 자연 상태의 전위차에 의존하지 않고 회로 한쪽 끝(+) 전하를 다른 쪽 끝(−)에 비해 높여서 전위를 높이는 방식으로 작동한다. 회로 음극 부분에 있는 잉여 음전하가 모두 회로 양극으로 흘러 배터리가 비워질 때까지 전류가 흐른다. 그림 1-8에서 이를 확인할 수 있다.

가정용 배터리에 양극(+)과 음극(+)이 왜 있는지 궁금한 적이 있다면, 전위차를 형성하고 사용 중인 기기에 전원을 공급하는 데 필요한 각 끝을 표시한 것이다. 전자가 "부족한" 물질로 만들어진 **음극**은 배터리의 양극(+)(전류가 나가거나 전자가 들어오는 곳)을 형성하고, 전자가 "과잉인" 물질로 만들어진 **양극**은 배터리 음극(−)(전류가 들어가거나 전자가 나가는 곳)을 형성한다(미국 에너지부, n.d.). 양쪽 끝의 전위차는 **화학 에너지**로 저장되고, 배터리를 사용할 때 **전기 에너지**로 변환된다.

전류와 전압은 전기가 원칙적으로 어떻게 작동하는지 알려주지만, 전기가 실제로 무엇을 할 수 있는지 이해하려면 전력에 대해 이야기할 필요가 있다. **전력**은 전류가 어떤 형태의 유용한 에너지로 변환될 때 전기 회로가 수행하는 일을 말

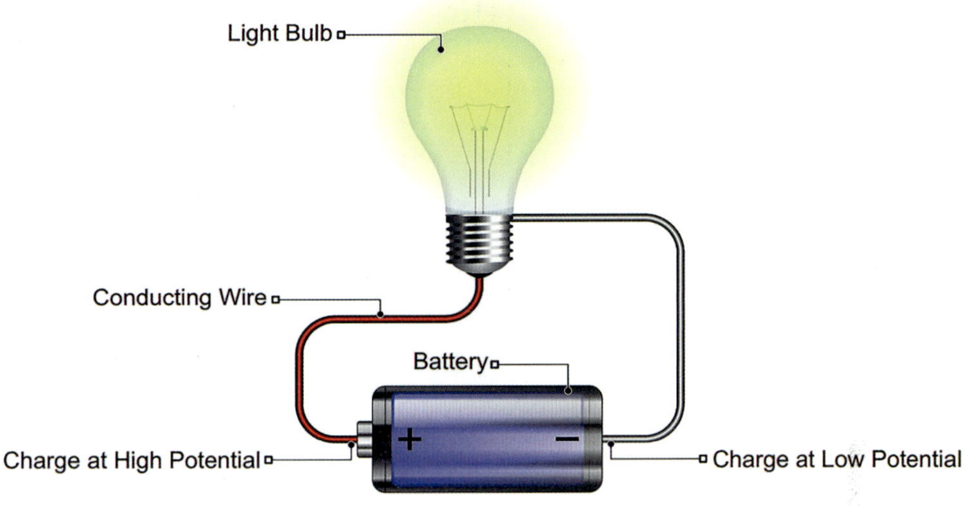

그림 1-8 배터리로 동작하는 전구 회로

한다. 이 유용한 에너지는 움직임, 빛, 열, 소리, 위성 신호 등 수많은 것들이 될 수 있다. 스피커에서 좋아하는 노래가 재생되거나 침대 옆 스탠드가 자기 전에 책을 읽을 수 있도록 도와주는 것은 전류를 유용한 에너지로 전환하는 것이다. 전력은 **와트**(W)로 측정한다. 1와트는 한 개의 전구처럼 회로에서 수행한 일의 양으로 1볼트에 의해 생성된 1암페어의 전류를 의미한다(전자 튜토리얼 2021).

암페어는 시간 경과에 따라 특정 지점을 가로질러 흐르는 전자 수(전류)를 나타내고, **볼트**는 전위차로 인해 두 지점 사이에 억눌린 전기 압력(전압)을 의미한다는 것을 기억할 것이다. 그림 1-9에서 이 세 가지 힘과 전기 저항에 대한 요약을 확인할 수 있다.

줄의 법칙(Joule's Law)은 전력(P), 전압(E), 전류(I) 사이의 관계를 정의하는 것으로 1840년에 이를 발견한 영국 물리학자 제임스 프레스콧 줄(James Prescott Joule)의 이름을 따서 명명되었다(Shamieh, n.d.). 이 관계식을 외울 필요는 없고, 이 세 가지가 어떻게 관련되어 있는지, 전압과 전류가 어떻게 함께 작용하여 우리가 사용할 수 있는 무언가(전력)를 생성할 수 있는지 이해하는 것이 중

	UNIT	DEFINITION
Current	Ampere (A)	Flow of electrons moving in the same direction. Specifically measures how many electrons flow past a given point in a single second.
Voltage	Volt (V)	Pent up electrical pressure between two points of unequal charge. Also called Potential Difference.
Power	Watt (W)	Work done by an electric circuit. Specifically measures the amount of work executed by a circuit in which one amp is "pushed" by one volt.
Resistance	Ohm (Ω)	Amount of opposition to the flow of current in an electric circuit. Specifically measures the resistance level when one ampere is produced by applying one volt between two points.

그림 1-9 전기 단위

요하다. 이 식을 사용할 계획이라면 전력(와트), 전압(볼트) 및 전류(암페어)에 대해 올바른 단위를 사용하는 것이 중요하다.

줄의 법칙: 전력(P) = 전압(E) × 전류(I)

전력, 전압, 전류는 온수기에서 샤워 헤드로 흐르는 물의 흐름과 같다고 생각할 수 있다. 전하를 물 자체에 비유하자면, 전하가 시스템을 따라 이동해 일을 처리하는 것이다. 전압은 수압과 같고 전류는 시스템 전체의 물(또는 전하)의 흐름이라고 가정할 수 있다. 수압(전압)에 전류(전하)를 곱하면 물(전류)의 흐름에 따라 다른 쪽 끝에서 나오는 전력을 전달하며, 전력이 많을수록 샤워가 더 잘되는 것이다. 그림 1-10에 이 비유를 시각화한 것을 볼 수 있다.

전기는 줄의 법칙으로 설명되는 관계를 설명한다. 전자가 같은 방향으로 흐르도록 밀어낼 때 발생하는 전류를 구동하기 위해 전압이 가해지는 현상이다. 이

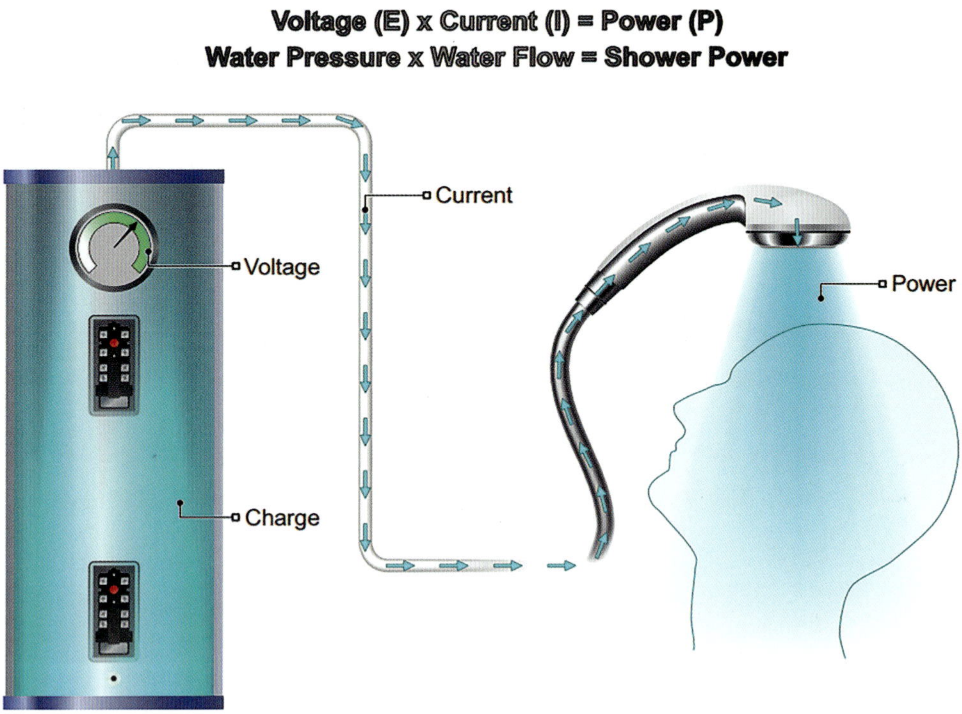

그림 1-10 줄의 법칙과 샤워 비유

는 가정에 전력을 공급하는 지역 전기 회사에서 거대한 규모로 일어난다. 하지만 현실적으로 일반 소비자에게는 그다지 흥미로운 부분은 아니다. 문제는 이 전류를 활용하여 유용한 일을 할 수 있는 방법을 찾는 것이다. 그러기 위해서는 우리가 생성한 전류를 제어할 수 있는 방법이 필요하다. 흐르는 모든 전자(전류)를 전기로 유용하게 사용하려면 어떤 종류의 물질을 통과시켜야 한다. 그러기 위해서는 전도성을 가진 물질이 필요하다.

전도도는 전류가 물질을 얼마나 쉽게 통과할 수 있는지를 나타내는 척도다. 전기로 유용한 작업을 수행하려면 어떤 경우에는 전류를 흐르게 하고 어떤 경우에는 전류를 제한하는 등 전도도를 제어하는 것이 중요하다. 방에 있는 천장 조명이 항상 켜져 있거나 항상 꺼져 있다면 그 유용성은 훨씬 떨어진다. 전류를 켜고 끄는 것은 매우 중요하다.

재료마다 전도도가 다르고, 도체, 절연체, 반도체의 세 가지 유형으로 분류할 수 있다. 각각에 대해서는 아래와 같이 간단히 정의해볼 수 있다.

- **도체**는 전도성이 높은 물질이다(전자제품에 가장 많이 사용되는 구리나 알루미늄과 같은 금속성 물질을 생각하면 된다). 도체는 **전기 저항**이 낮아 전류가 쉽게 흐를 수 있다. 저항은 **옴**(Ω)이라는 단위로 표현한다.
- **절연체**는 전도성이 낮은 물질(전기 배선을 코팅하는데 사용되는 플라스틱이나 기타 폴리머와 같은 물질을 생각하면 된다)이다. 절연체는 전기저항이 높아 전류 흐름을 방해하거나 느리게 한다.
- **반도체**는 이름에서 알 수 있듯이 도체와 절연체 사이에 있는 물질로, 도체이기도 하고 절연체이기도 하다. 핵심은 반도체가 언제 전도하고 언제 절연하는지 정확히 제어할 수 있는 능력이다.

전기 배선은 일반적으로 고무와 같은 절연체로 둘러싸인 구리 같은 도체로 만들어 진다(그림 1-11 참조). 절연체는 도체에서 방출되는 과도한 전기 에너지를 흡수하여 전선과 주변 환경을 보호한다. 도체와 절연체의 특성을 모두 갖춘 반도체는 전기의 흐름을 더 잘 제어할 수 있어 엔지니어가 더 작고 복잡한 시스템을 만들 수 있다.

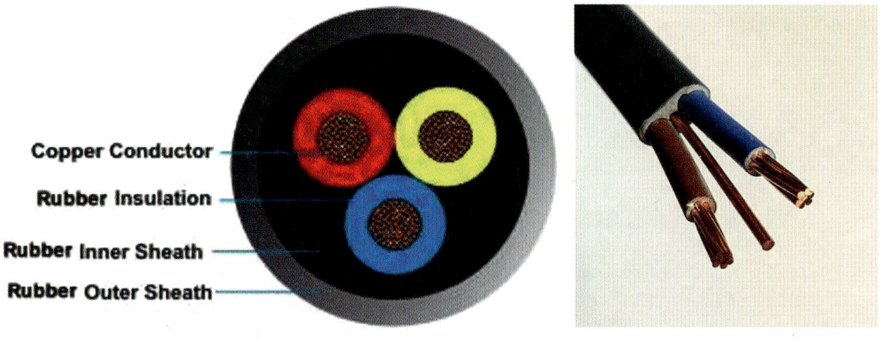

그림 1-11 전기 배선. 왼쪽: 고무 절연 고무 피복 빨간색, 노란색, 파란색 3심 원형 케이블(Jainsoncables, 2007) 오른쪽: 영국 및 기타 국가에서 일반적으로 사용되는 '트윈 및 접지' 전기 케이블(Allistair 1978, 2020)

엔지니어는 이러한 각 유형의 재료 특성을 활용하여 정보를 저장 및 전송하고, 복잡한 문제를 해결하고, 현대 기술을 가능하게 하는 모든 종류의 작업을 수행하는 정교한 시스템을 구축할 수 있다.

반도체가 이 기술의 핵심이므로 반도체가 무엇이며 어떻게 만들어지는지 조금 더 자세히 알아보도록 하자.

1.2 실리콘 – 핵심 반도체

반도체 재료는 매우 다양하며, 각 재료는 다양한 수준의 전도성을 가지고 있다. **게르마늄**이나 **갈륨비소**(GaAs)와 같은 반도체도 전자 기기에 사용되지만, 대부분 전자 기기는 실리콘(주기율표에 관심이 많은 분들을 위해 Si14)이라는 원소를 사용하여 만들어진다. **실리콘**은 유용한 기계적 열적 특성 외에도 저렴하고 풍부하여 컴퓨터 칩을 만드는 데 이상적인 소재로서 많은 장점을 가지고 있다. 지구 지각의 약 30%를 구성하는 실리콘은 지각에서 산소 다음으로 풍부한 원소이고 모래, 암석, 점토, 토양에서 찾아볼 수 있다(Templeton, 2015). 그림 1-12

그림 1-12 정제된 실리콘 조각(Enricoros, 2007)

는 정제된 실리콘 모습을 보여준다.

1.3 간략한 반도체 역사

반도체 설계 및 제조 기술에 대해 자세히 알아보기 전에 반도체 역사와 주요 발명가에 대해 조금만 알아 두면 도움이 될 수 있다. 과학자들은 실리콘 반도체 특성을 발견한 후 간단한 **트랜지스터**라는 것을 만들 수 있었다. 트랜지스터는 기본적으로 전류가 흐르는 것을 막거나 통과할 수 있도록 하는 스위치다. 그리고 트랜지스터를 복잡한 패턴으로 배열하여 원하는 경로를 따라 전류를 선택적으로 유도하고 그 과정에서 유용한 작업을 수행할 수 있다는 사실을 알게 되었다. 1947년 최초의 트랜지스터가 발명된 후 약 10년 동안 반도체 설계 및 제조는 느리고 번거로우며 비용이 많이 들었다.

개별 트랜지스터와 기타 구성 요소들을 독립적으로 제조한 다음, 기본적으로 트랜지스터를 한 번에 하나씩 서로 연결하는 금속 와이어인 "**플라이와이어**(flywire)" **연결**을 사용하여 수작업으로 서로 맞춰야 했다. 완전한 트랜지스터 회로는 말 그대로 방 전체를 가득 채울 수 있을 정도였다. 이것 만으로는 세상을 바꾸는 기술 혁명의 기반이 될 수 없었다.

이 모든 것이 1959년에 바뀌었는데, 공식적으로 반도체 혁명의 시작으로 볼 수 있다(공휴일과 휴일로 지정할 수 있을지는 의문이지만 여전히 주목할 가치가 있다). 이는 두 가지 중요한 사건 때문이었다. 첫째, 텍사스 인스트루먼트의 잭 킬비(Jack Kilby)와 페어차일드 반도체의 로버트 노이스(Robert Noyce)가 **집적 회로**를 발명함으로써 하드웨어 설계자들은 하나의 칩에 여러 개의 트랜지스터들 집적할 수 있게 되었다(Nobel Media, 2000) (Kilby, 1964). 둘째, 페어차일드 반도체의 진 호에르니(Jean Hoerni)가 **평면 제조** 공정을 발명함으로써 칩 회사들은 동일한 **기판**(집의 기초와 비슷하지만 컴퓨터 칩에 사용되는 반도체 기본 재료)에 동시에 수많은 부품을 제조할 수 있게 되었다(Nobel Media, 2000)

(Hoerni, 1962). 킬비는 이 연구로 2000 년에 노벨 물리학상을 받았다. 아쉽게도 호에니(사망, 1924~1997)는 노벨상을 받지는 못했지만 그의 공헌은 널리 인정받고 있다. 이러한 핵심적인 혁신인 집적 회로(IC)와 평면 제조 공정의 중요성은 아무리 강조해도 지나치지 않다. 이 두 가지 혁신은 오늘날 반도체와 컴퓨터가 만들어지는 설계 및 제조 기반 가치 사슬의 토대가 되었다. 이에 대해서는 3장과 4장에서 각각 자세히 다루겠다.

1.4 반도체 가치 사슬 – 로드맵

반도체와 같은 복잡한 기술 주제를 논의할 때, 이야기를 정확히 어떻게 전달할지 결정하는 것은 정말 어려운 일이다. "옛날 옛적에...."로 시작해서 오늘날까지 연대기적으로 진행해야 할까? 아니면 원자나 전자 같은 가장 작은 요소부터 시작해서 컴퓨터나 자동차 같은 거대한 시스템으로 올라가야 할까?

이 책에서는 어떤 제품을 만들지 결정하는 것부터 설계 및 제조, 패키징 및 시스템에 통합하는 것까지 반도체 회사가 운영되는 방식대로 이야기를 풀어가 보려 한다.

우리는 보통 이 순서를 **반도체 가치 사슬**이라고 부르며, 이 사슬이 전체 여정의 로드맵 역할을 할 것이다. 몇 가지 기본 사항과 특별한 주제를 얘기하기 위해 가끔 우회적인 방법을 사용하겠지만, 대부분의 경우 이 책에 나오는 모든 내용은 이 핵심 시퀀스의 일부로 다시 연결될 수 있으며 업계 전반에 대한 이해를 쌓을 수 있는 토대가 될 수 있다.

제품 개념에서 시작하면, 반도체 산업의 가치 사슬은 크게 6가지 구성 요소로 나눌 수 있다:

1. **고객의 니즈와 시장 수요**: 먼저, "시스템" 또는 제품에 대한 필요성이 확립되어야 한다. 새로운 시스템이란 로켓 우주선 제어판부터 차세대 아

이폰에 이르기까지 모든 것이 될 수 있다. 여기서 중요한 것은 시장의 요구가 있다는 것이다. 고객이 없다면 애초에 새로운 시스템을 구축할 이유가 없기 때문이다. 하지만 고객이 항상 필요한 것을 말하지 않을 수도 있다는 점을 기억해야 한다. "내가 사람들에게 원하는 것이 무엇인지 물었다면 그들은 더 빠른 말이라고 말했을 것이다"라는 헨리 포드(Henry Ford)의 명언을 떠올려 봐야 한다.

2. **칩 설계**: 둘째, 기업은 제품을 고려하고 그에 따라 해당 제품에 맞는 칩을 설계해야 한다. 이 설계 프로세스는 프런트-엔드(Front-end) 설계와 백-엔드(Back-end) 설계로 나뉘어 진다. 각 단계에서 어떤 일들을 하는지는 다음과 같다:

   프런트–엔드 설계: 시스템 요구 사항을 수집하고 세부 설계도를 개발하여 설계 컨셉을 만든다. 이 설계 컨셉은 백-엔드 설계로 넘어가기 전에 테스트 및 검증을 거친다.

   백–엔드 설계: 넷리스트라고 하는 상세한 목록은 물리적인 레이아웃으로 변환되어 테스트 및 검증을 거친 후 반도체 제조 공장 또는 팹(fab)이라 불리는 곳으로 보내져 제조에 사용된다.

3. **제작 및 제조**: 셋째, 설계는 **웨이퍼 팹**에서 제조된다. 이 단계에서는 **포토리소그래피**(Photolithography)라는 공정을 통해 **다이**(Die) 또는 **IC**라고도 하는 수많은 집적 회로가 **웨이퍼**라고 하는 실리콘 시트에 인쇄된다.

4. **포장 및 조립**: 넷째, 다이가 서로 분리되면 조립이라는 프로세스를 통해 **IC 패키징**이라고 하는 플라스틱 또는 세라믹 패키지에 개별적으로 포장된다. 이 **다이 패키지 어셈블리**는 최종 시스템 또는 제품 회사로 보내지기 전에 마지막으로 한 번 더 테스트된다.

5. **시스템 통합**: 시스템 또는 제품 회사에서 최종 다이 패키지 어셈블리를 받으면 다른 구성 요소 또는 IC와 함께 더 큰 **회로 보드**나 **기판**에 납땜하여 최종 소비자용 제품에 통합한다.

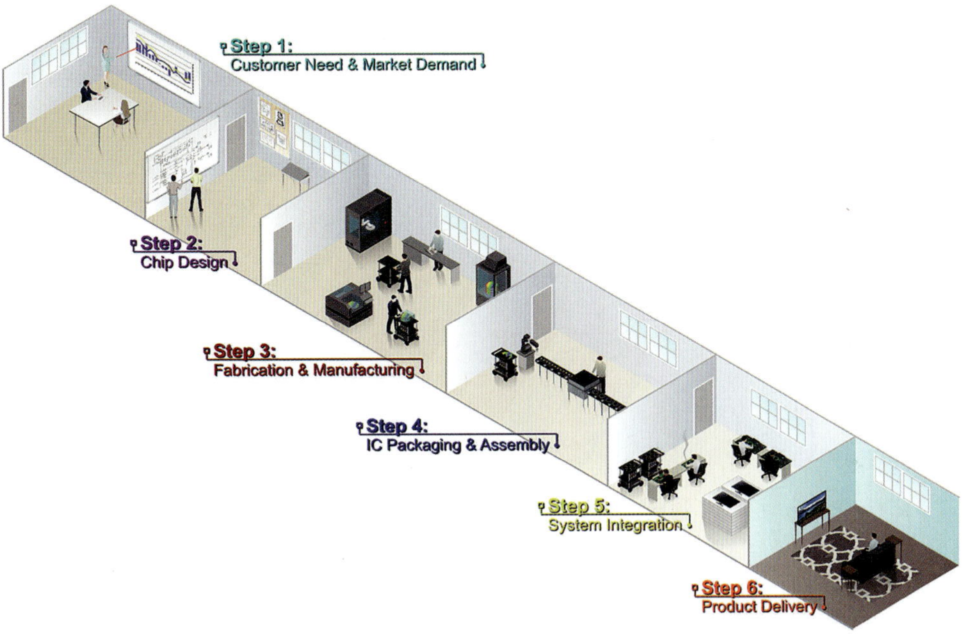

그림 1-13 반도체 가치 사슬

6. **제품 배송**: 제품이 바로 사용할 수 있는 상태로 준비되어 고객에게 배송된다.

시각적 이해를 위해 그림 1-13에 설계부터 납품까지 반도체 가치 사슬의 단계별 개념 체계를 나타냈다.

대부분 반도체 회사는 2~5단계에 집중한다. 실제로 일부 회사("팹리스(fabless)" 회사라고 함)는 실제로 2단계만 수행한다. 이들은 칩을 설계한 다음 다른 대부분의 단계를 아웃소싱한다. 기업은 시장 수요를 예측하거나 다운스트림 디바이스 회사로부터 주문을 받는 것부터 시작하여 고객의 요구를 충족할 수 있는 칩을 만드는 데 모든 에너지를 집중한다. 1940년대 업계가 시작된 이래로 이 가치 사슬은 개념적으로는 비교적 안정적으로 유지되어 왔다. 그러나 동시에 각 단계들을 수행하는 조직과 비즈니스 전략은 최고 성능의 칩과 최고 품질의 제품을 제공하기 위해 경쟁하는 혁신적인 기업들에 의해 놀라울 정도로 역동적으로 변화해 왔다. 이 가치 사슬을 사용하여 주요 하위 프로세스에 대해 살펴보고 더 큰 그림으로 연결되는 각 단계를 이해할 수 있다.

1.5 성능, 전력, 면적 및 비용(PPAC)

가치 사슬의 설계, 제조, 조립, 집적 단계(2, 3, 4, 5단계)에 집중하는 반도체 회사의 목표는 가능한 한 가장 적은 전력과 가장 작은 면적을 사용하여 최고의 성능을 달성하는 것이다. 이 세 가지 주요 설계 지표는 일반적으로 각각 **클럭 주파수**(Hz), **와트**, **나노미터**(nm) 단위로 측정된다. 각 반도체 설계는 응용에 따라 이 중 하나를 희생해서 다른 것을 향상시킬 수도 있다. 예를 들어, 충분한 공간과 산업용 등급의 전원을 갖춘 데이터 센터의 서버용 칩을 설계하는 팀은 성능에 초점을 맞추고 크기나 전력에는 크게 신경 쓰지 않을 수 있다. 그러나 배터리로 구동되는 휴대폰용 칩을 설계하는 팀은 성능보다는 전력과 크기에 더 신경을 쓸 수 있다. 특정 응용에서 목표는 이 세 가지 제약 조건에 따라 가능한 한 가장 낮은 비용과 가장 짧은 시간 내에 칩 설계를 최적화하는 것일 수 있다. 그림 1-14를 보면 이러한 요소들이 서로 어떻게 연관되어 있는지 더 잘 이해할 수 있다.

각 칩은 최적 솔루션을 제공하기 위해 PPAC 제약 조건의 균형을 맞춰야 한다. 설계 팀은 해결하려는 문제와 회로를 구축하여 해결하려는 응용을 염두에 두어야 한다. 예를 들어 데스크톱 컴퓨터와 같은 플러그인 디바이스는 배터리로 구동되는 노트북만큼 전력 소비를 최적화할 필요가 없을 수 있다. 또한 노트북은 휴대 전화와 같은 소형 휴대 기기보다 공간에 대한 유연성이 더 클 수 있다. 설계 주기를 단축하여 경쟁사보다 먼저 시장에 출시할 수 있다면 낮은 성능을 감수할 가치가 있을 수 있다는 점도 중요한 제약 조건 중 하나다. 회로의 응용 분야는 사실상 무한하며, 모두 고유한 성능, 전력, 면적, 비용 및 시간 제약이 있으므로 중요한 것은 장단점을 이해하는 것이다.

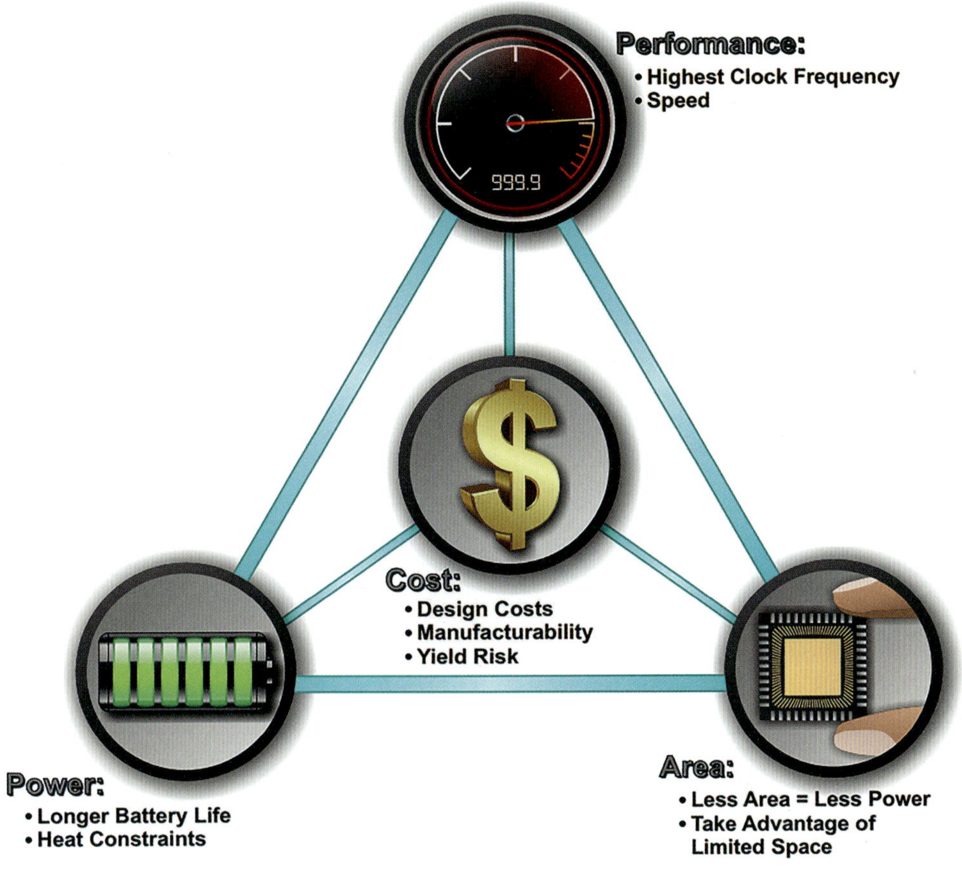

그림 1-14 전력 대 성능 대 면적 대 비용(PPAC) 비교

반도체 제품 개발 과정에서 마케팅 팀과 비즈니스 팀은 항상 최고 성능, 최저 전력, 최소 면적이라는 세 가지 지표에서 모두 최고를 원한다. 절충점을 찾을 때, 개발 팀은 종종 "당신이 두 개를 고르면 우리가 나머지 하나를 고를게요"라고 얘기한다. 개발 팀 입장에서는 다소 비꼬는 말이지만, 이는 필요한 장단점을 강조하는 말이다. 예를 들어, 가장 높은 성능과 가장 작은 면적을 가져야 하는 경우 물리 법칙에 따라 전력 효율이 제한된다.

1.6 누가 반도체를 사용하는가?

칩이 어떻게 설계되고 제작되는지에 대한 기술적인 세부 사항으로 넘어가기 전에, 애초에 칩을 만드는 이유를 잊지 않는 것이 중요하다. **반도체 산업 협회**(Semiconductor Industry Association)는 반도체 산업의 주요 무역 그룹 중 하나로, 최종 사용 응용에 대해 6가지 범주를 정의한다(표 1-1 참조).

세계반도체무역통계협회(World Semiconductur Trade Statistics, WSTS)와 반도체산업협회(SIA, 2021)의 가장 최근 보고서인 2021년 보고서에 따르면, "통신"과 "컴퓨터 및 사무 기기"가 반도체 매출에서 가장 큰 비중을 차지하며 합치면 업계 매출의 거의 3분의 2 수준인 것으로 나타났다. 그러나 자동차가 전기화되고 산업 운영이 점점 더 자동화됨에 따라 분석가들은 앞으로 자동차와 산업 및 기기 카테고리가 더욱 성장할 것으로 예상한다. 그림 1-15에서 반도체가 사용

표 1-1 SIA 프레임워크–최종 사용 애플리케이션

MARKET	SPECIFIC APPLICATIONS
Consumer	TV, Video, Audio, Household Appliances, Other Consumer Goods like Cameras, Games, Smart Watches, Fitness Monitors, Alarm Clocks, etc.
Automotive	In-Vehicle Entertainment and Information Systems, Power Train, Control Systems, Infotainment, etc.
Computing	Personal Computers, Office Equipment and Peripherals, Handheld Computing Devices, Servers, etc.
Industrial	Power Supplies, Commercial Internet of Things (IoT) Devices, Manufacturing Test, Control, and Measuring Equipment, etc.
Communications	Cell Phones and Wireless Handsets, Networking and Remote Access Devices, Base Stations, Broadcasting Equipment, etc.
Government	Military and Aerospace Electronics

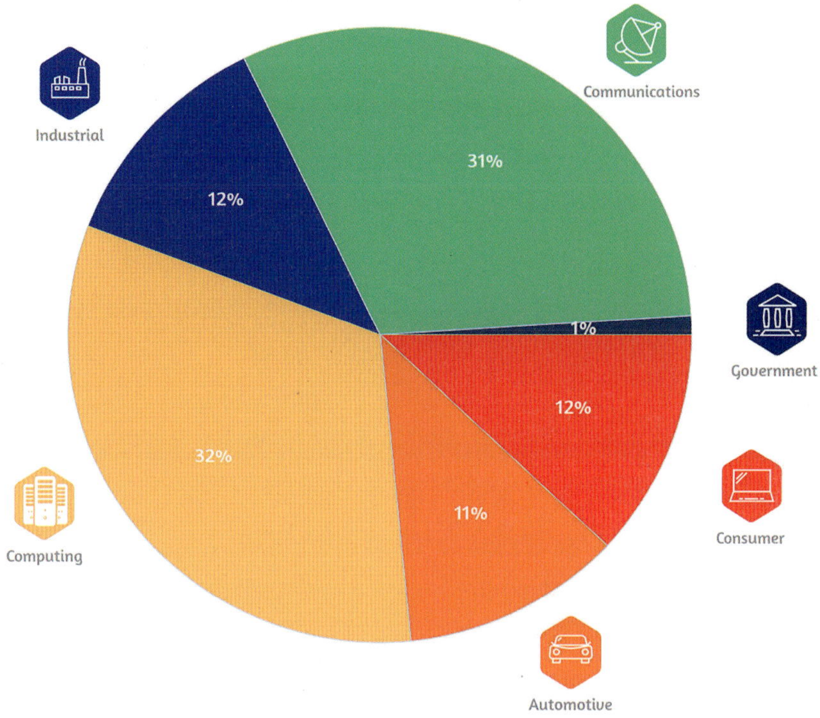

그림 1-15 최종 용도 애플리케이션별 2020년 반도체 시장(SIA 및 WSTS)

되는 최종 사용 응용을 분류별로 살펴볼 수 있다.

이러한 각 응용에는 고유한 목적에 따라 각기 다른 PPAC 요구 사항이 있으며, 이는 설계, 제조 및 조립 프로세스의 각 단계에 영향을 미친다.

1.7 요약

이 장에서는 전기와 전도성이 어떻게 함께 작용하여 반도체 기술을 가능하게 하는지 살펴보았다. 반도체가 무엇이고, 어떤 기능을 하는지, 실리콘이 왜 가장 유용한지 알아봤다. 아이디어와 원자재를 칩과 완제품으로 전환하는 반도체 가치 사슬을 소개했다. 마지막으로, 칩을 의도된 목적에 맞게 최적화 하는 방법과 실제 응용을 형성하는 주요 PPAC 변수를 살펴봤다.

가장 이상적인 칩은 고성능이면서 저전력을 필요로 하고 공간을 적게 차지하는 것이다. 이 세 가지를 모두 충족하면 이상적이지만 비용과 시간 때문에 어려운 선택을 해야 한다. 칩이 개념에서 고객에게 전달되기 위해서는 가치 사슬의 각 단계가 필수적이며, 모든 단계에서 기업은 경쟁사보다 더 효과적으로 이러한 요소의 균형을 유지하여 수익과 시장 점유율을 확보하기 위해 경쟁한다.

개별 확인 질문 (반도체 지식 테스트)

각 주제에 대해 관련 지식을 충분히 쌓았는지 확인할 수 있는 다섯 가지 질문이다. 이 책은 “열린 책”이므로 도움이 될 만한 부분으로 언제든지 앞으로 돌아가서 다시 읽어 보기 바란다.

1. 전기와 전도도의 정의는? 전류 및 전하와 어떤 관련이 있는가?
2. 가장 중요한 반도체는 무엇이며 그 이유는 무엇인가?
3. 현대 반도체 산업을 이끈 두 가지 발명은 무엇인가? 이러한 혁신이 중요한 이유는 무엇인가?
4. 반도체 가치 사슬에서 제조 및 제조 후 시스템 집적 전에 필요한 단계는 무엇인가? 여섯 가지를 모두 말해보아라.
5. PPAC는 무엇을 의미하는가? 어떤 핵심 디자인 요소가 누락되었는지 말할 수 있는가?

CHAPTER 2

회로 빌딩 블록

강력한 컴퓨터를 주머니에 넣고 다닐 수 있게 되기 전, 전자 회로는 회로 기판 위에 수많은 작은 부품으로 구성되어 있었다. 오래된 스테레오나 텔레비전을 열어본 적이 있다면 검은색, 갈색, 은색 상자와 원통으로 덮인 작은 녹색 직사각형을 본 적이 있을 것이다. 이러한 회로는 개별 부품으로 제작되었다. 전자 회로 이야기는 여기서 시작된다....

2.1 개별 부품 – 회로의 빌딩 블록

모든 전자 장치는 전자 장치의 가장 작은 구성 요소인 개별 부품을 조합해 제작된다.

현대 전자제품을 만드는 데 사용되는 수많은 구성 요소 "레고 블록"이 있지만, 여기 꼭 기억하고 이해해야 할 것들이 있다.

1. 트랜지스터: 트랜지스터는 전자 스위치와 같은 기능을 하며, 전기가 흐르는 것을 막거나 전류가 흐르도록 한다. 많은 트랜지스터를 함께 연결하여 트랜지스터 스위치들이 꺼짐(0) 또는 켜짐(1)으로 정보를 표현하고 패턴을 형성할 수 있다.

2. 저항기: 저항기는 회로를 통한 전기의 흐름을 방해하여 전압과 전류를 제어하는 물질로 만들어진 소자다.

3. 축전기(커패시터): 축전기는 전기 에너지를 저장하 는 소자다.

4. 유도기(인덕터): 유도기는 자기장을 사용하여 전기 흐름을 제어하는 소자로, 배터리 또는 **교류 AC** 전원 공급 장치를 컴퓨터 및 모바일 장치용 저전압 **직류**(DC) 전원 공급 장치로 변환하는 장치에 개별 소자로 사용된다(Murata, 2010). **축전기**와 **유도기**는 **전압**을 조절하거나 안정화하여 특정 위치에서 전압이 너무 작거나 너무 크지 않도록 한다. 전압이 너무 작으면 시스템이 제대로 작동할 수 없고, 너무 크면 시스템이 손상될 수 있다.

5. 다이오드: 다이오드는 스위치처럼 전기의 흐름을 제어 할 수 있는 대신 한 방향으로만 전기 흐름을 허용한다는 점을 제외하면 트랜지스터와 비슷하다. 다이오드는 본질적으로 전기에 대해 단방향 게이트 또는 밸브 역할을 한다. 밤에 책을 읽거나 파티를 더욱 즐겁게 만드는 데 도움이 되는 특정 종류의 다이오드인 **발광 다이오드**(LED)에 대해 잘 알고 있을거다.

이러한 다섯 가지 주요 구성 소자는 전기 흐름을 조작하는 데 사용된다. 이 구성 요소는 개별적으로 제조되거나 집적(동일한 기판에 제조)될 수 있으며 크기가 매우 다양하다. 그림 2-1에서 각 개별 소자를 볼 수 있다.

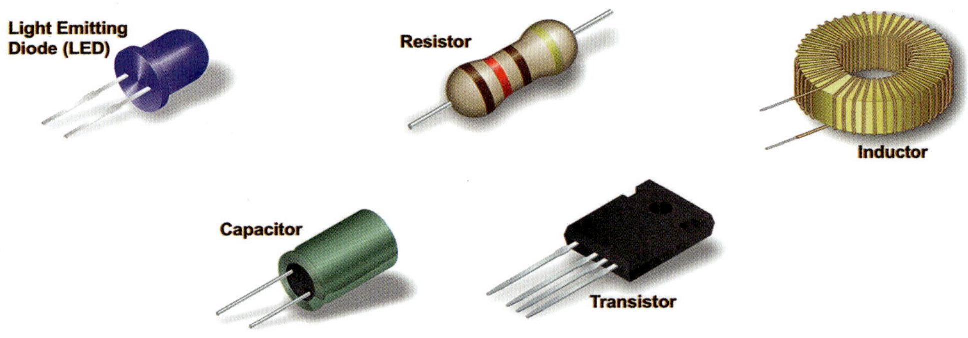

그림 2-1 개별 소자

집적하지 않은 개별 소자는 단일 **웨이퍼**에서 모두 제조되는 것이 아니라 서로 개별적으로 제조되기 때문에 "개별(discrete)"이라고 표현한다. 반면에 집적 회로는 기본 반도체 재료인 단일 **기판** 위에 통합된 많은 "기능적" 구성 요소로 구성되며, 집의 기초와 비슷하지만 미세한 규모로 이루어진다는 차이가 있다(Saint & Saint, 1999). 주어진 수의 트랜지스터, 저항기, 축전기, 다이오드를 개별적으로 제조하고 나중에 연결하는 대신 포토리소그래피(Photolithography)와 같은 특수한 제조 기술을 사용하여 동일한 **칩** 또는 다이(die)에 패턴을 함께 만들 수 있다.

하나의 첨단 **다이**에는 말 그대로 별도로 제조된 개별 구성 요소와 동일한 기능을 하는 수십억 개의 소자가 포함된다. 여기서 중요한 차이점은 나머지 회로와 동일한 기판에 집적되고 제작된다는 점이다. 또한 집적 회로는 단일 웨이퍼에서 수천 개 또는 수만 개까지 제작할 수 있다. 이러한 특정 기능을 하는 구성 요소를 동일한 칩에 긴밀하게 집적하고 동시에 수천 개를 제조함으로써 전력을 절약하고(시스템 소형화), 속도를 높이고(밀도 향상), 면적을 줄여 제조 단가를 더욱 낮출 수 있다(재료 사용량과 공정 횟수 감소)(New World Encyclopedia, 2014).

더 작은 시스템에서 더 적은 전력이 필요한 이유는 간단하다. 짧은 전선보다 긴

전선을 따라 전류를 구동하는 데 더 많은 전력이 필요하기 때문이다. 특정 칩이 더 긴밀하게 통합될수록 기능 구성 요소가 서로 더 가까워지고, 이는 모든 것을 하나로 묶는 인터커넥트와 전선도 서로 더 가까워진다는 것을 의미한다. 이러한 모든 개별 구성 요소가 중요하겠지만 우리는 특히 트랜지스터에 주목할 필요가 있다.

트랜지스터

다양한 종류의 구성 요소에 대해 논의할 때 **트랜지스터**가 많은 관심을 받는데, 그만한 이유가 있다. 트랜지스터는 현대의 가장 중요한 발명품 중 하나이기 때문이다. 트랜지스터가 등장하기 전에는 크고 비효율적이며 깨지기 쉬운 **진공관**을 사용해 컴퓨터를 만들었다. 최초의 디지털 컴퓨터인 ENIAC은 **축전기**와 **저항기** 외에 이러한 진공관 수천 개로 만들어졌다(Hashagen 외, 2002). 1947년 벨 연구소의 윌리엄 쇼클리(William Shockley), 존 바딘(John Bardeen), 월터 브래틴(Walter Brattain)이 트랜지스터를 발명하고 나서야 컴퓨터는 오늘날 우리가 보는 마이크로 일렉트로닉스로 급속히 진화하기 시작했다. 이 과학자들은 이 업적으로 1956년 노벨 물리학상을 수상했다(Nobel Prize Outreach AB, 1956).

그림 2-2의 그림에서 진공관과 트랜지스터의 차이점을 확인할 수 있다. 진공관(왼쪽)은 전구처럼 보이며 금속으로 만들어지고 보호 플라스틱 패키지로 둘러싸인 모습으로, 트랜지스터(가운데)에 비해 눈으로만 봐도 깨지기 쉬워 보인다. 1946년 펜실베이니아 대학의 J. 프레스퍼 에커트(J. Presper Eckert)와 존 마우클리(John Mauchly)가 발명한 ENIAC은 기본적으로 무게가 거의 50톤에 달하는 진공관으로 약 1,800평방피트 거대한 방을 차지했다(U.S. Army, 1947). 그림 2-3에서 당시 구현된 ENIAC 사진(왼쪽)과 이를 칩에 구현한 사진(오른쪽)(1996년)을 확인할 수 있다. 7.44×5.29 제곱 밀리미터 크기의 이 칩은 크기를 가늠할 수 있도록 동전 옆에 놓여 있는데, 이는 반도체 산업이 수십 년 동안 컴퓨터 크기를 줄이면서 이룬 진전을 보여준다(Hashagen et al., 2002). 진공관은 전자렌지나 오디오 장비와 같은 일부 응용 분야에서 여전히 사용되고 있지만, 트랜지스

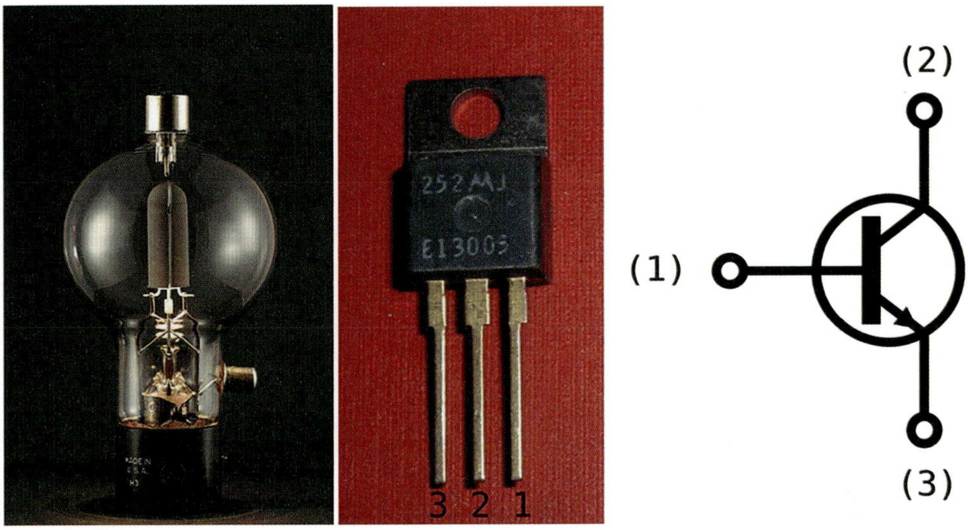

그림 2-2 진공관과 트랜지스터 비교(Ikeda, 2007) (Reinhold, 2020)

그림 2-3 ENIAC과 칩에 구현한 ENIAC 비교(U.S. Army, 1947) (Hashagen 외, 2002)

터는 현대 전자제품의 주요 구성 요소로 자리 잡았다. 그림 2-2(오른쪽)의 트랜지스터 블록 다이어그램은 초기 **바이폴라 접합 트랜지스터**를 구성하는 **베이스**, **이미터** 및 **콜렉터**를 보여준다. 트랜지스터 구조를 시각화 하는데 도움이 필요한 경우 그림 2-2를 다시 떠올릴 수 있고, 이에 대해서는 곧 설명하겠다.

트랜지스터는 가장 간단한 형태로 스위치처럼 작동하는 반도체 소자다. 트랜지스터는 배터리 또는 기타 전원의 전압을 사용하여 **게이트**라고 하는 것을 제어하여 전류가 흐르는 것을 막거나 통과시킬 수 있다. 전류가 흐르는 "온(on)" 트랜지스터와 전류가 중단된 "오프(off)" 트랜지스터의 패턴은 **디지털 전자제품**에 사용되는 **이진 컴퓨터 언어**의 기초다. 컴퓨터는 이러한 1과 0의 패턴을 정보(**신호**라고 함)로 해석하여 조작, 처리 및 저장할 수 있다. 전신 교환원처럼 다양한 모스 부호 펄스로 메시지를 전송하는 트랜지스터는 컴퓨터가 개별 전자의 흐름을 제어하여 정보를 처리하고 저장할 수 있게 해준다.

트랜지스터 구조

최신 트랜지스터(**금속-산화물-반도체 전계 효과 트랜지스터** 또는 **모스펫**(MOSFET)이라고 함)는 소스, 게이트, 드레인의 세 가지 주요 부분으로 구성된다. 소스는 전류 또는 신호가 들어오는 곳이고, **드레인**은 신호가 나가는 곳이다. **게이트**는 이들 사이에 위치하며 신호가 통과할지 여부를 결정한다(Riordan, 1998). MOSFET 트랜지스터의 소스, 게이트, 드레인은 이전 바이폴라 트랜지스터의 이미터, 베이스, 콜렉터와 유사하다.

이러한 각각의 것들은 실리콘 또는 다른 반도체 재료로 만들어진다. 반도체 자체는 충분한 전압을 가하면 전기가 그냥 통과하기 때문에 그다지 유용하지 않다. **도핑**이라는 과정을 통해 이러한 부분을 조작할 때 마법이 일어난다. 이 과정에서 각 중성 영역에는 여분의 전자가 있거나 전자가 없는 물질(**도펀트** 또는 **불순물**이라고 함)이 주입된다(Honsberg & Bowden, 2019). 전자가 하나 더 있는 부분을 **n형(음극) 반도체**라고 하고, 전자가 하나 없는 부분을 **p형(양극) 반도체**라고 한다(Sand & Aasvik, 2019). 트랜지스터는 두 개의 p형 반도체 사이에 n형 반도체를 끼워 넣거나(**PMOS 트랜지스터**), 그 반대로(**NMOS 트랜지스터**) 만들 수 있는데, 여기서 중요한 것은 게이트가 소스 및 드레인과는 다른 전하를 갖는다는 것이다. 어느 쪽이든 이러한 소자는 이제 작동할 준비가 되었다.

트랜지스터 작동 원리

설명을 위해 두 개의 n형 반도체사이에 p형 반도체가 끼워져 있는 PMOS 트랜지스터를 예로 들어 보자. 소스, 게이트, 드레인은 각각 전자가 부족하거나 여

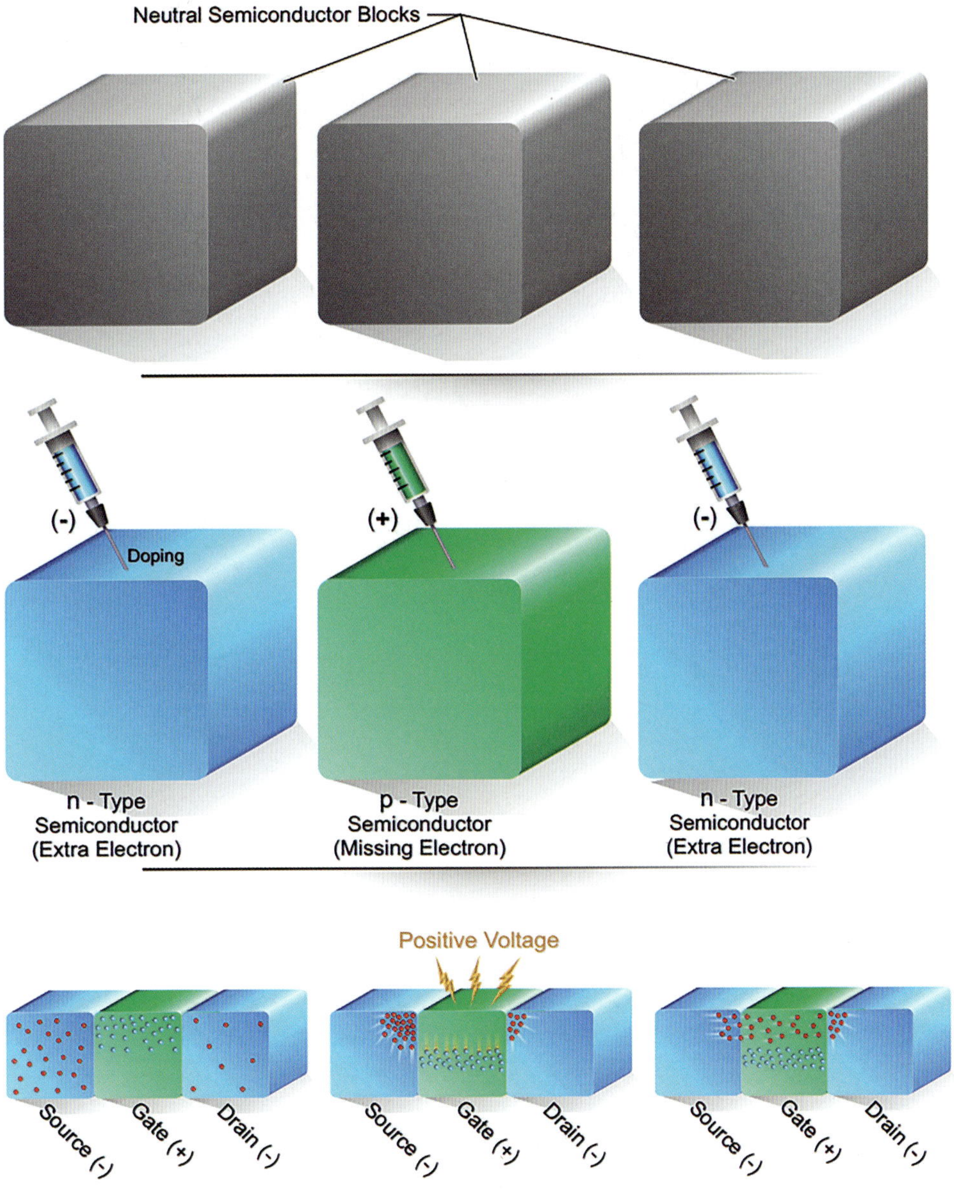

그림 2-4 트랜지스터 – 구조 및 기능

분의 전자를 가지고 있지만, 그 결과 조합은 사실상 중성이다. 전력이나 전압이 없으면 트랜지스터는 정체되어 전자가 소자를 통해 흐르지 못한다. 다행히도 전자기력은 서로 반대되는 성질을 끌어당기기 때문에 게이트에 양전압을 가하면 소스와 드레인의 음전자는 이 전압으로 끌어당겨지고 게이트의 양전하가 밀려난다. 이렇게 하면 전자가 흐를 수 있는 **채널**이라는 것이 만들어져 전류가 통과할 수 있다(Channel MOSFET Basics, 2018). 그림 2-4에서 이러한 과정이 어떻게 일어나는지 확인할 수 있다.

트랜지스터 작동 원리 – 물의 비유

조금 헷갈리는가? 걱정할 것 없다. 우리 모두에게 익숙한 비유를 통해 작동 원리를 설명해 드리겠다. 전하를 물로, 전기의 전류 또는 흐름을 파이프를 따라 흐르는 물의 움직임으로 생각해 보라. 이론적으로 손잡이를 돌려 밸브를 열거나 닫는 것처럼 전압을 조절하여 게이트를 통과하는 전기의 양을 조절할 수 있다. 실제로 전압과 전류가 엄격하게 제어되는 일부 아날로그 회로에서 이러한 일들이 일어난다. 하지만 더 일반적인 디지털 응용에서 트랜지스터는 단순히 스위치처럼 작동하여 전자를 차단하거나 전자를 통과시키는 역할을 한다. 여기에서 우리 대부분이 익숙한 이진 컴퓨터 언어가 탄생했다. 각 비트는 열린 게이트(1) 또는 닫힌 게이트(0)로 구성된다.

그림 2-5에서 이 비유를 확인할 수 있다. 개별 밸브 트랜지스터를 결합하여 “AND” 및 “OR”과 같은 더 높은 수준의 **논리 게이트**를 만들 수 있으며, 이들을 사용하여 더 정교한 로직을 프로그래밍할 수 있다(논리 게이트에 대해서는 곧 자세히 설명한다). 수천, 수백만, 수십억 개의 파이프를 열거나 닫음으로써 물의 흐름을 이용해 정교한 패턴과 시퀀스를 만들 수 있다. 그러면 컴퓨터의 두뇌에 해당하는 부분에서 다양한 시퀀스를 읽고 이러한 지시를 사용하여 파일을 저장하거나 이메일을 보내거나 셀카를 찍을 수 있게 된다. 밸브를 트랜지스터로, 물을 전자로 바꾸면 복잡한 전자 시스템이 되는 것이다!

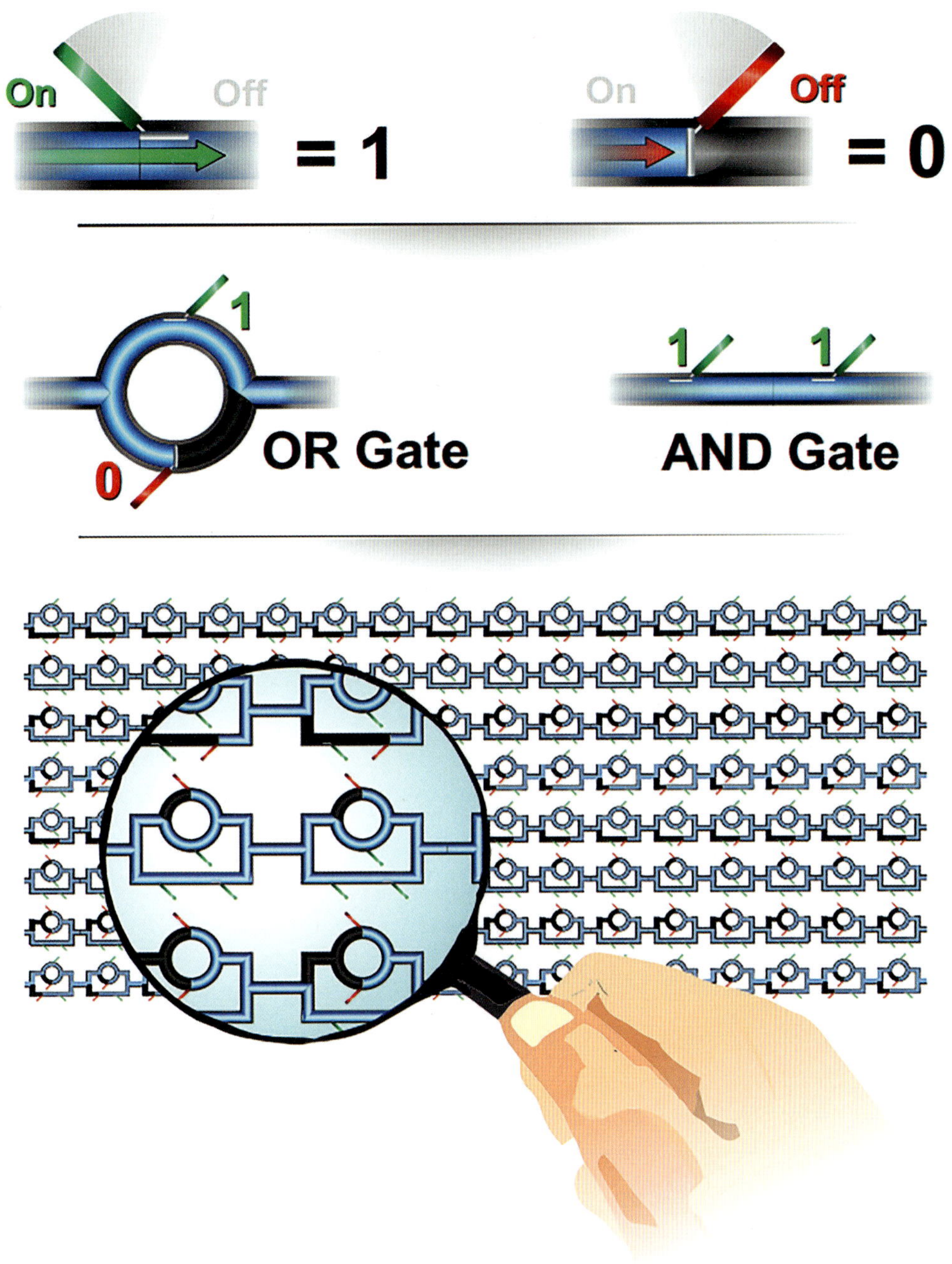

그림 2-5 트랜지스터 – 물 흐름 비유

핀펫(FinFET) 트랜지스터와 모스펫(MOSFET) 트랜지스터 비교

1960년대 벨 연구소의 거대한 트랜지스터부터 현대 전자제품의 미세한 트랜지스터에 이르기까지 트랜지스터 구조는 지속적인 진화의 길을 걸어왔다. 트랜지스터에는 **바이폴라 접합 트랜지스터**(BJT)와 **전계 효과 트랜지스터**(FET)라는 두 가지 주요 유형이 있다. 이해를 돕기 위해 간단한 바이폴라 접합 트랜지스터를 물에 비유하여 설명했다. 실제로 바이폴라 접합 트랜지스터는 주로 무선 및 오디오 장치의 전원 관리 및 신호 증폭과 같은 제한된 응용에 사용된다(Electronics Tutorials, 2021).

이러한 제한된 사용 사례를 제외하고 대부분 최신 컴퓨팅 장치는 FET를 사용하여 제작된다. FET 제품군 중 가장 널리 사용되는 트랜지스터 유형은 **모스펫**(MOSFET, 금속-산화물-반도체 전계 효과 트랜지스터)다(Teja, 2021). 1970년대 벨 연구소에서 개발된 이 트랜지스터는 수십 년 동안 마이크로 전자 설계 및 제조의 기반이 되었다. 너무 자세히 설명하지 않더라도, 이는 **산화물**을 사용하여 게이트와 채널을 분리하고 **전기장**(게이트에 인가된 전압을 통해)을 사용하여 소스와 드레인 사이에 채널을 생성한다는 것을 의미한다. 이것이 왜 중요한지를 알기 위해 물리학까지 이해할 필요는 없고, MOSFET이 다른 유형의 트랜지스터와 구별되는 구조적 차이점이 있다는 정도만 알면 된다.

반도체 기술이 계속 발전함에 따라 엔지니어들은 반도체 효율을 높이기 위한 새롭고 창의적인 방법을 고안해냈다. 트랜지스터가 물리적 한계에 도달함에 따라 **핀펫**(FinFET) **트랜지스터**라는 새로운 세대의 소자가 성능 한계를 극복하는 데 도움을 주었다. 기존 **MOSFET** 트랜지스터는 게이트가 채널의 상단만 덮는 2차원 구조인 반면, FinFET 트랜지스터는 전류가 이동할 수 있는 채널을 높여 게이트가 세 면을 둘러싼다(Cross, 2016).

그림 2-6에서 이러한 구조적 차이를 확인할 수 있다. 왼쪽에는 기존 2D 평면 MOSFET 트랜지스터가 나타나 있다. 오른쪽에는 더 발전된 3D FinFET 트랜지

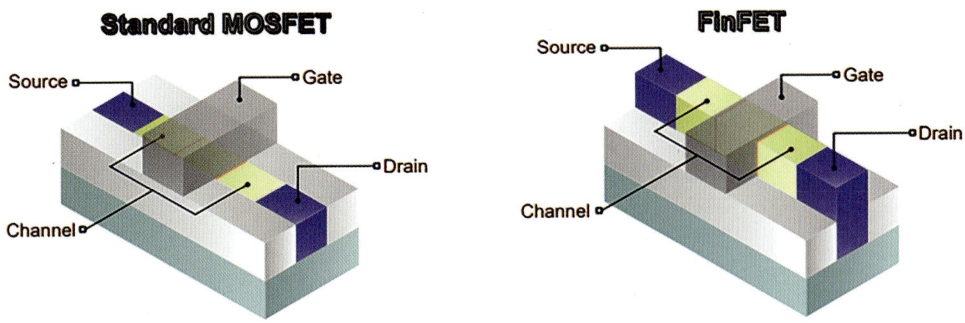

그림 2-6 MOSFET vs. FinFET

스터를 표현하고 있다. 핀펫 트랜지스터는 소스 및 드레인을 높여서 세 면을 게이트가 둘러싸도록 함으로써 트랜지스터를 통한 전류를 보다 효율적으로 제어할 수 있다. 핀펫이라는 용어는 기술적인 의미를 갖는다기 보다는 게이트가 옆으로 뒤집혀서 "지느러미"처럼 보인다는 의미에서 붙여졌다.

FinFET 트랜지스터는 제조하기가 더 어렵지만 전류 흐름을 더 잘 제어할 수 있고 전력 소비가 적으며 전류 누설량을 줄일 수 있다(Cross, 2016). 현재 핀펫 트랜지스터와 모스펫 트랜지스터가 주요 트랜지스터로 생산되고 있지만, 새로운 개발이 진행되고 있다. 특히 두 가지 트랜지스터. 즉 **게이트 올어라운드**(GAA)와 **나노시트 트랜지스터**는 더 나은 제어와 상당한 성능 이점을 제공할 것이다. 이에 대해서는 반도체와 전자 시스템의 미래에 대한 마지막 장에서 설명한다.

2.2 CMOS

특히 트랜지스터가 점점 더 작은 형태로 축소됨에 따라 고성능 IC를 대규모로 제작하는 것은 어렵고 비용이 많이 든다. 오늘날 대부분의 칩은 발전된 **CMOS(상보성 금속-산화물-반도체)** 기술을 사용한다. CMOS는 회로 자체를 지칭하는 데 사용할 수도 있지만, 집적 회로를 제조하는 데 사용하는 설계 방법론 및 프로세스를 지칭할 수도 있다. CMOS의 "상호 보완적"이라는 표현은 단지 p 채널과 n 채널 트랜지스터가 모두 사용된다는 것을 의미하며, 믿기 어렵겠지만 초기 기술에서는 n 채널 또는 p 채널 트랜지스터만 사용했기 때문에 CMOS는 중요한 발전이었다. CMOS는 오랫동안 지배적인 IC 설계 및 제조 기술로 자리 잡았으며 **바이폴라 반도체 제조**에 비해 전력 소비, 면적 요구 사항 및 비용 면에서 경쟁 우위를 점하고 있다.

각 세대의 CMOS 기술은 기하학적 스케일링이라는 방법을 통해 트랜지스터 및 기타 구성 요소를 축소함으로써 이러한 이점을 달성했다. **기하학적 스케일링**의 핵심 지표는 **게이트 길이**, 즉 소스와 드레인 사이의 거리이다. 이 길이가 작을수록 전체 회로가 작아지고 구성 요소 간에 전류가 이동해야 하는 거리도 줄어든다. 사람들이 "7나노미터 기술"에 대해 이야기할 때 7나노미터는 게이트 길이

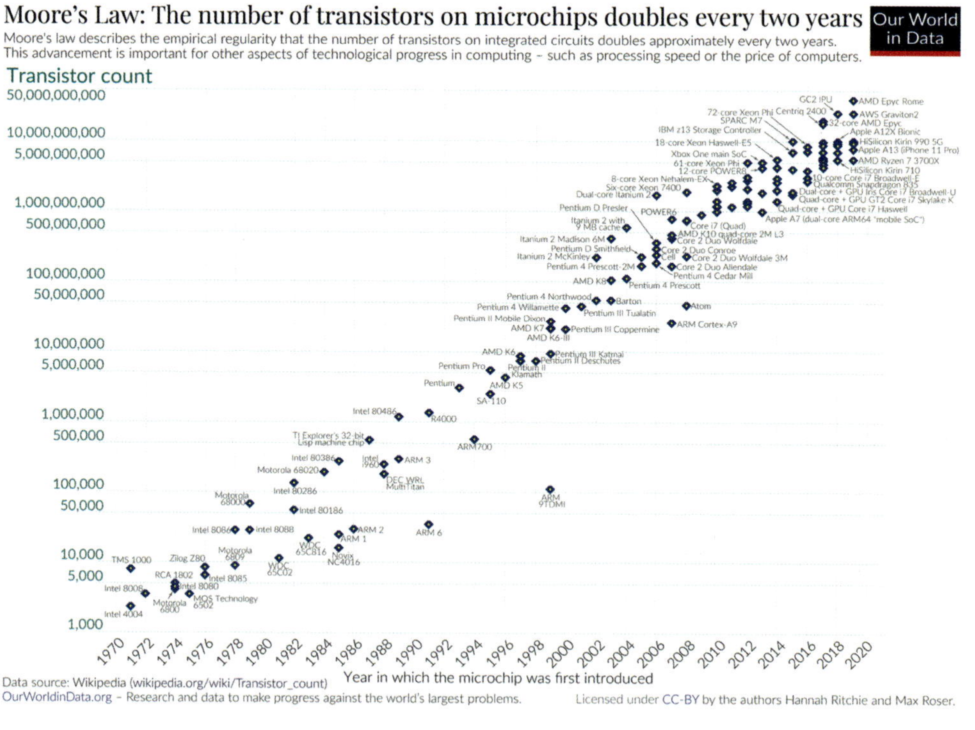

그림 2-7 무어의 법칙(Roser & Ritchie, 2020)

를 의미한다. 인텔의 창립자인 고든 무어가 트랜지스터 크기 축소에 따라 컴퓨터 처리 능력이 2년마다 2배씩 증가할 것이라는 유명한 **무어의 법칙**을 얘기할 때, 그는 기하학적 스케일링을 염두에 둔 것이다. 1970년부터 2020년까지 출시된 주요 프로세서의 트랜지스터 수를 도표로 나타낸 그림 2-7에서 이러한 역학 관계를 확인할 수 있다.

트랜지스터가 축소됨에 따라 전기(전력)는 덜 필요하고, 공간(면적 및 비용)도 덜 차지하며, 더 빠른 신호 처리(성능)가 가능해진다(Schafer & Buchalter, 2017). 수십 년 동안 트랜지스터의 기하학적 스케일링은 의미 있는 실제 성능 개선을 나타내는 **기능적 스케일링**을 가져왔다. 기하학적 스케일링이 오랫동안 지속되어 왔기 때문에 엔지니어링 커뮤니티는 각 공정 노드에서 설계의 효율성을 최대한 끌어낼 필요가 없었다. 특정 노드 또는 게이트 길이에서 차세대 설계를 출시할 준비가 되었을 즘이면 더 작고 강력한 차세대 트랜지스터가 생산될 준비가 되어 있었다. 그러나 최근 몇 년 동안 연구자들이 트랜지스터 크기의 물리적, 실용적 한계에 접근하면서 기하학적 혁신의 속도는 느려졌다. 트랜지스터가 작아질수록 제조 비용이 더 많이 들고 칩 기판에 회로 패턴을 정확하게 만들기가 더 어려워진다. 결국, 원자로 원자 자체보다 더 작은 것을 만들 수는 없다!

그림 2-8에서 트랜지스터 기술 세대에 따른 기하학적 스케일링과 기능적 스케일링의 차이점을 확인할 수 있다. 반도체 제조 기술의 각 세대를 **기술 노드** 또는 **공정 노드**라고 한다. 이러한 기술은 개선된 장비, 새로운 재료, 공정 개선이 혼합되어 칩 제조업체가 더 작은 트랜지스터(nm 단위로 측정되는)로 칩을 만들 수 있게 한다. 노드가 작을수록 트랜지스터가 작아지고 칩의 성능이 향상된다. 기하학적 스케일링은 전반적으로 트랜지스터 크기를 줄여 성능을 향상시키는 것을 목표로 하며, 트랜지스터를 작게 만들수록 차세대 칩의 성능은 더욱 향상된다. 예를 들어 3나노 트랜지스터 기술로 만든 IC는 90나노 트랜지스터 기술로 만든 IC보다 훨씬 빠르게 작동하고 전력 소비가 적으며 면적을 적게 차지한다. 반면에 기능적 스케일링은 기존 트랜지스터 크기에서 활용도를 극대화하

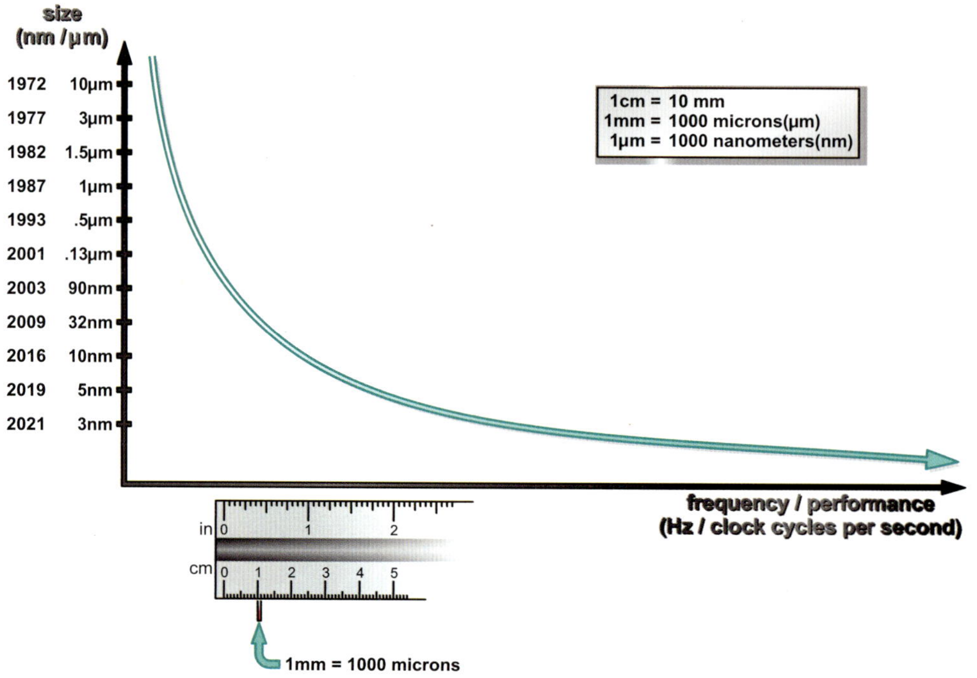

그림 2-8 기하학적 스케일링과 기능적 스케일링 비교

여 성능을 향상시키는 것을 목표로 한다. 이는 응용에 맞춘 설계, 더 긴밀한 시스템 통합, 새로운 패키징 및 인터커넥트 기술 개발 등을 통해 달성할 수 있다. 이후 장에서 이러한 각 개발에 대해 설명하겠다.

트랜지스터는 어떻게 사용되는가

우리는 트랜지스터가 어떻게 만들어지고 어떻게 작동하는지 살펴봤다. 그러면 정확히 트랜지스터가 어떻게 사용되는 걸까? 트랜지스터 혼자는 전기 연결을 켜거나 끄는 한 가지 일만 할 수 있다. 하지만 여럿이 모이면 트랜지스터는 컴퓨터 공학의 기본 구성 요소인 논리 게이트를 형성할 수 있다.

2.3 논리 게이트(Logic Gates)

논리 게이트는 **부울 논리**(Boolean logic)를 사용하여 간단한 계산을 가능하게 하는 간단한 회로다(Fox, n.d.). 최소 두 개의 트랜지스터로 구성되며 "and", "or", "not"과 같은 부울 연산자를 수행한다. 부울 논리에서 값은 참 또는 거짓이거나 트랜지스터 기반 디지털 전자 장치의 경우 켜짐(1) 또는 꺼짐(0)일 수 있다. **논리 게이트**는 여러 입력 데이터 신호를 수신할 수 있으며, 시스템의 다음 게이트로 출력 신호를 내보내기 전에 서로 비교할 수 있다.

논리 게이트는 신분증을 제시해야만 입장할 수 있는 술집 앞 경비원처럼 생각할 수 있다. 비유를 한 단계 더 발전시켜서, 경비원이 논리 게이트처럼 행동하고 있는데, 한 그룹이 문을 열 때 모든 사람이 신분증을 제시해야 한다는 엄격한 지침을 받았다고 가정해 보자. 디지털 논리에서는 첫 번째 입력과 두 번째 입력이 1(또는 참)이면 게이트가 1을 출력하기 때문에 이를 "AND 게이트"라고 부른다. 여러분과 친구가 문을 열었을 때, 두 사람 모두 신분증을 가지고 있을 때만 출입할 수 있다. 이 경우 AND 조건이 충족되었으므로 출력은 1이 되고 밤새도록 파티를 즐길 수 있다. 그림 2-9에서 이 시나리오를 확인할 수 있다.

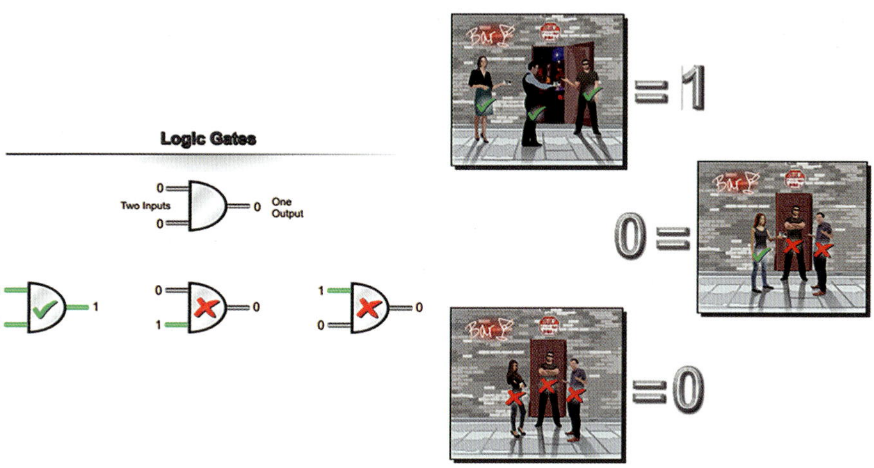

그림 2-9 논리 게이트

OR 또는 NOT과 같은 다른 논리 게이트도 비슷한 방식으로 작동한다. 하드웨어 엔지니어는 논리 게이트를 최하위 공통분모 또는 기능 단위로 사용하여 덧셈, 뺄셈, 곱셈, 나눗셈과 같은 중요한 기본 기능을 수행하는 복잡한 시스템을 구축할 수 있다.

트랜지스터가 없었다면 정보화 시대는 불가능했을 것이다. 컴퓨팅 성능이 2년마다 두 배로 증가할 것이라는 1965년 무어의 장밋빛 예측은 55년이라는 긴 세월이 흐르는 동안 지속되었다. 차츰 혁신의 속도가 느려지고 있다는 징후가 나타나고 있기는 하다. 20세기 가장 중요한 발명품으로 꼽히는 트랜지스터는 오늘날 우리가 알고 있는 세상을 만들어냈다.

지난 두 장에서 많은 내용을 다루었다. 실리콘 공학은 복잡하지만 이 책이 도와드릴 테니 걱정하지 말라. 반도체의 모든 요소는 서로 밀접하게 연관되어 있으므로 계속 읽으면 읽을수록 우리가 다룬 내용들이 더 많이 이해될 것이다. 다음 장에서는 반도체 가치 사슬의 2단계인 설계를 다루며 이 모든 다양한 요소를 하나로 묶는 작업을 시작하겠다.

2.4 요약

이 장에서는 전자 시스템을 구성하는 데 사용되는 주요 개별 구성 요소와 기능적 요소에 대해 살펴봤다. 개별 회로와 집적 회로의 차이점과 더 긴밀한 집적의 이점에 대해 알아봤다. 물의 비유를 사용하여 특별한 구성 요소인 트랜지스터에 대해 자세히 알아보고 그 구조와 작동 방식을 살펴봤다. CMOS 기술과 오늘날 가장 많이 생산되고 사용되는 두 가지 트랜지스터인 MOSFET과 FinFET을 분석했다. 마지막으로 트랜지스터가 어떻게 서로 결합하여 논리 게이트를 형성하고 더 복잡한 시스템을 구축하는지 살펴봤다.

집적 회로는 실제로는 하나의 실리콘 조각에 모두 만들어진 기능적 구성 요소의 집합이다. 가장 중요한 구성 요소인 트랜지스터가 결합하여 가장 기본적인 연산 단위인 논리 게이트를 형성하고, 이 논리 게이트는 소프트웨어를 실행하고 컴퓨터를 매일 계속 작동하게 한다.

개별 확인 질문 (반도체 지식 테스트)

각 주제에 대해 관련 지식을 충분히 쌓았는지 확인할 수 있는 다섯 가지 질문이다.

1. 이 장에서 다룬 다섯 가지 유형의 개별 부품의 이름을 말하시오. 각각 어떤 기능을 수행하는가? 차이점은 무엇인가?
2. 트랜지스터의 구조에 대해 설명하시오. 주요 구성 요소는 무엇이며 어떻게 작동하는가?
3. MOSFET과 FinFET 트랜지스터의 차이점은 무엇인가?
4. CMOS란 무엇이며 무엇을 의미하는가?
5. 논리 게이트는 어떻게 작동하는가? 어떤 종류의 논리 게이트가 사용되는가?

CHAPTER 3

시스템 구축

트랜지스터와 기타 핵심 부품은 지난 40년간 디지털 혁명을 주도하며 모든 과학 분야와 산업 전반에 걸쳐 혁신을 촉진해 왔다. 하지만 가만히 앉아 생각해 보면 트랜지스터는 그 자체로는 별다른 특징이 없다. 소스, 게이트, 드레인은 그 자체로는 유용한 기능을 수행하지 않는다. 트랜지스터는 수조 달러의 투자와 수백만 명의 인류 최고 두뇌들이 더욱 복잡한 설계를 구축하기 위해 쏟은 엄청난 노력이 함께 어우러져야만 오늘날과 같은 기능을 수행할 수 있다. 현재 생산 중인 최첨단 IC에는 단일 칩에 2조 개에 달하는 트랜지스터가 필요하다(Hutson, 2021). 여러분의 업무에 2조 개의 트랜지스터가 필요하다고 상상해 보라! 이를 만들기 위해 하드웨어 설계자는 전자 시스템을 더욱 높은 수준의 추상화로 그룹화하고 조직화해야 한다. 이 장에서는 이러한 고급 IC가 어떻게 설계되는지 살펴보려고 하는데, 먼저 이러한 수준이 서로 어떻게 결합되는지부터 이해해야 한다.

3.1 전자 시스템의 계층구조 – 시스템이 함께 작동하는 방식

개별 구성 요소가 어떻게 결합하여 최종 제품을 형성하는지 이해하기 위해 각 계층이 그 아래 계층의 합으로 구성되는 시스템 계층 구조를 시각화 할 수 있다(그림 3-1 참조).

전자 시스템의 가장 아래층은 (1) **인쇄 회로 기판**(PCB)에 직접 납땜한 개별 부품 또는 (2) 단일 다이에 집적된 기능 구성 요소의 조합으로 이루어진다. 트랜

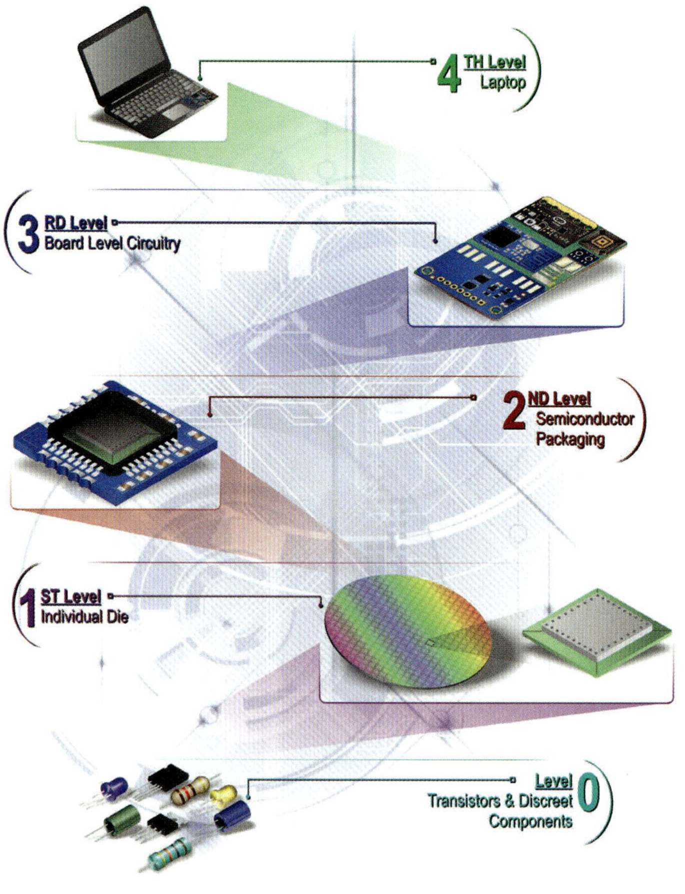

그림 3-1 다양한 계층의 전자 시스템

지스터와 같은 일부 구성 요소는 다이 수준 집적에 적합한 반면, 시스템의 전력 회로를 구성하는 대형 축전기 및 유도기와 같은 부품은 패키지 또는 PCB 수준 집적에 적합하다. 다이 수준 집적이든 PCB 수준 집적이든 이러한 트랜지스터와 구성 요소는 모든 상위 계층을 구축하는 토대를 형성하는 기본 빌딩 블록을 구성한다. 그림 3-1에서 이들을 **계층 0**으로 볼 수 있다.

IC 또는 **집적 회로 계층 1**에서는 전체 칩이 더 작은 개별 또는 기능적 구성 요소의 조합을 사용하여 개발 및 설계된다. 이러한 설계는 노트북을 구동하는 CPU처럼 수십억 개의 트랜지스터로 구성된 매우 복잡한 회로일 수도 있고, CPU가 정보를 저장하거나 데이터 및 명령어에 접근하는 데 사용할 수 있는 메모리와 같은 더 작고 특수한 회로일 수도 있다.

패키지 계층 2에서는 개별(때로는 여러 개) IC를 보호 물질로 감싸서 주변 구성 요소의 간섭을 받지 않도록 한다. 여러 구성 요소를 모듈이라고 하는 것으로 그룹화할 수 있는데, **모듈**은 작업을 수행하기 위해 하나의 장치에서 함께 작동하는 작은 회로 및 구성 요소의 묶음을 일컫는다.

PCB(인쇄 회로 기판, printed circuit board) **계층 3**에서는 "하위" 계층의 작은 구성 요소가 보드에 납땜 되어 서로 연결됨으로써 더 큰 시스템을 형성한다. 계층 2의 패키지 및 모듈은 PCB에서 회로 기판의 사각형 검은색 구성 요소로 볼 수 있다. PCB는 전도성 **트랙**, **패드** 및 표면에 만들어지 기타 기능을 사용하여 전자 부품을 기계적으로 지지하고 서로 연결하는 기반 역할을 한다(인쇄 회로 기판 용어 정의, n.d.).

최신 기판은 여러 층으로 구성되어 있어 전선이 기판 내부를 위아래로 가로지르며 한 구성 요소에서 다른 구성 요소로 이어진다. 전자 기기를 분해해본 적이 있다면 작은 검은색 정사각형과 직사각형이 모두 붙어 있는 녹색 플라스틱 조각을 보았을 것이고, 그것이 바로 PCB다. 다른 시스템 구성 요소는 종종 PCB 자체에 납땜한다. 전자 시스템이 호주라면 PCB는 대륙이고, 도시는 다양한 칩

그림 3-2 PCB (Tronicszone, 2017)

이며, 건물은 개별적인 기능 구성 요소이고, 도로는 모든 것을 하나로 묶는 상호 연결 고리다. 그림 3-2는 실제 PCB의 예를 보여준다.

시스템 계층 4에서는 모든 것이 하나로 연결되어 완전한 기능을 갖춘 시스템 또는 제품이 만들어진다. "시스템"이라는 용어는 다양한 계층에서도 사용될 수 있는데, 해당 계층에서 수행하도록 설계된 작업과 관련하여 완전한 기능을 갖춘 개별 구조를 설명하기 위해 사용될 수 있다는 점을 유의해야 한다. 즉, 반도체 회사의 **시스템 설계자**는 단일 칩의 수많은 파트를 전반적으로 설계하고 집적하는 작업을 하는 반면, 회사의 다른 부서에 있는 시스템 설계자는 여러 칩을 더 큰 시스템에 통합하는 작업을 할 수 있다. 휴대폰의 금이 간 화면을 교체하는 등 전자기기의 사소한 수리를 해본 적이 있다면 휴대폰 내부에 플라스틱 케이블과 커넥터로 연결된 여러 가지 작은 PCB가 있다는 것을 알 수 있다. 이러한 여러 보드와 구성 요소(예: LCD 화면 및 헤드폰 잭)는 전체 시스템 수준에서 모두 함께 작동해야 한다.

3.2 집적 회로 설계 흐름

반도체 설계 흐름은 크게 6가지 단계로 나눌 수 있다. 반도체 가치 사슬과 유사한 방식으로 설계 프로세스를 처음부터 끝까지 이해하는 것은 각 구성 부품을 더 깊이 이해할 수 있는 기반이 될 수 있다.

아날로그 및 혼성 신호 설계에서도 비슷한 단계를 따르지만, 표준 디지털 회로를 설계하고 있다고 가정해 보자. 각 단계에서 어떤 일이 일어나는지 더 잘 시각화하기 위해 그림 3-4와 같이 건설에 비유해 보겠다.

표 3-1 칩 설계와 건설 프로세스 비교

Chip Design	Construction Process
System Level Architecture	Building Architecture
Front End Design	Detailed Schematics
Design Verification	Verify Building Schematics
Physical Design	Build a Prototypical Unit
Back End Validation	Validate Structural Integrity
Manufacturing	Build a Housing Community

디자인 프로세스

설계 프로세스는 다음과 같은 6개의 개별 단계로 구성된다(표 3-1 참조):

① 시스템 수준 아키텍처

설계 프로세스를 시작하기 위해 **시스템 설계자**는 팀이 설계하려는 칩에 대한 아이디어를 개발한다. 이 프로세스는 대개 시장 또는 고객의 요구 사항을 나타내는 비즈니스 및 마케팅 팀의 의견으로 시작된다. 시스템 설계자는 칩의 기능, 칩을 만드는 데 사용할 기술, 재료 및 구성 요소, 팀이 칩의 성공 여부를 어떻게 평가할지 등을 구체적으로 결정해야 한다. 이는 건설 업계에서 부동산 개발자와 건축가가 하는 일과 비슷하다. 프로젝트를 시작할 때 무엇을 지을지(영화관? 체육관? 집?) 결정하는 것부터 시작한다. 이 결정이 내려지면 이 건물에는 몇 개의 방이 있어야 하는가 등의 질문에 답해야 한다. 각 방은 얼마나 커야 하는가? 건물은 몇 층인가? 어떤 자재가 사용되는가? 궁극적으로 개발자와 건축가는 자신이 지으려는 것이 목적에 맞는 기능을 수행하고 예산 제약 조건에 부합하는지 확인해야 한다. 건설 업계의 건축가처럼 시스템 설계자는 원하는 것의 목록을 작성하고 다른 팀에 요구 사항을 전달한 다음 하루를 끝내는 것이 아니라, 설계 프로세스 전반에 걸쳐 진행 상황을 지속적으로 모니터링하고 팀이 각 단계를 진행하도록 인도한다. 시스템 설계자는 단순히 엔지니어링 팀하고만 협력하는 것이 아니라 비즈니스 및 마케팅팀과도 협력하여 제품이 시장의 요구 사항을 충족하고 예산 범위 내에 있는지 확인해야 한다.

② 프론트-엔드(Front-end) 설계

상위 수준의 세부 사항을 결정한 후 건설을 시작하기 전에 엔지니어는 시스템의 세부 모델을 만들어야 한다. 이 작업은 전반적인 동작에 대한 상위 수준의 모델에서 시작하여 보다 구체적인 모델과 세부 도식으로 발전한다. 배관은 어디로 연결되는지? 전기 배선은 어떻게 그리드에 연결되는지? 천장과 바닥에는 어떤 재료가 사용되는지? 실리콘 엔지니어링에서는 **로직(논리) 설계 엔지니어**가 세부 사항을 채워 나가는 단계다. 디지털 시스템 또는 구성 요소의 경우 이를 **로직(논리) 설계** 또는 RTL **설계**(register transfer level)라고 한다. 반도체 산업 초창기에는 설계자가 개별 트랜지스터를 수동으로 배치하여 개별 부울 논리 게이트를 만들었다.

오늘날 설계 엔지니어는 원하는 어떤 동작을 하는 회로를 설계하기 위해 VHDL 또는 Verilog/System Verilog RTL과 같은 **하드웨어 기술 언어**(Hardware Description Languages, HDL)를 사용한다(RTL Register Transfer Level, 2021). HDL은 IC 및 전자 시스템의 물리적 구조를 설명하는 데 사용되는 특수한 컴퓨터 "프로그래밍" 언어다(Tucker, 1994). 물리적 설계 도구는 이러한 언어를 주어진 기능을 하는 개별 게이트와 트랜지스터로 변환한다. 이 단계에서 설계자는 이론적으로는 현실세계에서 완벽하게 작동하는 가상 버전의 칩을 완성해야 한다.

③ 설계 검증

건설과 마찬가지로 실리콘 설계는 자본 집약적인 산업이다. 특히 여러 건물을 짓는 경우, 건축가가 냅킨 뒷면에 설계도를 그려 놓고 무작정 건축을 시작하고 싶지는 않을 것이다. 성공적인 프로젝트를 위해서는 설계도가 실제로 제작되었을 때 완전한 기능을 갖춘 구조물로 변환되는지 확인해야 한다. 반도체에서는 단일 칩 설계를 수천 또는 수백만 개 단위로 제조, 배송, 조립하고 더 큰 시스템에 통합해야 할 수 있다. 이 단계에서 엔지니어는 설계 팀이 설계한 것을 검증한다.

복잡한 설계를 검증하는 것은 매우 어려운 작업으로, 실제로 2020년 추정치에 따르면 평균 SoC의 전체 설계 시간의 절반 이상(노동 시간의 56%)을 차지할 정도로 어렵다(Foster, 2021). 칩 제조 비용이 매우 높기 때문에 검증은 굉장히 중요하고 설계 팀은 제대로 설계를 했는지 알아야 한다. SoC(시스템 온 칩, System on chip)는 단일 기판에 전체 시스템을 구현하는 IC의 한 유형이다. 메인 프로세서와 메모리 IC 및 GPU와 같은 주변 칩을 별도로 만든 후 서로 연결하는 대신 SoC에는 필요한 모든 회로가 동일한 칩에 포함되어 있으며, 이에 대해서는 나중에 자세히 다룰 예정이다.

잠재적인 테스트 사례 또는 사용될 수 있는 방식이 너무 많기 때문에 가능한 모든 시나리오에 대해 설계를 검증하는 것은 거의 불가능하다. 그러나 다양한 경우에 적용할 수 있는 효과적인 많은 기법이 있다.

대체로 가장 일반적인 검증 방법론은 **기능 검증**으로, **SystemVerilog** HDL 코드를 사용하여 설계를 시뮬레이션 한다(Wile, Goss, & Roesner, 2005). (물리적) 설계 도구가 물리적 게이트와 와이어로 변환할 수 있는 동일한 HDL 언어를 프론트 엔드 검증 도구에서 사용하여 회로의 정확한 동작을 시뮬레이션할 수 있다.

기능 검증은 간단히 말해 설계 결과가 가능한 모든 조건에서 제대로 작동하는지 검증하는 것이다. 간단한 AND 게이트의 경우는 사소한 일이다. 하지만 수십억 개의 게이트를 가진 프로세서 칩의 경우 그렇게 간단하지 않다. 어떻게 모든 조건을 테스트할 수 있을까? 이러한 복잡성을 관리하기 위해 검증 엔지니어들은 **UVM**(범용 검증 방법론, Universal Verification Methodology)이라는 새로운 검증 방법을 만들었다. 이 방법론에서 **검증 엔지니어**는 시스템의 각 부분에 대한 모델을 구축한다. 그런 다음 설계의 출력을 이 모델과 비교하여 회로가 예상대로 작동하는지 확인한다. UVM은 설계의 어떤 부분이 검증되었는지, 어떤 부분이 검증되지 않았는지에 대한 통계를 수집하는 기능도 갖추고 있다.

설계에 결함이 있으면 주어진 **테스트 벤치** 입력에서 잘못된 출력이 발생해야 하며, **디버깅**을 통해 이를 식별하고 수정할 수 있다(Wile, Goss. & Roesner, 2005). 상상할 수 있듯이 이 과정은 시간과 리소스가 매우 많이 소요되는 과정이다. 어떤 의미에서 칩을 두 번 만들어야 하는 셈인데, 한 번은 비교 대상인 "황금 모델"을 만들기 위해, 다른 한 번은 실제 구현을 위해 만들어야 한다.

대체 또는 보완 검증 방법론인 에뮬레이션(emulation)은 **FPGA**(이후 장에서 자세히 설명)를 사용하여 설계를 프로그래밍하고 실제 세계에서 회로를 관찰한다(Chang et al., 2009). 이는 실제 물리적 신호를 다루는 응용에 특히 유용할 수 있다. 예를 들어 오디오 프로세서를 설계하는 경우 기능 검증 도구를 사용하면 주어진 입력 세트에 대해 올바른 24비트 숫자를 출력하는지 예상한다. 최종 고객이 MIT 수학과 교수인 경우에는 유용할 수 있다. 하지만 실제로 알고 싶은 것은 "소리가 어떻게 들리는가?"이다. 이를 위해 새로 설계된 오디오 프로세서를 FPGA 에뮬레이터에 "프로그래밍"하면 헤드폰이나 스피커를 통해 직접 들을 수 있다.

FPGA는 **필드 프로그래머블 게이트 어레이**(Field Programmable Gate Array)의 약자로, 여기서 핵심 단어는 "프로그래머블(Programmable)"이다. 에뮬레이터에는 최종 칩에 필요하지 않은 회로가 많이 포함되어 있기 때문에 최종 제품보다 속도가 느리고 전력을 더 많이 소비할 수밖에 없다. 중요한 것은 시장에 출시할 준비가 된 제품을 만드는 것이 아니라 가능한 한 실제 제품에 가까운 테스트 가능한 프로토타입을 만드는 것이다. 에뮬레이션 프로세스는 투박하고 비용이 많이 들지만 결과는 더 확실하다.

또 다른 검증 방법인 **형식 검증**은 시뮬레이션 대신 수학적 추론과 증명을 사용하여 입출력 시나리오를 직접 테스트하지 않고도 RTL 설계가 원하는 기능을 수행할 수 있는지 검증한다. 시뮬레이션 기반 검증 기법은 시행착오 접근 방식을 적용하여 가능한 한 많은 시나리오를 추측하고 테스트하는 반면, 형식 검증은 이론적으로 가능한 모든 입력-출력 조합을 포괄하는 알고리즘을 사용하여 설계를 테스트한다(Sanghavi, 2010). 형식 검증에서는 설계의 올바른 동작에 적용되는 규칙(예: 신호 A는 항상 신호 B의 역수이거나 클럭 X는 항상 클럭 Y의 두 배 주파수)을 설정하고, 툴은 설계가 이러한 모든 규칙을 준수하는지 확인한다. 그러나 설계가 복잡해지면 이러한 유형의 검증은 엄청나게 어려워져 고급 시장에서는 사용이 제한된다(Sanghavi, 2010)

칩의 여러 부분에 적합한 검증 방법을 선택하는 것도 설계 프로세스의 일부이다. 일부 간단한 입력/출력 관계는 형식 검증으로 효과적으로 검증할 수 있지만 실시간 비디오 엔진에는 복잡한 에뮬레이션 플랫폼이 필요할 수 있다.

④ 물리적 설계

칩을 물리적으로 제작하는 단계다. 상위 레벨의 모델을 구성하고 RTL 코드를 작성했으며 예상대로 작동하는지 확인했다. 칩은 궁극적으로 수백만 개의 트랜지스터와 기타 전자 부품으로 만들어진다. RTL 코드는 정확히 어떻게 전선과 트랜지스터로 전환될까?

고급 **EDA**(electronic design automation) 툴은 프론트-엔드 디자인 팀이 구축한 것을 현실 세계로 가져온다. 이 과정은 매우 복잡한 과정이며, 때로는 프론트-엔드 디자인 단계 만큼이나 오래 걸릴 수 있다. 우리는 물리적 설계를 다섯 가지 구성 단계로 나눠볼 수 있다.

- 상위 수준 합성(HLS, High Level Synthesis) – **프론트–엔드 설계**의 끝과 **백–엔드 설계**의 시작을 알리는 단계다. 앞 단계까지는 칩을 RTL 언어(예: VHDL 또는 Verilog)로 기술하고 의도한 대로 작동하는지 시뮬레이션 했다. 이제 **물리적 설계 엔지니어**가 **합성**(Synthesis)을 사용하여 해당 RTL 코드를 트랜지스터와 와이어로 변환할 준비가 되었다. 10억 개의 게이트가 사용된 설계의 경우 합성은 매우 복잡한 프로세스다. 완료하는 데 며칠이 걸릴 수도 있다. 앞선 합성 툴 개발사인 Synopsys(SNPS)를 활용해도 (참고로 이 회사는 2021년 1월 현재 시가 총액이 500억 달러에 달한다) 합성 문제는 해결하기 어렵고 비용이 많이 드는 문제다. 설계 엔지니어는 한 언어에서 다른 언어, 즉 물리적 또는 "백-엔드"로 변환함으로써 프론트-엔드 설계 팀의 작업을 다루고 설계 프로세스의 다음 단계를 완료할 수 있다.
- 설계 넷리스트(Design Netlist) – 상위 수준 합성의 산물은 회로에 포함된 전자 부품과 이 부품들이 연결된 모든 노드의 목록인 **넷리스트**다. 용어를 다시 한번 상기시키면 **회로 노드**는 트랜지스터 또는 회로를 구성하는 기타 구성 요소 등 전기 신호를 전송할 수 있거나 서로 연결된 모든 개별 요소를 의미한다. 더 작은 IC와 트랜지스터를 제조하는 데 필요

한 계속해서 발전해 나가는 제조 기술 세대를 설명하는 **기술 노드**와 혼동해서는 안된다. 칩이 IC 또는 회로 기판에 전략적으로 배치된 전자 부품의 2차원 네트워크로 존재하는 경우, 넷리스트는 "왼쪽" 또는 "오른쪽"이 없는 운전 경로 목록처럼 어떤 부품이 어떤 부품에 연결되어 있는지에 대한 설명이다. 각 구성 요소의 상대적 위치를 서로 비교하여 표시하는 설계 회로도와 달리 넷리스트의 주요 목적은 연결에 대한 정보를 설명하는 것이다(Holt, n.d.).

- 평면 배치(Floorplanning) – 물리적 설계 프로세스의 이 단계에서 물리적 설계 엔지니어는 모든 것이 어디에 위치해야 하는지 결정한다. 어떤 설계에는 메모리 블록과 해당 메모리에 데이터를 읽고 써야 하는 대형 로직 블록이 포함될 수 있다. 평면 배치는 이러한 블록이 서로 가까이 배치되도록 한다. 물리적 설계 엔지니어는 어떤 구성 요소를 묶어서 같이 배치하거나 떨어져 배치해야 하는지, 어떤 조합이 최소 면적과 최대 속도를 가져올 수 있는지 파악해야 한다(PPAC를 기억하라!). 넷리스트가 건물 내부에 필요한 모든 물건의 목록이라면, 평면 배치는 한정된 공간을 최대한 효율적으로 사용하기 위해 가구, TV, 책상 등을 어디에 배치할지 결정하는 작업이다.

- 배치 및 경로(Place-and-Rout) – **배치** 과정에서 엔지니어는 먼저 모든 전자 부품과 회로를 정확히 어디에 배치할지 결정한다. 대형 로직 블록이 칩의 특정 영역에 있어야 한다고 결정하면 배치 툴을 사용하여 모든 논리 게이트에 특정 위치를 할당한다. 가구를 더 작은 구성 요소로 나눌 수 있다면, 그 나뉘어진 작은 구성 요소가 어디로 갈 지 결정하는 것이다. 배치 후에는 **CAD 툴**이 배치된 구성 요소를 연결하는 데 필요한 모든 배선을 집적하는 라우팅이 이어진다.

  전원 공급 장치나 고정밀 신호와 같이 일부 중요한 배선은 실제로 수작업으로 라우팅할 수 있다. 넷리스트는 설계의 모든 게이트와 어떻게 연결되는지를 정의하므로 라우팅은 이러한 모든 연결을 물리적 와이어로 구현하는 것일 뿐이라는 점을 기억하라.

그럼 이제 다 끝났다. 맞나? 모든 것이 연결되고 넷리스트와 일치하니 이제 남은 작업은 무엇일까? 칩을 구성하는 기능적 구성 요소를 배치하고 서로 연결했지만 새로운 설계의 중요한 측면인 타이밍을 아직 분석하지 못했다.

- 클럭-트리 합성(CTS, Clock-tree Synthesis) – 클럭 트리 합성 단계에서 엔지니어는 회로에 정보를 전달하는 전기 신호가 칩 전체에 균일하게 의도한 대로 "클럭"되는지 확인해야 한다(VLSI Guide, 2018). 프로세서 속도와 성능의 일반적인 측정치인 **클럭 주파수** 또는 **클럭 속도**는 신호가 IC를 통과하는 속도를 나타내며 명령어를 얼마나 빨리 실행할 수 있는지를 결정한다(Howe, 1994). 프로세서는 회로 설계가 매우 복잡하기 때문에 엔지니어들은 이러한 복잡성을 관리하기 위한 기술을 고안해냈다. 이러한 기술 중 하나가 동기식 설계다. **동기식 설계**는 모든 회로에서 공통의 "클럭"을 사용한다. 신호가 잘못된 시간에 칩의 여러 구성 요소에 도달하지 않도록 하는 것이 중요하다. 그렇지 못할 경우 칩이 느려지거나 의도한 대로 동작하지 않을 수 있다. 클럭은 이러한 상황을 방지하고 시스템의 모든 부분이 동시에 **클럭 신호**를 수신하도록 보장한다. 칩의 한 쪽에서 한 **클럭 주기** 동안 결과를 계산하고 있다고 생각하는데, 칩의 다른 쪽에서는 이미 동일한 클럭 주기동안 계산을 완료한 경우 계산 오류가 발생할 수 있다.

  그림 3-3에 표시된 것처럼 이 프로세스를 일렬로 서서 물통을 전달해 불을 끄려는 소방관들로 시각화 할 수 있다. 이 대열은 모든 사람이 동시에 물통을 건네 줄 때 가장 효율적으로 작동한다. 대열은 한 소방관이 물탱크에서 물을 퍼서 양동이에 담아 다음 대열에 있는 두 번째 소방관에게 전달하는 것으로 시작된다. 그러면 첫 번째 소방관이 다른 통을 들고 두 번째 소방관에게 전달하고, 두 번째 소방관은 세 번째 소방관에

게 첫 번째 통을 건네고 두 번째 통을 받을 준비를 한다. 각 물통은 "중요 경로"를 따라 줄을 서 있는 다음 소방관에게 전달되며, 불 옆에 있는 마지막 소방관에게 전달될 때까지 계속 전달된다. 그리고 마지막 소방관은 불에 "신호"에 해당하는 물을 붓는다. 한 소방관이 다음 줄에 있는 사람에게 물통을 전달하는 데 시간이 너무 오래 걸리면 뒤돌아 서서 다음 물통을 받을 시간이 충분하지 않다. 물통을 전달하는 속도가 빨라지면 소방관이 물을 떨어뜨리거나 대열의 속도를 늦춰야 할 가능성이 높아진다. 비슷한 방식으로, 칩의 일부에 대한 타이밍이 나머지 장치의 처리 완료를 설정하는 클럭과 "어긋나면" 다음 **클럭 에지(캡쳐 에지**라고도 함)에 맞춰 명령이 완료되지 않을 수 있다. 소방관이 속도가 느려지거나 속도를 제대로 맞추지 못한다고 해서 불을 끌 수 없다는 의미는 아니다. 오히려 더 빨리 실행되어야 할 명령이 지연된 명령을 기다려야 하므로 시스템 속도가 느려질 수 있다. 장애가 발생하지 않을 수도 있지만 이러한 타이밍 문제는 시스템 성능에 상당한 악영형을 미칠 수 있으므로 칩 설계에서 중요한 고려 사항이다.

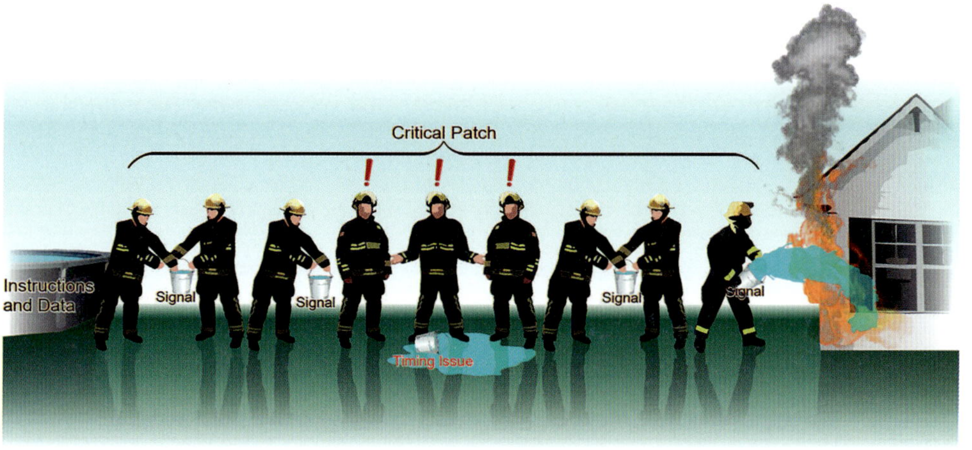

그림 3-3 클록 사이클 및 시스템 타이밍 – 소방관 비유

디지털 회로의 예상 타이밍을 계산하고 검증하는 일반적인 시뮬레이션 방법을 **정적 타이밍 분석**(STA, static timing analysis)이라고 한다. 정적 타이밍 분석은 모든 논리 경로가 서로에 대해 적절한 타이밍을 갖도록 하여 타이밍 오류가 발생하지 않도록 한다.

신호와 클럭 주파수에 대해서는 다음 장인 아날로그, 메모리 및 공통 칩 아키텍처에서 자세히 설명하겠다.

⑤ 검증(물리적 검증 또는 백-엔드 검증이라고도 함)

회로를 제조할 준비가 되면 트랜지스터 구성, 인터커넥트 네트워크 및 실리콘 기판에 만들 기타 기능 구성 요소를 비롯하여 팹에서 요구하는 모든 필수 정보가 포함된 GDS 설계 파일을 생성한다. 반도체 공장 또는 **팹**에 보내는 GDS 파일을 생성하기 전에 **검증 엔지니어**는 칩이 제조 가능한지 다시 확인해야 한다. 이를 위해 **설계 규칙 검사**(DRC, Design Rule Checkers)와 같은 **EDA**(Electronic Design Automation) 소프트웨어 도구를 사용하여 칩이 선택한 파운드리의 모든 규칙을 준수하는지 확인한다. 제약 조건은 칩 크기부터 배선과 트랜지스터를 서로 얼마나 가깝게 배치할 수 있는지 등 매우 다양하다. 이러한 검증 엔지니어는 건설에서 하우징 커뮤니티 나머지 부분을 짓기 전에 "프로토타입" 하우징 유닛을 검사하는 감독관과 같다고 생각하면 된다.

⑥ GDS II 생성

GDS II는 IC 설계 주기가 끝날 때 완성된 설계를 팹으로 전송하는 데 사용되는 표준화된 형식이다(Rubin, 1993). 프로젝트가 끝나면 관리자에게 보내는 워드 또는 엑셀 파일과 비슷하지만, 이 파일에는 수백만 달러에 달하는 창의적인 엔지니어링의 결정체와 제조 준비가 완료된 최종 칩 설계가 포함되어 있다는 점이 다르다. 디지털 프로젝트에 참여하는 물리적 설계 엔지니어는 종종 "RTL-to-GDS"라는 문구를 사용하여 자신이 하는 일을 설명한다. 이는 프런트-엔드 RTL 설계를 바로 제조 가능한 GDS로 변환하는 물리적 설계 프로세스를 의미한다. 많은 회사에서 **GDS 파일**을 생성하여 파운드리로 보내는 이 과정을 여전히 **테잎아웃**(tapeout)이라고 부른다. 이 용어의 기원은 반도체 산업 초창기에 최종 GDS 파일을 커다란 자기 테이프에 담아 파운드리로 배송하거나 실리콘 밸리 거리를 지나 엔지니어링 건물에서 팹까지 걸어서 전달하던 것에서 비롯한다. 다행히 오늘날에는 이러한 파일을 FTP를 통해 몇 분 만에 전 세계로 전송한다.

칩 설계 구성 비유를 설명하는 그림 3-4에서는 설명을 위해 4단계와 5단계를 리드로 완전히 패키징된 상태로 묘사했다. 실제 설계 프로세스에서는 칩 레이아웃이 완성되고 패키징된 IC가 아니라 칩 레이아웃만 생성된다.

제조 – 아주 사소한 것들도 신중을 기해 완성한 GDS II 파일을 팹으로 보냈으며, 이제 IC를 제작할 차례다. 마이크로일렉트로닉스의 경우, 이는 결코 작은 일이 아니다. 수십억 개의 서로 연결된 트랜지스터와 기타 전자 부품이 하나의 칩에 들어갈 수 있으며, 제조 공정은 간단하지도 저렴하지도 않다. 또한 시간이 엄청나게 오래 걸릴 수도 있다. 최신 공정은 GDS 파일을 전송한 후 웨이퍼가 완성될 때까지 12~16주 이상 걸릴 수 있다. 다음 장인 반도체 제조 공정에서 이러한 공정과 기술에 대해 많은 부분을 다룰 것이다.

알아야 할 것들이 너무 많다는 것을 알고 있다. 그래서 간략하게 복습하기 위해 반도체 설계 프로세스의 6단계를 정리해 보면 다음과 같다.

1. 시스템 수준 아키텍처
2. 프론트-엔드 설계
3. 설계 검증
4. 물리적 설계
5. 검증
6. 제조를 위해 팹으로 전송된 GDS 설계 파일

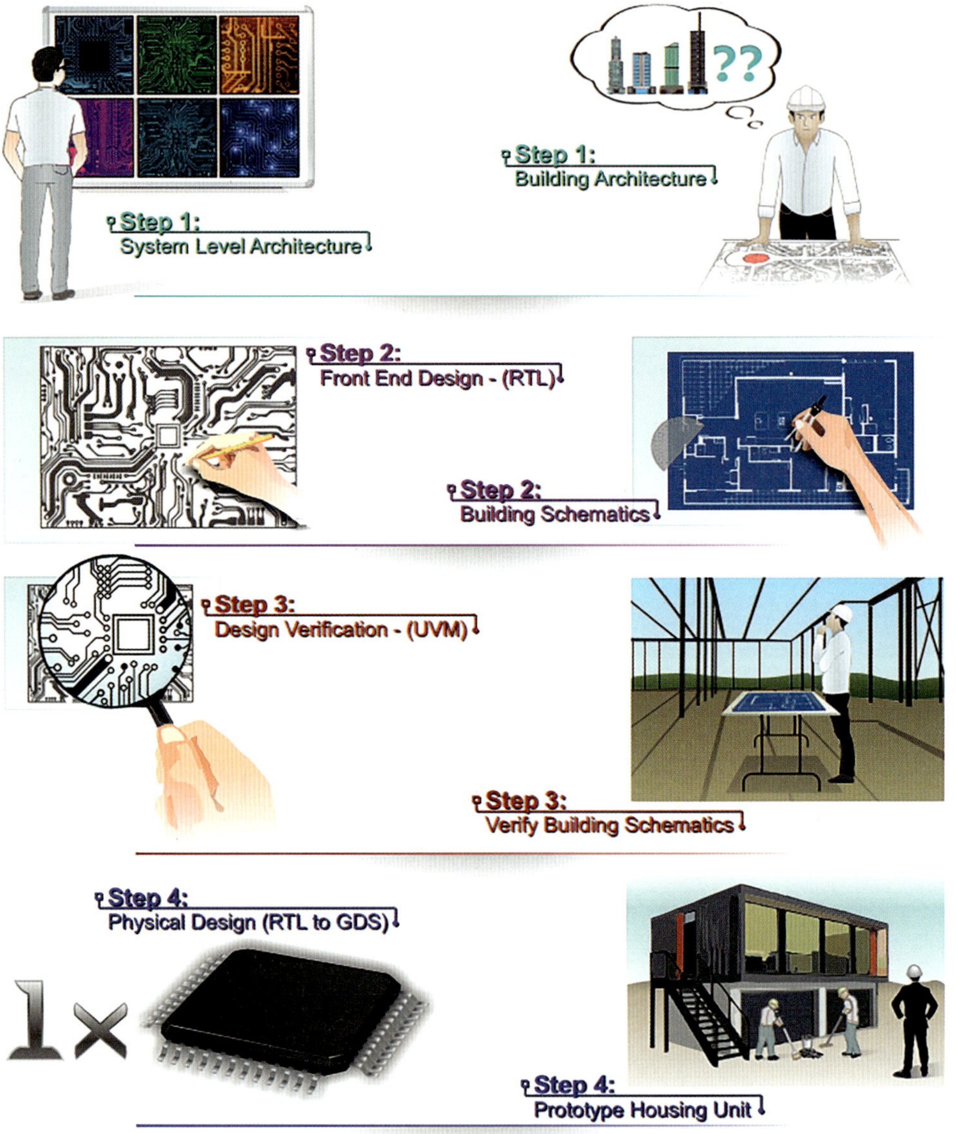

그림 3-4 반도체 설계 흐름 – 회로 구성

그림 3-4 반도체 설계 흐름 – 회로 구성(계속)

3.3 EDA 툴

EDA는 **전자 설계 자동화**(electronic design automation)의 약자로, e-CAD(**전자 컴퓨터 지원 설계**, electronic computer-aided design)라고도 한다. 단일 칩에 최대 수십억 개의 구성 요소가 포함되어 있기 때문에 건축가와 설계자는 종이에 칩 설계를 스케치할 수 없다. 하드웨어 엔지니어와 칩 설계자가 전자 시스템을 구축하는 데 도움을 주기 위해 설계 프로세스 전반에 걸쳐 EDA 도구가 사용된다. EDA 이전에는 IC를 수작업으로 배치해야 했기 때문에 느리고 힘든 공정이었다. 트랜지스터가 수백 개에 불과했던 시절에는 이 작업도 충분히 관리할 수 있었다. 하지만 지금은 그렇지 않다. 설계 흐름 전반의 문제를 해결하기 위해 EDA 제공업체들은 기능 검증부터 상위 수준 합성에 이르기까지 모든 작업을 자동화하고 간소화하는 툴을 개발하기 시작했다(Nenni & McLellan, 2014). EDA 업체들은 설계 흐름을 자동화하고 더 많은 기술 개발을 가능하게 하는 Verilog 및 VHDL과 같은 VLSI HDL의 개발과 확산을 도왔다(Nenni & McLellan, 2014).

EDA 툴 시장은 2020년에 약 110억 달러 규모였으며 2026년에는 210억 달러 이상으로 성장할 것으로 예상된다(Mordor Intelligence, 2021). 가장 큰 3대 EDA 툴 업체는 Cadence, Synopsys, Mentor Graphics다.

시스템 설계자의 상상력에서 생산 가능한 청사진에 이르는 칩의 여정을 따라 반도체 가치 사슬의 두 번째 단계에 대해 자세히 살펴보았다. 좋은 설계도 그 자체로는 꿈에 그리던 집의 도면보다 더 유용할 것도 없다. 절반은 왔지만 현관문을 열고 들어가려면 아직 갈 길이 멀기 때문이다. 다음으로 가치 사슬의 3 단계인 실제로 어떻게 만들어지는지 살펴보자.

3.4 요약

이 장에서는 전자 시스템을 디바이스, PCB, 패키지, 다이, 부품의 다섯 가지 계층으로 나누고, 각 계층은 그 아래 계층의 더 작은 추상화를 기반으로 한다는 것을 알았다. 여기서부터 실리콘 설계 흐름을 자세히 살펴보았다. 시스템 수준 아키텍처에서 시작하여 프론트-엔드 RTL 설계 및 검증을 거쳐 상위 수준 합성을 거쳐 백엔드 물리 설계 및 검증 프로세스까지 살펴봤다. HLS, 설계 넷리스트, 평면 배치, 배치 및 배선, 클럭 트리 합성 등 5가지 주요 물리적 설계 단계는 제조를 위해 웨이퍼 팹으로 전송할 준비가 된 최종 GDS II 파일로 끝이 난다. 마지막으로, EDA 툴이 어떻게 힘들고 복잡한 설계 주기의 비용과 어려움을 줄여주는지 알아보았다!

개별 확인 질문 (반도체 지식 테스트)

각 주제에 대해 관련 지식을 충분히 쌓았는지 확인할 수 있는 다섯 가지 질문이다.

1. 우리가 다룬 전자 시스템의 다섯 계층은 무엇인가? 어떤 계층 위에 더 높은 계층들이 있는가?
2. IC 설계 흐름의 각 단계를 말할 수 있는가? 각 단계를 건설에 어떻게 비유할 수 있는가?
3. 에뮬레이션, 기능 검증, 형식 검증의 차이점은 무엇인가? 각각의 장단점은 무엇인가?
4. 실리콘 설계 흐름에서 프런트-엔드 설계와 백-엔드 설계 사이의 전환점이 되는 단계는 무엇인가? 이 단계에서는 어떤 일이 일어나는가?
5. EDA 툴은 하드웨어 설계자가 더 나은 시스템을 구축하는 데 어떻게 도움을 주는가?

CHAPTER 4

반도체 제조

우리는 상위 수준 시스템 아키텍처에서 시작해 여러 가지 동시에 진행되는 설계 단계 및 하위 단계에 이르기까지 새로운 칩을 만들기 위한 여정을 따라 왔으며 마침내 새로운 칩에 생명을 불어 넣을 준비가 되었다. 하지만 반도체 제조는 결코 쉬운 일이 아니다. 원자 몇 개 두께에 불과한 수십억 개의 트랜지스터를 포함하는 IC를 제작하는 것은 매우 야심찬 작업이며, 외과 의사와 같은 정밀도의 일을 대규모로 수행해야 한다. 이 장에서는 프런트-엔드 제조부터 최종 조립 및 테스트에 이르기까지 레시피의 각 단계를 살펴보겠다. 하지만 요리를 시작하기 전에 몇 가지 기본 용어를 이해하는 것이 중요하다.

4.1 제조 개요

반도체 제조는 수억 또는 수십억 달러에 달하는 최첨단 장비로 가득한 **웨이퍼 팹**이라는 특수 칩 공장이 필요한 매우 복잡하고 초정밀도의 공정이다. 이 복잡한 공정의 결과물은 **다이 면적**과 **배치 수율**에 따라 웨이퍼당 수십 개에서 수백 개, 수천 개의 완성된 IC가 될 수 있다.

다양한 유형의 반도체 소자를 제조하기 위해 고유한 공정이 사용된다. 이를 성공적인 제조를 위한 "레시피"라고 생각할 수 있다. 각 레시피는 여러 기술을 조합하여 설계를 GDS에서 현실로 구현하는 단계로 구성된다. 업계에서는 이러한 공정 레시피를 **기술 노드**, **공정 노드** 또는 그냥 **노드**라고 부른다. 노드라는 용어는 특정 세대의 공정 기술에 대한 최소 피처(feature) 크기를 나타낸다. 피처 크기는 **나노미터**(nm), 즉 10억 분의 1미터 단위로 표현한다. 종이 한 장이나 머리카락 한 가닥의 두께는 약 100,000나노미터다(NNI, n.d.). 예를 들어, 첨단 3나노 노드를 실행하는 웨이퍼 팹은 각 트랜지스터가 훨씬 작기 때문 에 90나노 노드를 실행하는 팹보다 훨씬 더 많은 트랜지스터가 포함된 칩을 생산할 수 있다(PCMag, n.d.).

공정 기술로 트랜지스터 크기가 작아질 때마다 새로운 노드가 탄생한다. 엔지니어나 뉴스 앵커가 인텔의 오래된 "14nm 노드"와 TSMC의 획기적인 "5nm 노드"에 대해 얘기하는 것을 듣는다면, 그들이 말하는 것은 TSMC가 5nm만큼 작은 크기의 트랜지스터를 만들 수 있는 반면, 인텔은 14mm만큼 작은 피처 크기의 IC만 제조할 수 있다는 것이다. 게이트 길이에 기반한 이러한 명명체계는 최신 공정에서는 유효하지 않고 수 nm 이상인 실제 피처 크기를 반영하지 않는다. 그러나 간결성을 위해, 그리고 TSMC나 GlobalFoundries 마케팅 부서에서 항의 이메일을 보낼 수 있으니 이러한 값들이 정확하다고 가정하자(IRDS, 2020). 현재 개발 중인 가장 진보된 기술 노드는 2nm 공정으로 삼성이 2025년에 생산에 투입할 계획이다(Shilov, 2021).

그림 4-1은 반도체 소자 유형별 어떤 세대의 제조 기술(노드)이 사용되고 있는지 설명하는 2019년 SIA 및 BCG 데이터를 세분화하여 보여준다. 더 작은 피처 크기, 반복적인 피처 세트, 더 단순한 아키텍처를 가진 메모리 칩은 최첨단 노드를 사용하여 제조되는 반면, 이산 소자, 아날로그, 광전자 및 센서(DAO) 소

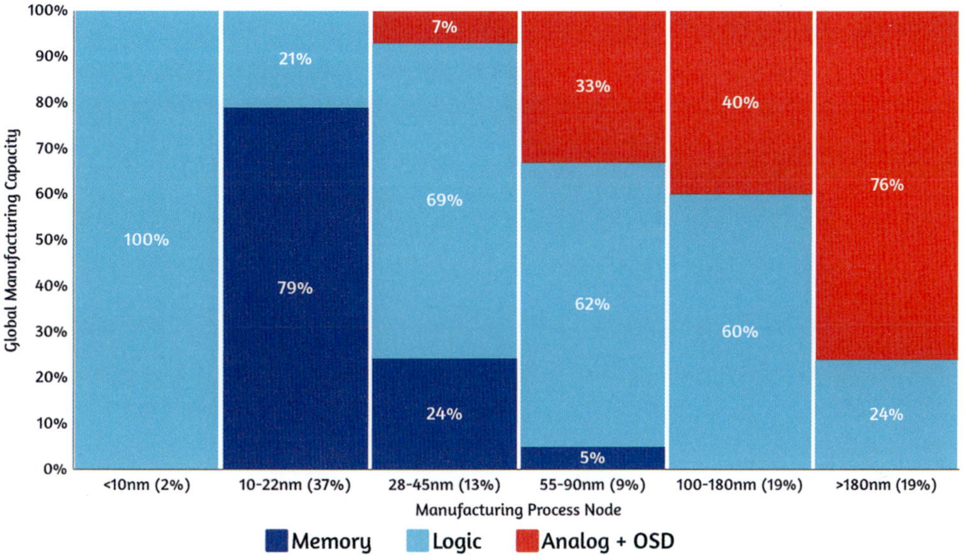

그림 4-1 2019년 노드 및 소자 유형별 반도체 제조 능력 활용 현황(SIA 및 BCG)

자는 더 오래되고 덜 발전된 기술을 사용하여 만들어진다(Varas et al., 2021). 각 공정 노드 옆의 X축에는 현재 해당 노드에서 생산 중인 웨이퍼 수량의 백분율이 나와있다. 2019년 전체 웨이퍼 생산 중 2% 미만이 10nm 장비 및 공정 기술로 만들어졌고, 전체 노드의 37%가 10-22nm 제조 기술을 사용하는 등 그밖에도 다양한 기술이 적용되고 있다. 최첨단 노드가 모든 악명을 얻고 있지만, 많은 칩이 90nm보다 큰 수십 년된 노드에서 제조된다는 점에 주목할 필요가 있다. **웨이퍼 생산**(run)은 초기 **웨이퍼 제작**부터 **웨이퍼 다이싱**으로 개별 다이가 서로 분리되는 시점까지 반도체 제조 공정 일체를 의미하며, 다음 섹션에서 이러한 공정에 대해 자세히 설명하겠다.

제조 공정은 프론트-엔드 제조와 백-엔드 제조의 두 가지 하위 부분으로 나뉜다. 아주 간단하게 설명하자면, 프런트-엔드 제조에서는 원하는 회로를 실리콘 웨이퍼에 배치하고, 백-엔드 제조에서는 해당 웨이퍼의 개별 칩을 고객의 시스템에 사용할 수 있도록 준비한다. 다음 섹션에서 각각에 대해 자세히 살펴보겠다.

4.2 프런트-엔드 제조

프런트-엔드 제조의 첫 번째 단계는 **웨이퍼 제작**이다. **웨이퍼**는 여러 개의 칩이 제작되는 반도체 또는 **기판**의 얇은 조각이다. 실리콘 웨이퍼는 먼저 **실리카**와 카본으로 구성된 물질을 녹여 원통 모양의 **잉곳**(ingot)이라는 것을 만든다(Stahlkocher, 2004). 그런 다음 잉곳을 얇게 잘라 제조에 사용할 수 있는 미완성된 웨이퍼를 준비한다. 제조에 사용되는 웨이퍼는 일반적으로 가장 자리가 평평하고 둥글기 때문에 엔지니어와 장비가 웨이퍼를 더 쉽게 다룰 수 있다. 그림 4-2에서 잉곳(왼쪽)과 웨이퍼(오른쪽)를 볼 수 있다.

웨이퍼의 직경은 1980년대 150mm에서 현재 사용되는 300mm로 지난 수십 년 동안 두 배로 증가했지만, 효율성을 높이고 생산량을 늘리기 위해 450mm 웨이퍼를 채택하려는 움직임이 활발히 진행되고 있다(AnySilicon, 2021). 우표시트의 우표처럼 단일 웨이퍼에는 제조 공정이 끝날 때까지 수백 또는 수천 개의 칩이 포함될 수 있으며, 나중에 **웨이퍼 다이싱**이라는 공정에서 개별 다이로 분리된다. 그림 4-3에서 가공된 웨이퍼와 그 구성 다이를 볼 수 있다.

그림 4-2 잉곳과 실리콘 웨이퍼(Stahlkocher, 2004) (Mineralogy Museum, 2017)

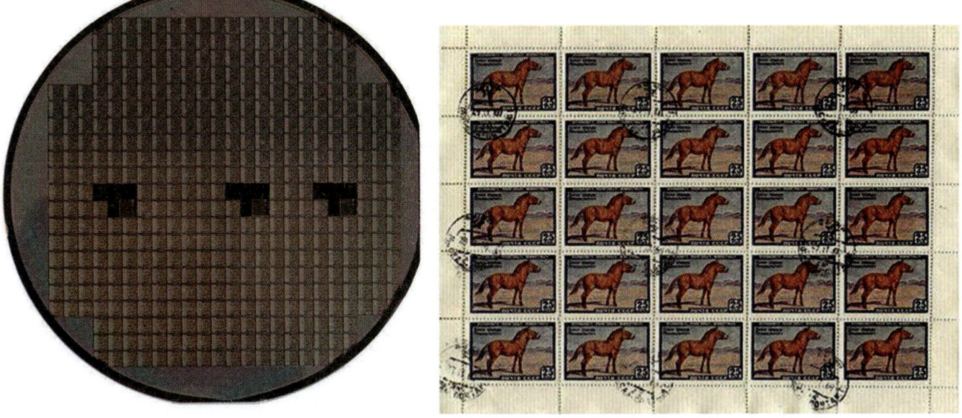

그림 4-3 공정을 마친 웨이퍼와 우표시트 비교(Silicon Wafer, 2010) (STAMPRUS, 1959)

일반적으로 웨이퍼 제조 공정은 겹 케이크(layer cake)를 한 번에 한 층씩 쌓아 올리는 것과 같다고 생각할 수 있다. 지나치게 단순화시킨 표현이지만, 본질적으로 프런트-엔드 제조 공정의 여러 단계는 기판, 회로 및 기타 재료의 복잡한 조합을 하나씩 쌓아 올리는 것으로, 완벽하게 동작하는 칩을 만들기 위해서는 높은 정밀도와 정확성이 필요하다.

프런트-엔드 웨이퍼 제조 단계를 수많은 공정, 하위 공정 및 기술로 세분화해서 자세히 설명할 수 있지만(겁 주는 것이 아니니 걱정 마시라), 우리의 목적에 맞게 여기서는 대부분의 주요 프런트-엔드 웨이퍼 제조 공정을 크게 네 가지 범주로 분류하겠다.

① 증착(Deposition)

웨이퍼 표면에 박막이라는 물질을 추가하는 일련의 공정이 여기에 해당한다(STMicroelecronics, 2000). 이는 **원자층 증착**(atomic layer deposition; ALD), **분자 빔 에피택시**(molecular beam epitaxy; MBE), **물리 기상 증착**(physical vapor deposition; PVD), **전기 화학 증착**(electrochemical deposition; ECD) 등 다양한 기술을 사용하여 이뤄진다. 이러한 각 공정을 모두 알 필요는 없으며, 많은 공

정이 있다는 것만 이해하면 된다. 웨이퍼 표면에 재료층을 잘 증착하기 위해 산화물 가스로 채워진 퍼니스(furnace)에서 웨이퍼를 가열하는데, 이를 **산화 공정**이라 부른다. 케이크에 비유하자면, 증착은 페이스트리(pastry) 또는 프로스팅(frosting)을 연속적으로 층층이 쌓아 올리는 과정이다.

그림 4-4에서 왼쪽에서 오른쪽으로 ALD, MBE, ECD 장비를 볼 수 있다. 이러한 장비가 복잡하고 비싸다는 것은 공학 박사 학위가 없어도 알 수 있을 것이다. 이러한 기계가 수백 대에 달하는 것을 보면 최신 제조 시설의 비용이 수십억 달러에 달할 수 있다는 것을 쉽게 이해할 수 있다.

그림 4-4 ALD, MBE 및 ECD 증착기(Potrowl, 2012) (Paumier, 2007) (Argonne National Laboratory, 2008)

증착에서 일어나는 일을 더 잘 설명하기 위해 그림 4-5에 표시된 **물리적 기상 증착**(PVD)이라는 일반적인 공정에서 일어나는 일을 자세히 살펴보자.

이 공정에서 웨이퍼 기판은 **진공 챔버** 안에서 **스퍼터링 타겟**(sputtering target)이라 불리는 재료 맞은편에 위치한다. **스퍼터링 가스**는 스퍼터링 타겟을 향해 챔버 안으로 유입된다. 스퍼터링 타겟에서 튕겨져 나온 원자는 웨이퍼 기판 표면으로 향하게 되고, 기판 위에 물질이 코팅되는데 이를 박막이라고 한다. 다른 증착 공정에서는 “층 형성(layer-building)”을 위해 액체 또는 기타 재료를 사용

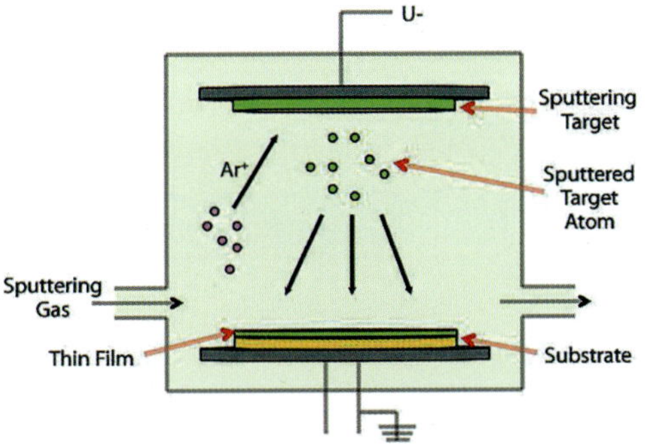

그림 4-5 물리적 기상 증착(PVD) 프로세스(Aldrich, 2018)

하기도 하지만, 일반적인 증착 공정 원리를 보여주기에는 이러한 PVD 공정으로 충분하다.

② 패터닝(Patterning)/리소그래피(Lithography)

이 단계는 웨이퍼 위 재료의 모양을 만드는 모든 공정이 포함된다. 그림 4-6 및 4-7에 설명된 **포토리소그래피**(Photolithography) 공정에서 웨이퍼와 그 구성 재료는 먼저 빛에 반응하여 분해되는 **감광제**(Photoresist)라는 화학 물질로 코팅한다(Valentine, 2019). 그 다음 **스테퍼**(stepper)라고 하는 거대한 기계가 **포토마스크**(photomask)를 웨이퍼 위에 정렬한다. 이 포토마스크는 설계한 칩을 제작하는 공정 중 하나 하나의 레이어마다 만들어진다. 그런 다음 스테퍼는 고유한 파장(일반적으로 심자외선)의 빛을 포토마스크를 통과하여 웨이퍼로 전달한다. 포토마스크를 통해 빛에 노출된 영역의 감광제는 연화되고 웨이퍼에 원하는 패턴을 생성할 수 있다. 마찬가지로 **전자 빔(e-beam) 리소그래피**에서는 빛 대신 전자 빔이 마스크를 통해 비춰져 웨이퍼에 각인을 남긴다(Rai-Choudhury, 1997). (역주: 일반적으로 전자 빔 리소그래피는 마스크를 사용하지 않는다.) 그림 4-8에서 스텝퍼와 포토마스크의 사진을 볼 수 있다.

이 패턴-에칭(etching) 공정은 수십 번 반복될 수 있으며, 일부 최신 공정에서는 하나의 설계를 제작하기 위해 75개 이상의 마스크가 필요하다. 포토레지스트가 제거되면 남은 영역에 금속 또는 기타 재료를 증착하여 개별 트랜지스터와 기

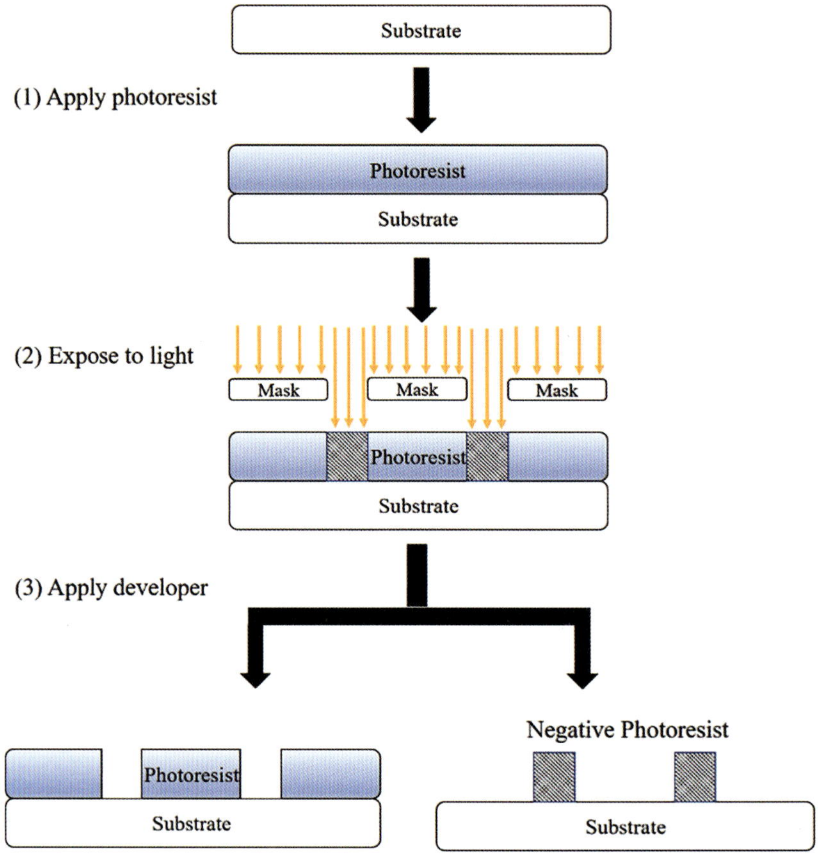

그림 4-6 포토리소그래피 공정(lam, 2017)

능적 특징을 서로 연결하는 배선을 형성할 수 있다. 패터닝 또는 리소그래피 공정은 스텐실(stencil)을 사용하여 그림을 그리는 것과 비슷하다고 생각할 수 있다. 단지 여기서 스텐실은 **마스크**이고 펜은 빛 또는 전자빔일 뿐이다.

제조 공정에 대한 세부적인 지루한 얘기일 수 있지만, 리소그래피는 지난 수십 년 동안 무어(Moore)의 예측에 따라 기하학적 확장을 결정짓고 가능하게 한 중요한 기술이다. 각 세대의 리소그래피 장비는 팹에서 더 작은 피처를 만들고 각 칩에 더 많은 트랜지스터를 집적할 수 있도록 지원하여 속도를 개선하고 비용을 절감하며 전반적으로 전력 효율을 높인다. 최첨단 공정 노드를 성공적으로

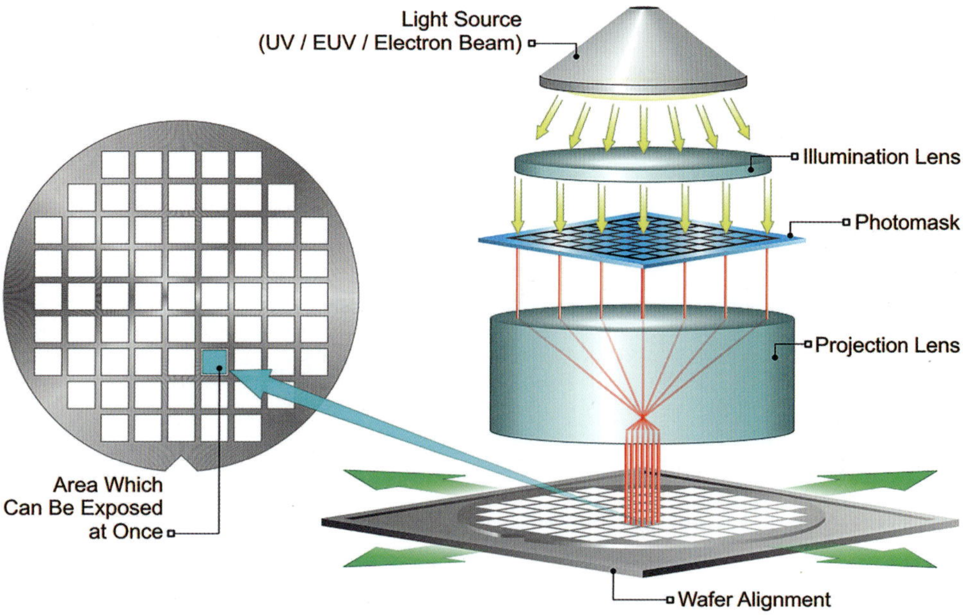

그림 4-7 패터닝과 포토리소그래피 – 스텝퍼 내부

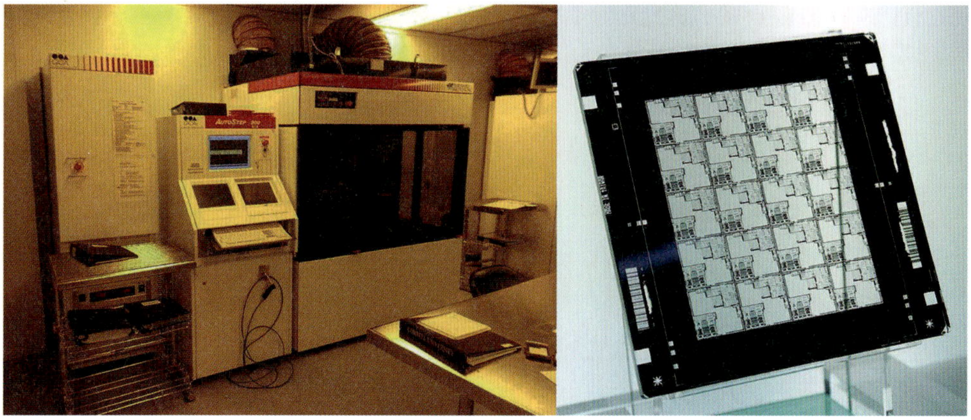

그림 4-8 스텝퍼와 포토마스크(Al3ean, 2012). (Peellden, 2011)

구현하기 위해 리소그래피 장비 공급업체는 더 작은 패턴과 트랜지스터를 만들 수 있는 새롭고 창의적인 방법을 지속적으로 찾아야 했다. 그 방법 중 하나는 1980년대부터 개발되어 최근에 와서 대량 생산에 들어간 **EUV 리소그래피**처

럼 더 짧은 파장을 사용하는 것이다(Samsung, 2020).

리소그래피가 왜 그렇게 중요한지 이해하려면 일반적으로 사용되는 빛의 파장을 이해하는 것이 중요하다. 수년 동안 리소그래피의 주요 광원의 파장은 193나노미터였다. 빛은 그 파장 정도 크기를 갖는 피처에 대해서만 바로 패턴을 형성할 수 있는 데, 이는 파운드리가 250nm 노드 아래로 내려가면서 심각한 문제가 되었다(Samuel, 2018). 광학적인 해결책과 여러 개의 포토마스크를 사용하는 방법으로 193nm 광 파장이 직접 허용하는 것보다 더 작은 패턴을 형성할 수 있었지만, 반도체 피처 크기가 점점 더 작아지면서 193nm 파장 빛으로 리소그래피를 하는 것이 점점 더 어려워졌다(Samuel, 2018). 이로 인해 훨씬 더 짧은 파장인 13.5nm에서 동작하는 EUV가 필요하게 되었다(ASML, 2022)

이러한 기술이 발전함에 따라 리소그래피 장비는 엄청나게 비싸지고, 개별 EUV 시스템은 5,000개 이상의 전문 공급업체로 구성된 글로벌 네트워크의 부품을 통합해야 만들 수 있으며 비용은 대당 1억 5천만 달러에 이르게 됐다(Varas et al., 2021)!

제조업체가 점점 더 작은 노드를 추구함에 따라 리소그래피 기술의 지속적인 혁신을 기대하고 있다. 초극자외선 리소그래피(Super Extreme Ultraviolet Lithography; SEUV)도 머지않아 실현될 거라 확신한다.

③ 제거

증착이 웨이퍼에 박막 물질을 추가하는 공정이라면, 제거는 박막 물질을 제거하는 것이다. 증착 및 패터닝으로 포토레지스트와 하부 박막층에 회로 "그림"이 각인되면 **습식 식각**(wet etching) 또는 **건식 식각**(dry etching)과 **화학적 기계적 평탄화**(chemical-mechanical planarization; CMP)와 같은 제거 공정을 사용하여 더 이상 필요하지 않은 포토레지스트 물질을 씻어내고 나중에 원하는 금속, 산화물, 트랜지스터 또는 수동 소자로 채울 수 있는 영역을 남기게 된다. 습식 식각은 액체 화합물을 사용하는 반면, 건식 식각은 기체 화합물을 사용하여 보호되지 않은 박막 재료를 용해하고 기본 회로 패턴을 "식각"한다 (STMicroelectronics, 2000).

④ 물리적 특성 변경

여기에는 트랜지스터 및 기타 기능 구성 요소의 동작과 성능을 담당하는 웨이퍼의 전기적 또는 물리적 특성을 바꾸는 공정이 포함된다. 이러한 공정에는 **도핑**(doping), **급속 열 처리**(rapid thermal annealing), **자외선 처리**(ultraviolet light processing; UVP) 등이 포함된다. 도핑 공정은 웨이퍼 표면 아래에 도펀트라는 물질을 쏘아 넣는데, 이를 **이온 주입**(ion implantation) 또는 **이온 도입**(ion introduction)이라 부른다. 이러한 물질은 그 위에 만들어지는 트랜지스터 및 기타 회로의 제어 및 전도성을 용이하게 하는 양전하와 음전하를 생성한다 (STMicroelectronics, 2000). 2장에서 설명한 대로 **도펀트**는 게이트 작동과 채널 제어를 위해 전하 차가 필요한 트랜지스터 동작에 필수적이다.

4.3 사이클링(Cycling) – 금속–이전 공정과 금속–이후 공정

이 네 가지 공정 유형은 웨이퍼 "겹 케이크"에서 충분한 레이어가 제대로 제작될 때까지 여러 번 반복된다. 네 단계가 항상 같은 순서로 수행되는 것은 아니며, 물리적 특성 변경과 같은 일부 단계는 다른 단계(증착 및 패터닝 등)보다 훨씬 적게 수행된다. 예를 들어, 일반적인 사이클은 다음과 같다.

1. 웨이퍼에 이온 물질을 도핑
2. 웨이퍼 표면에 산화물 물질을 증착
3. 웨이퍼 마스크를 통한 리소그래피 패터닝
4. 습식 식각 공정을 통해 노출된 감광제를 화학 용액에 용해

이 사이클은 필요한 만큼 반복되며, 일부 고성능 칩의 경우 한 번 생산하는데

수백 개의 단계가 필요하다. 그림 4-9는 프런트-엔드 제조 공정을 6개의 주요 단계로 요약한 것으로, FEOL 금속-이전 공정과 BEOL 금속-이후 공정 모두에 걸쳐 사용할 수 있다.

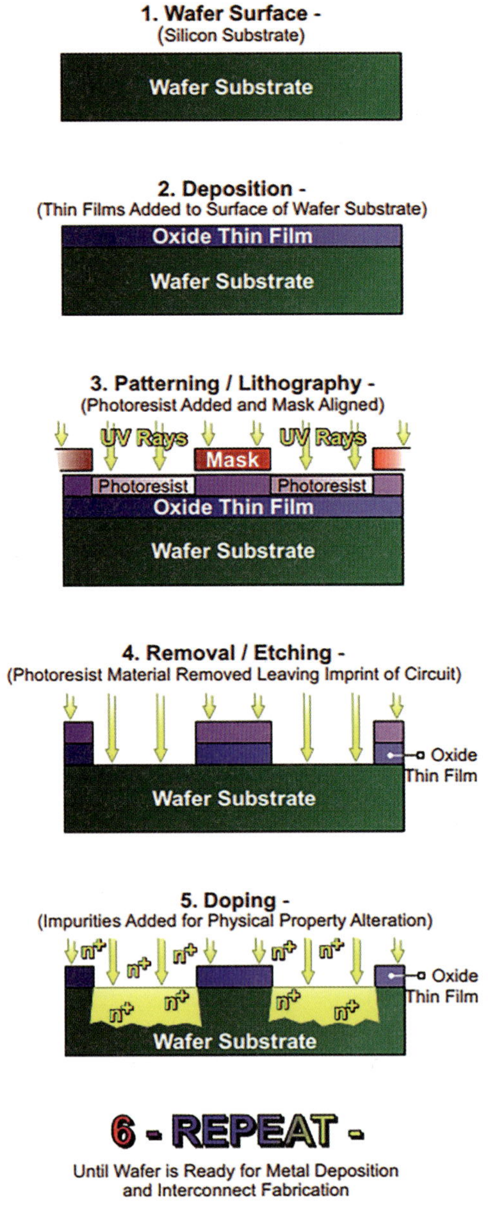

그림 4-9 프런트-엔드 공정 사이클

프런트-엔드 공정 초기 단계에서 트랜지스터는 웨이퍼 제조 공정의 "금속-이전(pre-metal)" **프런트 엔드**(FEOL) 부분에서 웨이퍼에 직접 만들어진다.

트랜지스터 어레이가 형성된 후 웨이퍼는 일반적으로 알루미늄 또는 구리로 만든 금속 인터커넥트(interconnect) 물질이 유전체 물질로 분리된 층에 증착되는 **BEOL**(Back-end of the Line) 공정을 거치는데, 이 공정은 FEOL 공정에 사용되는 것과 동일한 네 가지 공정을 사용한다(Singer, 2020). **유전체 물질**은 **금속 인터커넥트**를 서로 절연하고 구조적인 지지력을 제공한다(Singer, 2020). 이러한 인터커넥트는 개별 구성 요소를 서로 연결하여 시스템을 하나로 묶어 논리 게이트나 기타 회로를 형성한다(Singer, 2020). 최신 소자는 최대 15개의 레이어를 가지기도 하며, 상위 레이어는 수직 **비아**(via) **구조**를 사용하여 아래 구성 요소와 연결한다. 하위 레이어의 로컬(local) 인터커넥트 및 상위 레이어의 글로벌(global) 인터커넥트를 그림 4-10과 4-11에서 볼 수 있으며, BEOL 금속-이후 공정은 그림 4-12에 나와 있다.

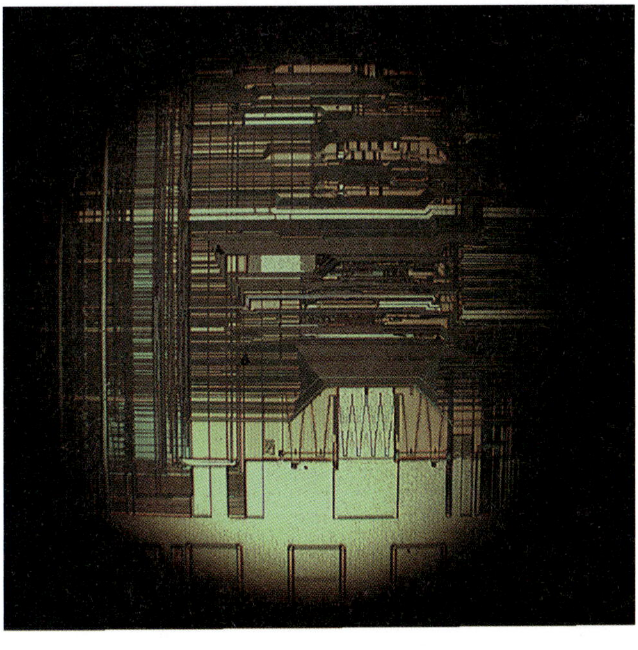

그림 4-10 글로벌 인터커넥트 – 인텔 프로세서(Gibbs, 2006)

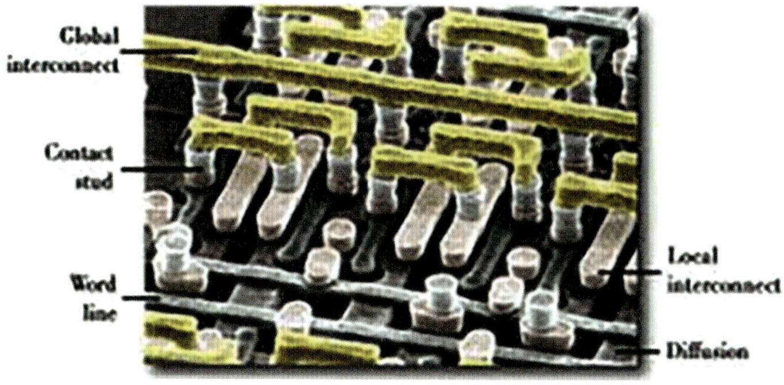

그림 4.11 글로벌 및 로컬 인터커넥트 – IBM SRAM 메모리 칩(IBM, n.d.)

복잡한 웨이퍼의 전체 프런트-엔드 제조 공정에는 수십 개의 마스크 레이어가 필요하고 완료하는 데 몇 주가 걸릴 수 있다. 이러한 문제는 업계의 비용 분포에도 반영되어 있으며, 2020년 반도체 생산 장비 전체에 지출된 620억 달러 중 프런트-엔드 제조 기계가 60%를 차지한다(Precedence Research, 2021). 노드가 추가될 때마다 복잡성이 더해져 생산 목표를 달성하고 단가를 낮게 유지하기 위해서는 웨이퍼 프로빙(probing), 수율 및 고장 분석의 중요성이 더욱 커진다. 이에 대해서는 다음 섹션에서 다룬다.

4.4 웨이퍼 프로빙(probing), 수율 및 고장 분석

프론트-엔드 제조 공정이 끝나고 백-엔드 제조 공정이 시작되기 전에 **웨이퍼 프로빙**이라는 공정을 진행할 수 있다. 간단히 말해, 최신 설계의 수백 또는 수천 개의 다이로 가득 찬 웨이퍼가 있다고 생각해 보자. 하지만 실제로 동작할까?

웨이퍼 프로빙은 **웨이퍼 프로버**(prober)라는 장치를 사용하여 최종 패키징, 조립 및 테스트가 완료되기 전에 웨이퍼 다이를 전기적으로 테스트한다. 경우에 따라 백-엔드 제조 공정이 너무 길고 비용이 많이 들기 때문에 제조업체는 웨이퍼를 미리 테스트하기를 원하기 때문에 테스트가 완료되고 동작하는 다이만

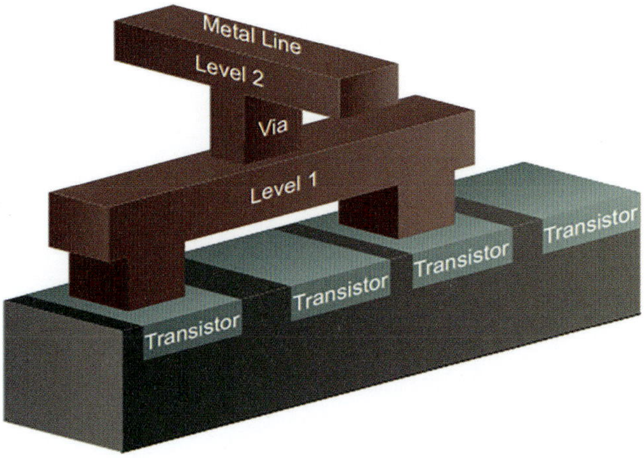

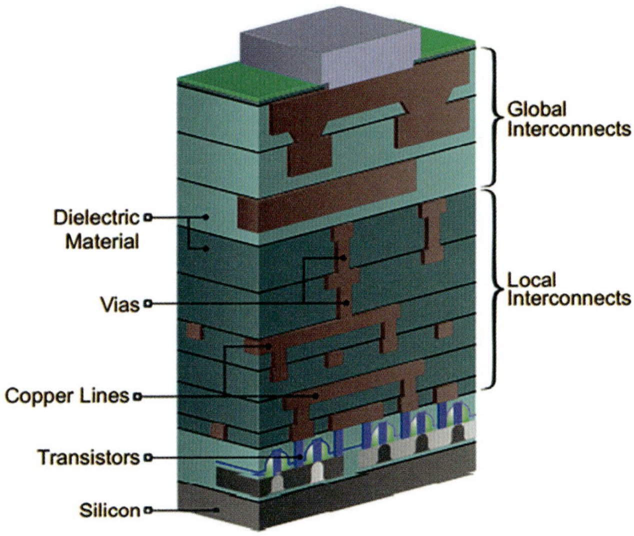

그림 4-12 BEOL 공정 – 금속 증착 및 인터커넥트 형성

백-엔드 공정으로 보낸다. **칩 스케일 패키징**(Chip-Scale Packaging)과 같은 다른 유형의 웨이퍼 공정에서는 전체 웨이퍼가 패키징되고 테스트는 나중에 진행된다.

초기 프로빙이 완료되면 두 가지 유형의 테스트, 즉 제조 공정의 **파라메트릭**(parametric) 테스트와 각 개별 다이에 결함이 없고 완벽하게 작동하는지 확인하기 위한 **웨이퍼 테스트**가 이뤄진다(STMicroelectronics, 2000). 이렇게 작은 크기에서는 보호 되지 않은 다이 표면에 입자 하나가 떨어지거나, 팹 기계 근처에서 미세한 진동이 발생하여 웨이퍼 정렬이 잘못되거나, 칩 설계의 결함 또는 여러 가지 문제로 인해 다이 또는 전체 웨이퍼 기능이 손상될 수 있다.

파라메트릭 테스트는 테스트 회로 구조에서 몇 가지 주요 회로 파라미터를 측정하여 프로세스가 예상대로 동작하는지 확인한다. 제조업체는 저항 및 소자 문턱전압과 같은 모든 기본 파라미터가 표준 허용 오차 범위 내에 있는지 확인해야 한다. 파운드리는 일반적으로 이 파라미터 테스트 단계에서 측정되는 작은 회로 구조를 각 다이 사이에 추가한다. 이 중간 공간을 **스크라이브 라인**(scribe line)이라고 한다. 웨이퍼가 개별 칩으로 절단되면 스크라이브 라인은 톱질을 위한 공간으로 사용하고 테스트 구조는 파괴된다. 그러나 이 구조는 그 목적을 달성했으며 고객은 알 수가 없다.

모든 것이 올바르게 수행되더라도 웨이퍼의 다이 중 적어도 일부는 동작하지 않을 수 있다. 팹에서는 **웨이퍼 테스트**를 통해 기능 장애가 있는 다이를 식별하여 폐기하고, 성능을 측정하고, 반복되는 오류를 추적하여 공정을 개선할 수 있다. 한 가지 예로, 웨이퍼의 중앙이나 가장자리 부근에 고장이 집중되는 것은 드문 일이 아니다. 이를 통해 이러한 고장 원인이 될 수 있는 팹 장비의 문제를 식별할 수 있다.

테스트를 통해 **고장 분석 엔지니어**는 중요한 통계인 **수율**을 계산하고 분석할 수 있다. 수율에는 라인 수율과 다이 수율 두 가지 유형이 있다. **라인 수율**은 **웨이퍼 수율**이라고도 하는데, 웨이퍼 프로빙까지 버려지지 않고 성공적으로 통과한 웨이퍼의 수를 의미한다. 라인에 중대한 문제가 있는 경우 제조업체는 웨이퍼 전체를 폐기해야 할 수도 있다. 예를 들어, 스크라이브 라인의 구조를 테스트하는 동안 기본 파라미터가 잘못되었다고 판단할 수 있다. **다이 수율**은 웨이퍼 프로빙까지 통과한 총 다이 수 대비 동작하는 다이 수로 나타낸다(Backer et al., 2018). 이 두 가지를 함께 사용하면 전체 프런트-엔드 제조 공정의 효율성을 총체적으로 설명하는 **종단간**(end-to-end) **수율**을 측정할 수 있다(Backer et al., 2018). 새로운 칩 제조 라인의 경우, 일반적으로 장비가 적절하게 보정되고 제조 엔지니어가 공정 단계를 조정할 시간이 생기면 수율은 낮은 수준에서 시작하여 점차 증가한다. 가장 최신 공정의 경우 초기 수율이 50% 미만일 수도 있다. **수율 최적화**는 오랫동안 가장 중요한 성능 목표 중 하나로 간주되어 왔고, 수율을 조금만 높여도 단위 제조 비용을 낮추고 마진을 높일 수 있다(Integrated Circuit Engineering Corporation, n.d.). 라인 수율과 다이 수율 모두에 걸친 종단간 수율 최적화는 강력한 경쟁 우위 전략이 될 수 있다(Backer et al., 2018)

수율 개선이 왜 그렇게 중요한가? 개당 1000달러의 웨이퍼에서 칩을 제조하고 각 칩을 3달러에 판매할 수 있다는 가상의 경우를 생각해 봅시다(죄송하게도 이 섹션에는 약간의 수학이 필요하다...). 100% 수율로 각 웨이퍼에서 1000개의 동작 칩을 얻을 수 있다고 가정해 보자. 그런 다음 모든 다이를 판매할 수 있다고 가정하면 3,000달러의 매출을 올릴 수 있다. 이는 1000달러의 웨이퍼 비용을 제하면 2000달러의 수익이 발생하는 것이다. 그러나 다이 수율이 80%인 경우 개당 3달러에 800개의 칩, 즉 매출 2400달러만 남게 되어 수익은 1400 달러, 총 이익률은 58%(웨이퍼 원가 1000달러 차감 후)가 된다. 더 안정화된 공정에서 달성할 수 있는 95% 수준까지 다이 수율을 높일 수 있다면 매출은 2850달러, 이익은 1850달러, 총 이익률은 65%로 증가한다. 별것 아닌 것 같지만 매출 총이익은 반도체 산업에서 중요한 재무 지표 중 하나이며, 매출 총이익이 7% 증가한다는 것은 회사의 수익성과 주식 시장 가치에 큰 영향을 미칠 수 있는 엄청난 개선이다.

그림 4-13에서는 다이 크기가 점점 작아지는 웨이퍼와 그에 따른 수율을 확인할 수 있다. 작은 오염 물질이나 약간의 움직임도 특정 다이를 영구적으로 망칠 수 있기 때문에 다이 크기가 작을수록 전체 웨이퍼 면적의 더 작은 부분이 불

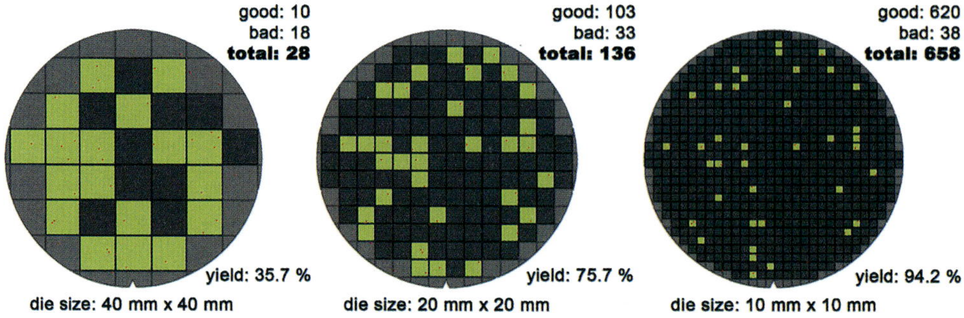

그림 4-13 웨이퍼 크기 및 다이 수율 (Shigeru23, 2011)

량으로 포함될 것이므로 일반적으로 수율은 높아진다. 결함이 있는 다이에는 검은색 점으로 표시되어 폐기하거나 아직 반쯤 작동하는 경우 할인된 가격으로 판매할 수 있다(이를 **잉킹**(inking)이라고 함).

나노미터 크기의 복잡한 제조 공정으로 인해 웨이퍼 제조는 초정밀도를 요구한다. 이 공정은 매우 민감하기 때문에 거의 모든 공정은 공기 중 입자 수가 병원 멸균 수술실보다 1,000배나 적은 수준으로 줄여주는 공기 여과 장치가 있는 **클린룸**(cleanroom)에서 이루어진다(Intel, 2018). 머리부터 발끝까지 하얀색 "버니 슈트(bunny suits)"를 입은 반도체 작업자 사진이나 영상을 본 적이 있다면 바로 그 곳이 클린룸이다. 팹은 발자국으로 인한 충격으로도 수율 및 생산량 감소를 가져올 수 있고, 이를 방지하기 위해 대부분 단층 구조 또는 지면과 가까운 곳에 위치한다(Turley, 2002). 진동은 매우 중요한 문제이기 때문에 특히 캘리포니아나 일본과 같이 지진이 자주 발생하는 지역에서는 팹 장비가 스프링이나 에어 서스펜션 시스템에 장착되는 경우가 많다.

특수한 공기 정화 및 건설 요건은 막대한 장비 비용과 지속적인 재정비 비용과 합쳐져, 새로운 팹 가격표의 대부분을 차지한다(McKinsey & Company, 2020). 최첨단 3nm 공정 노드를 제조할 수 있는 하나의 팹은 60억~70억 달러에서 최대 200억 달러의 비용이 들며 5~6년 지나면 이내 구식이 되버린다(Lewis, 2019). 2021년 삼성은 170억 달러 규모의 팹 건설 프로젝트를 위해 미국 내 입

그림 4-14 웨이퍼 팹 클린룸 및 리소그래피 실험실(Bautista, 2015) (Usher, 2013)

지를 고려하고 있었다(Patterson, 2021). 이러한 비용을 고려할 때, 미국 반도체 기업의 자본 지출은 2020년 매출의 약 30%에 달했으며, 이는 제조업 전체 매출의 4%에 해당한다(SIA, 2021).

오래된 팹은 때때로 기술 발전의 최첨단에 있지 않은 "다운 마켓(down-market)"으로 혼성 신호 또는 아날로그 회사에 매각되는 경우도 있지만, 대부분 몇 푼 안되는 금액으로 팔린다(EETimes, 2003). 그림 4-14에서는 뉴욕주립대 나노 과학 및 공학 대학(왼쪽)과 런던 나노기술센터(오른쪽)에 있는 두 개의 팹을 볼 수 있다.

4.5 백-엔드 제조

조립 및 테스트

웨이퍼 테스트가 끝나면 열심히 일하는 우리 팹 기술자들은 다이를 IC 패키징에 넣고 백-엔드 조립 및 테스트를 시작할 준비를 한다. 대부분 조립 및 테스트 작업은 **아웃소싱 조립, 테스트 및 패키징 공급업체**(Outsourced Assembly, Test, and Packaging Suppliers; OSAT's)라고 하는 제3의 업체가 수행하는데, 이들은 주로 인건비 측면에서 상당한 이점을 갖는 동아시아에 기반을 두고 있다

(Schafer & Buchalter, 2017).

다음 단계에서는 조립 및 테스트 프로세스에 대해 자세히 설명한다. 패키징 프로세스에는 다양한 변형이 있으므로 포괄적으로 단계를 제시하기는 어렵지만, 이 정도는 잘 요약한 거다. 참고로 모든 경우에 모든 단계가 수행되는 것은 아니다.

⓪ 웨이퍼 범핑(Wafer Bumping)
이 단계가 항상 수행되는 것은 아니지만 베어 다이(bare die)가 다른 부품에 직접 연결되는 경우 이 초기 단계에서 작은 **솔더볼**(또는 범프)을 웨이퍼에 직접 만든다.

① 웨이퍼 다이싱(Wafer Dicing)
이 단계는 **다이 절단**으로, 다이아몬드 톱을 사용하여 웨이퍼에서 개별 다이를 절단하고 최종 포장 및 조립을 위해 백-엔드 시설로 보낸다.

② 다이 본딩(Die bonding)
조립 및 테스트 시설에 도착한 후 막 절단된 다이를 패키징 기판에 부착하거나 **다이 부착**(die attach) (MRSI, n.d.)이라는 공정을 통해 PCB에 직접 부착하거나 베어 다이(플립칩(flip-chip))로 간단히 패키징한다. 여기서는 다이가 패키징 기판에 부착되어 있다고 가정하겠다. **에폭시 다이 접착**은 가장 일반적인 접착 공정으로, 반도체용 고릴라 접착제와 같은 특수 수지를 연결 접착제로 사용한다(MRSI, n.d.). **플립칩 본딩**은 다이 부착 방법뿐만 아니라 다이와 나머지 시스템 사이에 시스템 인터커넥트를 형성하는 방법으로도 가능하다(Ahmed, n.d.).

③ 외부 인터커넥트 형성 · 플립칩 또는 와이어 본드
다음으로, 부착된 다이를 다이에서 패키지 주변으로 이어지는 작은 와이어를 통해 시스템의 나머지 부분에 연결하여 **인터커넥트(I/O)**를 형성한다. 이 프로세스를 와이어 본딩이라고 하며 진보된 플립칩 기술보다는 I/O 연결이 더 적다(Ammann, 2003). **플립칩 패키징**에서는 다이를 뒤집어 **볼 그리드 어레이**(ball grid array)에 납땜하거나 PCB에 직접 납땜하여 칩 영역 전체에 인터커넥트를

형성하고 시스템 전체 속도를 높인다(Ammann, 2003). 지금 이 내용이 다소 어렵게 느껴지더라도 걱정하지 말라. 다음 장에서 IC 패키징에 대해 자세히 다룰 것이다.

④ 봉지 및 밀봉(Encapsulation and Sealing)

봉지 공정에서는 **표면 실장 기술**(Surface Mount Technology; SMT)을 사용하여 다이를 IC 패키지 인클로저(enclosure)에 실장한다(Gilleo & Pham-Van-Diep, 2004). 다음으로 **전사 몰딩**(molding) 기기가 봉지 화합물이나 **몰딩 언더필**(molded underfills)을 가열한 후 패키징 몰드에 주입하여 **다이 패키지 어셈블리**를 밀봉한다(Gilleo & Pham-Van-Diep, 2004). 그림 4-15은 완전히 "조립된" 다이 패키지 어셈블리를 보여준다.

⑤ 최종 테스트

최종 다이 패키지 소자는 최종 고객에게 배송되거나 중간 시스템 또는 제품에 통합되기 전에 마지막으로 한 번 더 테스트한다. 수율이 매우 높은(90% 이상) 일부 잘 정립된 기술에서는 이 최종 테스트가 개별 다이에 대한 유일한 테스트일 수도 있다. 웨이퍼 테스트 비용이 너무 비싸면 모든 다이를 패키징하여 테스트한 후 최종 테스트에서 실패한 다이를 폐기하는 것이 더 경제적일 수 있다.

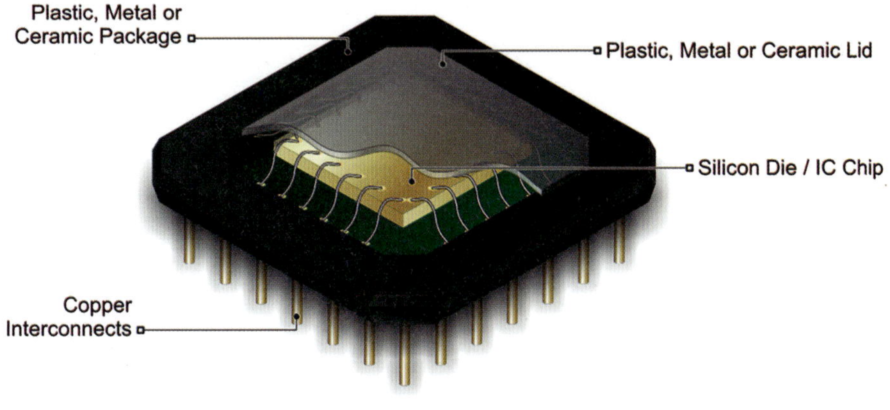

그림 4-15 완전히 조립된 다이 패키지 어셈블리

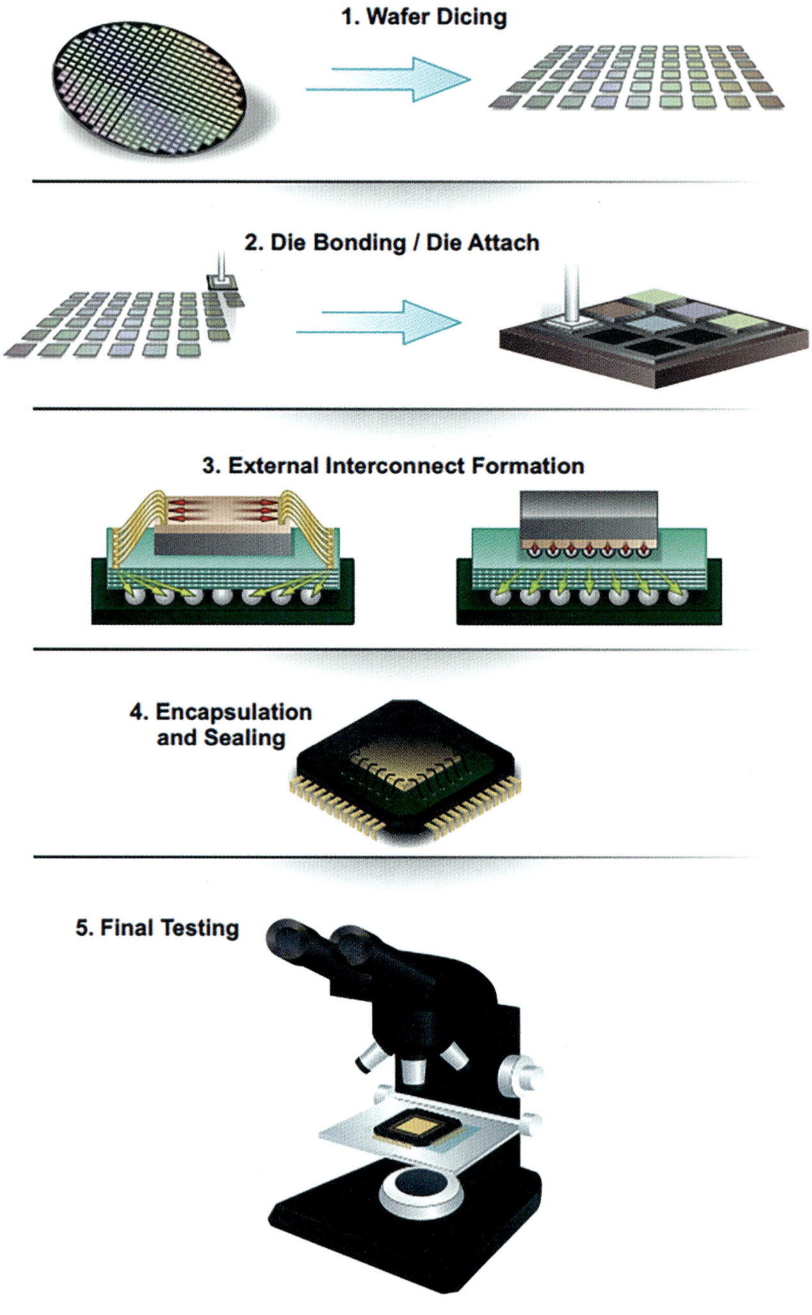

그림 4-16 백-엔드 제조 공정 - 조립 및 테스트

백-엔드 제조 공정의 5단계는 그림 4-16에 요약되어 있다. 정리하면, 웨이퍼 다이싱 단계에서 개별 다이를 서로 분리한다. 그런 다음 각 다이를 볼 그리드 어레이(BGA)에 납땜하거나 PCB에 직접 납땜한다. 납땜이 완료되면 다이를 시스템의 나머지 부분에 결합하고 효과적인 연결과 빠른 데이터 전송을 보장하기 위해 외부 인터커넥트가 만들어진다. 그런 다음 다이 패키지 어셈블리를 봉지하고 밀봉하여 외부 손상으로부터 다이를 보호하고 시스템의 무결성을 보장한다. 마지막으로 다이 패키지 어셈블리는 더 큰 제품에 집적하려는 최종 고객 또는 부품 제조업체로 배송되기 전에 마지막으로 한 번 더 테스트를 거친다.

4.6 반도체 장비

앞서 살펴본 바와 같이 반도체 생산은 수십 가지 유형의 정교한 장비가 사용되는 매우 복잡한 공정이다. 이러한 장비는 복잡할 뿐만 아니라 가격도 비싸서 단일 EUV 장비의 가격이 1억 5천만 달러 이상에 달한다. 그림 4-17은 글로벌 반도체 공급망 강화에 관한 2021년 BCG 및 SIA 보고서에서 가져온 2019년 매출 데이터로, 640억 달러 규모의 반도체 장비 시장을 분석해 보면 이러한 비용 규모를 확인할 수 있다. 그림 4-17은 11가지 유형의 반도체 장비를 분석하고 있으며, 프런트-엔드 제조 장비가 전체 장비 매출의 대부분(86%)을 차지한다. 칩이 계속 소형화됨에 따라 칩 제조 난이도가 높아져 이러한 장비에 대한 비용이 점점 더 높아지고 있다. 특히 증착, 리소그래피, 제거와 같이 점점 더 작아지는 패턴을 구현하는 핵심 프런트-엔드 기술의 경우 더욱 그렇다. 이러한 장비를 들어본 적이 없을 수도 있는데, 아이폰을 쓸 수 있게 된 것에 대해 이런 장비에게 고마워해야 한다.

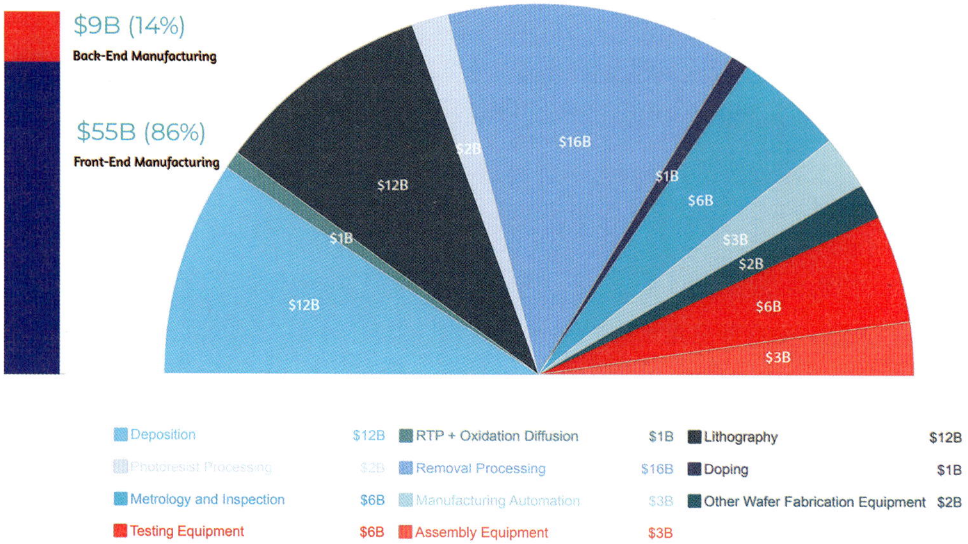

그림 4-17 반도체 시장 장비 제조 시장(Varas et al., 2021)

4.7 요약

이 장에서는 GDS 설계 파일 수령부터 테스트 및 조립에 이르는 반도체 제조 과정을 살펴보았다. 먼저 웨이퍼 제작과 프런트-엔드 제조에 대한 분석부터 시작했다. 이 단계에서는 엔지니어가 웨이퍼를 겹 케이크처럼 쌓아 올리고 고가의 장비를 통해 네 가지 주요 공정 유형을 연속적으로 반복하여 실행한다.

1. **증착**에서는 웨이퍼 표면에 주요 재료와 박막이 증착된다
2. **패터닝**에서는 리소그래피 포토마스크를 사용하여 감광제를 선택적으로 제거함으로써 웨이퍼 표면에 패턴을 만든다.
3. **제거** 프로세스는 불필요한 재료를 없애기 위해 전체적으로 사용된다.
4. **변경** 공정은 전도도와 같은 웨이퍼의 물리적 특성을 변경하는 데 사용한다.

여기에서 웨이퍼 표면에 트랜지스터 어레이를 만드는 금속-이전 FEOL 공정과 시스템을 하나로 묶는 로컬 및 글로벌 인터커넥트를 구축하는 금속-이후 BEOL 공정의 차이점을 살펴봤다. 웨이퍼 제작이 완료되면 완성된 웨이퍼를 테스트하고 결함을 검사한다. 다음으로 공정 개선과 비용 절감을 위한 수율 및 고장 분석의 중요성에 대해 알아보았다. 마지막으로 완성된 다이를 보호용 IC 패키징에 넣는 백-엔드 조립 공정을 자세히 살펴봤다. 그림 4-18에서 요약된 반도체 제조 흐름을 볼 수 있다.

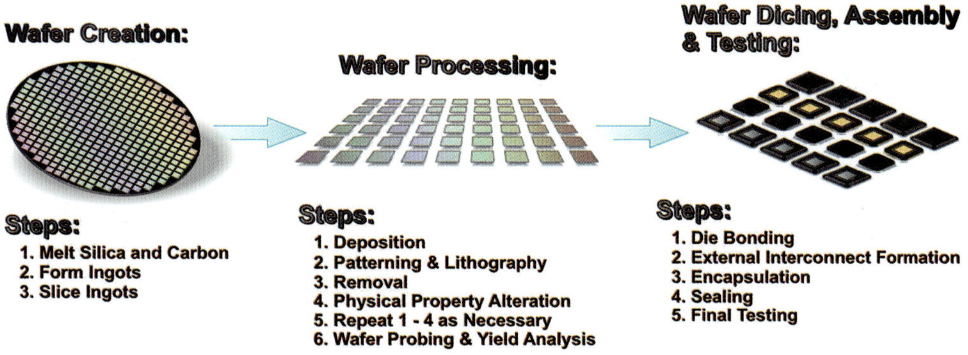

그림 4-18 반도체 제조 흐름 – 엔드 투 엔드(end-to-end)

원자 단위로 작동하는 기계를 제작하고 외부로부터 보호하려면 점점 더 고가의 초정밀 장비와 공정 기술이 필요하다. 이러한 기술이 집약된 현대의 반도체 팹은 전 세계에 컴퓨팅 장치를 확산하는 데 기여했고, 인간의 창의력이 만들어낸 놀라운 업적이다.

개별 확인 질문 (반도체 지식 테스트)

스스로 관련 지식을 충분히 쌓았는지 확인할 수 있는 다섯 가지 질문이다.

1. 웨이퍼 제조에 사용되는 네 가지 공정에는 어떤 것이 있는가?
2. 업계에서 병목 현상으로 여겨지는 핵심 프로세스 기술은 무엇인가? 그 이유는 무엇인가?
3. 프론트-엔드(FEOL)와 백-엔드(BEOL)의 차이점을 구분할 수 있는가? 프론트-엔드 및 백-엔드 제조는 어떻게 다른가?
4. 수율이 중요한 지표인 이유는 무엇인가? 어떤 용도로 사용되나?
5. 조립 및 테스트 프로세스의 5가지 핵심 단계는 무엇인가?

CHAPTER 5

시스템을 하나로 묶기

수백만 달러와 디자인 팀의 1년간의 노력이 들어갔지만 그만한 가치가 있었다! 팹에서 주문 제작을 완료하고 배송을 마쳤다. 이제 10만 대의 맞춤형 프로세서가 배송 중이다. 이제 무엇을 할까? 킨들 또는 노트북에서 이 글을 읽고 있다면 다이 패키지 어셈블리가 아닌 화면이 눈앞에 있는 것을 인지하고 있을 것이다. 사실 잘 설계된 IC라 해도 부품으로 들어간 시스템 일부일 뿐이다. 무어의 법칙이 느려지고 기업들이 고객의 요구를 충족하기 위해 기능 확장에 더욱 의존함에 따라 시스템 통합이 점점 더 중요해지고 있다. 이 장에서는 고급 인터커넥트 및 차세대 IC 패키징부터 신호 무결성 및 전력 분배 네트워크에 이르기까지 시스템을 하나로 묶는 기술에 대해 살펴본다.

5.1 시스템이란 무엇인가요?

시스템이라는 단어는 노트북과 같이 완전한 기능을 갖춘 개별 구조를 설명하거나, 더 큰 설계 내에서 특정 작업을 처리하기 위해 완벽하게 장착된 여러 하위 시스템 또는 **모듈**을 설명할 수도 있는 등 다양한 수준에서 사용될 수 있다. 앞서 언급한 킨들의 디스플레이 모듈을 구성하는 화면과 LED 드라이버를 생각해 보자. 많은 디바이스는 전혀 다른 회사에서 각자 독점적인 방법과 고유한 마이크로아키텍처로 설계한 여러 IC 및 구성 요소의 모음으로 만들어진다. 그렇기에 이 모든 것을 통합하는 것은 복잡하고 어려운 작업이다.

또한 각 모듈 간의 연결 지점은 종종 데이터 흐름상 병목 지점이 되어 지연 시간을 늘리고 전체 시스템 속도를 저하시킬 수 있다. 다양한 하위 시스템을 연결하고 전력과 데이터가 적재적소에 전달되도록 하려면 잘 설계된 인터커넥트 네트워크, 강력한 패키징 기술, 우수한 신호 및 전력 무결성 분석이 필수적이고, 그럴 때 고성능 시스템을 개발할 수 있는 것이다.

5.2 입력/출력(I/O)

시스템을 하나로 묶는 필수적인 부분은 일반적으로 **입력/출력**(input/output; I/O)이라고 하는 **인터커넥트**다. 단일 칩 내에서 **인터커넥트**는 트랜지스터와 같은 서로 다른 구성 요소를 서로 연결하여 논리 게이트 및 기타 기능 빌딩 블록을 형성 하는 배선이다. 더 높은 수준에서 인터커넥트는 칩과 PCB, PCB의 다른 구성 요소 또는 칩, 시스템 전체의 다른 부분 간의 연결을 의미한다. 대형 칩의 경우 IC의 다양한 레이어를 차지하는 인터커넥트 배선 길이가 30마일에 이르기도 한다(이러한 레이어는 이전 장에서 다룬 프런트-엔드 제조 공정의 BEOL 단계에서 형성됨)(Zhao, 2017).

요약하면, 인터커넥트는 개별 구성 요소 및 기능 블록이 나머지 시스템과 상호작용하는 게이트웨이 역할을 한다. 시스템 설계자는 시스템 내에서 I/O를 연결할 때 다양한 옵션을 사용할 수 있으며, 이는 모두 각 IC에 대해 적합한 패키지를 선택하는 것에서 시작된다.

5.3 IC 패키징(Packaging)

4장에서 살펴본 것처럼 완성된 칩은 제조 사이클의 마지막 단계에서 **IC 패키지**로 이어진다. 또는 웨이퍼 레벨 패키징의 경우, 완성된 칩은 나머지 웨이퍼에서 절단 및 분리되기 전에 이미 패키징 되어 있다. 전자 패키징은 칩을 외부로부터 보호하고 소자를 나머지 시스템과 연결하는 전기적 인터커넥트를 제공한다. 4장에서 전자 패키징에 대해 간략하게 소개했지만, 여기서는 다양한 패키지 종류를 자세히 살펴보겠다. 각 패키징 유형에 대한 설명을 보면서 그림 5-2로 넘어가 패키징 구조 및 아키텍처에 대해 바로 시각적으로 확인하는 것도 좋다.

가장 널리 사용되는 패키지 유형은 다음과 같다.

① 와이어 본드(Wire Bond)

IC가 처음 주목을 받기 시작했을 때 패키징 인터커넥트는 패키징 내부에서 **IC 본드**(bonds) 및 **랜딩 패드**(landing pads)부터 **핀**까지의 와이어 본드 연결을 의미하는 정도였다. 그리고 이 핀들이 나머지 시스템을 구성하는 외부 보드 또는 기판에 납땜되는 것이다(Gupta & Franzon, 2020). 이러한 배열은 인터커넥트가 다이와 패키징의 경계에만 위치할 수 있기 때문에 개별 칩에서 가능한 인터커넥트 수가 제한되었다.

② 플립칩(Flip–Chip) 패키징

이 방법은 다이 자체의 테두리 내에 인터커넥트를 배치할 수 있도록 하여 앞서 언급한 영역 문제를 해결할 수 있다(Gupta & Franzon, 2020). 제조 및 조립 공정의 백-엔드에 몇 가지 단계를 추가하여 이를 구현할 수 있다.

플립칩 부착 과정은 대략 6단계로 구성된다. 4장에서 잠깐 다루었지만 여기서 플립칩 기술에 대해 좀 더 자세히 살펴보겠다.

1. 개별 IC는 웨이퍼 공정을 통해 만들어진다. 다이의 부착 패드는 납땜이 더 잘 되도록 처리된다.

2. **솔더 볼**(solder balls)이라고 하는 작은 금속은 **웨이퍼 범핑**(bumping)이라는 공정을 통해 각 IC 부착 패드에 놓여진다(Tsai et al., 2004).
3. 웨이퍼 범핑 후 **웨이퍼 다이싱**(dicing)을 통해 개별 IC를 분리하고 뒤집는다.
4. 뒤집힌 다이의 솔더 볼은 고정밀 로봇을 사용하여 기판 또는 PCB의 해당 **본드 패드** 패턴(**볼 그리드 어레이**(ball grid array; BGA)라고 함)에 맞춰 정렬된다.
5. 솔더 볼은 재 용융되어 기판 또는 PCB에 납땜되는데, 이를 **플립칩 본딩**이라 부른다(Tsai et al., 2004).
6. 마지막으로 솔더 볼 인터커넥트 사이 공간은 **언더필**(underfills)이라는 재료로 채워 새로 실장된 칩을 기계적, 열적으로 지지한다(Tsai et al., 2004)

그림 5-1은 플립칩 본딩 공정의 각 단계를 더 잘 이해할 수 있도록 그림으로 표현하였다. 윗줄 왼쪽부터 오른쪽으로 1단계부터 4단계까지 표현되어 있다. 5단계(플립칩 본딩)는 왼쪽 아래 두 그림에, 6단계(언더필)는 오른쪽 아래 두 그림

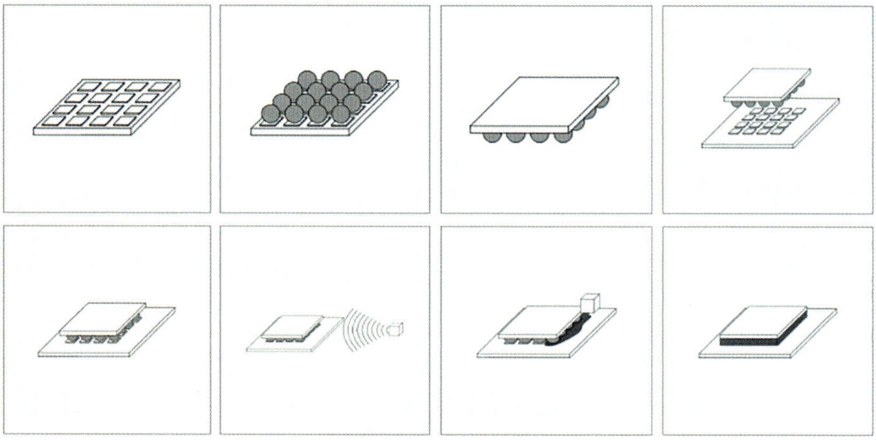

그림 5-1 플립칩 본딩 공정(Twisp, 2008)

에 설명되어 있다. 솔더 볼은 일반적으로 가로가 100마이크론에 불과할 정도로 매우 작기 때문에 그림에서는 실제 상대적인 크기를 고려하여 표현한 것은 아니다.

③ 웨이퍼 레벨(칩 스케일(Chip-Scale)) 패키징

기존 제조 공정에서는 실리콘 웨이퍼에 있는 여러 개 칩을 개별 다이로 절단한 후 각각의 패키지에 넣는다. 그러나 **웨이퍼 레벨 패키징**은 웨이퍼가 절단되기 전에 패키징 과정이 시작된다(Lee, 2017). 패키징 공정 후반에 다이를 절단하여 칩 자체 크기만큼 작은 **다이 패키지 어셈블리**가 생성되므로 웨이퍼 레벨 패키징을 **칩 스케일 패키징**(chip-scale packaging; CSP)이라고 부르기도 한다. 이는 상자에 물건을 넣는 것과 포장지로 싸는 것의 차이로 생각하면 쉽다. 상자는 더 많은 공간을 차지하는 반면, 포장지는 포장하는 물건 가장자리에 밀착된다. 웨이퍼 레벨 패키징으로 이러한 공간들이 절약되고, 이는 모바일 디바이스와 같이 면적이 제한된 응용에 특히 유용하다. CSP 기술은 작은 다이에만 적용할 수 있어 그 사용이 더욱 제한된다.

④ 다중 칩 모듈(Multi-Chip-Modules; MCM) 및 패키지형 시스템(System-in-Package; SiPs)

이 두 가지 접근 방식은 여러 개 다이를 단일 패키지에 집적하는 것으로 공간이 제한된 응용에 유용하다. MCM은 2차원 표면에 여러 개 다이를 집적하는 반면, SIP는 수평(2D) 또는 수직(2.5/3D) 모든 형태로 다이를 집적한다는 점을 제외하면 두 가지 방식은 비슷하다(Lau, 2017). MCM과 SIP의 장점은 엔지니어가 설계 일부를 수정하고 라이선스 IP를 더 쉽게 통합할 수 있다는 점이다(Gupta & Franzon, 2020). 예를 들어 CPU, 메모리, GPU를 하나의 SoC에 모두 포함할 필요 없이 각각을 개별적으로 설계한 다음 하나의 더 큰 모듈에 함께 패키징할 수 있다. 엔지니어는 각 블록을 다른 부품과 믹스 앤 매치(mix-and-match)할 수 있지만, 보다 긴밀하게 통합된 SoC에 비해 성능과 전력 면에서 불리한 점이 있다. 일부 단점이 있지만 모듈화된 패키징 구조를 사용하면 시스템의 아날로그 기능에는 저렴한 실리콘 프로세스를 사용하고 중요한 고속 처리 및 메모리 기능에만 소자 크기가 작은 고가의 프로세스를 사용할 수 있다. 또한 SIP를 사용하면 축전기 및 인덕터와 같은 수동 소자를 단일 패키지에 통합할 수 있으므로 구성 요소 간 거리를 최소화하여 성능을 향상시킬 수 있다. SoC 칩 수준의 **모놀리식**(monolithic) **집적**과 패키지 수준의 **이종 집적** 간의 절충점은 오늘날 많은 시스템 설계자와 엔지니어링 리더가 직면하고 있는 시급한 문제이며, 책 후반부에서 이 주제에 대해 자세히 살펴보겠다.

⑤ 2.5/3D 패키징

IC 패키징의 발전으로 성능이 향상되고 전자 시스템의 효율성이 높아졌다. 예전에는 모든 패키지와 그 안에 들어있는 칩을 **금속 핀**을 통해 PCB 또는 기타 기판에 부착한 다음 와이어(wire)로 해당 칩을 시스템의 다른 부분에 연결했었다(Gupta & Franzon, 2020). 오늘날에는 시스템 설계자에게 더 많은 옵션이 있다. **다이 스태킹**(stacking) 기술의 획기적인 발전으로 설계 팀은 여러 개 다이를 서로 겹쳐 쌓을 수 있게 되었다. 이 구조에서는 **실리콘 관통전극**(through silicon vias; TSV)라는 수직 인터커넥트를 사용하여 다이를 적층 함으로써 **2.5/3D 패키징** 구조를 형성한다(Lapedus, 2019). 2.5D 패키징에서는 다이가 인터포저(interposer)라고 하는 공유 기판에 연결되고, 이 기판은 다시 PCB에 연결되는 반면, 3D 패키징에서는 다이가 서로 바로 위에 적층된다(Lapedus, 2019). 이 구성은 3D 다이 스택만큼 긴밀하게 통합되지는 않지만 비용이 저렴하고 개별적으로 패키징된 와이어 본드 구성보다는 더 긴밀하게 집적할 수 있다(Gupta & Franzon, 2020). 새로운 **구리 하이브리드 본딩**(copper hybrid bonding) 기술은 구리와 구리를 연결하여 더 높은 인터커넥트 밀도와 낮은 저항으로 적층한 다이를 연결할 수 있고, 기존 TSV보다 더 빠른 데이터 전송과 더 빠른 처리 속도를 가능하게 한다(Lapedus, 2020). 이러한 첨단 패키징 기술을 통해 다양한 실리콘 공정의 다이를 포함한 통합 모듈을 설계할 수 있게 되었다. 예를 들어, 22nm 프로세서 칩과 180nm 고출력 오디오 증폭기를 하나의 플라스틱 모듈에 함께 포함할 수 있다.

적층 기술은 **하이브리드 메모리 큐브**(Hybrid Memory Cube; HMC) 및 **고대역폭 메모리**(High Bandwidth Memory; HBM)와 같은 메모리 시스템에 처음 적용되었다. 이는 메모리를 관련된 다른 프로세싱 칩에 집적(memory-on-logic)하거나 메모리를 다른 메모리 위에 집적(memory-on-memory)하는 정도였고, 이후 적용 범위가 넓어졌다(Lapedus, 2019). 칩을 수직으로 쌓으면 **I/O 밀도**가 높아져 전자 시스템의 한 부분에서 다른 부분으로 **신호** 또는 정보를 이동하는 데 걸리는 처리 시간이 단축되는 동시에 귀중한 실리콘 공간을 절약할 수 있다(Gupta & Franzon, 2020). 이는 스마트폰과 같이 공간이 제한적인 소형 전자 기기에 특히 유용할 수 있다.

그림 5-2는 앞서 설명한 다양한 패키징 유형과 구조에 대해 자세히 설명하고있다. 각 하위 모식도를 옆에 표현한 모식도와 비교하면 각 패키징 구성을 차별화하는 주요 특징을 알 수 있다. 첫 번째 줄에서 **와이어 본딩** 다이는 다이 테두리에 와이어를 사용하여 **패키징 기판**의 **패드**에 연결한다. 이러한 연결은 PCB **비아**(via, 연결 전선)를 통해 직접 연결하거나 PCB에 납땜된 **볼 그리드 어레이**(BGA)를 통해 다이를 시스템 나머지 부분과 연결한다. **와이어 본드**는 과도한 배선이 사용되므로 **범핑**과 **실리콘 관통전극**(TSV)을 사용하여 다이를 패키징 기판에 보다 효율적으로 연결하는 **플립 칩**에 비해 속도가 느리다. 두 번째 줄, **멀티칩 모듈**(MCM)과 **패키지형 시스템**(SiP)은 비교적 비슷해 보인다. 주요 차이점은 MCM은 동일한 전체 패키지 내에서 2차원 표면에 여러 개 다이를 나란히 통합한다는 점이다. 반면 SiP는 2D 및 2.5/3D 스택 다이 구성을 모두 사용하여 동일한 전체 패키지 내에 여러 다이를 통합한다. 맨 아래 줄에는 **2D 모놀리식 집적**, **3D 집적** 및 **2.5D 집적**의 차이점을 자세히 보여준다. 2D 모놀리식 집적은 동일한 패키지 내에서 다이를 기판에 나란히 부착한다. 3D 집적은 동일한 패키지 내에서 다이를 서로 위에 부착한다. 2.5D 집적은 다이와 베이스 기판 사이에 있는 인터포저에 두 개 이상의 다이를 연결한 후 동일한 패키지 내에서 통합한다(수평 2D 및 수직 3D 집적 요소 모두).

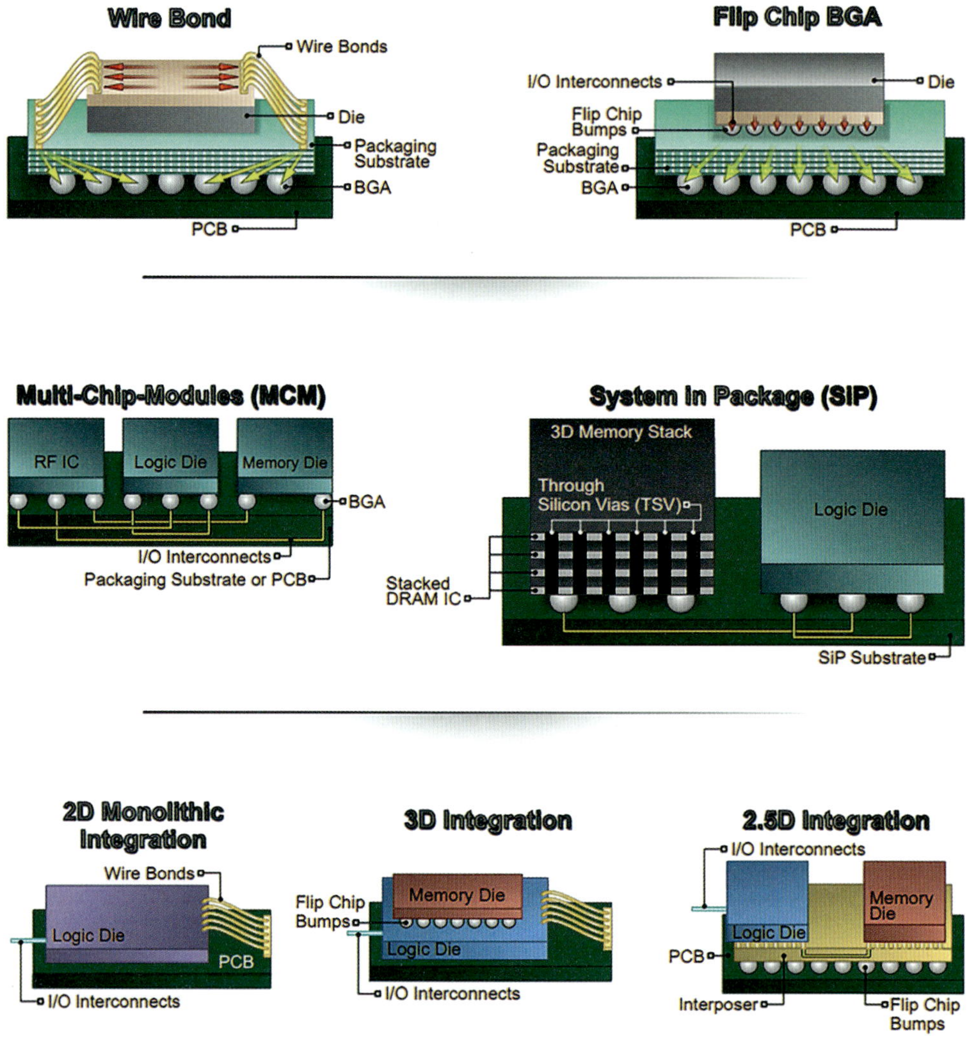

그림 5-2 패키징 유형 및 구조

IC 패키징이 전체 시스템 비용에서 차지하는 비중은 상대적으로 작아 SIA가 보고한 2020년 총 매출 4,400억 달러 중 300억 달러에 불과하지만, 시스템 성능에 막대한 영향을 미치며 기존 프로세스 노드에서 더 많은 성능을 끌어내고자 하는 엔지니어링 리더들의 관심이 다시 높아지고 있다(Semiconductor Packaging Market by Type, 2021).

5.4 신호 무결성(Signal Integrity)

통합 시스템에서 구성 요소가 점점 더 촘촘하게 배치됨에 따라 신호 무결성이 더욱 중요해지고 있다. 신호 무결성은 전류 또는 전자기장의 상호 작용을 탐구하는 물리학의 한 분야인 전자기학 연구에서 파생된 개념이다.

디지털 신호는 전기 시스템 전체에서 정보를 전달하는 **전송 라인**을 따라 이동하는 전기 펄스다(MPS, n.d.). 전자 시스템에서 이러한 신호는 일반적으로 **전압**으로 표시된다(MPS, n.d.). 전기에 대해 배운 내용과 전압과 전류가 서로 어떻게 관련되어 있는지 다시 한 번 생각해 보자. 전압은 파이프의 수압처럼 작용하여 전자 시스템을 구성하는 배선 및 회로를 따라 전류를 흐르게 하는데, 여기서 말하는 전류는 신호 자체다. 트랜지스터 게이트를 열기에 충분한 높은 전압의 전류는 ON(1) 신호이고, 낮은 전압의 전류는 OFF(0) 신호다. 더 확대하면 전류는 같은 방향으로 이동하는 전하로 구성되어 있음을 알 수 있다. 컴퓨터 공학에서 사용되는 **비트**(bit)라는 용어는 이러한 전하로 구성되어 있다. 비트의 패턴은 컴퓨터의 여러 구성 요소가 정보로 해석할 수 있는 신호로 구성된다. 전송 과정에서 각 연결부에서 송신기는 **전송선**을 따라 **수신기**로 신호를 보낸다(Altera, 2007). 이 경우 송신기와 수신기는 무선 시스템의 송신기, 수신기와 달리 유선 전송 라인으로 물리적으로 연결된다. 전선이 문자 그대로 서로 몇 나노미터 밖에 안 떨어져 있는 복잡한 전자 회로에서, 시스템의 다양한 구성 요소를 통해 전송선을 통과하는 인접한 신호는 서로 또는 주변 환경에 간섭을 일으킨다. 신호 무결성에 대한 이러한 전송 라인의 영향은 데이터 손실, 정확도 문제, 시스템 장애를 초래할 수 있다.

이러한 영향을 완화하기 위해 **신호 무결성 엔지니어**는 전자기 시뮬레이션 및 분석을 수행하여 잠재적인 문제가 발생하기 전에 이를 식별하고 해결한다. 간섭의 일반적인 형태에는 노이즈, 크로스토크, 왜곡, 손실 등이 있다.

1. **노이즈**(Noise)는 원하는 신호 일부가 아닌 에너지가 전송되는 신호를

방해할 때 발생한다(Breed, 2010).

2. **크로스토크**(Crosstalk)는 어떤 신호의 에너지가 의도치않게 인접한 전송 라인으로 전달될 때 발생한다(Breed, 2010).
3. **왜곡**은 신호 패턴이 손상되거나 뒤틀릴 때 발생한다. 극단적인 경우 왜곡이 너무 심해 잘못된 데이터가 수신기에 전달될 수 있다(Breed, 2010).
4. **손실**은 전송선 전도도 문제로 인한 **저항 손실**, 신호 속도 손실로 인한 **유전체 손실**, 밀폐되지 않은 시스템에서의 **방사선 손실** 등 여러 가지 이유로 발생할 수 있다(Breed, 2010).

높은 **비트 전송률**과 먼 전송 거리에서는 전자 시스템이 장애를 일으킬 정도로 신호가 완전히 저하될 수 있다.

5.5 버스 인터페이스(Bus Interfaces)

전자 기기의 주요 성능 병목 현상 중 하나는 시스템을 구성하는 각 부품 간의 데이터 전송이다. 프로세서의 성능을 두 배로 높여도 작업을 수행하는 데 필요한 정보를 나머지 시스템에서 가져오는 데 시간이 너무 오래 걸린다면 아무 의미가 없다. 고급 회로의 성능을 최대한 활용하기 위해 시스템 또는 PCB의 여러 구성 요소 간에 데이터가 이동하는 물리적 전선인 **버스 인터페이스**의 중요성이 점점 더 커지고 있다. 컴퓨터의 64비트 프로세서는 단일 버스 인터페이스에서 64비트의 데이터가 함께 이동한다. 버스 인터페이스에는 세 가지 주요 기능이 있다(Thornton, 2016)

1. 데이터 전송(**데이터 버스**)
2. 특정 데이터 검색(**주소 버스**)
3. 시스템 여러 부분의 작동을 제어(**제어 버스**)

이 세 가지 버스를 함께 **시스템 버스**라고 하며 CPU 또는 마이크로프로세서와 주고받는 정보 흐름을 총괄적으로 제어한다(Thornton, 2016). 그림 5-3에 제시된 블록 다이어그램은 시스템 버스, 이를 구성하는 데이터, 주소 및 제어 버스, 그리고 이 모든 것을 하나로 묶는 CPU, 메모리 및 I/O 인터커넥트와 같은 주요 시스템 구성 요소 간 관계를 설명한다.

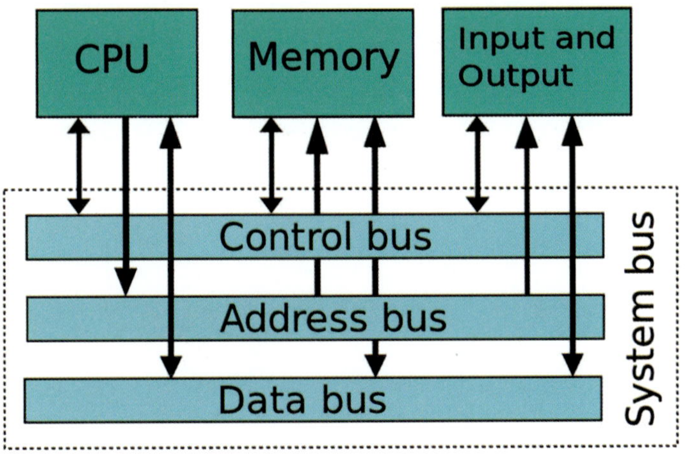

그림 5-3 시스템 버스 블록 다이어그램(Nowicki, 2019)

PC용 데이터 버스는 중앙처리장치와 한 번에 8~64비트씩 정보를 주고받을 수 있다. 호스가 직경이 허용하는 양보다 더 많은 물을 펌핑할 수 없는 것처럼 32비트 프로세서에 연결된 버스는 한 번에 32비트(클럭 사이클당) 보다 많은 비트를 전달하거나 수신할 수 없다. 이러한 방식으로 비트 수는 버스 "직경" 또는 "폭"을 표현한다고 볼 수 있다(Thornton, 2016).

버스 인터페이스의 발전은 대부분 개인 컴퓨터(Personal Computer; PC) 분야에서 이루어졌다. 초기에는 **버스 바**(bus bar)라고 불리는 전선 묶음이 각 구성 요소를 개별적으로 서로 연결했지만 이 방식은 속도가 느리고 비효율적이었다(Wilson & Johnson, 2005). 속도를 높이고 성능을 개선하기 위해 PC 회사들은 구성 요소(component)와 모듈이 무작위로 연결된 클러스터(cluster)에서 두 개의 칩으로 인터페이스 접합부 수를 줄인 통합 구조로 전환했다. 이 것이 노스브릿지(Northbridge)와 사우스브릿지(Southbridge) **칩셋 아키텍처**이다.

이 구성에서 **노스브리지**는 **프론트–사이드 버스**(front-side bus; FSB)를 통해 CPU와 직접 연결하고 메모리 및 그래픽 모듈과 같이 가장 높은 성능을 필요로 하는 구성 요소와 연결한다(Wilson & Johnson, 2005). 그런 다음 노스브릿지는 **사우스브릿지**와 연결되고, 사우스브릿지는 다시 우선순위가 낮은 이더넷, USB 및 기타 저속 버스와 연결한다(Wilson & Johnson, 2005). 이러한 노스브리지 이외 버스 인터페이스를 통칭하여 **주변 장치 버스**(Peripheral Buses)라고 한다(PCMAG, n.d.). 노스브릿지와 사우스브릿지는 **입출력 제어 허브**(I/O Controller

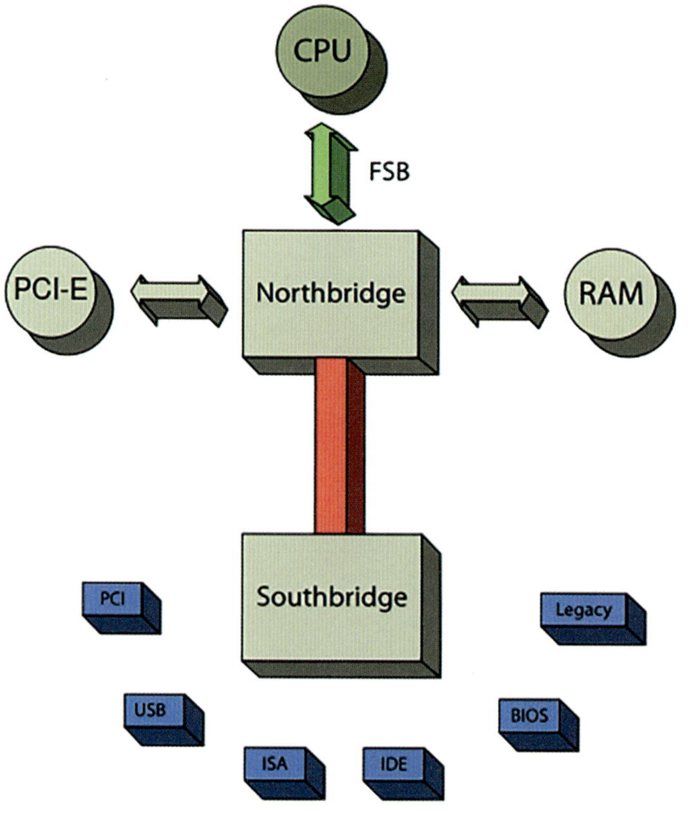

그림 5–4 간단한 칩셋 다이어그램(Oyster, 2014)

Hub; ICH)로 알려진 지점에서 서로 연결되며, 이들 모두가 합쳐져 **칩셋**이 된다(Hameed & Airaad, 2019). 그림 5-4에서 이 칩셋 아키텍처를 이해하기 쉽게 표현하였다.

버스 인터페이스는 두 디지털 장치 간에 비트를 전송하는 방식에 따라 분류할 수 있다(Newhaven Display International, n.d.). **병렬 인터페이스**는 두 구성 요소 간에 여러 개의 와이어를 연결하고 동시에 비트를 전송한다(Newhaven Display International, nd). 이 방식은 짧은 거리에서는 잘 작동하지만 두 구성 요소 사이의 거리가 멀어질수록 신호 무결성 문제가 발생할 수 있다. 일반적인 **병렬 인터페이스 버스**에는 메모리에 사용되는 DDR(Double Data Rate)과 PCI(Peripheral Component Interface) 버스가 있다. 반면 **직렬 인터페이스**는 단일 와이어를 통해 두 구성 요소 간에 한 번에 한 비트씩 데이터를 송수신하지만 훨씬 더 빠른 속도로 데이터를 송수신한다(Newhaven Display International, nd). 이렇게 하면 비트가 처리되기 전까지는 비트를 수신할 수 없으므로 신호 무결성 문제가 발생할 가능성이 줄어든다. 직렬 데이터 전송은 개별 데이터 라인이 서로 나란히 묶이지 않기 때문에 혼선 문제가 발생할 가능성이 적다. 그러나 직렬 데이터는 데이터 비트가 바로 전에 전송된 비트에 의해 영향을 받을 수 있는 ISI(Intersymbol Interference)라는 다른 유형의 간섭에 취약하다(Kay, 2003). 일반적인 **직렬 인터페이스 버스**에는 다음과 같은 것들이 있다.

PCIe(PCI Express Bus)
USB(Universal Serial Bus)
SATA(Serial Advanced Technology Attachment Bus)
이더넷 버스(Ethernet Bus)

직렬 인터페이스는 신호 무결성의 장점 외에도 와이어 수가 적기 때문에 비용이 적게 들지만 전송 속도가 느리다는 단점이 있다(Kay, 2003). 반면 병렬 통신은 더 빠른 데이터 전송이 가능하지만 비용이 많이 들고 장거리 및 고주파수에서 작동할 때 효율성이 제한된다(Kay, 2003). 그림 5-5에서 병렬 및 직렬 인터페

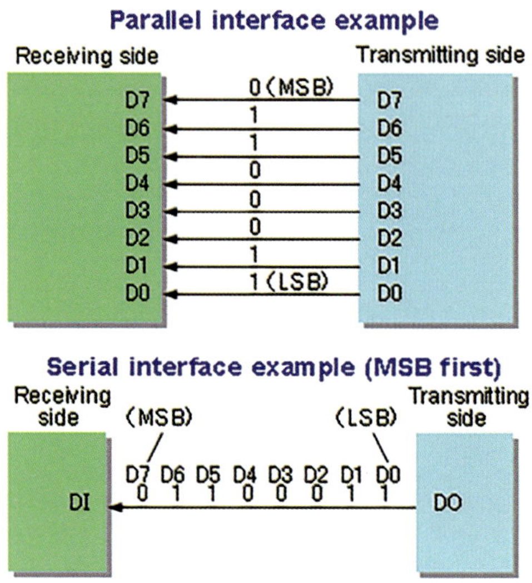

그림 5-5 병렬 인터페이스와 직렬 인터페이스 비교(Ashri, 2014)

이스의 예를 볼 수 있다.

신호 무결성 또는 인터페이스 회로 설계를 전문으로 하지 않는 한, 모든 버스 인터페이스 유형을 아는 것이 중요한 것이 아니라 해당 인터페이스가 전체 시스템에 왜 그렇게 중요한지 이해하는 것이 더 중요하다. 기억해야 할 핵심은 버스 인터페이스가 데이터를 전달하고, 명령을 배포하고, 전체 시스템의 주요 구성 요소를 하나로 묶는 역할을 하는 연결 조직을 형성한다는 점이다.

5.6 전자 시스템의 전력 흐름

대부분 사람들에게 전자기기에 동력을 공급하는 전원은 마법과도 같다. 휴대폰과 노트북을 꽂으면 짠! 작동한다. "전력"의 힘을 활용하는 것은 방대한 공학 분야와 수많은 세부 학문의 주제다. 트랜지스터에 대해 살펴본 내용을 바탕으로 시스템 전력 흐름을 상수도 시스템을 통과하는 물의 흐름으로 생각하면 이해하기 쉽다. 그림 5-6을 보고 각 단계를 추적하면서 따라가 보면 도움이 될 것이다.

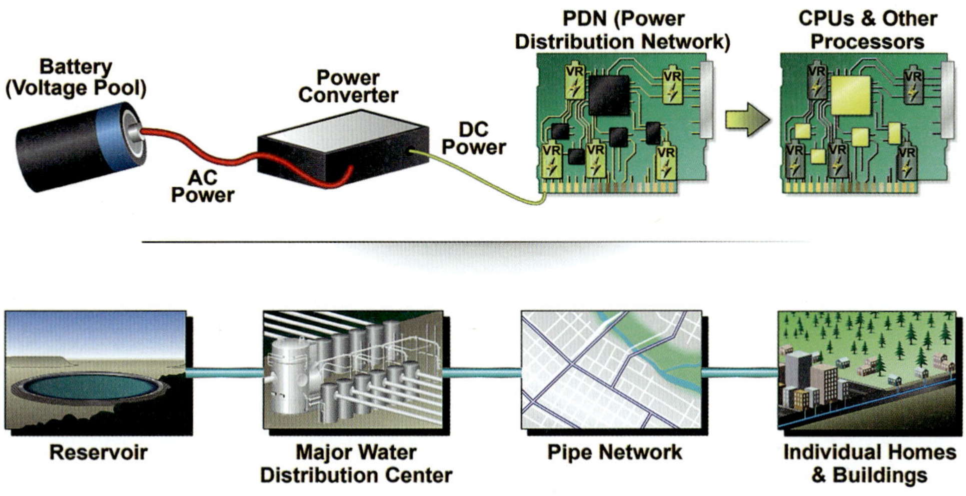

그림 5-6 전자 시스템의 전력 흐름 – 수도 시스템 비유

세상은 매일 점점 더 모바일화되고 있으므로 이번 논의에서는 배터리 구동 시스템에 초점을 맞추겠다. 비유하자면, **배터리**는 도시 저수지와 비슷한 전하 저장고와 같은 역할을 한다. **전력 컨버터**는 교류 전력을 직류 전류로 변환하는데, 이는 마치 주요 급수 센터에서 물이 목적지에 가까워질수록 수압이 낮아지는 것과 같은 원리다. 장거리 전력 전송(도시 전력망의 공공 송전선을 생각해보라)에는 교류 전력이, 단거리 전력 전송(가전제품이 사용할 수 있는 전력을 생각해보라)에는 직류 전력이 훨씬 더 효과적이다. 배터리는 종종 DC 형태로 전력을 저장하지만, 설명을 위해 이 배터리는 사용하기 전에 변환해야 하는 AC 전력을 저장하는 것으로 가정하겠다.

다음으로, 배터리의 충전 또는 전압은 **전력 분배 네트워크**(Power Distribution Network; PDN)라고 하는 금속 평면 네트워크를 통해 시스템의 여러 곳으로 전송된다. 이는 물이 수도 파이프 네트워크를 통해 여러분과 저와 같은 최종 사용자의 집과 건물에 공급되는 것과 같다.

개별 가정과 건물에 물을 공급하기 위해 수도 공급업체는 다양한 수준의 수압을 사용하여 시스템을 통해 물을 밀어낸다. 수압이 너무 높아지면 시스템의 파이프가 파열될 수 있고, 반대로 수압이 너무 낮아지면 물이 파이프를 통해 최종 목적지까지 도달하지 못하기 때문이다. 전자제품에서도 전압은 비슷한 문제를 가질 수 있다. 전압이 너무 높아지면 회로가 손상되거나 과열되어 고장 날 수 있지만, 전압이 너무 낮아지면 회로가 작동하기에 충분한 에너지보다 부족해진다. 이를 방지하기 위해 **전력 엔지니어**는 **전압 조정기**와 **전력 컨버터** 네트워크를 구축하여 시스템의 어느 지점에서든 전압이 너무 높거나 너무 낮지 않도록 해야 한다. 시스템을 통한 비트 및 신호 흐름에 대한 신호 무결성 분석과 마찬가지로 **전력 무결성** 분야에서는 시스템 전체의 전압 흐름을 연구하여 전압이 적시에 적재적소에 적절한 양으로 전달되는지 확인한다(Mittal, 2020).

전압 조정기(Voltage regulators)는 입력 전압에 관계없이 고정 전압 출력을 유지하도록 설계된 회로로, 전원의 에너지를 처리하여 나머지 회로에서 적절히 처리할 수 있도록 한다(MPS, n.d.). 이는 배터리 전압이 일정하지 않기 때문에 배터리 구동 시스템에서 중요하다. 음악을 들으며 길을 걷다가 전화가 걸려와 휴대폰 화면에 불이 켜지면 순간적으로 많은 전력이 소모되고 배터리에서 소모되는 전류가 증가하여 배터리 전압이 크게 떨어질 수 있다. 전압 조정기는 배터리 전압이 변하더라도 시스템의 모든 구성 요소가 안정적인 전압을 받을 수 있도록 한다. 전압 조정기에는 **DC/DC 컨버터**, **전원관리장치**(power management units; PMU), **벅 컨버터**(Buck converters, 특정 유형의 DC/DC 컨버터), **부스트**(Boost) 및 **플라이백**(Flyback) 컨버터 등 다양한 종류가 있다.

5.7 요약

이 장에서는 먼저 전체 시스템의 다양한 구성 요소를 연결하는 데 있어 I/O 인터커넥트와 그 중요성에 대해 설명했다. 단일 칩에 30마일에 달하는 배선이 있는 인터커넥트는 디바이스 성능을 제한하거나 향상시키는 데 핵심적인 요소다. 간단한 와이어 본드 패키징부터 높은 I/O 밀도의 플립 및 웨이퍼 레벨 패키징에 이르기까지 다양한 패키징 아키텍처와 이를 가능하게 하는 프로세스에 대해 살펴봤다. 다음으로, 이종 및 모놀리식 통합과 같은 주요 개념을 소개하면서 다중 칩 모듈과 패키지형 시스템의 차이점에 대해 논의했다. 고대역폭 메모리(HBM), HMC 및 기타 2.5/3D 패키징 아키텍처에 사용되는 고급 다이 적층 기술에 대해 알아봤다. 또한 전자 시스템 전체에서 정보 흐름의 속도와 품질을 유지하는 데 있어 신호 무결성의 역할에 대해 살펴보았다. 인터커넥트 및 신호 무결성에 대한 이해를 바탕으로 CPU, 메모리, 외부 데이터 소스 간의 정보 흐름을 원활하게 하는 제어, 주소, 데이터의 세 가지 버스를 살펴봤다. 마지막으로, 전력 컨버터와 전력 분배 네트워크를 통해 최종 목적지까지 전압을 추적하는 등 공공 시스템을 통해 물이 흐르는 것처럼 전자 시스템을 통한 전력 흐름을 살펴보았다.

기업이 시장을 선도하는 제품을 만들기 위해 완벽한 IC와 부품을 구분하고 설계할 수 있지만, 올바른 부품을 확보하는 것만으로는 충분하지 않다. 고성능 소자를 구축하려면 많은 상호 연결, 올바른 IC 패키징 아키텍처, 강력한 신호 및 전력 무결성 성능을 갖춘 긴밀한 시스템 통합이 필요하다.

개별 확인 질문 (반도체 지식 테스트)

스스로 관련 지식을 충분히 쌓았는지 확인할 수 있는 다섯 가지 질문이다.

1. 인터커넥트란 무엇이며 왜 중요한가?
2. 와이어 본딩과 플립칩 본딩의 차이점은 무엇인가? 이것이 시스템의 인터커넥트 수와 전송 속도에 어떤 영향을 미치는가?
3. 신호 무결성 엔지니어는 왜 존재하나? 어떤 종류의 인터페이스와 전송 방법을 다루는가?

4. 칩셋에서 CPU, 노스브릿지, 사우스브릿지는 왜 그런 식으로 배열되어 있는가? 각 브릿지는 무엇을 처리하며 어떻게 다른가?

5. 전자 시스템에서 전력 흐름의 네 가지 주요 단계를 설명 하라. 각 단계를 처리하는 구성 요소 또는 모듈은 무엇인가? 각 단계를 상수도 시스템의 유사한 구성 요소와 연관시킬 수 있는가?

CHAPTER 6

공통회로 및 시스템 구성 요소

1~5장에서 기초부터 ASIC에 이르기까지 많은 내용을 다루었다. 기초적인 전자 물리학 및 트랜지스터 구조부터 시작해 반도체가 어떻게 설계, 제조되고 더 큰 시스템에 통합되는지를 살펴봤다. 이러한 설명은 전자 시스템에 대한 전체적인 모델을 인식하는 데 도움이 되었지만, 반도체를 단순하게 한 가지 단일품으로 가정하고 설명했다. 이 장에서는 이 단일품으로 가정한 반도체를 반도체 제품군을 구성하는 수많은 유형의 공통 회로나 시스템 구성 요소 등으로 나누어 살펴보겠다. 주요 구성 요소를 살펴보기 전에 먼저 디지털 기술과 아날로그 기술의 차이점을 살펴보자.

6.1 디지털(Digital) 대 아날로그(Analog)

사용하는 신호 유형에서 이름을 딴 두 가지 주요 구성 요소 유형, 즉 **디지털**과 **아날로그**가 있다. **디지털 신호**는 전등 스위치처럼 켜짐(1) 또는 꺼짐(0)으로 동작한다(MPS, n.d.). 이러한 1과 0의 패턴은 정보를 전달하는 데 사용되며 대부분 사람들이 전자 제품을 떠올릴 때 익숙한 **이진 컴퓨터 언어**를 구성한다(MPS, n.d.). 디지털 신호는 일반적으로 **동기식**이며, 서로 다른 기능 블록의 처리를 조정하고 적절한 타이밍을 보장하기 위해 **기준 클럭**(reference clock)에 따라 실행된다(MPS, nd). 디지털 회로는 예측 가능성과 동기식 타이밍으로 인해 정보를 저장하고 처리하는 데 적합하지만, 신호를 다른 장소로 이동하기 위한 물리적 배선 없이는 어떤 거리에서도 정보를 전송할 수 없다.

디지털 전자 장치는 동기식 타이밍과 이산(離散) 값으로 작동하는 반면, 아날로그 장치는 정보를 연속적인 범위의 값으로 처리한다(MPS, n.d.). **전자기 에너지**를 포착하고 전송하는 능력은 무선 통신과 같은 응용에 매우 적합하다. 독자 중 무선 통신이 디지털 신호를 전송할 수 있다고 얘기하는 사람이 있을 수 있지만, 일반적으로 디지털 신호를 아날로그 신호 **주파수** 또는 **진폭**으로 변조해 무선 통신을 한다. 변조한 신호는 수신기에서 해당 비트를 복구하게 된다. 우리는 기본 기하학에서 배운 사인(sine) 및 코사인(cosine) 그래프와 같은 아날로그 신호를 상상할 수 있다. 우리 주변의 실제 신호에서 나오는 에너지는 본질적으로 아날로그다. 예를 들어 소리와 빛은 아날로그 "파동" 신호로 존재한다. 그림 6-1에서 이진 디지털 신호와 아날로그 파동 신호의 차이점을 명확하게 확인할 수 있다.

아날로그 신호는 주파수에 따라 서로 구별된다. **주파수**는 아날로그 신호 파동

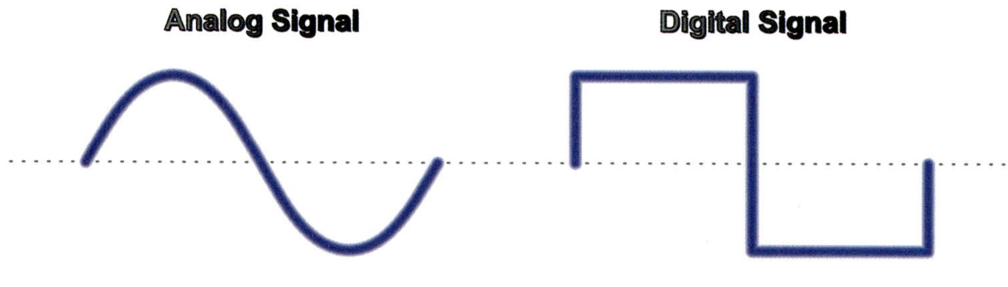

그림 6.1 아날로그 신호와 디지털 신호

이 일정 기간 동안 상승 및 하강 사이클을 완료하거나 반복하는 횟수를 나타낸다. 주어진 신호에서 주파수는 **파장**에 반비례하고, 주파수가 높을수록 파장은 짧아지지만 에너지는 커진다(NASA Hubble Site, n.d.). 이 관계를 기억하기 위해 긴 하루 일과를 끝낸 지친 부모가 잠시도 가만히 있지 못하는 아이를 공원에 데려가는 모습을 상상해 보면 도움이 될 것이다. 공원에서 뛰어다니는 아이는 몸집은 작을지 몰라도 에너지가 훨씬 더 많고 그네에서 몽키바까지 움직임의 빈도가 높다. 전기 **주파수**는 전자기 신호가 초당 상하 사이클을 완료하는 횟수를 나타내는 **헤르츠**(Hertz; Hz)라는 단위로 표현한다(Encyclopedia Britannica, n.d.). 헤르츠 단위는 전자기 방사선의 특성에 대한 초기 연구를 수행한 독일 물리학자 하인리히 헤르츠(Heinrich Hertz)의 이름을 따서 명명 되었다. 아날로그 전자기기는 다양한 주파수를 수신하고 처리함으로써 외부 자극 감지(센서)부터 무선 데이터 전송 및 통신(RF 기술)에 이르기까지 많은 종류의 유용한 작업을 수행한다.

그림 6-2에서 파장, 주파수, 에너지의 관계를 시각화한 것을 볼 수 있다. 고주파 신호는 에너지가 높고 파장이 짧은 반면, 저주파 신호는 에너지가 낮고 파장이 길다.

아날로그 신호와 디지털 신호의 차이점 덕분에 각각은 전자 시스템의 서로 다른 부분에서 더 유용할 수 있다. 시스템의 저장 및 처리 부분("컴퓨팅" 부분)

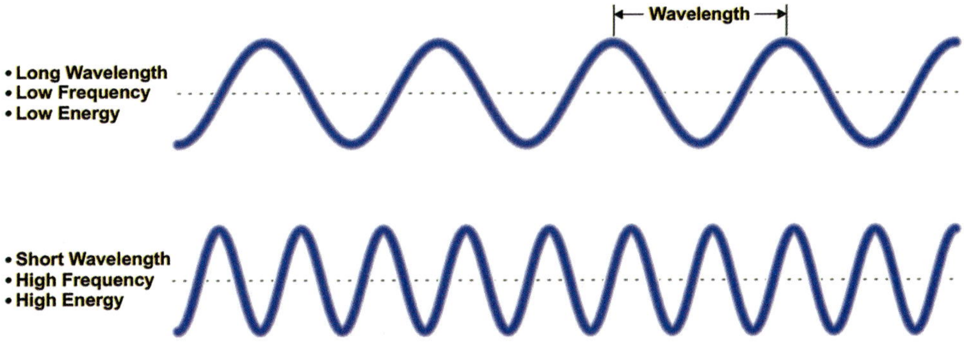

그림 6-2 파장, 주파수와 에너지 비교

은 일반적으로 데이터를 더 잘 저장하고 처리하는 **디지털 구성 요소**로 구성된다(MPS, n.d.). 그러나 이어폰이나 카메라 센서와 같이 외부 세계로부터 정보를 수신하는 장치는 **아날로그 구성 요소**로 구성될 가능성이 더 높다(MPS, n.d.). 많은 전자 시스템에서 아날로그 및 디지털 구성 요소는 함께 작동하여 실제 아날로그 신호를 컴퓨터가 이해할 수 있는 디지털 신호로 "변환"한 다음 컴퓨터의 디지털 응답을 사람이 이해할 수 있는 아날로그 신호로 다시 변환한다. 이를 위해 **데이터 변환기**(data converters)라는 **혼성 신호 장치**를 사용하여 두 유형의 신호를 서로 변환한다. 데이터 변환기는 **아날로그–디지털**(Analog-Digital Converter; ADC) 또는 **디지털–아날로그**(Digital-Analog Converter; DAC)가 있

표 6.1 아날로그 신호와 디지털 신호 비교

	Analog	Digital
Signal Structure	Continuous Signal Stream (Round Waves)	Discontinuous Signal Pulses (Square Waves)
Representation	Exist as a Range of Values	Exist as Discrete Values ('On' or 'Off')
Signal Integrity	Significant Noise, Distortion, and Interference	Less Susceptible to Noise, Distortion, or Interference
Transmission Medium	Wired or Wireless Transmission	Wired Transmission
Power Requirements	More Power	Less Power
Examples	Sound, Light, Heat, Radio Waves	IC, Computer, and Digital Electronic Signals

다(MPS, n.d.). 표 6-1에는 아날로그와 디지털 기술의 차이점이 요약되어 있으며 다음 장에서 아날로그와 무선 기술에 대해 자세히 설명하겠다.

6.2 공통 시스템 구성 요소 – SIA 분류체계

이제 디지털과 아날로그, 두 가지 유형의 컴포넌트가 있다는 것을 알았는데, 이들 역할은 무엇일까? 시스템을 구축할 때 설계자와 건축가는 각각 고유한 장단점이 있는 수많은 개별 부품 중에서 필요한 것을 선택한다. 6가지 최종 소비자 시장(통신, 컴퓨팅, 가전, 자동차, 정부 및 산업용 전자제품)의 수요에 힘입은 부품 시장은 다양하고 경쟁이 치열하다. 개별 제품과 부품의 종류가 다양하기 때문에 시장을 5개 부문으로 분류하는 반도체 산업 협회의 분류체계를 사용하는 것이 도움이 될 수 있다(SIA, 2021).

① 마이크로 컴포넌트(Micro Components) (디지털)

마이크로 컴포넌트는 다른 시스템과 연결하여 계산 또는 신호 처리에 사용할 수 있는 모든 범용 디지털 장치를 포함한다. 일반적인 부품으로 생각할 수 있으며, 구체적으로 마이크로프로세서(microprocessors), 마이크로컨트롤러(microcontrollers), 디지털 신호 프로세서(digital signal processors; DSPs)가 있다(SIA, 2021).

② 로직(Logic) (디지털)

로직은 마이크로 컴포넌트가 아닌 모든 디지털 로직을 포함한다. 이는 주로 특화된 회로를 의미하며 ASIC(Application-Specific ICs), FPGA(Field Programmable Gate Arrays)를 비롯해 다양하게 활용할 수 있지만 특정 응용에 맞춘 디지털 논리 회로를 일컫는다(SIA, 2021).

③ 메모리(Memory) (디지털)

메모리는 정보를 저장하는 데 사용되며 일반적으로 전원 공급 여부에 따라 데이터를 저장할 수 있는지로 분류할 수 있다. 휘발성 메모리(RAM)는 메모리를 저장하는 데 전원이 필요하지만 더 빠르게 접근할 수 있는 반면, 비휘발성 메모리(ROM)는 전원 없이도 데이터를 유지할 수 있다. 동적 랜덤 액세스 메모리(Dynamic Random Access Memory; DRAM)는 가장 일반적인 휘발성 메모리 유형이고, NAND 플래시는 가장 일반적인 비휘발성 메모리다(NAND는 사실 약어가 아니라 부울 연산자 및 논리 게이트의 일종인 "NOT AND"를 의미한다)(SIA, 2021).

④ 광전자, 센서 및 액추에이터, 개별 부품(Optoelectronics, Sensors and Actuators, and Discrete components; OSD) (아날로그 및 디지털)

광전자에는 레이저 소자, 디스플레이 기술 및 기타 포토닉스 기반 전자 장치가 포함된다. 센서는 온도부터 기압까지 다양한 것들을 측정하는 데 사용되는 모든 종류의 특화된 장치를 포함한다. 액추에이터는 센서가 감지한 신호에 반응하여 움직임을 시작하거나 다른 동작을 수행하는 장치를 의미한다(SIA, 2021). 개별 부품은 개별적으로 패키징된 특정 트랜지스터 또는 저항기, 축전기, 유도기와 같은 기타 기본 구성 요소다.

⑤ 아날로그 구성 요소

아날로그 IC는 아날로그 신호를 처리하며 표준 선형 집적 회로(Standard Linear Integrated Circuits; SLICs) 또는 응용별 표준 제품(Application-Specific Standard Products; ASSP)로 분류한다. SLIC는 더 큰 시스템에 통합할 수 있는 일반적인 플러그 앤 플레이(Plug-and-play) 아날로그 디바이스다. ASSP는 특정 응용을 위해 설계된 구성 요소이지만 해당 응용 범위 내에서 여러 시스템에 통합할 수 있다. 바로 앞 절에서 설명한 것처럼 아날로그 전자 장치는 전파, 빛, 소리, 온도 및 기타 감지 신호와 같은 현실 세계의 신호를 처리한다.

그림 6-3의 2020년 반도체 제품 부문별 매출 수치를 보면 메모리, 마이크로 컴포넌트, 로직이 시장을 주도하고 있으며, 그 다음으로는 OSD와 아날로그 전자 제품가 그 뒤를 잇고 있음을 알 수 있다(SIA, 2021). 다음 절에서 이들 각각에

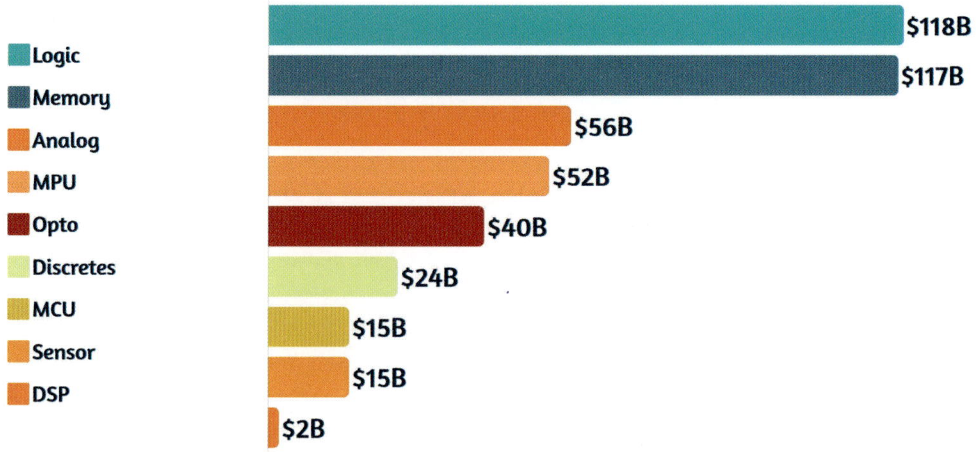

그림 6-3 2020년 반도체 매출의 부품 유형별 분포(SIA 및 WSTS)

대해 살펴보겠다.

6.3 마이크로 컴포넌트

마이크로프로세서 및 마이크로컨트롤러

간단하게 표현하면 프로세서는 입력을 받고, 해당 입력을 처리하며, 의도한 목적에 사용할 수 있는 출력을 만드는 칩이다. **마이크로프로세서**(Microprocessor; MPU)라는 용어는 일반적으로 더 큰 시스템에 연결되는 CPU와 같이 복잡한 디지털 회로를 일컫는데 사용한다. 일반적인 컴퓨팅 기능을 수행하며 메모리 및 기타 주변 구성 요소에 연결하기 위해 외부 버스를 필요로 한다(Knerl, 2019).

마이크로프로세서는 일반적인 컴퓨팅 작업을 처리하는 반면, **마이크로컨트롤러**는 특정 기능을 수행하며 메모리 및 입출력 연결이 하나의 칩에 통합되어 있다(Knerl, 2019). 일반적으로 마이크로컨트롤러는 더 작고 덜 강력한 프로세서로 간단한 작업을 위한 플러그 앤 플레이 컴퓨팅 기능을 수행한다(Knerl, 2019). 저

전력 IoT 디바이스 및 임베디드 시스템에서 널리 사용된다. 마이크로프로세서 판매에서 가장 큰 비중을 차지하는 분야는 PC와 서버이며, 마이크로컨트롤러는 자동차, 산업용이 대부분 매출을 차지한다(SIA, 2021).

마이크로 컴포넌트 부문의 마이크로프로세서와 마이크로컨트롤러를 로직 부문의 프로세서와 구별할 줄 알아야 한다. **로직**은 특정 응용을 위해 맞춤 설계된 반면, **마이크로 컴포넌트**는 모든 종류의 시스템에서 다른 구성 요소와 결합할 수 있는 보다 일반적인 처리를 제공한다(Schafer & Buchalter, 2017).

디지털 신호 프로세서(Digital Signal Processors; DSP)

디지털 신호 프로세서는 오디오, 비디오, 온도, 압력, 위치 등과 같은 멀티미디어 및 실제 신호를 처리하는 데 사용한다(Analog Devices, n.d.). 디지털 전자기기는 1과 0으로 현실 세계를 정확하게 표현하기 어렵기 때문에, DSP가 필요하다. 일반적으로 빠른 처리를 위해 ADC(Analog-to-Digital Converter)에서 변환된 아날로그 신호 데이터를 입력으로 받는다. 그리고 다른 프로세서로 출력을 보내거나 응용에 따라 DAC(Digital-to-Analog Converter)를 통해 출력을 다시 세상으로 내보낸다(Analog Devices, n.d.). 예를 들어 휴대폰에는 베이스 부스트(Base Boost)와 같은 모드를 통해 헤드폰에서 나오는 사운드 특성을 변경할 수 있는 DSP가 있다. DSP는 고속 실시간 데이터 처리에 용이하고 프로그래밍이 가능하므로 다양한 장치 및 시스템에서 쉽게 찾아볼 수 있다(Analog Devices, n.d.).

마이크로 컴포넌트 시장 요약

그림 6-4는 SIA와 WSTS의 2020 최종 사용 설문조사에서 가져온 데이터를 기반으로 마이크로 컴포넌트 시장을 세분화했다. 마이크로프로세서(MPU), 마이크로컨트롤러(MCU), 디지털 신호 프로세서(DSP)의 매출 합계는 690억 달러로, 2020년 전체 업계 매출 4,400억 달러의 약 16%를 차지했다(SIA Databook,

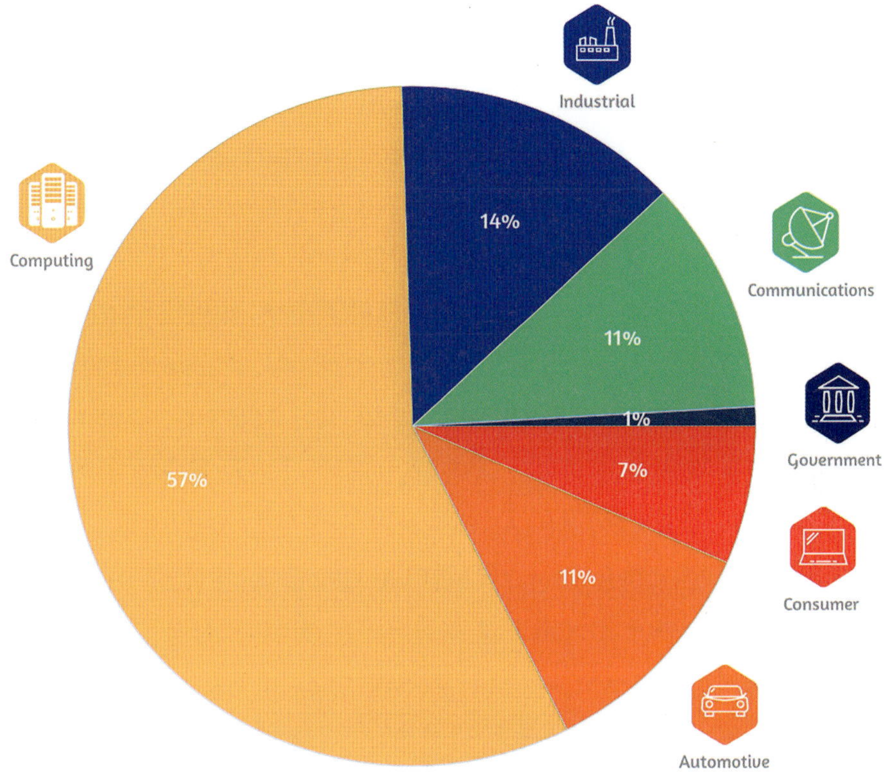

그림 6-4 2020년 최종 용도별 마이크로프로세서, 마이크로컨트롤러 및 디지털 신호 프로세서 시장(SIA 및 WSTS)

2021). 이 부문의 최종 소비자 응용 중 57%를 차지하는 마이크로 컴포넌트는 SIA 체계의 다른 부품보다 컴퓨팅 응용에 훨씬 더 많은 비중을 차지하고 있다(SIA End Use Survey, 2021)

6.4 로직

특정 목적 로직

특정 목적 로직은 표준 제품으로 설계 및 판매되는 모든 IC를 포괄한다. 여기에는 이더넷 및 무선랜과 같은 무선 컨트롤러, 모뎀 SoC, 이미지 및 오디오 프로세서, PC 코어 로직, GPU를 비롯한 다양한 특정 IC가 포함된다(SIA, 2021).

특정 목적 논리 회로는 **주문형 반도체**(ASIC)와 동일한 방식으로 설계되고 시스템에 통합되는 **특정 용도 표준 부품**(Application-Specific Standard Parts; ASSP)이다(Maxfield, 2014). 여기서 "표준 부품"이라는 용어는 동일한 부품이 다양한 제품에 사용될 수 있다는 의미다. 예를 들어, 동일한 "표준" 12비트 비디오 DAC를 초인종, LCD TV 또는 휴대용 게임 콘솔에 사용할 수 있다. "주문형" 부품은 단일 디바이스를 위해 특별히 설계된 것이다. iPhone과 같이 대량 생산되는 소비자 제품에는 다양한 종류의 주문형 칩이 사용된다. 수억 대의 iPhone을 판매할 때는 특별한 실리콘을 사용하여 모든 성능을 최대한 끌어올릴 가치가 있다. 이 둘의 주요 차이점은 ASIC은 보다 일반적인 응용(예를 들어, 인텔은 모든 데이터 센터 고객을 대상으로 서버용 CPU를 설계함)이 아닌 단일 시스템의 특정 용도에 맞게 설계되고 최적화된다는 점이다. 삼성은 스마트폰용 ASIC CPU를 설계하거나 AMD는 Microsoft의 Xbox 비디오 게임 시스템을 구동하기 위해 ASIC GPU를 설계하는 것이 한 예다(Maxffeld, 2014). 표준화된 제품 유형들은 (예를 들어, USB 또는 PCle와 같은 입출력(I/O) 회로) ASSP로 분류된다(Maxfield, 2014).

중앙 처리 장치(Central Processing Unit; CPU)

중앙 처리 장치(CPU)는 이름에서 알 수 있듯이 대부분 컴퓨팅 시스템의 주요 처리를 맡는 곳이다(Encyclopedia Britannica, n.d.). CPU는 마이크로프로세서의 일종으로 컴퓨터 내부 동작을 떠올릴 때 가장 먼저 떠오르는 것이지만, CPU라는 용어를 책상 위 컴퓨터나 가방 속 노트북으로 제한하지는 말라. 스마트 스피커부터 자동차 제어 시스템에 이르기까지 정보를 처리하는 모든 장치에 CPU가 탑재되어 있을 수 있다. 심지어 커피 메이커에도 CPU가 있을 수 있다.

CPU는 필요에 따라 명령을 처리하고 실행하는 컴퓨터의 디지털 "두뇌"라고 생각할 수 있다. CPU의 핵심 기능은 **산술 논리 장치**(Arithmetic Logic Unit; ALU)

라고 하는 곳에서 처리하며, 이는 모든 소프트웨어를 실행하는 데 필요한 숫자 및 논리 기반 연산을 처리한다(Fox, n.d.). CPU는 복잡한 회로이며 단일 다이에 수십 억 개의 트랜지스터가 들어간다.

CPU는 일반적으로 정보를 받아들이고 출력 데이터를 저장용 메모리 또는 다른 시스템 구성 요소로 보내는 **버스** 또는 **칩셋**을 통해 다른 모듈과 연결된다(Thornton, 2016). CPU는 처리할 명령어가 저장된 다른 메모리 칩과 연결하기 위해 **레지스터**를 이용하는데, 이는 시스템의 나머지 부분과 데이터 흐름을 주고받는 물리적 출입구라 할 수 있다. 명령과 데이터는 이 레지스터를 통해 들어오고 나가야 하며, 이 레지스터는 클럽이나 개인 파티에 초대받지 않은 사람이 들어오는 것을 막는 "정보 보안팀"과 같은 역할을 한다. 각 CPU에는 데이터가 통과할 수 있는 고정된 수의 레지스터가 있으며, 일반적인 레지스터 용량은 8비트, 16비트, 32비트 또는 64비트 "폭"으로 표현한다(Thornton, 2016). 이 숫자는 CPU가 주어진 시간에 메모리에서 액세스할 수 있는 비트 수를 나타낸다. CPU가 물탱크인 경우 레지스터 비트 수는 물탱크를 채우거나 비우는 데 사용되는 호스의 직경을 나타내는 것이다.

CPU 또는 GPU의 개별 마이크로프로세서를 코어라고 할 수 있으며, 이 코어는 다른 "코어 마이크로프로세서"와 결합하여 복잡한 작업을 처리하고 더 많은 부하가 걸리는 응용에 활용할 수 있다(Firesmith, 2017). 컴퓨터 제조업체가 강력한 **멀티코어**(multi-core) **아키텍처**를 광고할 때, 바로 이 점을 언급하는 것이다.

CPU 및 기타 구성 요소는 하나의 IC(SoC) 또는 더 큰 시스템에 "집적"된다. 노트북 하나에는 별도의 CPU, 메모리, GPU, 전원, 멀티미디어 프로세서가 포함될 수 있고, 어떤 노트북에는 이 모든 것이 단일 SoC 또는 다중 칩 모듈(Multi-Chip-Module; MCM)에 집적될 수도 있다.

인텔은 개인용 노트북과 같은 장치에 핵심적인 CPU 개발의 선두주자이고, AMD와 같은 다른 많은 회사들도 CPU를 개발하고 있다.

그래픽 처리 장치(Graphics Processing Units; GPU)

그래픽 처리 장치(GPU)는 전자 장치에서 그래픽 및 3D 시각 처리를 담당하는 것으로 가장 잘 알려져 있다(PCMAG, n.d.). GPU는 CPU에서 사용하는 직렬 처리와 달리 병렬 처리를 사용한다. **직렬 처리**를 사용하면 프로세서가 일련의 작업을 매우 빠르게 실행할 수 있지만 한 번에 한 비트씩 순서대로만 명령을 완료할 수 있다(Caulfield, 2009). 반면 **병렬 처리**를 사용하면 프로세서가 복잡한 문제를 더 작은 구성 부분으로 나눌 수 있다(Caulfield, 2009). CPU는 적은 수의 코어를 사용하여 몇 가지 복잡한 연산을 수행하는 데는 탁월하지만 문제를 더 작은 덩어리로 나누는 데는 비효율적이다(Caulfield, 2009). 반면 GPU는 수백 개의 코어를 사용하여 수천 개의 특수 연산을 수행할 수 있지만 더 다양한 연산을 처리하는 데는 효율적이지 않다(Caulfield, 2009). 컴퓨터의 디스플레이는 매우 규칙적인 구조이기 때문에 GPU는 이미지 디스플레이 작업만을 수행하는데 집중하여 최적화되어 있다. 요약하자면, CPU는 PC의 모든 프로그램과 기능을 실행하는 것과 같이 매우 다양한 작업을 수행하는 데 더 적합한 반면, GPU는 그래픽 처리와 같이 대량의 반복적인 계산이 필요한 응용에 적합하다(Caulfield, 2009). 그림 6-5에서 CPU와 GPU의 차이점을 확인할 수 있다.

최근 GPU의 가장 흥미로운 응용 분야 중 하나는 **인공지능**과 **기계학습**(machine learning) 분야다(Dsouza, 2020). **심층학습**(deep learning) 및 기타 인공지능 기술은 비교적 간단한 산술 계산을 수없이 실행해야 한다. 기계학습에는 **행렬**(matrix)이라고 하는 2차원 숫자 배열의 많은 계산이 포함된다. 생각해보면 컴퓨터 디스플레이는 개별 **픽셀**의 큰 행렬에 불과하므로 이상적인 행렬 프로세서로 GPU를 찾는 것은 당연하다. 또한 GPU는 복잡한 문제를 더 작은 문제로 분해할 수 있기 때문에 고난도 AI 솔루션을 제공하는 데 필요한 수백만, 수십억 건의 작은 시행착오 계산을 처리할 수 있는 능력을 갖추고 있다(Dsouza, 2020). 기계학습에 유리한 이러한 연산 능력은 GPU가 암호화폐 채굴에도 유리하게 해준다. GPU는 암호화폐 채굴의 해시(hash) 연산을 CPU보다 훨씬 빠르게 완료할 수 있다. 실제로 수년 전 기업들이 그래픽을 위한 맞춤형 GPU를 만들었

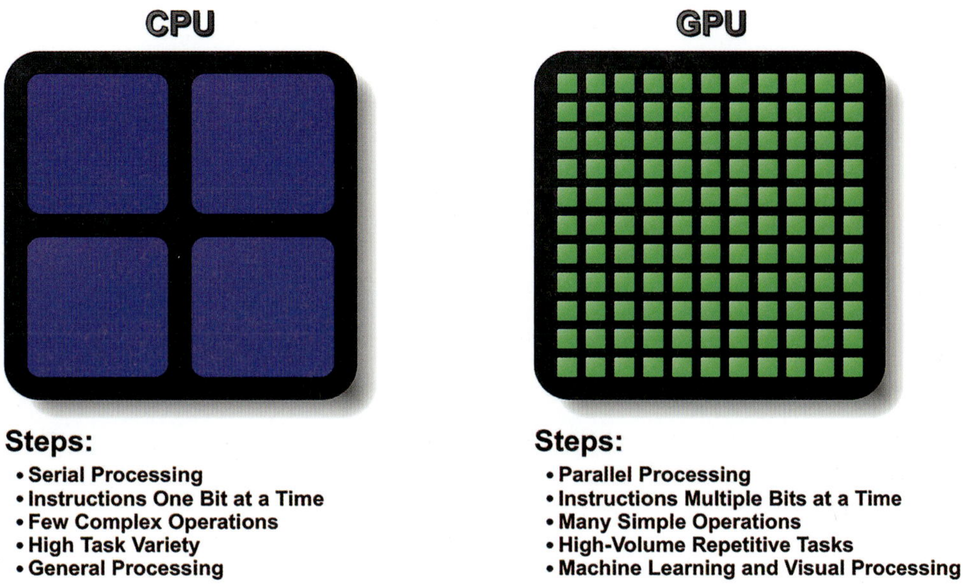

그림 6-5 CPU와 GPU 비교

던 것과 마찬가지로, 이제 기업들은 암호화폐 채굴만을 위한 맞춤형 프로세서를 만들고 있다.

대부분의 반도체 산업이 통합되고 있는 가운데, AI 중심인 GPU의 혁신으로 인해 새로운 기업들이 경쟁할 수 있는 중요한 성장 영역이 생겨났다. GPU 처리가 이상적인 응용분야로는 자율 주행, 머신 비전(machine vision) 및 안면 인식, **고성능 컴퓨팅**(high performance computing; HPC), 복잡한 시뮬레이션 및 모델링, 데이터 과학 및 분석, 생물정보학(bioinformatics), 전산 금융(computational finance) 등이 있다(NVIDIA, 2020).

ASIC 대 FPGA

ASIC과 FPGA는 칩 설계 및 개발에 대한 두 가지 접근 방식을 대표하며, 각각 장단점이 있다.

ASIC은 **Application-Specific Integrated Circuit**의 약자다(역주: ASIC을 우리말로 "특정 응용 집적 회로"라고 표현할 수 있으나, 통상 "주문형 반도체"라고 지칭한다). 이름에서 알 수 있듯이 ASIC은 특정 목적을 위해 설계되었다(Maxfield, 2014). 칩을 처음부터 응용에 맞춰 설계함으로써 ASIC은 빠른 속도, 낮은 전력 소비, 더 작은 면적, 대량 생산 시 가변적인 제조 비용 절감 등 여러 가지 성능상 이점을 제공한다(Maxfield, 2014). ASIC의 가장 큰 단점은 설계에 상당한 초기 개발 비용이 든다는 점이다(Cadence PCB Solutions, 2019). 칩을 제작하는 것은 자본과 노동 집약적인 공정으로, 우수한 능력을 갖춘 비싼 엔지니어로 구성된 팀이 필요하다. 칩이 **테이프아웃**(taped-out, 완성)되어 제조를 위해 팹으로 보내지더라도 수율이 낮거나 ASIC이 의도한 대로 동작하지 않을 위험이 항상 존재한다. 아무리 많은 검증 및 고장 분석을 수행해도 심각한 결함의 위험을 배제할 수는 없으며, ASIC 개발이 합당한 지 여부를 결정할 때는 이러한 위험을 고려해야 한다.

ASIC의 또 다른 단점은 일반적으로 특정 응용에 맞게 맞춤 제작되어 다른 분야에서는 사용할 수 없다는 것이다. 예를 들어 오디오 장치는 디지털-아날로그 컨버터(DAC)를 사용하여 디지털 음성 또는 음악 데이터를 아날로그 신호로 변환하여 아날로그 신호로 구동되는 스피커로 보낸다. 휴대폰의 스피커를 구동하는 DAC는 오디오에 필요한 주파수 및 성능 수준에 맞춤형으로 제작된다. 동일한 DAC를 LCD 화면을 구동하기 위해 디지털 비디오 신호를 아날로그로 변환하는 데는 사용할 수 없다. 각 응용마다 다른 칩이 필요하므로 비용과 복잡성이 증가한다.

FPGA는 **필드 프로그래머블 게이트 어레이**(Field Programmable Gate Array)의 약자다. 이름에서 알 수 있듯이 이러한 칩은 "프로그래밍 가능"하므로 이미 제조된 후 특정 기능을 수행하도록 사용자가 맞춤화 할 수 있다(Cadence PCB Solutions, 2019).

실제로 대부분의 FPGA는 지운 다음 새로운 목적에 맞게 "재프로그래밍"할 수 있으므로 새로운 설계의 시제품 제작에 이상적이다(Cadence PCB Solutions, 2019). 엔지니어는 새로운 설계로 FPGA를 프로그래밍하고, 실제 환경에서 어떻게 동작하는지 테스트하고, 이를 반복하여 설계를 완성한 후 제조로 옮길 수 있다. 이 프로그래밍 단계는 ASIC을 설계하고 제조하는 데 몇 달 또는 몇 년이 걸리던 것에 비해 몇 분 안에 수행할 수 있다. **에뮬레이터**라고 하는 장치는 기본적으로 여러 개의 FPGA가 함께 작동하는 상자로, ASIC 설계자가 제조 단계로 이동하기 전에 설계를 반복할 수 있도록 해준다(Xilinx, n.d.). 칩 제조 비용이 증가함에 따라 에뮬레이터의 중요성이 점점 더 커지고 있다. 새로운 맞춤형 칩의 첫 번째 테이프 아웃에는 수백만 달러의 비용이 들 수 있으므로 설계가 정확한지 확인하는 것이 중요하다. 에뮬레이션은 주어진 설계가 실제 환경에서 어떻게 동작하는지 추가로 검증하고 팹에서 칩이 왔을 때 제대로 작동할지 확인할 수 있는 방법이다. 그림 6-6에서 FPGA가 사용되는 다양한 응용을 확인할 수 있다.

ASIC은 설계에 1년이 걸릴 수 있고 제조 후 수정이 불가능한 반면, FPGA는 개당 가격이 훨씬 높지만 기업이 칩을 신속하게 시장에 출시할 수 있는 "기성품" 솔루션을 제공한다(Cadence PCB Solutions, 2019).

지난 10년간 FPGA 시장은 두 개의 주요 업체인 Xilinx와 Altera가 주도해 왔다. Altera는 2015년 인텔에 인수되어 현재 시장의 약 32~35%를 점유하고 있다. Xilinx는 50~55%의 점유율을 차지하고 있으며 최근 AMD에 350억 달러에 인수되었다(Mehra, 2021).

ASIC과 FPGA – 어떤 것을 선택해야 할까?

IC가 필요한 많은 기업에서 중요한 결정은 맞춤형 ASIC을 만들지 아니면 기성품 FPGA를 사용할지 여부다. 이 딜레마의 핵심은 성능과 가격 간의 균형이다. ASIC을 개발하는 데는 수개월 또는 수년이 걸릴 수 있다.

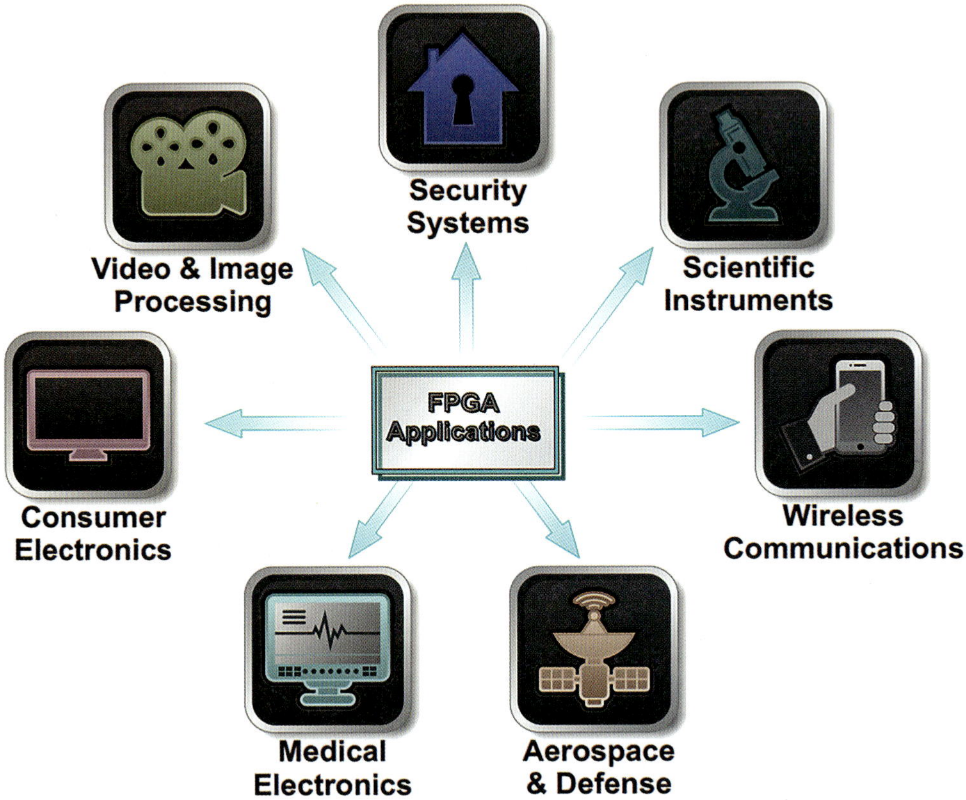

그림 6-6 FPGA의 잠재적 응용 분야

완제품이 의도한 대로 동작할 것이라는 보장이 없는 선행 R&D에 수백만 달러, 심지어 수십억 달러에 달하는 개발 및 비용이 소요된다(Trimberger, 2015). 그러나 맞춤형 설계로 인해 ASIC은, 프로그래밍된 작업을 수행하면서도 프로그래밍된 응용에 필요하지 않은 추가 회로 "데드 웨이트(dead weight)"를 탑재해야 하는 FPGA에 비해 상당한 속도 및 전력 효율성 이점이 있다.

시장 출시 기간이 짧거나 예상보다 적은 제조량의 경우, 성능 저하에 대한 약간의 여유가 있다고 가정하면 일반적으로 FPGA가 더 나은 선택이다(Trimberger, 2015). 그러나 예상 생산량이 증가함에 따라 ASIC의 칩 1개 당 비용이 점점 더 매력적으로 변한다(Trimberger, 2015). 대량 생산 시 높은 초기 개발 비용을 더 많은 수의 칩에 분산하여 장기적인 수율 개선을 활용하고 재료에 대한 순 지출을 줄이면 디바이스당 비용을 절감할 수 있다(Trimberger, 2015). 이러한 이유로 제품 생산량이 많고 성능 요구 사항이 엄격한 대부분의 기업은 Qualcomm과 같은 팹리스 설계 회사와 파트너 관계를 맺거나 자체적으로 개발하여 맞춤형 ASIC 개발에 투자하고 있다. 예를 들어 Apple, Facebook, Google, Tesla는 모두 자사 제품을 위한 맞춤형 ASIC을 개발한다.

그림 6-7은 FPGA와 ASIC 간의 볼륨-비용 트레이드 오프를 시각화한다. 특정 ASIC의 고정 비용이 높기 때문에 ASIC 값 선은 Y축에서 더 높게 시작하고 FPGA 값 선은 0에서 시작한다. 낮은 볼륨에서는 이러한 고정 비용 차이가 ASIC의 치명적 단점이다. 그러나 예상 볼륨이 증가함에 따라 특정 ASIC의 낮은 가변 비용이 결국 그 차이를 메운다. ASIC은 특정 응용에 최적화되어 있으며 추가 회로와 비용 구조로 인해 FPGA가 부담하는 부하가 없다. FPGA에 비해 유연성은 떨어지지만, 이러한 트레이드 오프의 변곡점을 이해하는 것이 중요하다. 고성능 및 저전력 요구사항이 있는 대용량 칩을 제작하는 경우 ASIC이

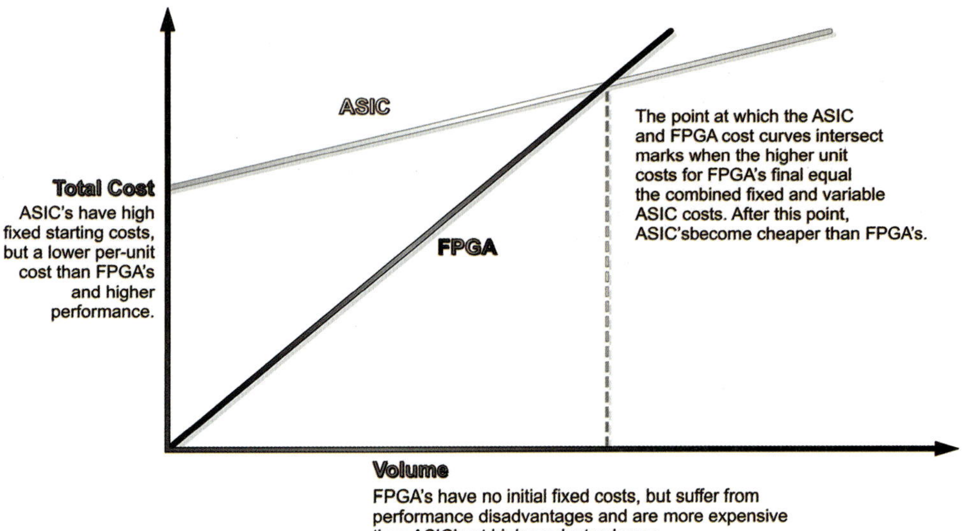

그림 6-7 FPGA와 ASIC 비용 분석

최선의 선택일 수 있다. 엄격한 전력 제약이 없는 소량의 칩을 제작하는 경우 FPGA가 더 빠르고 저렴한 옵션일 수 있다. 물론 이 그래픽은 상황을 지나치게 단순화했다. 특정 기술이나 산업에 따라 이러한 선의 기울기와 시작점이 크게 달라질 수 있다. 중요한 것은 철저한 분석을 통해 응용에 적합한 결정을 내리는 것이다.

이 두 가지 전략을 결합하는 한 가지 옵션은 FPGA를 사용하여 새로운 제품 아이디어를 처음에 입증하고 솔루션을 데모하여 고객의 관심을 유도하는 것이다.

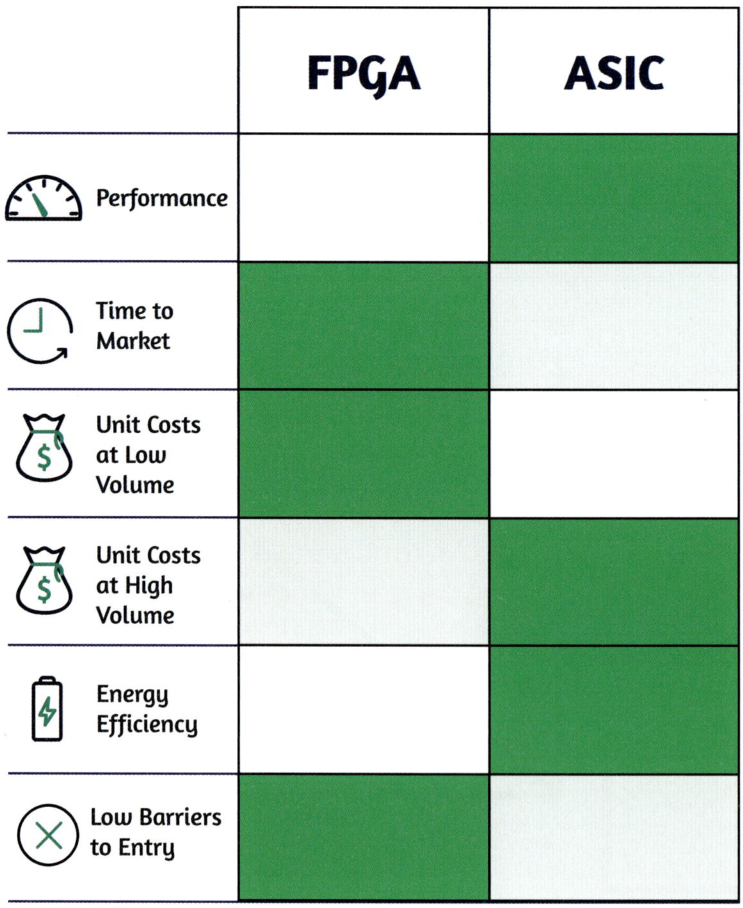

그림 6-8 FPGA와 ASIC – 장점과 단점

이 장애물을 넘으면 훨씬 더 많은 비용이 소요되는 ASIC 개발에 필요한 자금이나 기업 지원을 확보하기가 더 쉬워진다. 그림 6-8에는 FPGA와 ASIC의 다양한 장단점이 요약되어 있다.

시스템 온 칩(System on Chip; SoC)

시스템 온 칩(SoC)은 단일 실리콘 칩에 수십억 개의 부품을 탑재할 수 있는 복잡하고 고도로 집적된 유형의 ASIC이다. 이름에서 알 수 있듯이 SoC는 하나의 IC 기판에 전체 기능 장치를 모두 포함하며, 단일 칩에는 CPU, 메모리, GPU, 전원 관리 장치, 무선 회로 및 기타 구성 요소 또는 기능 모듈이 포함될 수 있다. SoC로 간주되려면 IC에 최소한 마이크로프로세서 및/또는 마이크로컨트롤러, DSP, 온칩(on-chip) 메모리, **하드웨어 가속기**와 같은 주변 기능이 있어야 한다(Maxfield, 2014).

PC와 같이 전력 접근성이 높은 대형 디바이스의 경우, 설계팀은 별도의 모듈로 시스템을 설계할 수 있는 충분한 공간과 유연성을 확보할 수 있으며, 패키지 수준에서 시스템을 MCM과 통합하기로 결정할 수도 있다. 그러나 휴대폰과 같은 소형 애플리케이션의 경우 여러 개의 칩이 너무 많은 공간과 전력을 필요로 할 수 있다. 긴밀한 통합은 이러한 문제를 완화하여 엔지니어가 전체 컴퓨팅 시스템을 손바닥 안에 넣을 수 있게 해준다. SoC는 휴대전화, 태블릿, 스마트워치와 같은 모바일 디바이스 및 공간과 전력이 제한적인 기타 배터리 구동식 디바이스에 널리 사용된다.

SoC는 임베디드 및 모바일 디바이스에 가장 많이 사용되지만, 성능 이점을 활용할 수 있는 노트북 및 기타 디바이스에도 점점 더 많이 사용되고 있다. ASIC, ASSP, SoC를 구분하는 것은 다소 혼란스러울 수 있지만, 그림 6-9를 통해 서로의 관계를 더 잘 시각화 할 수 있다. 이 둘의 주요 차이점은 ASSP는 여러 회사 및 최종 시스템에 서비스를 제공하도록 설계된 반면, ASIC은 단일 회사 또는 제품에서 단일 용도로 사용하도록 설계되었다는 점이다. 프로세서가 포함된

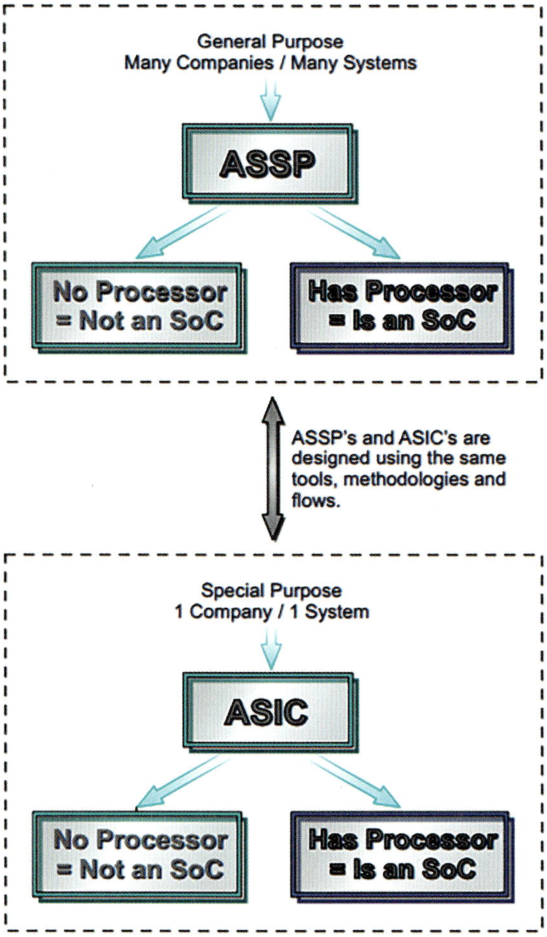

그림 6-9 ASIC과 ASSP 비교

ASSP 또는 ASIC은 SoC로 간주되지만 그렇지 않은 것은 SoC로 볼 수 없다.

로직 시장(Logic Market) 요약

그림 6-10은 SIA와 WSTS의 2020년 최종 사용 설문조사(End Use Survey)에서 가져온 데이터를 사용하여 로직 시장을 세분화했다. CPU, GPU, ASIC, FPGA, SoC 및 기타 논리 소자는 총 1,180억 달러의 매출을 기록했으며, 이는 2020년 전체 업계 매출 4,400억 달러의 약 27%를 차지했다(SIA Databook, 2021). 해당

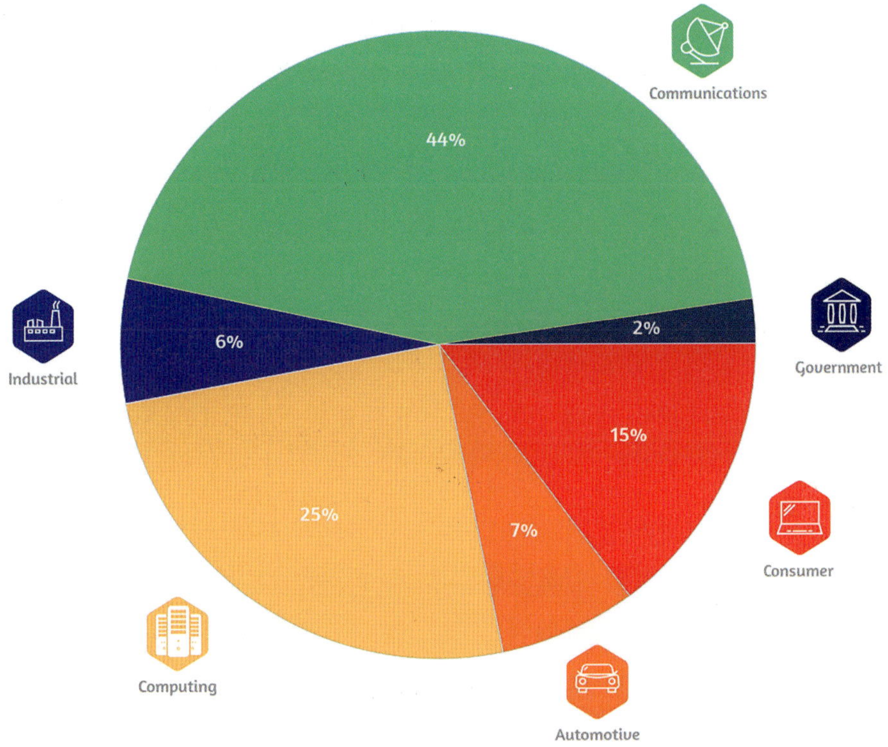

그림 6-10 2020년 최종 용도별 로직 시장(SIA 및 WSTS)

부문의 최종 응용 중 44%를 차지하는 로직은 SIA 체계의 다른 구성 요소보다 통신에 더 많은 비중을 차지하고 있다(SIA End Use Survey, 2021).

6.5 메모리

1960년대와 1970년대 전자 산업이 탄생한 이래 데이터 저장에 대한 시장의 수요가 급증하면서 고급 메모리 칩에 대한 수요는 해마다 최고치를 경신하고 있다.

메모리 스택(Stack)

메모리의 주요 기능은 대규모 시스템의 데이터 처리 센터에서 사용하기 위해 데이터와 정보를 저장하는 것이다(Nair, 2015) 오늘날 많은 고급 메모리 장치에서 저장장치 용량은 더 이상 주요 성능 제약 요인이 아니다. 지난 수십 년 동안 메모리와 코어 시스템 프로세서 사이의 브리지는 디바이스 성능의 주요 병목 현상이 되어 새로운 메모리 칩과 **마이크로 아키텍처**의 개발을 주도했다(Nair, 2015). 이제 메모리에서 데이터를 입출력하는 것이 중요한 매개변수가 되었다. 프로세서가 저장된 데이터를 처리할 수 있는 속도보다 더 빠르게 정보를 검색하고 전달할 수 없다면 추가 메모리 용량은 아무 소용이 없다.

CPU와 메모리 스택 간의 명령어, 데이터 및 정보는 처리 및 저장을 위해 입력 소스에서 시작하여 **메모리 계층** 구조를 통해 이동한다. 이러한 입력 자극은 키보드에 입력한 명령이나 마우스 클릭부터 외부 환경의 자극에 의해 트리거 된 센서가 방출하는 신호("헤이, 알렉사")에 이르기까지 다양하며, 스피커가 포착한 소리, 집 보안 카메라가 감지한 움직임, 스마트폰 화면 터치 등이 될 수 있다. 입력은 장기 **비휘발성 ROM 메모리**가 핵심 명령어를 준비하도록 트리거하고, 이 명령어는 스택의 더 높은 위치(CPU에 더 가깝게)에 있는 **휘발성 RAM 메모리**로 전송된다(Tyson, n.d.). 이러한 명령은 레벨 1 및 레벨 2 **캐시 메모리**로 빠르게 전송되어 CPU 레지스터와 직접 인터페이스한다(Tyson, n.d.). 이러한 캐시 메모리는 빠른 액세스를 위해 데이터와 명령어를 저장한다. 레벨 1 캐시는 **데이터 버스**를 통해 명령어와 필요한 데이터를 CPU에 전달하고, CPU는 이를 처리하여 빠른 재사용을 위해 업스택(up-stack) 캐시에 보관하거나 다음에 사용할 수 있도록 다운스택(down-stack) 영구 스토리지에 전달할 수 있는 출력 명령어를 반환한다(Thornton, 2016).

메모리 아키텍처를 설계할 때 시스템 설계자는 항상 메모리 용량과 액세스 속도라는 상충되는 제약 조건 사이에서 균형을 잡아야 한다. 대용량 고밀도 메모리는 원하는 모든 용량을 제공할 수 있지만 필요한 정보를 검색하는 속도가 느려질 수 있다. 그렇기 때문에 설계자는 빠르게 액세스할 수 있는 작고 빠른 캐시 메모리는 빈번하고 시간에 민감한 작업을 저장하는 데 사용하고, 더 크지만 느린 메모리는 자주 필요하지 않은 광범위한 데이터 세트를 저장하는 데 사용하는 **메모리 계층** 구조를 사용한다.

메모리는 크게 **임시 저장 휘발성 메모리**와 **영구 저장 비휘발성 메모리**의 두 가지 범주로 분류할 수 있다(Shet, 2020). 이 둘의 첫 번째 중요한 차이점은 휘발성 메모리는 데이터를 저장하는 데 전원이 필요하지만 비휘발성 메모리는 그렇지 않다는 점이다(Shet, 2020). 휘발성 메모리에서 전원이 제거 되면 모든 데이터가 손실된다. 영구 저장 비휘발성 메모리는 컴퓨터 전원을 켤 때 사용하는 **부팅 지침**과 같이 절대 변경되지 않는 작업에 사용된다. 반면에 휘발성 메모리는 실행 중인 프로그램이나 애플리케이션의 기반이 되는 작업에 사용한다. 컴퓨터를 켤 때는 비휘발성 메모리를 사용하고, 웹 브라우저를 열 때는 휘발성 메모리를 사용하는 것이다. 두 번째로 중요한 구분은 각 메모리의 읽기/쓰기 기능이다. RAM(Random Access Memories)은 프로세서가 입력 데이터를 읽거나 "가져오고" 출력 데이터를 메모리에 쓰거나 "전달"할 수 있는 반면, ROM(Read Only Memory)은 한 번만 프로그래밍할 수 있고 쉽게 용도를 변경할 수 없다(Shet, 2020). RAM은 다른 것을 써야 할 때까지 읽거나 쓸 수 있는 화이트보드와 같다고 생각하면 되고, ROM은 페이지가 다 떨어지면 특별히 유용하지 않은 일기장과 비슷하다고 생각하면 된다.

일반적으로 ROM 메모리는 영구적인 데이터 저장에 사용되는 반면, RAM 메모리는 프로그램을 실행하고 빠른 액세스를 위해 CPU 가까운 곳에 임시 데이터를 저장하는 데 사용된다(Shet, 2020). 표 6-2에는 ROM과 RAM의 차이점이 요약되어 있다.

다양한 유형의 메모리에 대한 지식을 바탕으로 최종 프로세서에 가장 가까운 메모리 구성 요소(위쪽)부터 최종 프로세서에서 가장 먼 메모리 구성 요소(아래쪽)까지 메모리 계층 구조를 구축할 수 있다(그림 6-11 참조). 맨 위부터 CPU 레지스터는 주어진 클럭 주기 동안 데이터가 메모리에서 프로세서로 물리적으로 전송되는 비트 인터페이스 역할을 한다. 캐시는 가장 가까운 순수 메모리 구

표 6-2 ROM과 RAM 비교

ROM	RAM
Non-Volatile	Volatile
No Power	Needs Power
More Storage	Less Storage
Long-Term Memory	Short-Term Memory
Start-Up Functions	Normal Operations
Slow Data Transfer	Fast Data Transfer

성 요소(레지스터는 기술적으로 CPU의 일부)이고 활성 작업 메모리로 작동하며, 프로세서가 요청한 모든 데이터를 쉽게 사용할 수 있도록 다양한 RAM 소스에서 가져온다. 캐시 아래에는 RAM, DRAM 및 SDRAM이 일반 작업 메모리로 작동한다. 캐시가 대화에 필요한 정보를 처리하는 데 도움이 된다면 RAM, DRAM 및 SDRAM은 대화 중인 주제에 대한 활성 지식을 나타낸다. 빠른 액세스 RAM 메모리 다음에는 계층 구조의 마지막 부분을 구성하는 장기 비휘발성 ROM 메모리와 외부 데이터 수집 인터페이스가 있다.

ROM은 도서관과 같고 RAM은 책을 대출한 학생과 같다고 생각하면 유용할 수 있다(그림 6-12 참조). 이 비유에서 늘어놓은 책들은 ROM 또는 하드 디스크, 배낭은 RAM, 책은 캐시 메모리(RAM의 한 종류), 학생은 CPU이다. 학생은 새로운 수업에 갈 때마다 도서관에 갈 필요가 없으므로 곧 필요한 책을 배낭에

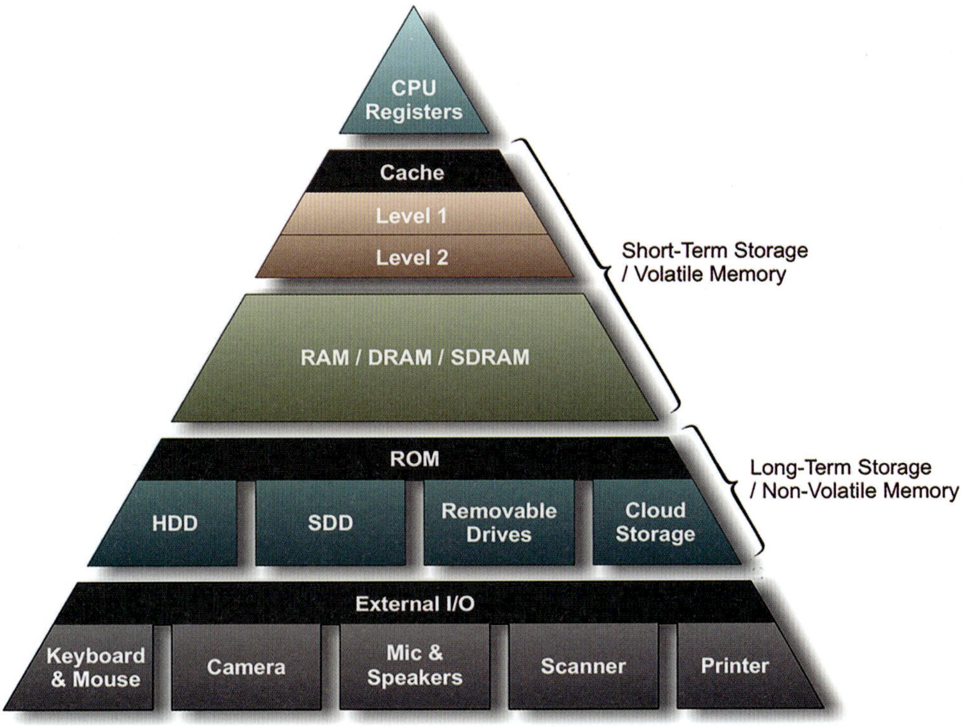

그림 6-11 메모리 계층 구조

넣어 쉽게 접근할 수 있도록 한다. 작업할 올바른 정보를 검색하기 위해 데이터와 지침은 ROM 책장에서 꺼내어 더 빠르게 액세스할 수 있는 RAM 백팩에 저장한다. 학생인 CPU는 필요할 때 캐시 북에 직접 액세스할 수 있다.

휘발성 메모리와 비휘발성 메모리에는 다양한 종류가 있다. 다음 섹션에서 이에 대해 설명한다.

휘발성 메모리(Volatile Memory)

가장 일반적인 휘발성 메모리 유형은 DRAM과 SRAM이다. **랜덤 액세스 메모리**(random-access memory; RAM)로서 CPU의 단기 메모리로 동작하여 정보에 빠르게 액세스하고 처리할 수 있다(Shet, 2020). **동적 랜덤 액세스 메모리**(Dynamic

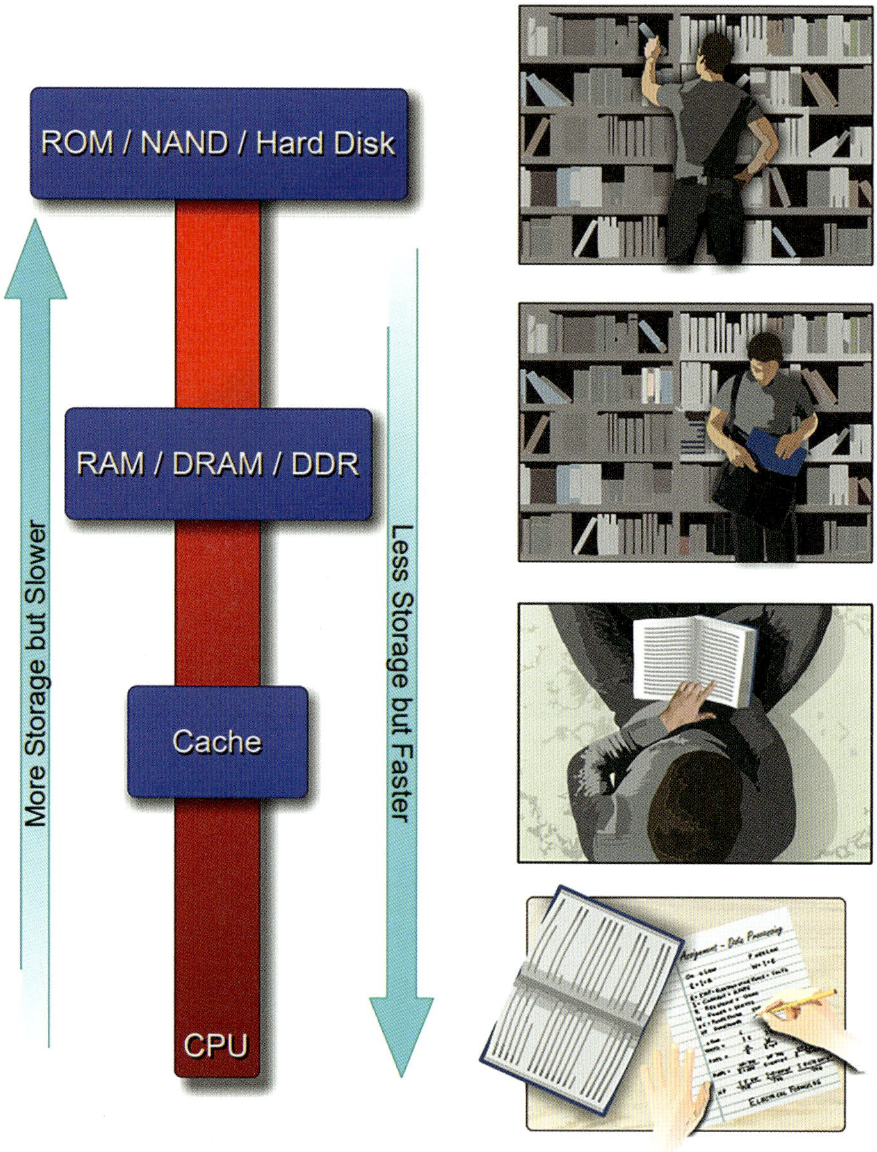

그림 6-12 메모리 계층 구조의 도서관 비유

Random-Access Memory; DRAM)는 **정적 랜덤 액세스 메모리**(Static Random-Access Memory; SRAM)보다 더 많은 데이터를 저장할 수 있지만 전반적으로 느리다(Shet, 2020). SRAM은 액세스 속도가 빠를 수 있지만 제대로 작동하려면 더 많은 전력이 필요하므로 성능과 전력 간의 절충점을 보여주는 완벽한 예이다(Shet, 2020). 이러한 차이는 각 저장장치를 구성하는 트랜지스터의 수에 따른 것으로, SRAM에는 데이터를 저장하는 트랜지스터가 6개인 반면 DRAM에는 1개만 있다.

CPU 또는 프로세서에 가장 가까운 RAM 메모리를 **RAM 캐시** 또는 **CPU 메모리**라고 하며, 간단히 **캐시**라고도 한다. 캐시는 모든 메모리 유형 중 가장 빠른 속도를 요구하며 일반적으로 실행 대기 중인 명령어를 저장한다(Shet, 2020). 속도 이점으로 인해 SRAM은 캐시로 자주 사용되는 반면, 용량이 크고 전력 요구 사항이 낮은 DRAM은 임시 작업 메모리로 더 자주 사용된다(Nair, 2015). 도서관-책가방 비유에서 정보 처리를 기다리는 학생이 CPU라면 캐시는 책상 위에 놓여 읽기를 기다리는 개별 책이 될 수 있다.

캐시 수준의 데이터 전송 속도 외에도 컴퓨팅 속도는 메모리 DRAM과 캐시 간의 전송 속도에 의해서도 제한된다(Shet, 2020). 각 **클럭 사이클** 동안 DRAM과 캐시 간에 고정된 양의 데이터가 전송될 수 있다. 기존 DRAM의 제한된 전송 속도는 그 자체로도 상당한 병목 현상이 될 수 있다. 이 문제를 완화하기 위해 **DDR**(Double Data Rate RAM) 또는 **DDR SDRAM**이라는 기술이 개발되었다. 이전 세대의 DRAM에 비해 DDR은 데이터 전송 속도를 크게 향상시켜 DRAM과 캐시 간의 연결성을 강화했다. 큰 그림으로 볼 때, DRAM과 SRAM의 다양한 종류에 대한 기술적 뉘앙스를 아는 것보다는 RAM을 하나의 카테고리로 이해하고 메모리 계층 구조의 다른 부분과 어떻게 관련되어 있는지를 이해하는 것이 중요하다.

비휘발성 메모리(Non-Volatile Memory)

비휘발성 메모리에는 **기본 메모리**와 **보조 메모리**의 두 가지 유형이 있다. 모든 RAM 메모리는 기본 메모리로 간주되며 일부 **읽기 전용 메모리**(ROM)는 보조 메모리로 분류된다. 기본 메모리는 컴퓨터의 주요 작업 메모리로, 프로세서에서 더 빠르게 액세스할 수 있지만 용량이 제한되어 있고 일반적으로 더 비싸다. **백업** 또는 **보조 메모리**라고도 하는 보조 메모리는 인터커넥트를 통해서만 액세스할 수 있으며 훨씬 느리다. 일상적인 비즈니스에 필요한 모든 재고가 있는 매장 공간과 그 외의 모든 것을 보관하는 저렴한 창고 공간과 같은 1차원적인 기억을 떠올릴 수 있다. 필요할 때 창고에서 매장으로 새 재고를 가져올 수 있지만 한꺼번에 보관할 예산이나 바닥 공간이 부족할 수 있다.

기본 비휘발성 메모리

비휘발성 메모리에는 크게 다섯 가지 유형이 있다:

- 표준 ROM은 조정하거나 다시 작성할 수 없으며 생성할때 프로그래밍해야 한다(Shet, 2020). 데이터는 칩이 제조될 때 말 그대로 하드 와이어된다.
- PROM(Programmable Read-Only Memory)은 제조 후 프로그래밍할 수 있지만 한 번 프로그래밍하면 변경할 수 없다. PROM은 본질적으로 레코딩이라는 프로세스를 통해 한 번만 프로그래밍할 수 있는 ROM이다(Shet, 2020).
- EPROM(Erasable Programmable Read-Only Memory)은 ROM과 PROM의 문제점을 대부분 해결하며 여러 번 지우고 다시 쓸 수 있다(Shet, 2020). 그러나 EPROM을 지우려면 자외선 에너지를 사용하여 기본 전자 장치를 손상시키지 않고 저장된 데이터를 파괴하는 특수 도구가 필요하다. 안타깝게도 이 방법은 선택적 삭제를 허용하지 않으며 재사용하기 전에 전체 EPROM을 다시 작성해야 한다(Shet, 2020).
- EEPROM(Electrically Erasable Programmable Read-Only Memory)은 EPROM의 몇 가지 단점을 보완한 메모리다. 즉, 전체 칩을 지울 필요가 없으며 자외선 도구가 필요하지 않다(Shet, 2020). EEPROM의 가장 큰 단점은 한 번에 한 바이트씩 변경해야 하므로 지우고 다시 프로그래밍

하는 속도가 상대적으로 느리다는 것이다. 이 느린 지우기 속도로 인해 최종 유형의 ROM인 낸드 플래시가 등장했다.

- **낸드 플래시 메모리**(NAND Flash Memory)는 다른 유형의 ROM이 갖은 한계를 극복한 EEPROM의 한 유형이다. 정보를 지우고, 한 번에 한 바이트가 아닌 덩어리(chunk) 단위로 데이터를 쓸 수 있으며, EPROM보다 훨씬 빠르게 작동한다(Shet, 2020). 플래시 낸드는 오늘날 전자 장치에 데이터를 저장하는 데 사용되는 주요한 ROM 유형이다(Shet, 2020).

보조 메모리(HDD 대 SSD)

보조 메모리는 영구 저장 및 부팅 드라이브와 같은 핵심 장치 동작에 사용되는 외부 비휘발성 RAM 메모리다. 가장 일반적인 보조 메모리 유형은 **하드 디스크 드라이브**(Hard Disk Drives; HDD)와 **솔리드 스테이트 드라이브**(Solid State Drives; SSD)이다. 하드 디스크 드라이브는 데이터를 무기한 저장할 수 있는 읽기/쓰기 암이 있는 마그네틱 디스크로 제작된다(Brant, 2020). SSD는 비슷한 기능을 수행하지만 디스크 대신 상호 연결된 낸드 플래시 메모리 칩을 사용한다(Brant, 2020). 낸드 플래시 메모리는 HDD보다 더 빠르고 안정적이지만 더 비싸고 용량이 적다(Brant, 2020). 그러나 무어의 법칙에 따라 낸드 플래시는 매년 더 저렴하고 밀도가 높아지고 있다. 저렴하고 밀도가 높은 플래시 메모리 덕분에 모든 휴대용 전자기기가 가능해졌다. 휴대전화가 작동하기 위해 회전하는 하드 드라이브 플래터(platter)가 필요하다고 상상해 보라!

비용과 저장 용량이 주요 고려 사항이라면 HDD가 더 나은 선택일 수 있다. 융통성과 안정성이 더 중요하다면 SSD를 선택하는 것이 더 나을 수 있다. 메모리 밀도가 계속 향상됨에 따라 모바일 응용에서 SSD의 점유율은 계속 증가하고 있다. 표 6-3에는 HDD와 SSD의 장단점이 요약되어 있다.

표 6-3 HDD와 SSD 비교

	HDD	SSD
Performance	Slower	Faster
Reliability	Less Reliable (Moving Parts)	More Reliable (No Moving Parts)
Heat	More Heat (Moving Parts)	Less Heat (No Moving Parts)
Cost	Cheap	Expensive
Power	More Power	Less Power
Size	Larger	Smaller

스택형 다이 메모리(Stacked Die Memory) (HBM 대 HMC)

많은 시스템에서 성능을 제한하는 것은 칩 간의 상호 연결이다. 새로운 다이 스태킹 기술은 칩을 PCB에 실장하고 칩과 칩 사이를 배선하는 대신 칩과 칩 사이를 배선할 때 발생하는 성능 저하 없이 칩을 서로 직접 연결한다. 다이 스태킹 기술의 혁신과 2.5/3D 패키징 아키텍처는 상당한 성능 이점을 지닌 새롭고 밀접하게 통합된 메모리 아키텍처를 가능하게 했다. **고대역폭 메모리**(High-

Bandwidth Memory; HBM)와 **하이브리드 메모리 큐브**(Hybrid Memory Cube; HMC)는 3D 메모리 장치를 구축하는 데 사용되는 업계 표준이다(Moyer, 2017). 구조적으로 HMC는 **3D 메모리 온 로직 아키텍처**를 사용하여 DRAM 메모리 칩을 논리 소자 위에 수직으로 적층하고, **실리콘 관통전극**(Through Silicon Via; TSV)을 통해 서로 연결된다(Moyer, 2017). HBM은 약간 다른 접근 방식을 취한다. 코어 로직을 분할하고 분할된 부분 중 하나 위에 메모리 다이를 쌓고 나머지 절반은 그대로 둔다. 새로운 메모리 로직 다이 스택은 이제 **2.5D 패키징** 구성에서 **인터포저**를 통해 분리된 로직에 연결된다 (Moyer, 2017). 다이 스택의 베이스에 대한 일부 기능을 분리하면 더 다양한 공급업체의 실리콘을 통합할 수 있다. IC 패키징에 대한 하위 섹션에서 다룬 내용을 기억하겠지만, **2.5D 패키징**과 **3D 패키징**의 주요 차이점은 개별 다이가 PCB 위에 놓인 **기판** 조각으로 서로 연결된다는 것이다(보드 자체에 와이어 본딩하는 것보다 연결성이 크게 향상됨). 그림 6-13에서 HBM과 HMC의 구조적 차이를 시각화할 수 있다.

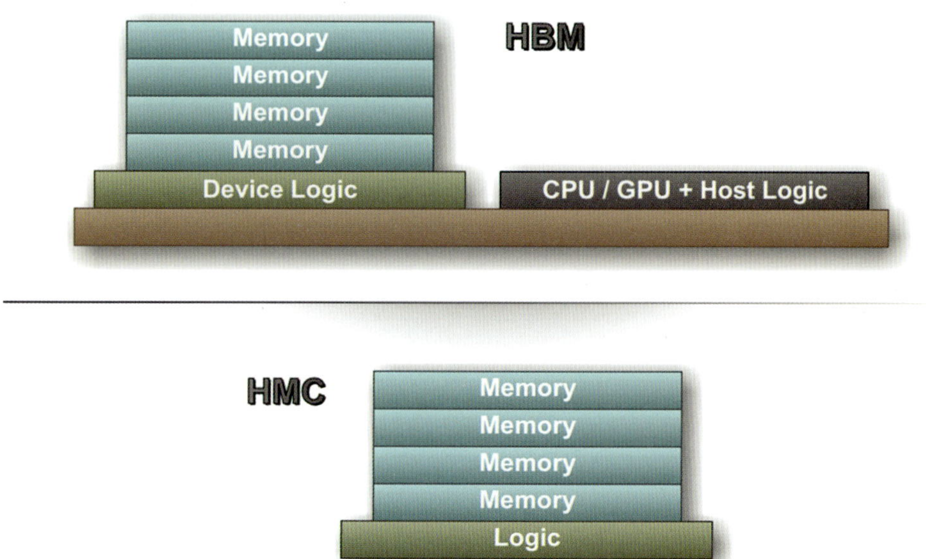

그림 6-13 고대역폭 메모리(HBM)와 하이브리드 메모리 큐브(HMC) 비교

메모리 시장 요약

그림 6-14는 SIA 및 WSTS의 2020 최종 사용 설문조사에서 가져온 데이터를 사용하여 메모리 시장을 세분화했다. DRAM, SRAM, 낸드 플래시, 스택 메모리 및 기타 메모리의 총 매출은 1,170억 달러로, 2020년 전체 업계 매출 4,400억 달러의 약 27%를 차지했다(SIA Databook, 2021). 메모리는 다양한 최종 응용에 걸쳐 전체 SIA 체계와 거의 동일한 비율로 분포되어 있다. 거의 모든 최종 응용이 핵심 기능을 위해 메모리를 필요로 한다는 점을 고려하면 이러한 분포는 놀라운 일이 아니다(SIA End Use Survey, 2021).

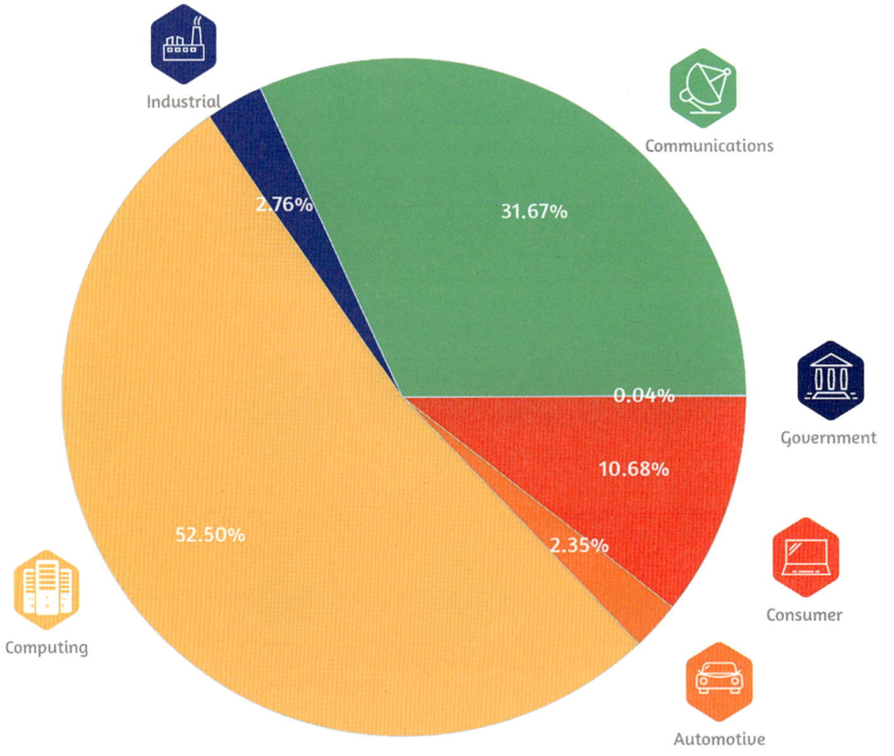

그림 6-14 2020년 최종 용도별 메모리 시장(SIA 및 WSTS)

6.6 광전자, 센서 및 액추에이터, 이산 소자 부품(OSD)

광전자 부품

광전자는 광파를 생성하고 수신하는 반도체 장치로, 광 감지 및 이미지 센서, LED, 정보 처리, 광섬유 통신, 디스플레이 및 레이저 기술 등 다양한 곳에 사용된다. **광 집적 회로**(Photonic Integrated Circuits; PIC)는 일반적으로 **데이터 센터** 광 네트워크의 **광 트랜시버**로 사용되며, 이를 통해 데이터 센터는 구리 케이블보다 더 먼 거리에서 더 효과적이고 효율적으로 정보를 전송할 수 있다(Photonics Leadership Group, 2021). 그림 6-15에서 광자 및 광전자 IC의 다양한 응용을 확인할 수 있다.

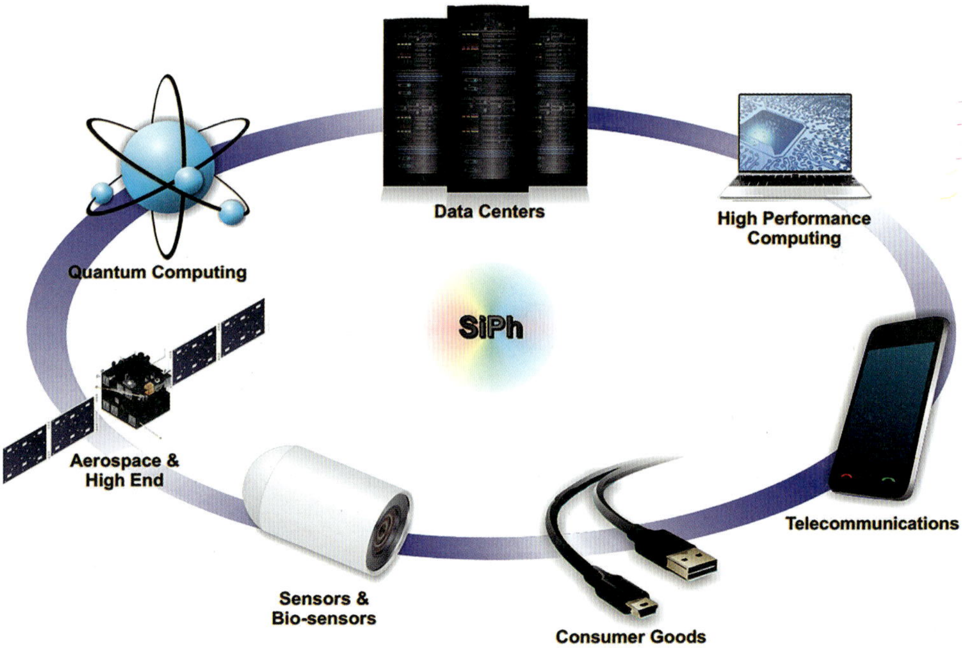

그림 6-15 광자 및 광전자 IC 애플리케이션

센서 및 액추에이터

가장 기본적인 수준에서 **센서**는 실제 입력(열, 압력, 빛, 소리 또는 기타 물리적 현상)을 감지하고 이를 전기 신호로 변환한다. 센서는 외부 전원이 있어야 작동하는 **능동형** 또는 전원이 없어도 출력을 생성하는 **수동형**으로 분류할 수 있다(GIS Geography, 2021). 요즘 센서는 대부분 온보드(onboard) 칩이 내장된 능동형 장치이지만, 구식 수은 온도계와 같은 일부 제품에는 여전히 수동형 센서가 사용되고 있다. 센서는 비행기 비행 패턴을 조정하는 데 사용되는 고도계나 자동차의 자동 제동 시스템을 작동시키는 근접 센서와 같은 **제어 시스템**에서 자주 사용된다. 광학 센서, 압력 센서, 가스 센서, 속도 센서, 무게 센서 등 다양한 용도의 센서에는 모든 종류의 반도체가 사용된다(Teja, 2021).

액추에이터는 전기 신호를 실제 출력으로 되돌릴 수 있는 리버스 센서와 같다. 액추에이터는 주로 로봇과 같은 산업 및 제조 분야에 사용되지만, 소비자 및 자동차 시장에도 적용되기 시작했다.

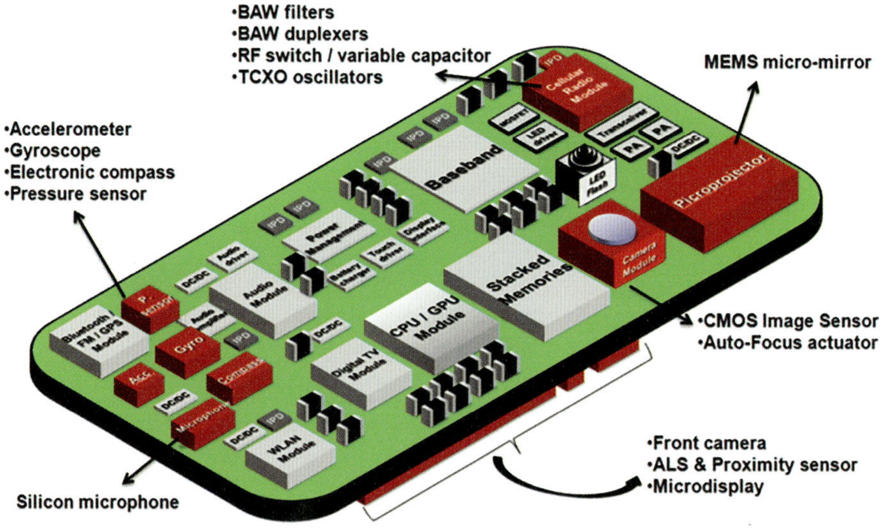

그림 6-16 모바일 장치 센서 및 액추에이터(IntelFreePress, 2013)

산업 자동화와 자율 주행의 현대적 혁명은 모두 실리콘 기반 센서와 액추에이터의 급속한 확산으로 인해 가능해졌다. 그림 6-16에서 모바일 장치에서 흔히 볼 수 있는 많은 센서와 액추에이터를 볼 수 있다.

6.7 MEMS

마이크로 전자 기계 시스템(Micro-Electro-Mechanical Systems; MEMS)는 미세한 크기의 기어나 레버가 작동하는 초소형 기계 장치로, 반도체 제조 기술을 사용하여 제조된다(SCME, 2017). 그림 6-17에서 샌디아 국립연구소(Sandia National Laboratories)에서 촬영한 MEMS 장치를 볼 수 있다. 샌디아는 미국 에너지부 산하 국가핵안보국(National Nuclear Security Administration; NNSA)을 지원하는 연방 정부 연구 개발 연구소로, 여러 주요 과학 분야에서 기술 혁신을 주도하고 있다.

그림 6-17 MEMS 소자 확대 모습(샌디아 국립 연구소, n.d.)

MEMS는 정보를 처리하고 저장하는 데 전기를 사용하지 않기 때문에 기술적으로는 반도체 장치가 아니지만, 반도체 기반 센서와 경쟁하고 유사한 제조 기술을 사용하여 제조되기 때문에 종종 함께 그룹화된다. 이러한 기계적 특성은 다양한 물리적 속성에서 임계 값을 감지하는 센서 제품에 유용하다(SCME, 2017). 이러한 제품에는 에어백 시스템, 자이로스코프, 자기장 센서 및 내비게이션 시스템, 마이크 및 스피커, 온도 센서, 생의학 및 화학 센서 등 매우 다양하다(MEMS Journal, 2021). 예를 들어 에어백의 MEMS 장치는 적절한 양의 힘이 가해지면 가방이 전개되도록 설계될 수 있다. MEMS 분야에서 특별히 일하지 않는 한, MEMS가 무엇인지, 어떤 용도로 사용되는지, 기존 반도체 장치와 어떤 주요 차이점이 있는지 이해하는 것만큼이나 MEMS 작동 방식의 기본 메커니즘을 이해 하는 것이 반드시 중요하지는 않다. 그림 6-18에서 MEMS와 센서의 일반적인 응용 분야를 살펴볼 수 있다.

개별 소자 부품

개별 소자 부품은 보다 복잡한 시스템을 구현하는 부품으로 사용되는 대용량

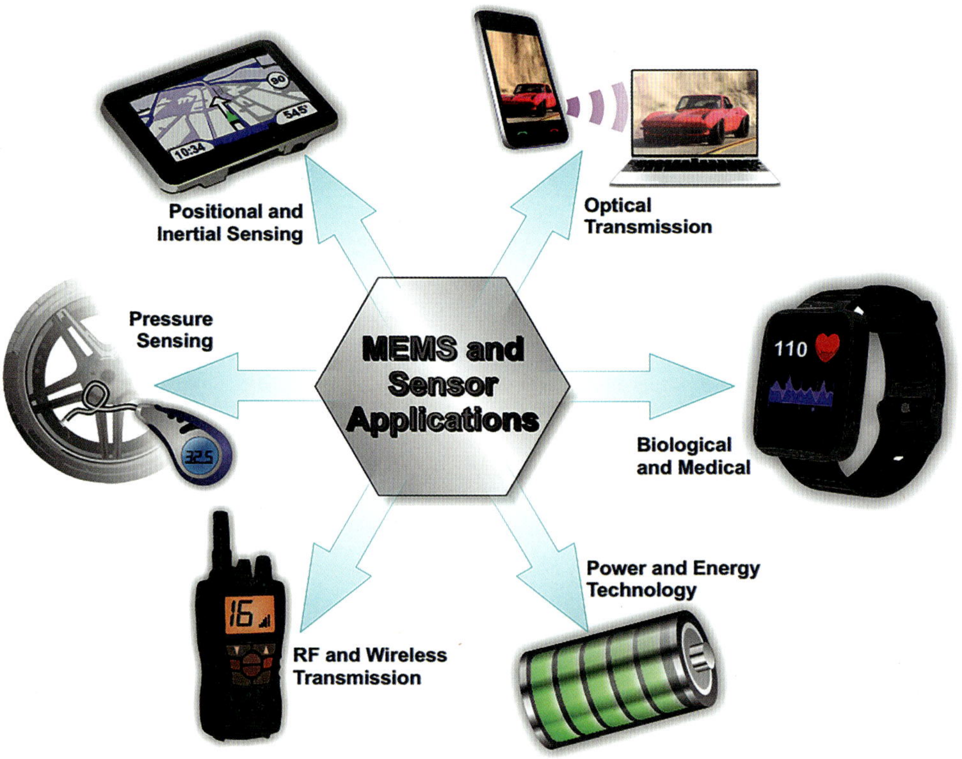

그림 6-18 MEMS 및 센서 애플리케이션

개별 패키지 구성 부품이다. 일반적으로 신호와 전력을 특정 장치의 여러 처리 센터로 라우팅하는 데 도움이 된다. 일반적인 개별 구성 요소는 단순한 저항기, 축전기, 유도기부터 더 복잡한 전력 트랜지스터, 스위칭 트랜지스터, 다이오드, 정류기까지 다양하다.

개별 소자 부품과 전력 관리 IC(Power Management ICs; PMIC) 비교

전력 공급은 전압 조정, 전력 변환, 배터리 관리 등의 기능을 수행하는 개별 소자 부품에 의해 독점적으로 처리되었다. 전원 관리에는 높은 전압과 높은 주파수로 이동하는 신호가 포함되므로 대규모 간섭 문제가 발생할 수 있다. 이 기능을 중요한 센서와 함께 IC에 통합하는 것은 어려운 문제다. 하지만 기술은 항상 발전하고 있으며, 더 높은 통합과 효율성에 대한 추구는 PMIC와 PMU의 성장으로 이어졌다.

전원 관리 장치(Power Management Unit; PMU)는 디지털 장치 전용 **마이크로컨트롤러**의 일종이다. PMIC와 PMU는 전력을 사용 가능한 형태로 변환하고, 배터리 사용량과 충전을 조절하며, 제어 전압과 전기 흐름을 CPU, 메모리 등 시스템의 다른 구성 요소로 변환하는 데 도움을 준다. 그러나 밀집된 구성 요소는 **기생**(다른 구성 요소의 원치 않는 간섭) 및 기타 **전력 무결성 문제**를 더 많이 야기한다(Texas Instruments, 2018). 예를 들어 마이크와 같은 민감한 회로 옆에 노이즈가 많은 전원 관리 칩을 배치하면 성능 문제가 발생하고 오디오 품질이 저하될 수 있다. PMIC의 경우 초기 설계 비용이 더 높지만 전반적인 성능 이점과 효율성 개선으로 인해 장기적으로 경쟁력 있는 옵션이 되는 경우가 많다.

PMIC는 시스템 또는 장치에서 전력 및 전압을 조절하는 칩 및 모듈 제품군에 사용되는 집적 회로다(Intersil, n.d.). 일반적으로 시스템의 고유한 구성 요소는 효과적으로 동작하기 위해 서로 다른 전압이 필요하다(프로세서 및 메모리에는 1.0V, **인터페이스 드라이버**에는 1.8V, **전원 장치**에는 2.5V가 일반적이다).

PMIC는 이러한 각 시스템 구성 요소에 고유한 요구 사항에 따라 올바른 전압 수준이 인가되도록 보장한다.

광전자, 센서 및 액추에이터, 개별 부품 시장 요약

그림 6-19는 SIA 및 WSTS의 2020 최종 사용 설문조사에서 가져온 데이터를 사용하여 OSD 시장을 세분화했다. 개별 소자 부품, 광전자, 센서, 액추에이터 및 MEMS는 2020년 전체 산업 매출 4,400억 달러의 약 18%인 790억 달러의 매출을 차지했다(SIA Databook, 2021). 전체 부문의 77%를 차지하는 통신, 산업 및 자동차 산업은 전체 SIA 체계보다 최종 사용 시장에서 훨씬 더 높은 비율을 차지한다(SIA End User Survey, 2021).

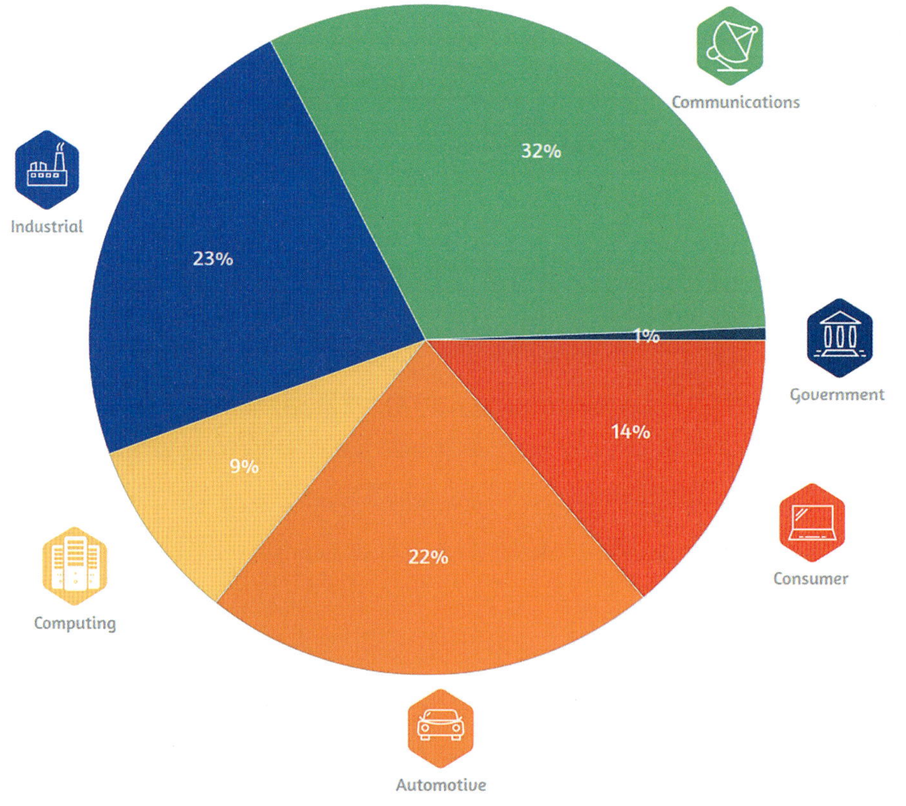

그림 6-19 2020년 최종 용도별 OSD 시장(SIA 및 WSTS)

6.8 아날로그 구성 요소

무선 기술 장에서 살펴보겠지만, 정보를 처리하고 저장하는 데는 디지털 칩이 주류를 이루지만, 우리의 물리적 세계는 여전히 "아날로그"이기 때문에 이를 이해하기 위해서는 특수한 **아날로그 칩**이 필요하다. 이러한 장치에는 센서, 무선 기술 및 전원 공급 장치가 포함된다.

범용 아날로그 IC와 ASSP 비교

아날로그 회로에는 범용 아날로그 IC와 응용별 표준 제품(ASSP)의 두 가지 유형이 있다. **범용 아날로그 IC**는 특정 기능을 수행하도록 최적화될 수 있는 광범위한 플러그 앤 플레이 아날로그 구성 요소로 사용되지만, 디지털 측면의 마이크로 컴포넌트와 마찬가지로 다양한 시스템에서 사용할 수 있다. 여기에는 비교기, 전압 조정기, 데이터 변환기, 증폭기 및 인터페이스 IC가 포함된다(WSTS, 2017). 복잡한 시스템에서 이러한 범용 아날로그 IC는 아날로그 센서와 프로세서 사이에 위치하여 아날로그 센서 신호를 증폭하고 프로세서에서 사용할 수 있도록 디지털 신호를 변환하는 경우가 많다.

아날로그 **응용별 표준 제품**(ASSP)은 SIA 체계의 로직 부문과 유사하게 특정 응용을 위해 설계된 아날로그 IC다. 많은 ASSP에는 디지털 구성 요소가 포함되어 있으며 사실상 혼성 신호 장치이다. **혼성 신호 칩**에는 디지털 및 아날로그 구성 요소가 모두 포함된다. 대표적인 예로는 무선 트랜시버, 오디오 증폭기, 그리고 다음 장에서 다룰 다양한 종류의 RF(무선 주파수) IC를 들 수 있다.

아날로그 부품 시장 요약

그림 6-20은 SIA 및 WSTS의 2020 최종 사용 설문조사에서 가져온 데이터를 사용하여 아날로그 부품 시장을 세분화했다. 범용 아날로그 IC, ASSP 및 기타 아날로그 부품은 총 560억 달러의 매출을 기록했으며, 이는 2020년 전체 산업 매출 4,400억 달러의 약 13%에 해당한다(SIA Databook, 2021). 아날로그 부품은

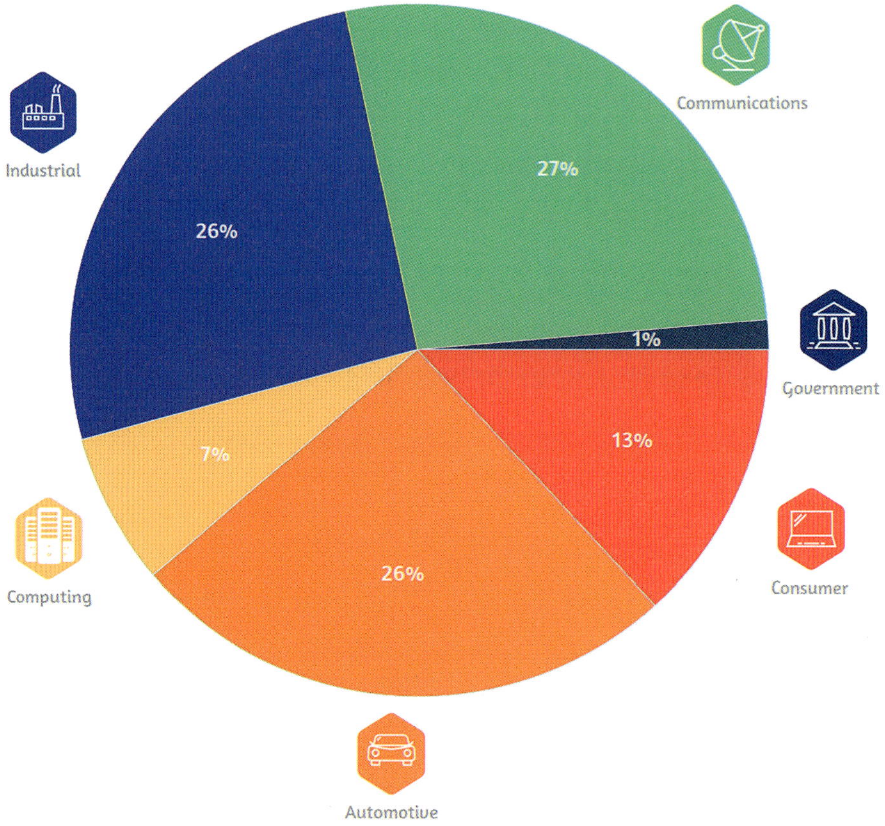

그림 6-20 2020년 최종 용도별 아날로그 부품 시장(SIA 및 WSTS)

자동차, 산업 및 통신 부문에서 가장 많이 활용되며, 이들 부문은 각각 최종 사용 응용의 약 25%를 차지한다. 개별 소자 부품, 광전자, 센서 및 액추에이터 부문과 마찬가지로 아날로그 부품은 컴퓨팅 응용에서 가장 적게 사용된다(SIA End User Survey, 2021).

신호 처리 시스템 – 구성 요소 결합

이러한 구성 요소가 얼마나 많은지 이해하려면 전자 시스템을 신호 처리 장치로 생각하면 유용하다. 예를 들어 음악 프로듀서의 노트북에서 SIA 체계의 다섯 가지 구성 요소를 사용하여 음악을 녹음하고 믹싱하는 방법을 살펴보자. 먼저 마이크가 아날로그 오디오 신호를 녹음하면 노트북의 **아날로그 디지털 변환기**(ADC)가 새 트랙에 사용하려는 악기의 실제 사운드를 받아들인다. 그런 다음 ADC는 해당 신호를 **디지털 신호 프로세서**(마이크로 컴포넌트)에 공급하고, 이 프로세서는 들어오는 디지털 스트림을 받아들이고 몇 가지 간단한 **신호 처리 알고리즘**을 적용할 수 있다. 프로듀서는 베이스 부분을 늘리거나 볼륨을 조정할 수 있다. 여기에서 새로 변환된 **디지털 신호**는 **중앙 프로세서**(이 경우 CPU)로 전송되어 프로듀서가 편집에 사용하는 믹싱 소프트웨어를 실행한다. 믹싱 프로그램의 지시에 따라 다른 작업을 수행하는 동안 중앙 "시스템" 프로세서(로직)는 DRAM과 같은 **휘발성 메모리**를 사용하여 일시적으로 사운드 신호를 저장할 수 있다. 프로듀서는 작업이 끝나면 중앙 프로세서에 **NAND 플래시**와 같은 시스템의 **비휘발성 메모리**를 사용하여 나중에 사용할 수 있도록 완성된 트랙을 저장하라고 지시할 수 있다. 음악 프로듀서가 완성된 곡을 재생할 준비가 되면 디지털 신호는 다른 디지털 신호 프로세서로 전송되고, **디지털-아날로그 변환기**(DAC)가 이를 **아날로그 신호**로 변환한다. 아날로그 신호는 최종적으로 **아날로그 프로세서** 또는 단순히 **증폭기**로 전송되고 노트북의 스피커를 통해 음악으로 증폭되어 현실 세계로 전달된다. 시스템 전체에서 다양한 개별 구성 요소가 **시스템 타이밍** 및 **전원 관리**와 같은 기능을 수행하여 장치가 제대로 실행될 수 있도록 한다.

컴퓨터를 중추 신경계에 비유할 수도 있다(그림 6-21 참조). 이 비유에서 CPU 또는 기타 **마이크로프로세서**는 논리적 추론 및 문제 해결과 같은 고차원적인 두뇌 기능을 수행한다. **캐시** 및 기타 RAM은 방금 만난 사람의 이름을 기억하는 것과 같은 긴급한 작업을 수행하는 데 사용할 수 있는 단기 메모리 역할을 하며, ROM **메모리**(**하드 디스크** 또는 **솔리드 스테이트 드라이브**)는 장기 메모리로 작동한다. 칩셋을 구성하는 **노스브릿지**와 **사우스브릿지**는 뇌와 척수 및 나머지 신경계를 연결하는 뇌간과 같은 역할을 한다. 그런 다음 칩셋은 척추의 나머지 부분에 해당하는 **시스템 버스**를 통해 시스템의 나머지 부분과 통신한다. 마지막으로 **입출력 장치**, **센서** 및 기타 주변 구성 요소는 외부 환경을 감지하고 이

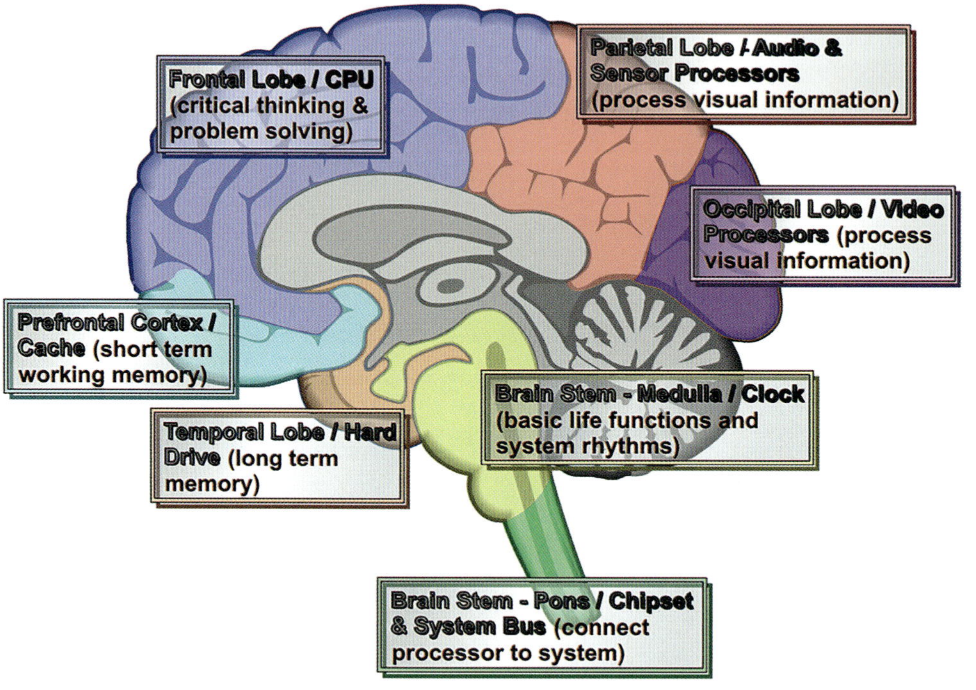

그림 6-21 중추 신경계와 PC 비교

에 반응할 수 있도록 하는 외부 감각 뉴런과 같은 역할을 한다. 뜨거운 스토브를 만지면 손가락의 신경이 팔을 따라 척수를 거쳐 뇌간을 통해 뇌로 신호를 보내고, 뇌는 신경계를 통해 다시 신호를 보내 손을 움직이라고 지시한다. 비슷한 방식으로 게임용 컴퓨터도 내부 센서를 통해 코어 온도가 너무 뜨거워지는 것을 감지할 수 있다. 센서의 신호는 시스템 버스로 이동하여 칩셋을 통해 캐시로 이동하고 마지막으로 CPU로 이동하여 냉각 팬에 신호를 보내 속도를 높이도록 한다!

6.9 요약

이 장에서는 먼저 아날로그와 디지털 전자 장치를 세분화하여 신호 구조, 데이터 전송 방법, 전력 요구 사항의 차이점을 파악했다. 또한 주파수 및 파장과 같은 주요 신호 특성을 소개하고 전자기 스펙트럼에 따라 용도를 분류했다. 그런 다음 SIA 체계의 다섯 가지 시스템 구성 요소 범주를 요약한 후 각각을 자세히 설명했다:

1. **마이크로 컴포넌트**는 마이크로프로세서(MPU), 마이크로 컨트롤러, 디지털 신호 프로세서(DSP)를 포함하는 플러그 앤 플레이 디지털 프로세서다.
2. **로직**은 특정 목적을 위해 설계된 디지털 프로세서를 포함하며 특수 목적 로직 및 ASSP, CPU(중앙 처리 장치), GPU(그래픽 처리 장치), ASIC, FPGA 및 SoC를 포함한다.
3. **메모리** 칩은 단기(RAM) 또는 장기(ROM) 데이터를 저장하는 데 사용되며, 시스템의 CPU 또는 기타 프로세서에서 데이터를 빠르게 사용할 수 있도록 계층 구조로 구성되어 있다.
4. **광전자, 센서 및 액추에이터, 개별 소자 부품**(OSD)에는 광전자, 센서 및 액추에이터, 개별 소자 부품이 포함된다.
5. **아날로그 구성 요소**는 무선 기술 및 전원 공급 장치와 같은 많은 응용에 유용하며, 종종 디지털 회로와 혼합되어 아날로그에서 디지털(ADC) 또는 디지털에서 아날로그(DAC)로 신호를 변환할 수 있는 혼성 신호 칩을 구성한다.

메모리, 마이크로 컴포넌트, 로직이 업계 매출의 대부분을 차지하지만, 이 다섯 가지 모두 반도체 생태계에 필수적인 요소다.

개별 확인 질문 (반도체 지식 테스트)

스스로 관련 지식을 충분히 쌓았는지 확인할 수 있는 다섯 가지 질문이다.

1. 아날로그 신호와 디지털 신호를 비교하시오.
2. SIA 체계에서 마이크로 컴포넌트와 로직의 차이점은 무엇인가?
3. 메모리 계층 구조에서 CPU에 가장 가까운 메모리 유형은 무엇인가? 그 이유는 무엇인가?
4. MEMS가 집적 회로와 유사한 점과 다른 점은 무엇인가? MEMS 장치를 분류한다면 어떤 SIA 구성 요소 제품군을 선택하겠는가?
5. 아날로그 부품이 무선 통신에 적합한 이유는 무엇인가? 디지털 부품이 아닌 이유는 무엇인가?

CHAPTER 7

RF 및 무선 기술

6장에서는 아날로그 신호와 디지털 신호의 차이점과 이를 처리하기 위해 설계된 다양한 하위 구성 요소에 대해 논의하면서 6장을 시작했다. 7장에서는 RF 및 무선 전자 기기의 흥미로운 작업을 분석하면서 아날로그 세계에 특히 주목한다. 자동차 라디오에서 휴대폰에 이르기까지 무선 기술의 출현으로 전 세계 어디서나 이동 중에도 정보와 엔터테인먼트에 즉각적으로 접근할 수 있게 되면서 일상 생활 방식이 변화했다. 이러한 진화와 이를 가능하게 하는 하드웨어 기술을 추적하기 전에 전자기 스펙트럼을 살펴보자.

7.1 RF 및 무선

무선 시스템을 더 잘 이해하려면 두 가지 형태의 에너지를 고려하는 것이 도움이 된다. 첫 번째 형태는 1장에서 설명한 **전기 에너지**다. 전기 에너지는 도체를 따라 흐르며 전자 기기의 내부 배선 및 회로를 통해 전류가 흐르게 하는 전압 차이의 결과다. 두 번째 형태는 물결처럼 파동을 일으키며 이곳저곳으로 이동하는 무선 "공기(airborne)" 에너지다. 무한한 창의력을 가진 학자로서 우리는 이를 **파동 에너지**라고 부른다.

인류는 전기 에너지와 파동 에너지라는 두 가지 유형의 에너지를 조작함으로써 매일 거의 3경 바이트에 달하는 정보를 생성, 저장, 전달하고 있다(Bartley, 2021). 전기 엔지니어는 시간에 따른 전기 에너지의 강도를 제어하여 전기적 "패턴" 또는 **신호**를 생성함으로써 이러한 마법을 수행한다. 컴퓨터는 이러한 패턴을 사용하여 서로 통신하고 일상 생활에서 사용하는 정보를 전송, 수신, 저장 및 처리한다.

RF 신호와 전자기 스펙트럼

그렇다면 무선 주파수 신호란 정확히 무엇일까? **RF 신호**는 물리적 케이블이나 유선 연결 없이 한 장소에서 다른 장소로 정보를 전송하는 데 사용되는 아날로그 "파동" 신호다(NASA, 2018). 1960년대에 시작된 반도체 혁명은 이러한 물리적 연결에 의해 제한되었지만, 무선 기술을 통해 우리는 어디를 가든 기술을 가지고 다닐 수 있게 되었다. 이러한 아날로그 무선 신호는 **전자기 스펙트럼**이라고 하는 광범위한 주파수와 강도에 걸쳐 존재할 수 있다(NASA, 2018).

RF 신호가 사운드 및 비디오와 같은 다른 아날로그 "파동" 신호와 차별화되는 점은 무엇인가? 바로 **주파수**다. 주파수는 전자기기에서 한 신호와 다른 신호를 구별하는 데 사용한다(NASA, 2018). 라디오를 들으면서 동시에 전화 통화를 할 때 서로 간섭하지 않고 사용할 수 있는지 궁금한 적이 있었다면, 여기에 답이 있다: 라디오, 텔레비전 채널, 전화 및 인터넷 서비스 제공업체는 모두 **주파수 대역**이라고 하는 서로 다른 범위의 주파수를 사용하여 서로 다른 유형의 정보를 전달한다(Commscope, 2018).

미국 연방통신위원회(Federal Communications Commission; FCC)는 사람들이

서로의 신호를 방해하지 않도록 누가 어떤 유형의 통신에 어떤 주파수 범위(대역)를 사용할 수 있는지 엄격하게 규제하고 있다(FCC, 2018), 그럼에도 불구하고 때때로 기기가 서로 간섭을 일으킬 수 있다. 블루투스 이어버드(earbuds)를 전자레인지에 너무 가까이 사용하면 팟캐스트를 잘 들을 수 없을 수 있다!

각 대역은 모든 사용자가 동일한 표준(AM, FM, CDMA, 802.11 등)을 준수할 수 있도록 특정 통신 프로토콜을 위해 예약되어 있다. 서비스 제공업체가 고객에게 인터넷 및 텔레비전과 같이 계속 확장되는 서비스 제품군을 제공하기 위해 사용할 수 있는 **주파수 범위(대역폭)**는 한정되어 있다(FCC, 2018). 이 때문에 서비스 제공업체는 정해진 주파수 범위로 가능한 한 많은 사람들에게 많은 정보를 제공하려는 동기가 생긴다. 이들은 할당된 대역폭에서 최대한 많은 수익을 창출하는 것을 목표로 하며, CDMA와 같은 무선 기술에 수십억 달러를 투자한다(이에 대해서는 잠시 후에 자세히 설명한다). 간단히 말해서 전화 회사와 TV 제공업체가 광고에서 "대역폭"과 네트워크 속도를 자랑할 때 실제로는 "우리는 주파수 범위를 사용하여 가장 많은 고객에게 가장 빠른 서비스를 제공합니다."라고 말하는 것이다.

그림 7-1에서 볼 수 있듯이 전자기 스펙트럼의 다양한 부분이 다양한 응용에 사용된다. **무선 주파수**(RF)는 라디오, TV 방송 등에 사용되는 "스펙트럼 부동산"의 일부를 나타낸다. RF 주파수 범위 내에는 Wi-Fi, 레이더 및 휴대폰 커버리지에 사용되는 주파수 범위의 **마이크로파**가 하위 섹션에 포함된다. 모든 전자파는 **방사선**이다. 대부분의 주파수는 무해하지만 고주파에서는 다이어그램의 오른쪽 스펙트럼의 **이온화** 부분에서 볼 수 있듯이 매우 해로울 수 있다.

RFIC – 송신기 및 수신기

모든 RF 시스템에는 **송신기**와 **수신기**라는 두 가지 주요 구성 요소가 있다. 수신기와 송신기의 기본 기능은 간단하다. 송신기는 정보를 보내거나 전송하고, 수신기는 이를 받거나 수신한다(이 부분은 잠시만 기다려주길 바란다). 단일

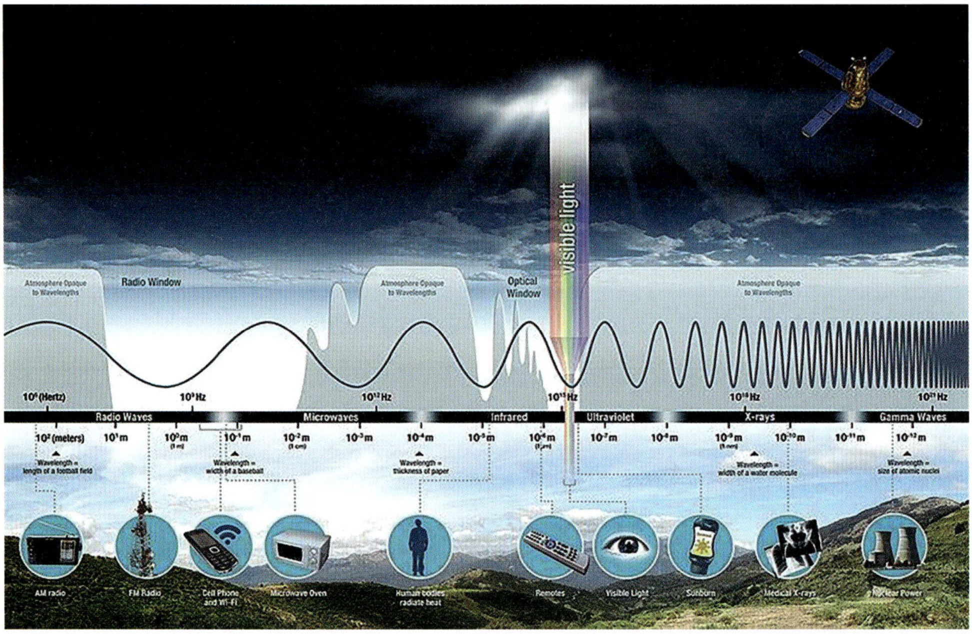

그림 7- 1 주파수 및 용도별 전자기 스펙트럼(NASA, 2010)

구성 요소가 수신기와 송신기 역할을 모두 수행할 수 있는데, 이를 트랜시버(transceiver)라고 한다. 이에 대해서는 나중에 자세히 설명하겠다.

대부분의 송신기와 수신기가 작동하려면 전원, 발진기, 변조기, 증폭기, 안테나, 필터 등 최소 6가지 기본 구성요소가 필요하다(Weisman, 2003). 송신기 또는 수신기 내의 모든 구성 요소가 동작하기 위해 전원이 필요한 것은 아니다. 전원이 필요한 구성 요소는 **능동 부품**, 그렇지 않은 구성요소를 **수동 부품**이라고 한다. 바로 아래에서 6가지 기본 송신기 및 수신기의 하위 구성 요소 각각에 대해 살펴본다.

1. **전원**: RF 파는 에너지의 한 형태이며, 이 에너지는 휴대폰의 배터리와 같은 곳에서 제공되어야 한다.
2. **발진기**: "RF" 파동의 소스다. 발진기는 전송되는 정보의 "반송파" 역할을 하는 RF 아날로그 "파동" 신호를 생성한다(Lowe, n.d.). 이 발진기는

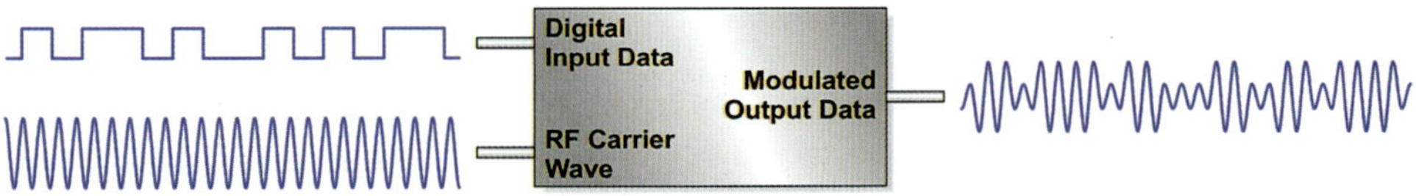

그림 7-2 변조기 블록 다이어그램

전송 주파수를 결정한다.

3. **변조기**: 이 부분에서 진정한 마법이 일어난다. 발진기에서 생성된 RF "반송파" 신호가 유용하게 사용되려면 수신 시스템으로 전달할 디지털 정보가 "각인"되어 있어야 한다. 변조기는 **반송파 신호**의 **주파수** 또는 **진폭**을 약간 조정하여 이를 수행한 다음 다른 쪽 끝에 있는 수신기의 **복조기**에 의해 수신되어 디지털 신호로 다시 변환된다. 변조기가 하는 일에 대한 대략적인 설명은 그림 7-2에 나와 있다. 변조된 출력 데이터의 높이(또는 진폭)는 디지털 입력 데이터에 따라 달라지기 때문에 진폭 변조 시스템이다. 복조기는 RF 반송파 신호(파동)와 정보 입력(디지털 "컴퓨터" 언어 신호)을 분리하여 수신 컴퓨터의 디지털 기계가 정보를 올바르게 처리할 수 있도록 한다. RF 아날로그 신호와 디지털 신호 사이를 변환하는 데 사용되는 핵심 장치 중 하나를 **모뎀**이라고 한다. 모뎀은 변조기와 복조기가 있는 장치로, 초기 통신 엔지니어들은 이름을 짓는 데 그다지 영리하지 않았다. 모뎀은 변조와 복조 알고리즘을 동시에 실행할 수 있으므로 아날로그에서 디지털로, 디지털에서 아날로그로 신호를 빠르게 변환할 수 있다(Borth, 2018).

4. **증폭기**: 신호를 증가시키거나 증폭한다. 신호가 더 강력할수록 더 멀리 이동하고 더 먼 거리에서도 정확도를 유지할 수 있다. RF 에너지가 확산되거나 더 멀리 이동함에 따라 마주치는 다양한 매체를 통과하거나(부분적으로 흡수되는 경우), 경로에 있는 물체에 의해 반사되거나, 다른 전자기 에너지 및 신호의 간섭을 받으면서 **손실**이 발생한다. 신호가 이 구성 요소를 통과한 후 신호가 커지면 신호가 **이득**(**손실**의 반대)을

경험했다고 한다. 신호가 의도한 목적지에 도달할 때쯤이면 원래의 강도가 상당 부분 손실되었을 가능성이 높다. 이렇게 희미한 신호의 경우 증폭기를 사용하여 다시 컴퓨터가 처리할 수 있는 사용 가능한 강도로 신호를 증폭한다. 반면에 신호가 송신기에서 나가는 도중에 증폭기는 **신호 무결성**을 유지하면서 더 먼 거리를 이동하고 수신 장치에 온전한 메시지를 전달할 수 있도록 신호를 증폭하는 데 사용된다. 증폭기는 모든 종류의 기술적 이유로 신호 강도를 높이기 위해 RF 시스템 전체에서 사용되지만, 희미하게 들어오는 신호와 새롭게 나가는 신호에 대한 부스터로 생각하면 훨씬 덜 추상적으로 증폭기의 기능을 시각화 할 수 있다(Weisman, 2003)

5. **안테나**: 안테나는 다른 시스템으로 신호를 수신하고 전송하는 구성 요소다. 많은 안테나가 송신기와 수신기 기능을 번갈아 가며 두 가지 역할을 모두 수행 할 수 있다(Weisman, 2003).

6. **필터**: RF 하위 구성 요소에 대한 카탈로그는 여러분이 알아야 할 것 이상으로 많지만, 계속 진행하기 전에 마지막으로 주목해야 할 장치가 하나 더 있다. 개념적으로 **필터**는 비교적 간단하다. 필터의 목적은 의도한 주파수를 가진 신호는 시스템으로 들어오고 의도하지 않은 주파수를 가진 신호는 차단하는 것이다(예: 출입 시 차량 번호판을 확인하는 아파트 단지의 경비원처럼). RF 세계에서 이러한 의도하지 않은 신호는 **간섭**이나 **잡음**으로 인해 발생할 수 있는데, 이는 무작위의 주변 환경 방해(이를 EMI 또는 **전자파 간섭**이라고 함)에서 기인할 수 있고 유사한 주파수에서 작동하는 RF 신호로 기타 "인공" RF 잡음으로 인해 발생할 수 있다. 필터가 있기 때문에 라디오를 94.7FM으로 돌리면 94.9FM에서 재생되는 노래가 들리지 않는 것이다. 다른 모든 주파수의 신호는 필터링"된다. RF 시스템에서 사용되는 필터에는 크게 네 가지 유형이 있다(Shireen, 2019):

- **저주파 통과**: 필터는 특정 주파수 이하의 신호만 허용한다.

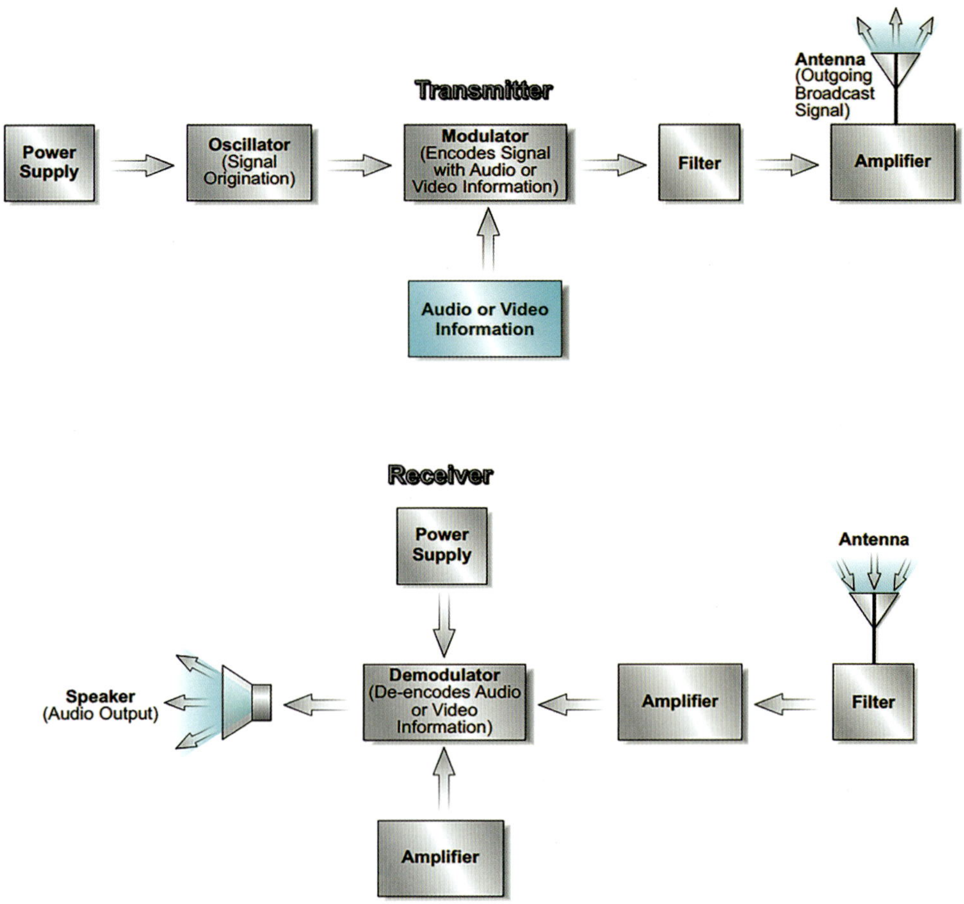

그림 7-3 송신기 및 수신기 블록 다이어그램

- **고주파 통과**: 특정 주파수 이상의 신호만 허용하는 필터다.
- **대역 통과**: 필터는 두 주파수 사이의 신호만 허용한다.
- **대역 차단**: 필터는 특정 주파수 범위를 벗어난 신호만 허용한다.

그림 7-3은 이러한 모든 요소가 어떻게 결합되는지 설명하기 위해 송신기와 수신기의 간단한 **블록 다이어그램**을 보여준다. 이 예에서는 전송되는 데이터가 오디오 또는 비디오 신호라고 가정했지만, 모든 데이터 패킷이 될 수 있다. 예를 들어, 즐겨 찾는 웹사이트를 휴대폰에 로드하라

는 간단한 명령이 있을 수 있다. 모든 RF 시스템이 이와 똑같지는 않지만 개념적 이해를 돕기 위해 수신기가 메시지를 전송한 트랜시버의 발진기에서 만든 RF 신호를 처리하고 있다고 가정해 보겠다. 필터는 시스템 전체에 걸쳐 존재할 수 있지만 증폭기와 안테나 사이에 필터를 배치하는 것이 유용하다(항상 배치되는 것은 아님).

그림 7-3에서 송신기의 데이터 경로를 추적하면 반송파 신호를 만드는 발진기에서 시작된다는 것을 알 수 있다. 이 반송파 신호는 디지털 정보(이 예에서는 오디오 또는 시각 데이터)와 결합되어 무선 신호를 생성한다. 그리고 이를 의도한 수신 장치로 전송하기 전에 신호를 수정하고 증폭하는 필터 및 증폭기를 통과한다. 수신기의 데이터 경로를 추적해 보면, 수신기는 안테나에서 시작하여 송신하는 다른 장치로부터 수신 신호를 수신하는 것을 알 수 있다. 그런 다음 신호는 필터와 증폭기를 거쳐 복조기로 전달되며, 복조기는 무선 반송파 신호와 디지털 오디오 또는 시각 정보를 분리한 후 수신된 정보를 시스템 내에서 소비하거나 추가 처리할 수 있도록 전달한다.

OSI 참조 모델

시스템 설계자는 참 어려운 일을 해야 한다. 시스템이 (1) 제대로 작동하는 장치로서 서로 잘 맞아야 하고 (2) 다른 장치와 원활하게 통신해야 한다. 첨단 장치를 개발하는 설계 조직의 경우, 첫 번째 과제는 수십 개의 하위 구성요소를 개발하는 수천 명의 엔지니어의 노력을 조정하는 것이다. 이 첫 번째 과제를 극복하고 고성능 장치가 완벽하게 작동하게 되면, 서로 다른 설계 방법론, 기술 및 프로세스를 사용하는 여러 회사에서 만든 장치와 통합해야 한다. 이는 공유된 규칙이나 지침이 없으면 완전히 불가능하지는 않더라도 매우 복잡해진다.

더 자세히 설명하기 위해 모바일 기기에서 애플리케이션을 실행하는데 도움이 되는 칩을 제작하는 하드웨어 엔지니어라고 가정해 보겠다. 이 시스템이 유용하려면 고객의 소프트웨어 엔지니어링팀이 프로그래밍한 코드를 효율적으로 실행하는 동시에 노트북, Bluetooth 장치 및 기타 휴대폰과 같은 모든 종류의 다른 하드웨어 장치와 통합할 수 있어야 한다. 어떻게 다른 모든 것과 함께 작동하는 시스템을 설계할 수 있을까? 모든 하드웨어 회사가 별도의 프로그래밍 언어로 실행되는 서로 다른 시스템을 구축하고 서로 통신하는 데 어려움을 겪을 것이기 때문에 불가능하다. 하지만 OSI 모델을 사용하면 "레시피를 따라" 소프트웨어팀의 요구 사항을 지원하는 동시에 다른 장치와 원활하게 연결되는 시스템을 구축할 수 있다.

개방형 시스템 상호 연결(Open Systems Interconnection; OSI) 모델은 기본 하드웨어를 사용자와 상호 작용하는 사용자 인터페이스와 연결하는 시스템 계층을 나타낸다. 이는 설계 엔지니어와 시스템 설계자가 서로(계층 내) 통신하고, 다른 계층에서 작업하는 엔지니어(계층 간) 및 주어진 네트워크 내의 다른 시스템과 통신할 수 있도록 하는 표준 및 프로토콜의 모음이다. 상상할 수 있듯이 오늘날 존재하는 전자 시스템의 수와 다양성으로 인해 함께 작동하고 서로 통합할 수 있는 시스템과 제품을 설계하는 것은 복잡하고 어려운 일이다. OSI와 같이 보편적으로 받아들여지는 모델은 고성능 네트워크와 통합 시스템을 만드는 데 필요한 표준화를 가능하게 한다.

이 모델은 네트워킹 기능을 7개의 계층으로 구성된 **OSI 시스템 스택**으로 세분화하며, 각 계층은 서로 독립적으로 설계할 수 있다. 1~3계층은 네트워크에서 정보의 물리적 전송을 담당하고, 4~7계층은 사용자 애플리케이션을 처리한다. 계층 7, 즉 **응용 계층**에는 휴대폰의 웹 페이지나 앱 홈 화면과 같이 사용자가 상호 작용하는 **사용자 인터페이스**가 포함되어 있다. 이후 각 계층을 내려갈수록 애플리케이션을 구동하는 회로에 점점 더 가까이 다가갈 수 있다. 모델에서 가장 낮은 계층은 **물리적 계층**(Physical laer; PHY 계층)으로, 기본 하드웨어로 전송되는 데이터 자체(1과 0의 문자열)가 있다.

실제로 PHY 계층은 장치를 더 큰 네트워크에 연결하는 전자 회로로 구성된다.

이 회로는 일반적으로 혼성 신호 및 아날로그 IC, 트랜시버 및 수신기와 같은 RF 구성 요소, 수신 및 발신 신호를 해석하고 수정할 수 있는 DSP 모듈로 구성된다. 각 계층에 대한 자세한 설명은 부록에서 확인할 수 있다.

명확히 말하면, OSI 모델은 주로 대규모 네트워크 내에서 서로 다른 장치에서 시스템 간 통신을 위해 설계되었다. 시스템 간 통신보다는 특정 시스템 내에서 작업하는 설계팀 간의 통신에 사용되는 체계와 표준 모음은 훨씬 더 많다. 예를 들어 iOS 또는 Android와 같은 **운영체제**마다 **하드웨어 추상화 계층**(Hardware Abstraction Layer) 또는 **플랫폼 계층**(Platform Layer)에서 작업하는 **임베디드 소프트웨어 엔지니어**가 같은 회사의 **미들웨어 계층**(middleware layer)에서 작업하는 소프트웨어 엔지니어와 통신할 수 있는 별도의 프로토콜과 표준이 있을 수 있다. 중요한 것은 시스템의 외부를 향한 엔드 포인트가 다른 장치와 잘 통합될 수 있어야 한다는 것이다. 다양한 참조 모델의 다양성과 복잡성은 이 책의 범위를 훨씬 넘어서는 것이지만, 모든 컴퓨팅 시스템을 하드웨어에서 사용자에 이르기까지 명확하게 정의된 계층들이 쌓인 모습을 상상하는 것이 유용하다. OSI 모델의 물리적 계층 아래에 “하드웨어 계층”을 추가하여 범용 **매크로 시스템 스택**(Macro-System Stack)을 만들 수 있다(그림 7-4 참조). 스택의 “하드웨어 계층”이 이 책에서 다루는 내용이지만, 하드웨어를 유용하게 만드는 그 위에 있는 계층도 빼놓을 수 없다!

매크로 시스템 스택은 컴퓨팅 시스템의 각기 다른 계층이 서로 어떻게 조화를 이루는지에 대한 실용적인 사고 방식이다. **응용 계층**은 휴대폰의 앱, 컴퓨터의 프로그램, 방문 중인 웹사이트의 인터페이스 등 사용자가 상호 작용하는 대상이다. **미들웨어 계층**은 **백엔드 응용 체계**(backend application framework)로 구성된다. 기존 소프트웨어 개발자가 소프트웨어 프로그램을 구동하는 다양한 데이터베이스, 기능 및 보안 프로토콜을 하나로 묶어 특정 애플리케이션의 “내부 작동”을 코딩하는 곳이다. **미들웨어**는 **커널** 및 **장치 드라이버**가 지원하는 운영체제로 구성된 **플랫폼 계층** 위에 구축되며, 메모리 및 CPU 시간과 같은 다양한 하드웨어 구성 요소의 작동을 관리한다(GeeksforGeeks, 2020). **하드웨어 추상화** 및 **물리적 계층**은 이를 구동하는 소프트웨어와 하드웨어 사이를 연결한다. 하드웨어 플랫폼, 하드웨어 추상화, 물리적 계층 사이에는 **임베디드 소프트웨어**와 **펌웨어**가 있다. 임베디드 소프트웨어와 펌웨어는 일반적인 미들웨어 계층이나 응용 계층 코드보다 하드웨어에 "더 가깝게" 배치되는 소프트웨어 유형이다. 예를 들어 펌웨어는 아날로그에서 디지털로 또는 디지털에서 아날로그로 변환하는 것과 같은 낮은 수준의 작업을 수행하는 데 사용될 수 있다. 두 용어는 서로 혼용하여 사용할 수 있지만, 일반적으로 임베디드 소프트웨어는 펌웨어보다 핵심 회로에서 "더 멀리" 떨어져 있는 장치의 상위 기능이나 특징에 영향을 미치는 코드를 의미한다. 이 모든 것은 이 책에서 배우는 물리적 회로와 실리콘으로 구성된 **하드웨어 계층**을 기반으로 한다.

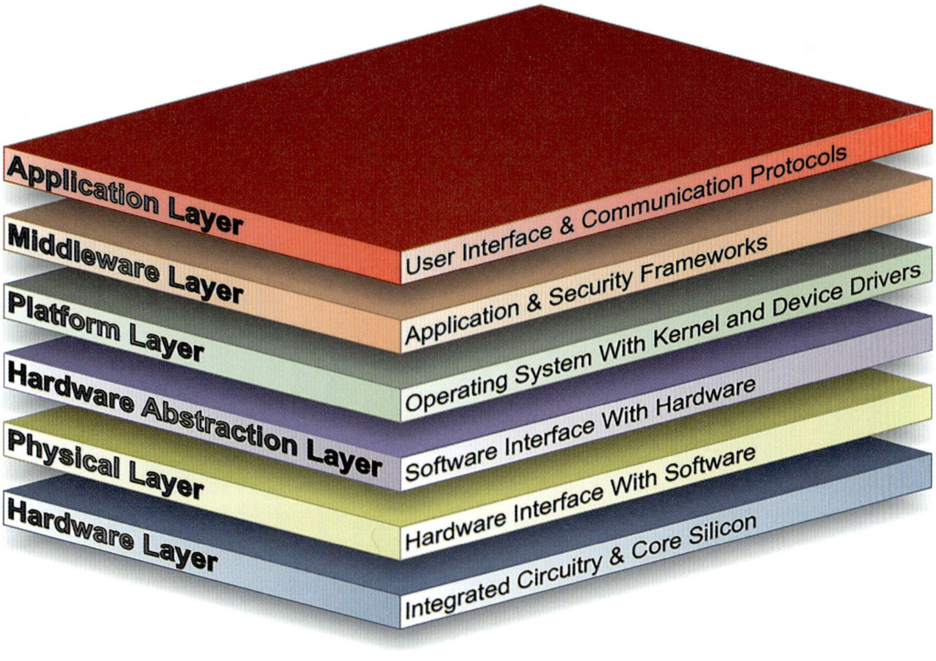

그림 7-4 매크로 시스템 스택

RF 및 무선 – 큰 그림

이제 RF 장치의 내부 동작 원리에 대해 전반적으로 이해했을 것이다. 그러면 이 장치 네트워크가 어떻게 함께 작동하여 좋아하는 프로그램을 시청하고, 다른 도시에 있는 친구와 통화하거나, 인터넷에 연결할 수 있을까?

무선 네트워킹 시스템의 이러한 "큰 그림"을 이해하기 위해 일반적인 장거리 전화 통화의 경로를 추적해 보겠다(그림 7-7 참조).

먼저 전화를 걸면 송신기 안테나에서 신호를 전송하고, 이 신호는 휴대폰 기지국(cell phone tower)이나 기지국(base station)에서 수신할 가능성이 높다. **기지국**은 서비스 네트워크를 특정 지역으로 확장하는 중계 지점이다(Commscope, 2018). RF 신호는 **간섭**과 **잡음**으로 인해 멀리 이동할수록 강도와 정확도가 떨어지기 때문에 서비스 제공업체는 신호가 손실되지 않도록 전 세계에 강력

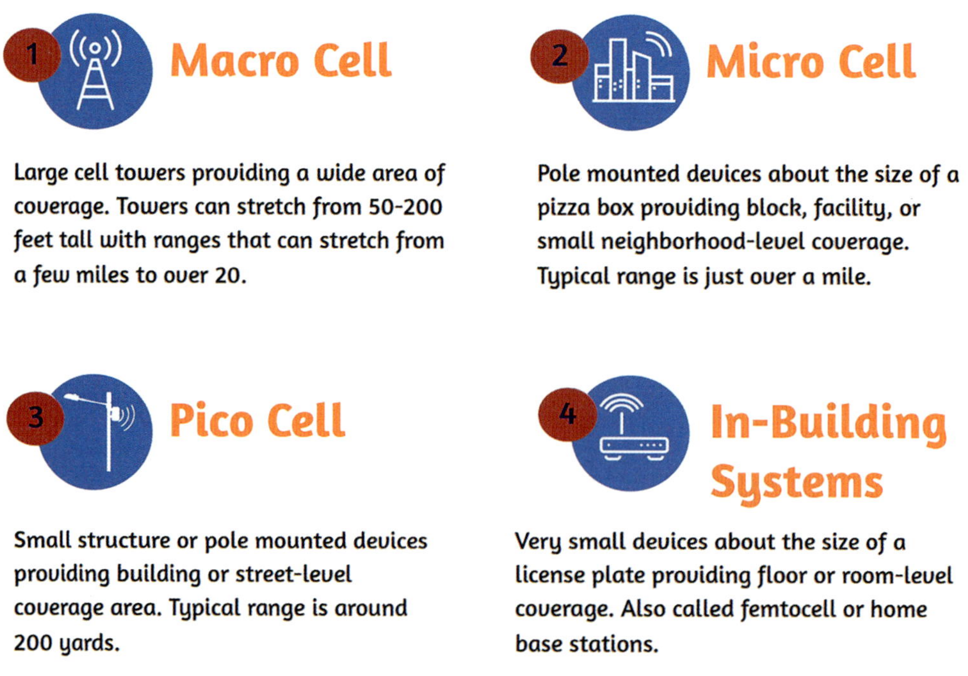

그림 7–5 다양한 유형의 베이스 스테이션

한 기지국 네트워크를 구축하는 데 수십 억 달러를 투자해 왔다(Commscope, 2018).

기지국은 전화나 방송을 수신하여 목적지까지 보내기 위해 다른 기지국이나 "정보 교환 센터(information exchange center)"로 신호를 전달하고 증폭하는 라우터가 있는 거대한 수신기 및 송신기라고 생각할 수 있다(Wright, 2021). 기지국은 휴대전화 기지국, 건물 꼭대기에 있는 작은 기지국, 고속도로 옆의 나무로 잘 보이지 않는 작은 안테나 등 다양한 형태와 크기로 존재한다(Commscope, 2018). 각 기지국에는 **커버리지 셀**(coverage cell)이라고 하는 커버리지 범위가 있으며, 셀의 패치워크가 서비스 제공업체의 커버리지 영역을 구성한다. 일반적으로 셀이 작을수록 신호 강도가 커지지만(거리가 짧을수록 간섭과 잡음이 적음), 커버리지 영역은 작아진다(Weisman, 2003). 외딴 지역에서 하이킹을 할 때 서비스가 원활하지 않은 이유는 휴대폰이 연결할 수 있는 기지국에서 너무 멀리 떨어져 있기 때문이다. 서비스 제공업체는 더 강력한 네트워크의 이점과 비용(더 많은 기지국)을 지속적으로 고민하고 있다. 그림 7-5에는 주요 셀 유형이 요약되어 있으며 그림 7-6에서 해당 셀의 커버리지 영역을 확인할 수 있다.

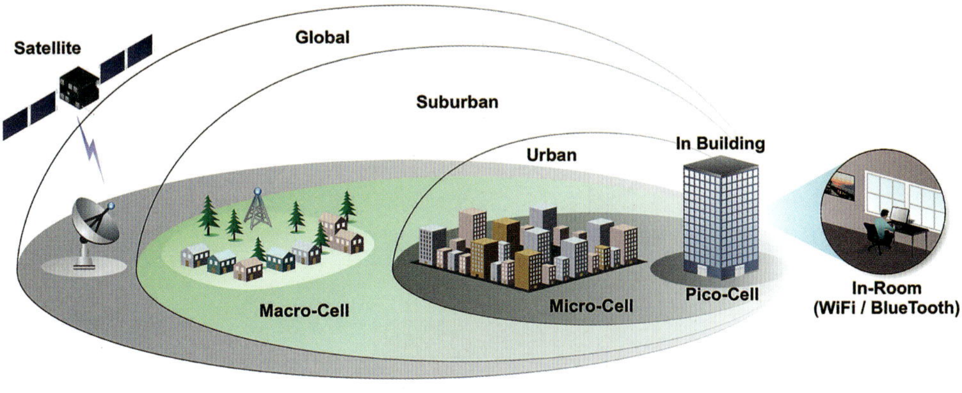

그림 7-6 다양한 유형의 커버리지 셀

기지국은 휴대폰에서 신호를 수신하면 중앙 교환소로 통화를 보내며, 이 교환소에서 여러 곳으로 통화를 라우팅할 수 있다. 예를 들어, 통화가 전국에 걸쳐 있는 경우 위성으로 라우팅될 가능성이 높으며, 위성은 통화를 라우팅한 위치에서 가까운 다른 교환 센터로 통화를 라우팅한다. 그러면 해당 교환 센터가 다른 기지국이나 유선전화로 통화를 라우팅하여 최종적으로 의도한 수신자에게 통화를 연결할 수 있다.

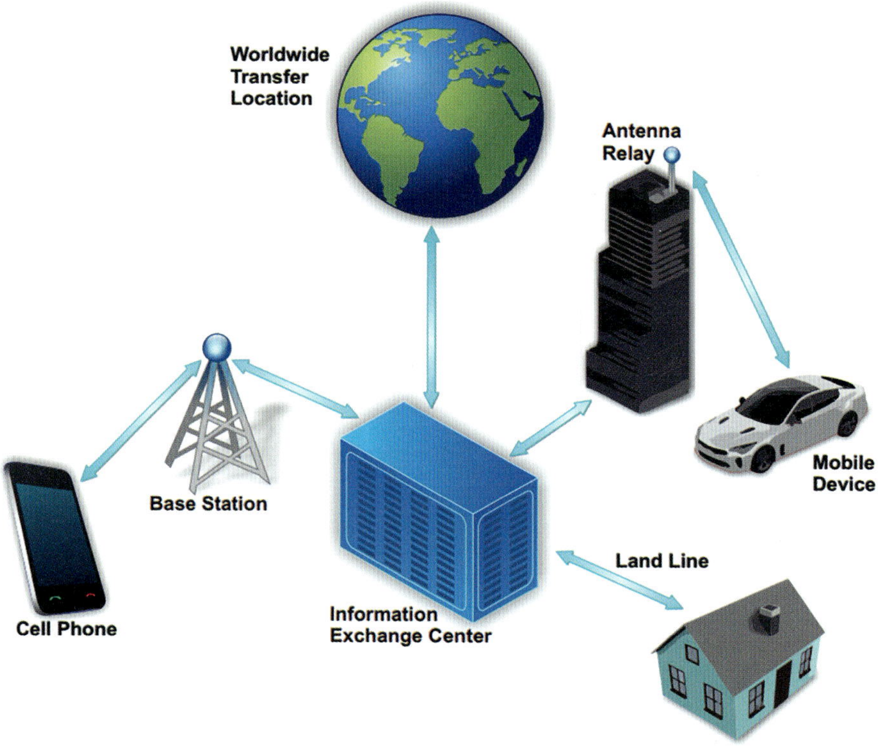

그림 7-7 장거리 전화의 신호 전달

물론 위성이나 유선 전화를 통해 직접 연결할 수도 있으며(위성 전화와 케이블 TV), 종종 한 허브에서 다른 허브로 이동하기 위해 유선 연결을 라우팅 한다. 유선 정보 전송은 처리 시간과 정보 무결성에는 좋지만 비용이 매우 많이 들 수 있으므로 일반적으로 단거리, 데이터 전송이 많은 경우, 속도가 매우 중요한 용도로 사용된다(Weisman, 2003). 예를 들어, 데이터 전송이 낮은 금융 거래 회사들은 시카고에서 뉴욕까지 광섬유 케이블을 설치하는 데 수십억 달러를 투자하였고, 금융 데이터가 거래 센터에 도달하는 데 걸리는 시간을 밀리 초 단위로 단축했다. 유선전화로 전화를 걸더라도 수신자가 거주지에서 가까운 거리에 있지 않다면 무선으로 위성이나 장거리 광섬유 케이블을 통해 최종 목적지에 가까운 다른 라우팅 센터로 라우팅 되고 있을 가능성이 높다.

7.2 방송 및 주파수 규제

제한된 대역폭을 사용할 수 있는 장치와 사용자가 너무 많기 때문에 어지러울 정도로 많은 양의 RF 신호가 한 순간에 날아다니고 있다.

기지국이 한 번에 두 개 이상의 통화를 수신하는 경우 어떤 신호가 어떤 신호인지, 각 신호가 어디로 가야 하는지 어떻게 알 수 있을까? 이 문제를 해결하기 위해 FCC는 주파수 스펙트럼에 대한 엄격한 규제를 통해 전자기 스펙트럼의 중요한 부분이 너무 많은 "신호 오염"을 받지 않도록 한다(Weisman, 2003). FCC는 어떤 주파수 대역을 어떤 용도로 사용할 수 있는지를 규정하여 내 통화가 이웃의 "카다시안 따라잡기(Keeping Up with the Kardashians)"(역주: 미국의 유명한 리얼리티 예능 프로그램) 중독에 방해가 되지 않도록 한다. 이러한 주파수 대역은 제한적이고 귀중한 자원이므로 서비스 제공업체는 할당된 고정 대역폭을 사용하여 전송할 수 있는 정보를 최대화하기 위해 최선을 다하는 것이 최선의 이익이 된다. 이 문제를 해결하기 위해서는 많은 복잡한 기술이 필요하며 다음 섹션에서 다루겠다.

7.3 디지털 신호 처리

디지털 신호 프로세서(Digital Signal Processors; DSP)는 실시간으로 신호를 처리

하고 아날로그 신호와 디지털 신호 간에 변환하는 데 사용된다. RF 및 무선 통신에서 DSP 기술은 정교한 수학과 계산 방법론을 사용하여 주어진 디지털 신호에 더 많은 정보를 담는다. 동일한 신호에 더 많은 정보를 담으면 한정된 주파수 대역폭을 사용하여 훨씬 더 많은 정보를 여러 곳으로 보낼 수 있다. DSP는 정교한 알고리즘을 사용하여 주어진 정보에 필요한 "주파수 공간"을 변조하고 축소하는 과정을 통해 이를 수행하는데, 이를 **신호 압축**이라고 한다. 신호 압축은 특수한 알고리즘을 활용하여 정확한 정보를 변조해 적은 저장 공간과 손실로도 저장할 수 있다. 이는 복잡한 이론을 사용하여 우리가 인식할 수 있는 정보, 인간이 보고 들을 수 있는 것만 저장한다.

두 번째로 이해해야 할 중요한 기술은 다양한 종류의 다중 접속 표준이다. 기본적으로 **다중 접속 표준 기술**(multiple access standard technology)을 사용하면 서비스 제공업체는 동일한 기지국을 통해 또는 주어진 대역폭을 통해 여러 통화를 라우팅할 수 있다. 오늘날 사용되는 가장 일반적인 두 가지 다중 접속 기술은 TDMA와 CDMA다.

7.4 TDMA와 CDMA

시분할 다중 접속(Time Division Multiple Access; TDMA)은 먼저 발신자의 음성을 디지털 비트로 변환한 다음 이러한 디지털 비트를 정의된 시간 "덩어리"로 분할하여 통화를 동일한 **주파수 채널** 내의 시간 영역으로 분리 또는 **멀티플렉스**(multiplex)(공학 용어로 표현)한다. 그런 다음 서로 다른 대화의 통화 시간 "덩어리"를 동일한 소량의 대역폭을 사용하여 차례로 전송한다(이것이 바로 **채널**이라는 의미다). 음성은 실제로 대역폭이 매우 낮은 신호이기 때문에 이 모든 것이 가능하다. 음성은 4kHz로 샘플링 되는 경우가 많으며, TMDA 채널의 대역폭이 4MHz라면 1,000개의 음성 신호를 하나의 채널에 담을 수 있다.

대화를 너무 작게 쪼개서 따로 보내면 이해할 수 없는 엉망진창이 될 것이라고 예상할 수 있다. TDMA의 마법은 시스템이 "대화 덩어리"를 매우 빠르게 다시 합쳐서 각 덩어리가 수신될 때 중간에 끊김이 있더라도 대화가 끊어지는 것을 감지할 수 없다는 것이다(ITU, 2011). 그리고 이러한 모든 구성 요소는 매우 빠른 클럭 속도로 실행된다는 점을 기억하라. 1GHz 칩(초당 10억 번의 연산)은 단 1밀리초 만에 전화 통화 데이터에 대해 백만 번의 연산을 수행할 수 있다. 믿어라! 절대로 눈치채지 못한다.

TDMA는 두 명의 저글러(juggler)가 같은 경로를 따라 서로 다른 색의 공(각 색은 다른 대화)을 서로에게 던진 다음 별도의 "통화 버킷"에 공을 떨어뜨리는 것과 같다고 생각하면 쉽다. 이 비유에서 저글러는 공을 너무 빨리 던질 수 있기 때문에 통화 상대방의 대화가 끊기지 않고 단순한 캐치 게임을 하는 것처럼 보일 수 있다.

반면에 **코드 분할 다중 접속**(Code Division Multiple Access; CDMA)은 알고리즘을 사용하여 디지털화된 음성 비트 또는 기타 데이터를 변조하고 더 넓은 채널(더 넓은 주파수 범위)을 통해 전송한 다음 수신 측에서 "복조"한다(ITU, 2011). 주어진 채널에서 어떤 비트가 어떤 장치에서 전송되는지 번갈아 가며 전송하는 대신, CDMA는 수많은 발신기에서 수많은 수신기로 동시에 데이터를 전송할 수 있으며 알고리즘과 디지털 신호 처리(DSP) 기술을 사용하여 데이터가 올바른 위치에 그대로 전달되도록 보장한다.

그림 7-8은 저글러의 비유를 생생하게 보여준다. TDMA는 데이터를 동일한 주파수 채널을 사용하여 차례로 전송할 수 있는 덩어리로 멀티플렉싱하는 반면, CDMA는 디지털 신호 처리를 사용하여 더 넓은 주파수 채널을 통해 동시에 데이터를 전송한다. 초고속 디지털 신호 처리 기술은 두 방식 모두 끊김 없는 신호와 강력하고 중단없는 서비스를 구축하는 데 도움이 된다.

이 기술은 실제로 어디에 사용될까? TDMA는 **글로벌 이동 통신 시스템**(Global System for Mobile Communication; GSM)의 기반이 되는 기술이며 전 세계 통

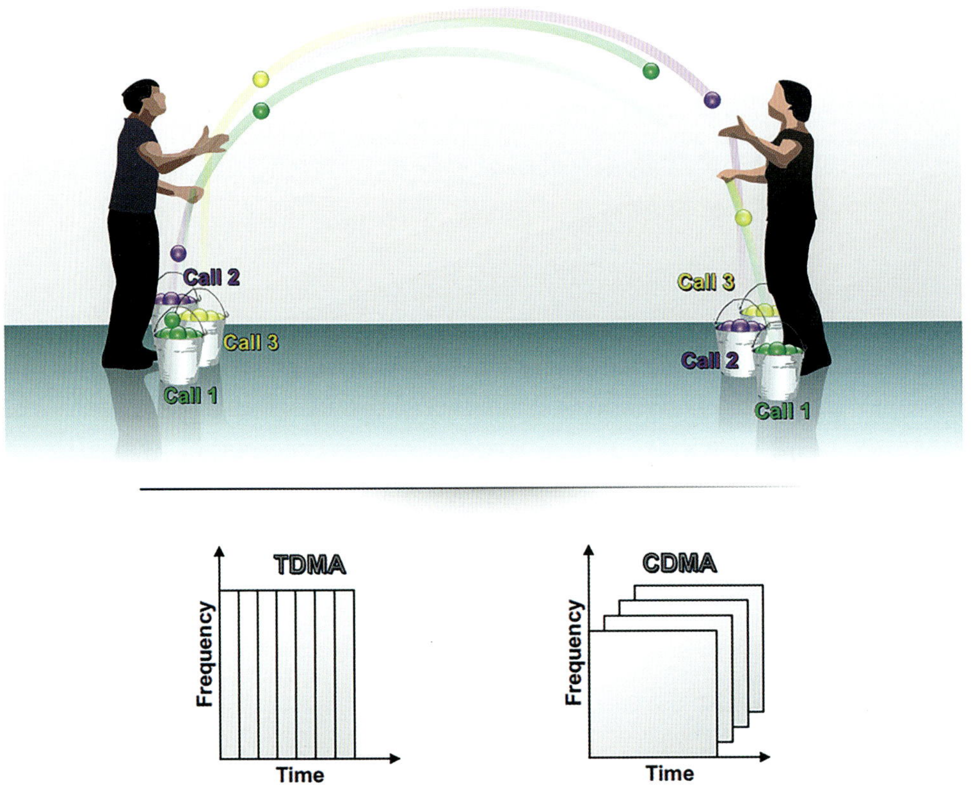

그림 7-8 TDMA와 CDMA의 차이점

신 네트워크의 주요 표준이다. 미국에서는 AT&T와 같은 이동 통신사가 GSM을 사용하고 Verizon Wireless는 CDMA를 사용한다.

7.5 1G에서 5G(세대)로의 진화

통신 및 무선 기술의 세계는 항상 진화하고 있으며, 여기에는 우리가 얼마나 멀리 왔는지에 대한 넓은 시각(wide-angle)의 전망이 있다(Vora, 2015). 최초의 1G 기술은 4kbps만 전송할 수 있었지만, 오늘날의 5G 기술은 거의 25만 배에 달하는 최대 1,000,000kbps(1Gbps)까지 전송할 수 있다!

- 1G – 1세대: 1970년대 후반부터 휴대폰 기술이 처음 등장한 시기다. 최초의 휴대폰은 크고 투박했으며 배터리 수명도 형편없었다. **아날로그 기술**을 사용하여 A 지점에서 B 지점으로 RF 아날로그 "파동" 신호를 무선으로 전송했다.
- 2G – 2세대: 변조를 사용하는 휴대폰이 디지털 데이터를 무선으로 전송할 수 있게 된 시기다. 서비스 제공업체가 더 많은 장치를 더 저렴하게 연결할 수 있는 **CDMA** 및 **GSM** 기술이 개발되었지만, 서비스는 음성 및 문자 메시지(SMS)로 제한되었다.
- 3G – 3세대: 음성 및 문자 서비스를 기반으로 한 3G 기술은 무선 기능을 확장하여 이메일, 비디오 스트리밍, 웹 브라우징 및 "스마트폰"을 가능하게 한 기타 기술을 제공했다.
- 4G – 4세대: 하드웨어 기술의 발전을 바탕으로 구축된 고속 연결은 더 빠른 데이터 전송, 모바일 게임, 화상 회의, 고화질 콘텐츠 전송 및 클라우드 컴퓨팅 기능을 가능하게 했다.
- LTE(Long–Termm Evolution): 서비스 제공업체가 경쟁사보다 더 좋고 빠른 서비스를 마케팅하기 위해 이 용어를 4G("4G LTE")와 함께 사용하는 것을 자주 볼 수 있다. 실제로 LTE는 통신 네트워크를 구성하는 다양한 장치, 액세스 포인트, 기지국, 위성 및 기타 구성 요소가 서로 작동하여 하나의 완전한 기능을 갖춘 시스템을 만들 수 있도록 하는 데 사용되는 업계 표준일 뿐이다. LTE와 같은 표준은 여러 기술 회사가 시스템의 다른 부분과 함께 작동할 수 있는 제품을 개발할 수 있도록 도와주며, 이는 휴대폰이 다른 네트워크 제공업체가 운영하는 기지국으로 라우팅될 때마다 서비스가 끊기는 것을 원하지 않는 경우 매우 중요하다.
- 5G – 5세대: 어디서나 5G를 볼 수 있지만, 이 세대의 네트워킹 기술은 아직 개발 중이며 4G를 훨씬 더 빠르고 효율적으로 만들도록 설계되었다. 5G 기술은 더 높은 데이터 처리량의 연결 속도를 제공하기 위해 수

천 개의 기지국과 수만 개의 스몰셀(small cell) 안테나 셀로 구성된 강력한 네트워크가 커버리지 영역에 배치되어야 한다.

그림 7-9에서 1G에서 5G로의 진화를 확인할 수 있다. 1970년대 1G 소비자 아날로그 시스템의 등장 이후, 통신 인프라와 무선 기술은 기업과 소비자 전반의 증가된 연결성과 성능 향상 같은 기능을 제공하기 위해 빠르게 발전해 왔다.

6G 네트워크는 데이터를 많이 사용하는 새로운 응용과 이 분야의 지속적인 성장을 지원하기 위해 이미 개발 중이다.

그림 7–9 5G의 진화

무선 통신과 클라우드 컴퓨팅

1G에서 5G로 진화하면서 데이터 전송 속도가 기하급수적으로 향상되고 모바일 게임, 화상 회의, 고화질 비디오 스트리밍과 같은 새로운 기술이 등장했지만, 이러한 빠른 속도로 인해 **클라우드 컴퓨팅**에 대한 수요는 끝없이 증가하

고 있다. "클라우드"는 많은 사람에게 이해하기 어려운 수수께끼이지만 생각보다 훨씬 간단한 개념이다. 우리가 클라우드라고 부르는 것은 실제로는 데이터 센터라는 거대한 공간에 있는 수많은 서버일 뿐이다. 고성능 컴퓨터에 애플리케이션을 저장하거나 호스팅함으로써 기업과 소비자는 자체 인프라에 투자하고 관리할 필요없이 정보를 저장하고, 애플리케이션을 실행하고, 용량을 늘릴 수 있다. 이는 오늘날 통신 네트워크가 매우 빠르기 때문에 가능한 일이다. 매번 56k 모뎀을 사용해야 한 다면 1MB 용량의 사진을 클라우드에 저장할 생각은 하지 않을 것이다. 하지만 데이터 전송 속도가 매우 빠른 요즘, 사진, 음악, 영화를 몇 초 만에 볼 수 있는 데 굳이 외장 하드 드라이브나 최고급 512GB iPhone을 구입할 이유가 있을까? 같은 맥락에서 AWS(Amazon Web Services)나 Google Cloud에서 훨씬 적은 비용으로 처리할 수 있는데 굳이 개인 회사 서버를 설치해야 할 이유가 있을까? 지난 수십 년 동안 무선 혁신이 붐을 이루기 전에는 중앙집중식 컴퓨팅 운영의 병목 현상은 데이터 센터가 최종 사용자와 데이터를 주고받는 것이었다. 이러한 병목 현상이 완화되면서 클라우드 컴퓨팅은 계속 유지될 것이다. 이제 문제는 제한된 대역폭에서 급증하는 수요를 지원할 수 있는 데이터센터 인프라를 구축하고 전력을 공급하는 것으로 바뀌었다.

그림 7-10에서 두 데이터 센터의 예를 볼 수 있는데, 이 그림은 Microsoft가 Bing Map 데이터를 처리하고 재배포하는 데 사용하는 선적 컨테이너에 구축

그림 7-10 마이크로소프트의 Bing Map 팀이 사용하는 데이터 센터(왼쪽)와 아이오와주 카운슬 블러프스에 있는 구글의 데이터 센터(오른쪽) (Scoble, 2020) (Davis, 2019)

된 데이터 센터(왼쪽)와 아이오와주 카운슬 블러프스(Council Bluffs)에 있는 Google 데이터 센터의 조감도(오른쪽)를 보여준다(Scoble, 2020)(Davis, 2019). 20만 평방 피트의 공간으로 1,000만 평방 피트가 넘는 세계 최대 규모의 데이터 센터인 홍콩의 차이나 텔레콤 데이터 센터와 비교하면 그리 크지도 않다(Kumar, 2022)!

7.6 요약

이 장에서는 전자기 스펙트럼의 RF 부분에 대해 자세히 살펴보고 FCC에서 다양한 주파수 대역폭을 어떻게 신중하게 규제하는지에 대해 알아보았다. 다음으로, 모든 RF 시스템의 두 가지 주요 부분인 송신기와 수신기를 구성 요소로 세분화했다. 발진기, 변조기, 증폭기, 안테나, 필터, 전원 등 6가지 주요 하위 구성 요소를 수천 개의 고유한 무선 빌딩 블록과 결합하여 엔지니어는 장거리 고주파 원격 처리 및 모바일 통신이 가능한 복잡한 시스템을 구축할 수 있다. RF 하위 구성 요소에 대한 분석에 이어 한 걸음 물러나 OSI 참조 모델과 더 넓은 매크로 시스템 스택을 더 폭넓게 살펴봤다. 거기에서 다양한 유형의 기지국을 비교하고 전 세계 국제 발신자가 지구 반대편에 있는 수신자에게 보내는 신호의 경로를 따라갔다. 지구 한쪽 끝에서 다른 쪽 끝까지 통화를 추적한 후, 우리는 어떻게 이렇게 많은 신호가 동일한 대역폭을 사용하여 이동할 수 있을까? 그 해답을 TDMA, CDMA, 디지털 신호 처리 기술에서 찾을 수 있었다. 1980년대와 1990년대의 1세대 아날로그 장치에서 오늘날 개발 중인 고주파 5G 네트워크에 이르기까지 통신의 진화 과정을 통해 이러한 대역폭 최적화 기술을 살펴봤다. 마지막으로 무선 기술 발전과 클라우드 컴퓨팅의 부상으로 인한 다운스트림(downstream) 영향에 대해 살펴보았다.

모든 RF 시스템은 정보를 송수신하기 위해 RF 송신기와 수신기에 의존한다. 서비스 제공업체와 디바이스 제조업체는 TDMA, CDMA, DSP와 같은 기술을 활용하여 한정된 대역폭에서 최대한의 성능을 끌어낼 수 있다. 기술이 발전함에 따라 무선 디바이스와 통신 인프라가 세대를 거듭할 때마다 전파를 통해 송수신할 수 있는 양이 늘어난다. 거의 모든 RF 시스템의 기반이 되는 반도체는 우리가 서로 소통하고, 즐기고, 정보를 처리하는 방식에 혁명을 일으켰다.

개별 확인 질문 (반도체 지식 테스트)

스스로 관련 지식을 충분히 쌓았는지 확인할 수 있는 다섯 가지 질문이다.

1. "RF"란 무엇을 의미하는가? 어떤 주요 특징이 하나의 RF 신호를 다른 신호와 구분할까?
2. FCC는 공유 주파수 대역폭을 어떻게 관리하나? 주어진 대역폭에 더 많은 정보를 담기 위해 어떤 기술이 사용되나? 각 기술은 이 작업을 어떻게 수행하나?
3. 송신기 또는 수신기의 다섯 가지 주요 기본 구성 요소의 이름을 말하라. 여섯 번째 구성 요소는 무엇이며 어떤 점이 특별한가?
4. OSI 모델에서 물리적 계층이 중요한 이유는 무엇인가? 다른 6개의 계층은 무엇이며 어떻게 작동하나?
5. 각 세대의 통신 기술이 고유한 이유는 무엇인가? 이러한 발전이 어떻게 클라우드 컴퓨팅의 성장과 성공을 가능하게 했는가?

CHAPTER 8

시스템 아키텍처 및 집적 기술

아날로그 전자공학의 세계에서 RF 및 무선 기술을 살펴본 후, 이제 다시 디지털로 초점을 옮겨 반도체 생태계의 핵심인 마이크로프로세서에 대해 자세히 알아보자.

마이크로프로세서는 컴퓨팅 시스템의 "두뇌"로, 명령어를 실행하고 데이터를 처리하며 정교한 소프트웨어 프로그램을 실행하는 데 필요한 연산, 논리 및 제어 회로를 포함하고 있다. 오늘날 최첨단 개인용 컴퓨팅 마이크로프로세서는 1,000억 개 이상의 트랜지스터를 포함하고 있기 때문에 시스템 복잡성과 설계 난이도가 그 어느 때 보다 높아졌다(Apple Newsroom, 2022). 이러한 과제를 극복하기 위해 설계 책임자는 미시 및 거시 아키텍처 결정에 세심한 주의를 기울여야 하며, 긴밀한 시스템 통합에 따른 유연성 및 성능 향상과 복잡성 및 비용 상승 간의 균형을 신중하게 조정해야 한다. 이 장에서는 차세대 전자 기기를 제작할 때 이러한 책임자가 직면하는 아키텍처 결정과 트레이드오프에 대해 분석해 보겠다.

8.1 매크로 아키텍처(Macroarchitecture)와 마이크로 아키텍처(Microarchitecture)

반도체 공학에서 "아키텍처"라는 용어는 시스템 아키텍처 또는 마이크로 아키텍처 중 하나를 의미하는 데 사용할 수 있다.

시스템 계층 또는 전체 칩 제품군을 정의하는 데 사용되는 매크로 수준의 실리콘 아키텍처는 기술적으로 다양한 종류의 **명령어 집합 아키텍처**(Instruction Set Architectures; ISA)로 설명된다. ISA는 프로그래머로부터 컴퓨터로 명령어가 전달되는 방식을 나타낸다(Thornton, 2018). 소프트웨어는 프로그래머와 그 위에 놓인 물리적 하드웨어 사이의 통로 역할을 하기 때문에 하드웨어를 구축하는 데 사용되는 아키텍처 유형은 프로세서가 실행할 수 있는 프로그램 유형과 전체 시스템의 성능에 상당한 영향을 미칠 수 있다.

반면에 **마이크로 아키텍처**는 ISA가 실제로 하드웨어 설계 자체에 구현되는 방식을 표현한다. CPU, GPU, PMU는 모두 전체 SoC의 설계를 관장하는 단일 ISA를 사용하여 설계될 수 있지만 여전히 고유한 마이크로아키텍처를 가지고 있다. 역사적으로 매크로 아키텍처에는 크게 두 가지 유형이 있다.

8.2 일반적인 칩 아키텍처

폰 노이만(Von Neumann) 아키텍처와 하버드(Harvard) 아키텍처

폰 노이만 아키텍처는 1940년대에 물리학자이자 수학자인 존 폰 노이만이 개발한 매크로 아키텍처로, 오늘날 대부분의 최신 컴퓨터가 이를 기반으로 하고 있다. 폰 노이만 체계는 CPU, 입력/출력 인터페이스, 메모리의 세 가지 구성 요소에 의존한다. CPU 내부에는 (1) 데이터와 명령어를 메모리에 전달하는 **레지스터**, (2) 어떤 명령어를 실행할지 결정하는 **제어 장치**, (3) 명령어가 수행되고 정보가 실제로 처리되는 **산술 및 논리 장치**가 있다(BBC, n.d.).

하버드 아키텍처는 CPU, 메모리, 입출력 인터페이스 등 대부분의 시스템 구성 요소는 동일하다. 이 둘은 주로 정보에 접근(입력)하고 배포(출력)하는 방식에서 차이가 있다. 폰 노이만 장치에서 CPU는 메모리에서 명령어와 데이터를 받아들이고 동일한 I/O 인터페이스를 사용하여 출력을 분배한다(armDeveloper, n.d.). 반면에 하버드 아키텍처를 사용하는 장치는 명령어와 데이터를 두 개의 개별 메모리 뱅크로 구분하고 각 입력 유형에 대해 고유한 버스를 사용한다(Khillar, 2018). 데이터와 명령어를 서로 분리하여 유지함으로써 하버드 장치는 이론적으로 메모리와 명령어 세트에 동시에 접근할 수 있으므로 단일 명령어를 수행하는 데 필요한 **클럭 주기**를 줄일 수 있다. 문제는 명령어와 데이터가 동시에 CPU에 도달할 수 있도록 적절한 타이밍, 즉 **파이프라인**을 설정하는 것이다(Khillar, 2018). 폰 노이만 체계에는 단일 버스만 있기 때문에 설계가 덜 복잡하고 따라서 비용도 적게 든다(Khillar, 2018). 폰 노이만과 하버드 아키텍처의 차이점은 그림 8-1에 시각화되어 있고 표 8-1에 요약되어 있다.

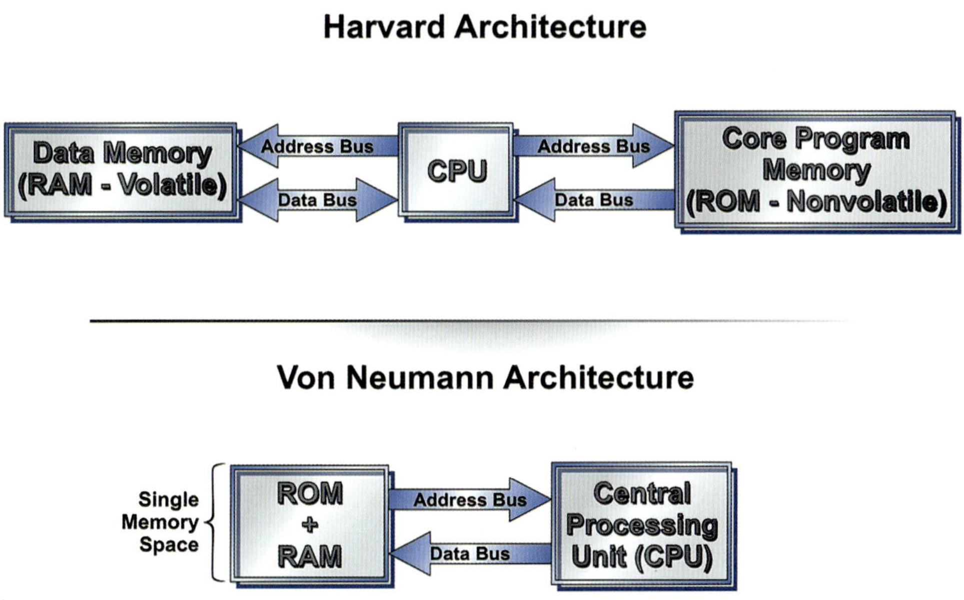

그림 8-1 하버드 대 폰 노이만 아키텍처

표 8.1 폰 노이만과 하버드 아키텍처 비교

	Von Neumann	Harvard
Memory	Same memory address for instructions and data.	Separate memory addresses for instructions and data.
Frequency & Clock Cycles	Two clock cycles to execute one instruction - one for instruction retrieval and one for data retrieval.	One clock cycle per instruction.
Data Transfer & Instruction Delivery	Cannot be done simultaneously.	Can be done simultaneously.
Chip Design	Simpler, faster, cheaper.	Expensive, slower, complex (two buses instead of one).
Processing Type	Serial Processing	Parallel Processing
Real World Applications	Computers, Mobile SoCs, Complex Digital Electronics	Microcontrollers and Specialized DSPs

폰 노이만 장치는 복잡한 장치의 대부분을 차지하지만, 하버드 아키텍처는 마이크로컨트롤러와 디지털 신호 프로세서에 제한적으로 사용된다. 분명히 말하면, 폰 노이만 아키텍처와 하버드 아키텍처는 실제로 선택되는 특정 매크로 아키텍처 옵션이라기 보다는 이론적인 매크로 아키텍처 범주다. 대부분의 IC는 폰 노이만 "유형"의 매크로 아키텍처를 사용하므로 시스템 설계자는 장단점을 비교하여 어떤 종류의 폰 노이만 매크로 아키텍처가 제작 중인 장치에 가장 적합한 지 결정해야 한다.

8.3 명령어 집합 아키텍처(Instruction Set Architecture; ISA)와 마이크로아키텍처

명령어 집합 아키텍처(ISA)는 특정 프로세서가 지원할 수 있는 명령어 집합을 결정한다. 반면에 **마이크로아키텍처**는 구현 수준에서 프로세서가 이러한 명령어를 받아들이고 실행하는 방법을 결정한다. 이에 대해 다음과 같이 생각해 볼 수도 있다. ISA가 특정 시스템이 수행할 수 있어야 하는 명령어 유형을 정의하는 상위 수준의 설계 요구 사항을 제공하는 반면, 마이크로 아키텍처는 이러한 명령어를 지원하는 시스템을 구축하는 방법에 대한 구체적인 하위 수준의 설계 지침을 제공한다(Maity, 2022). 여기서 **명령어**란 프로그래머가 작성한 코드 줄을 컴퓨터가 따르는 것으로, 이케아에서 구입한 책장과 함께 제공된 설명서가 아니다. 이러한 지침은 컴퓨터가 특정 작업 또는 **기능**을 실행하고 지시된 작업을 수행하도록 한다.

7장에서 범용 아키텍처 스택이라고 부르는 매크로 시스템 스택의 더 자세한 버전으로 돌아가면 이러한 차이점을 더 잘 시각화 할 수 있다(그림 8-2 참조). 범용 아키텍처 스택에서는 맨 아래 트랜지스터에서 시작하여 여러분이나 필자가 상호 작용하는 사용자 인터페이스를 포함하는 응용 계층에 도달할 때까지 추상화 수준이 높아지면서 위로 이동한다. 이러한 추상화는 스택의 각 계층에서 명확하게 볼 수 있다. 스택의 두 번째 계층에서는 최하위 계층의 트랜지스터가 서로 결합하여 주요 컴퓨팅 기능을 구현하는 데 사용되는 논리 게이트 빌딩 블록과 CPU와 주변 회로 간의 인터페이스 역할을 하는 레지스터를 형성한다. 그 위에 마이크로 아키텍처는 이러한 논리 게이트 빌딩 블록을 어떻게 결합하여 시스템을 구성하는 기능 모듈을 형성하는지를 결정한다. 개별 설계 팀의 마이크로 아키텍처에 의해 형성된 모듈은 시스템이 수행할 수 있어야 하는 명령어 유형을 결정하는 레이어 4의 매크로 명령어 세트 아키텍처를 따라야 한다. 아래 4개의 하드웨어 계층 위에는 운영체제가 포함된 플랫폼 계층이 펌웨어를 통해 하드웨어에 연결된다. 마지막으로 핵심 백엔드 소프트웨어 프로그래밍 로직

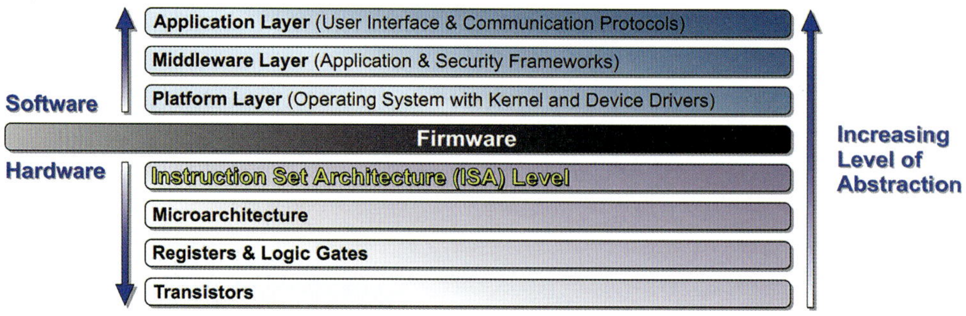

그림 8-2 범용 아키텍처 스택

이 포함된 미들웨어 계층과 사용자 인터페이스가 포함된 응용 계층이 그 아래 계층의 운영 체제에서 실행된다.

각 계층은 그 아래 계층의 집합에 따라 달라지며, 그 위의 계층을 지원하도록 설계되어야 한다. 노트북에 학교 에세이를 저장하는 학생이든 하드웨어와 운영 체제 간의 인터페이스를 프로그래밍하는 펌웨어 엔지니어이든, 입력은 궁극적으로 집적 회로를 구성하는 트랜지스터와 구성 요소에 의해 수행되어야 한다. 이를 가능하게 하는 변환 과정은 어렵고 다양한 영역과 분야를 아우르는 엔지니어링 기술이 필요하다. 이러한 격차를 해소하는 것이 바로 추상화 계층이고 성능 시스템 구축에 필수적인 이유다.

이러한 추상화 계층이 중요한 또 다른 이유는 시스템 내에서 직면하는 문제 외에도 하드웨어 설계자가 시스템 간 호환성을 유지하므로써, 소프트웨어 프로그램이 동일한 기본 명령어 집합을 공유하는 여러 장치에서 실행될 수 있도록 하기 위해서다. 기본 명령어의 표준화가 없다면 소프트웨어 개발자는 별도의 명령어 집합(ISA)을 지원하는 회사에서 설계한 장치에서는 애플리케이션을 실행할 수 없다. 모든 소프트웨어 회사가 고객이 사용하는 각 종류의 노트북에서 실행할 수 있도록 수십 개의 개별 소프트웨어 버전을 만들어야 한다면 얼마나 골치 아픈 일인지 상상해 보라!

이 차이점을 더 자세히 설명하기 위해 별도의 회사에서 개발한 별개의 ISA를 생각해 볼 수 있다. ARM 홀딩스에서 개발한 유명한 라이선스 ISA **ARM 아키텍처**는 동일한 유형의 장치를 설계하는 여러 회사에서 동시에 사용 할 수 있지만 완전히 다른 마이크로아키텍처를 사용한다. 예를 들어 삼성과 퀄컴은 모두 차세대 스마트폰 장치를 위한 맞춤형 프로세서를 구축하는데 ARM 아키텍처를 사용할 수 있지만, 각각 고유한 기능, 성능 수준 등을 갖춘 라이선스 ARM ISA를 개별 구현하며 다른 마이크로아키텍처를 갖는다.

ISA는 프로세스가 지원할 명령어 유형을 결정하는 것 외에도 시스템이 처리할 수 있는 각 명령어의 형식과 최대 길이도 결정한다(Maity, 2022). 이는 두 가지 주요 ISA 유형인 CISC와 RISC의 근본적인 차이점이다.

명령어 파이프라이닝(Pipelining) 및 프로세서 성능

CISC와 RISC의 차이점을 자세히 알아보기 전에 프로세서 성능을 결정하는 주요 요소를 검토하는 것이 중요하다. 이러한 차이점은 다양한 맥락을 이해하는데 유용한데, 특히 CISC와 RISC의 장단점을 이해하는 데 유용하다. 아키텍처 관점에서 볼 때, 성능 향상을 위해 할 수 있는 일은 크게 세 가지다. (1) 클럭 주파수를 높이고, (2) 작업 성능을 동기화하며, (3) 파이프라인 작업을 수행하는 것이다(Engheim, 2021). 다음 단락에서 각각에 대해 살펴보겠다.

프로세서 성능을 높이려면 먼저 클럭 주파수를 높이는 방법을 찾아야 한다. 이전 장에서 다룬 것처럼 클럭 주파수는 초당 **클럭 주기** 수이며 프로세서 성능을 나타내는 일반적인 척도다. **클럭 주기**는 프로세서 **발진기**(전기 신호를 방출하는 장치)의 두 펄스 사이의 시간을 측정한다(Intel, n.d.). 신호가 더 빠르게 움직이거나 회로를 통과하기 위해 이동해야 하는 거리를 줄임으로써 클럭 주파수를 높이고 프로세서 속도를 높일 수 있다. 하지만 어떻게 가능할까? 이해를 돕기 위해 회로를 학생들의 점심을 만드는 학교 식당의 조리 라인이라고 가정해 보겠다(그림 8-3 참조). 간단하게 설명하기 위해 화요일이 타코 데이라고 가정

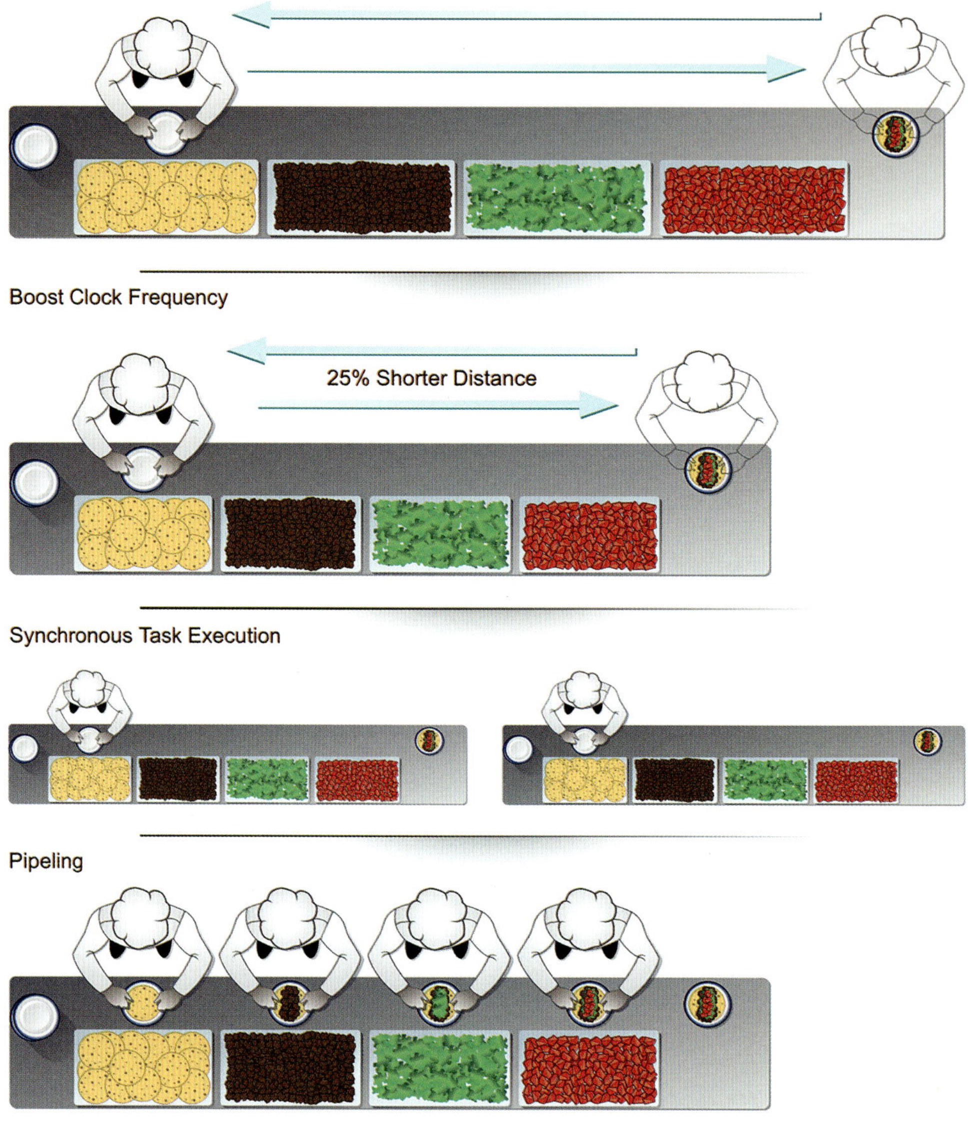

그림 8-3 요리와 클럭 사이클

하고, 한 명의 요리사가 4단계 조리 라인에서 점심 한끼 씩 타코 접시를 만드는 것으로 시작하겠다.

클럭 사이클이 신호가 프로세서를 통과하여 작업을 완료하는 데 걸리는 시간이라면, “조리 주기”는 접시가 식품 생산 라인을 통과하여 학생 식사가 완성되는 데 걸리는 시간이다. 학교 식당의 식사 생산 속도를 높이기 위해 가장 먼저 할 수 있는 일은 “조리 주기”의 길이를 단축하는 것이다. 클럭 사이클을 줄이면 클럭 주파수가 올라가고 처리 속도가 빨라지는 것과 마찬가지로, 학교 조리사가 더 빨리 움직일 수 있다면 “조리 빈도”가 줄어들고 “식사 처리” 속도가 빨라진다. 안타깝게도 전자와 학교 조리사는 매우 빠르게만 움직일 수 있기 때문에 처리 속도만으로는 성능을 높이는 데 한계가 있다. 또는 프로세서의 크기를 줄이거나 조립 라인의 길이를 줄여 신호나 급식이 이동해야 하는 거리를 줄이고 시계나 조리 주기를 단축하여 처리 속도를 높일 수 있다. 하지만 결국 요리사가 재료를 넣을 장소가 있어야 하고 프로세서를 얼마나 줄일 수 있는지에 대한 물리적 한계가 있기 때문에 이 거리를 줄이는 데는 한계가 있다. 클럭과 조리 주기를 줄이고 **임계 경로**의 거리를 줄임으로써 성능을 크게 향상시킬 수 있었지만, 아직 할 수 있는 일이 더 많다.

프로세서 성능을 향상시키기 위해 다음으로 할 수 있는 일은 **동기식 작업 성능**을 도입하는 것이다. 이를 위해서는 프로세서에 **코프로세서**라고도 하는 또 다른 처리 코어를 추가해야 한다. 이제 각 코어가 서로 동기화하여 개별 작업을 처리할 수 있으므로 주어진 작업을 완료하는 데 필요한 순 시간을 줄이고 전반적인 성능을 향상시킬 수 있다. GPU는 이러한 종류의 병렬 처리에 특히 적합하며 기계 학습 및 시각 처리와 같이 반복 가능한 대량의 계산이 필요한 응용에 강력한 성능을 발휘한다.

요리에 비유하자면, 두 번째 요리사를 고용하여 동기식 작업 수행을 달성할 수 있다. 다른 코어와 병렬로 기능을 실행하는 거의 독립적인 프로세서 코어처럼, 새로운 요리사는 별도의 조리 라인에서 일할 수 있지만 동일한 작업을 수행한다. 이 두 요리사의 노력을 합치면 더 짧은 시간에 더 많은 점심을 완성할 수 있을 것이다. 이론적으로는 학교 급식 처리량을 늘리고 싶다면 주방이 완전히 꽉 찰 때까지 새로운 조리 라인을 계속 만들면 된다. 하지만 학생들로부터 돈을 받을 수 있는 곳과 음식을 배달할 수 있는 카운터는 한 곳 뿐이며, 어느 순간 학생들이 타코 접시를 가져가는 속도보다 더 빨리 타코 접시를 만들게 되면 접시는 쌓이기 시작할 것이다. 조리 라인이 많아지면 비용도 늘어나기 때문에 학교 예산이 빠듯한 상황에서는 불가능할 수도 있다. 이는 입력을 받아들이고 (캐시 메모리에) 출력을 전달하는 데 사용할 수 있는 "전자 카운터 공간(레지스터)"이 한정되어 있는 마이크로프로세서가 직면한 비용 및 처리량 제약과 유사하다. 처리량 병목 현상을 고려하면서 더 많은 코어에 의존하지 않고도 처리 시간을 단축할 수 있는 다른 방법이 있다면 얼마나 좋을까! 다행히도 프로세서 성능 향상을 위한 세 번째이자 마지막 옵션인 파이프라이닝이라는 방법이 존재한다.

파이프라이닝은 긴 작업 흐름을 더 작은 병렬 작업으로 분할하여 작업 속도를 높이는 방법이다. 별도의 경로(멀티코어 프로세서)를 따라 병렬로 수행되는 동기식 처리와 달리 파이프라이닝은 프로세스를 주어진 한 경로를 따라 병렬로 수행되는 더 작은 구성 부분으로 나눈다. 파이프라이닝 방법론은 전자공학에만 국한된 것이 아니며 요리와 같은 다양한 응용 분야에서 사용된다.

다시 학교 식당으로 돌아와서, 학교의 요리사가 한 번에 한 끼의 식사를 완성하는 대신 4명의 요리사가 나란히 서서 식사를 4분의 1 정도 완성한 후 옆에 서 있는 다음 요리사에게 넘긴다면 어떨까? 오늘은 타코 화요일이므로 첫 번째 요리사가 첫 번째 요리 사이클에서 토르티야를 데우고 접시에 배열한다. 두 번째 요리 사이클 동안 두 번째 요리사는 토르티야에 닭고기를 얹고 첫 번째 요리사는 새 토르티야를 데운다. 세 번째 조리 사이클에서는 세 번째 조리사가 양상추를 추가하고 첫 번째와 두 번째 조리사가 단계를 반복한다. 마지막으로 세 번째 요리 사이클이 끝나면 네 번째 요리사가 살사를 추가하여 식사를 완성하고 다음 사이클에서 다음 접시를 준비한다. 단일 사이클의 엔드 투 엔드 빈도를 늘릴 수는 없지만 주어진 시간 동안 배달되는 양을 늘릴 수는 있다.

프로세서로 돌아가서, 길고 "복잡한" 명령어를 각각 완료하는 데 약 1/4의 시간(클럭 사이클의 25%)이 걸리는 동일한 크기의 "축소된" 명령어 4개로 나눌 수 있다. 클럭 사이클 1이 지나면 첫 번째 명령어가 4분의 1 완료된다. 클럭 사이클 2가 지나면 첫 번째 명령은 절반이 완료되고 두 번째 명령은 1/4이 완료된다. 클럭 사이클 4가 되면 첫 번째 명령은 더 긴 "복잡한" 명령과 거의 같은 시간 내에 완료된다. 하나의 명령어가 전체 "복잡한" 클럭 사이클마다 완료되는 대신, 들어오는 명령어로 가득 찬 파이프 라인에서는 파이프라인의 "감소된" 명령어 하나가 분기 사이클마다 완전히 완료된다. 감소된 명령어는 파이프라이닝에 훨씬 더 적합하여 CISC에 비해 RISC가 더 나은 성능을 제공할 수 있다.

타코에 대해 이야기하든 전자에 대해 이야기하든 파이프라이닝은 **처리량**을 크게 개선하여 이전보다 사이클당 더 많은 점심 또는 명령을 완료할 수 있게 해준다(Engheim, 2021). 이는 상당한 이점이 될 수 있으며, 응용에 따라 한 ISA가 다른 ISA보다 더 나을 수 있다.

8.4 CISC와 RISC

ISA의 두 가지 주요 유형은 **복합 명령어 집합 컴퓨팅**(Complex Instruction Set Computing; CISC)와 **축소 명령어 집합 컴퓨팅**(Reduced Instruction Set Computing; RISSC)이다(Thornton, 2018). CISC 아키텍처를 사용하는 일반적인 프로세서로는 Motorola 68k, PDP-11 및 여러 세대의 Intel x86이 있으며, RISC ISA를 사용하는 주목할 만한 프로세서로는 ARM, RISC-V, MIPS, PowerPC, Atmel의 AVR 등이 있다(McGregor, 2018). RISC와 CISC에는 많은 차이점이 있지만, 가장 주목할 만한 차이점은 명령어를 처리하는 방식이다.

각 프로세서에는 주어진 시간 동안 처리할 수 있는 명령어 수를 제한하는 **클럭 주기**가 있다. 개념적으로 클럭 주기는 메트로놈이나 심장 박동처럼 생각할 수 있으며, 각 비트는 프로세서가 주어진 작업을 수행하기 위한 시간 범위이다. 컴퓨터가 명령을 실행할 때 실제로 어떤 일이 일어나는지 이해하려면 소프트웨어 "입력"을 물리적 신호(전자 패턴)로 변환하고 이러한 신호를 회로를 통해 실행하여 유용한 소프트웨어 "출력"으로 다시 변환되기까지 처리하는 과정을 기억하는 것이 중요하다. 클럭 주기는 프로세서 회로를 통과하는 "명령 신호"의 단일 펄스다. 프로세서가 초당 실행할 수 있는 클럭 주기의 수(클럭 속도)에 따라 명령어를 처리할 수 있는 속도가 결정된다. "클럭 주기 주파수"(클럭 주파수)가 클수록 프로세서의 속도가 빨라진다. CPU는 초당 수백만 클럭 주기를 실행하여 수백만 또는 수십억 **헤르츠**(초당 주기의 수)의 처리 속도를 기록할 수 있다(Intel, n.d.).

CISC 프로세서와 RISC 프로세서의 주요 차이점은 RISC 프로세서는 명령어를 한 번에 하나씩 실행할 수 있는 작은 세그먼트로 분해하는 반면, CISC 프로세서는 실행하는 데 한 클럭 주기 이상이 걸리는 명령어를 실행하므로 축소(Reduced) 명령어 집합 컴퓨팅과 복합(Complex) 명령어 집합 컴퓨팅(Engheim, 2020)이라는 이름이 붙었다. 언뜻 보기에는 단위 클럭 주기당 더 많은 명령어 단위를 실행할 수 있는 CISC 프로세서가 더 우수할 것이라고 직관적으로 생각할 수 있다. 그러나 이전 섹션에서 설명한 프로세서 성능 요소 중 많은 부분에서 RISC가 많은 응용에서 더 효과적인 옵션으로 간주되는 경우가 많다. 긴 다중 클럭 주기 명령어 집합을 사용하는 CISC 프로세서와 달리 RISC 프로세서는 명령어를 더 작고 표준화된 명령어 세트로 분할하여 명령어 파이프라이닝에 더 최적화되고 컴파일러에서 더 쉽게 소화할 수 있다. 파이프라이닝은 주어진 작업이나 연산을 실행하는 데 필요한 데이터와 명령어가 모두 적절한 시간에 CPU에 도착하도록 해야 하는 복잡한 스케줄링 작업이다. RISC 프로세서는 명령 대 클럭 주기 비율을 1:1로 유지하여 안정적이고 예측 가능한 클럭 주기를 보장하여 처리 속도를 크게 향상시키는 것을 목표로 한다(Engheim, 2020).

이러한 차이의 이유는 반도체의 역사에 뿌리를 두고 있다. CISC는 1970년에 등장했고, 약 10년 후 최초의 RISC 프로토타입이 등장했다(IBM, n.d.). 업계 개발 초기에는 컴파일러가 신뢰할 수 없었고 프로그래머는 종종 어셈블리 코드로 직접 작성했다. **컴파일러**는 Java 및 C#과 같은 고급 프로그래밍 언어를 컴퓨터가 이해할 수 있는 기계어 수준으로 변환하는 반면, **어셈블리 언어**는 하드웨어에 훨씬 더 가깝고 복잡성 증가, 사용의 어려움, 이식성 감소 등 컴파일된 언어에 비해 많은 단점이 있다(Pedamkar, n.d.). 컴파일러가 개선됨에 따라 업계 전반의 디자인팀에서 RISC 아키텍처를 더 널리 채택하게 되었다.

단순화된 명령어를 처리하기 때문에 전력 소비가 적은 RISC 프로세서는 휴대폰이나 기타 배터리 구동 장치와 같이 특히 전력이 제한적인 응용에 이상적이다.

이 장점은 서버나 개인용 노트북과 같이 CISC 프로세서를 더 자주 사용하는 경향이 있는 고성능 응용에서는 감소한다.

여러 면에서 더 효율적이지만, RISC 프로세서는 더 많은 RAM(추가 코드에 액세스하기 위해)과 더 높은 프로그래밍 효율성(명령어가 짧을수록 더 많은 코드 줄을 의미)을 필요로 한다(Bisht, 2022). 이는 메모리 칩이 막 주목받기 시작한 지난 수십 년 동안 메모리 칩이 훨씬 더 비쌌을 때 중요한 단점이었지만 메모리가 더 작아지고 가격이 낮아지면서 훨씬 덜해졌다(Teach Computer Science, 2021). CISC와 RISC의 차이점은 표 8-2에 요약되어 있다.

ISA 선택하기

ISA를 선택하는 것은 어렵고 중대한 결정이다. 많은 ISA가 MIPS 및 ARM Holdings에서 제공하는 것과 같이 라이선스를 받을 수 있지만 일부는 독점적이거나 RISC-V와 같은 **오픈 소스**다. 일반적으로 라이선스 ISA는 사전 설계된 프로세싱 코어와 함께 제공되지만 오픈 소스 ISA는 그렇지 않다(McGregor, 2018). 라이선스 비용과 로열티는 라이선스, 빌드 또는 차용 여부를 결정하는 데 있어 핵심 요소다.

직접 비용보다 더 중요한 것은 각 ISA에 수반되는 위험이다. 특정 설계를 위해 어떤 것을 선택하느냐에 따라 각각의 장단점이 있다. 우선 엔지니어링 경영진은 코어 프로세서를 사내에서 직접 개발하는 데 드는 시간과 비용을 고려해야

표 8-2 CISC와 RISC 비교

	CISC	RISC
Clock Cycles	Multiple Clock Cycles Per Instruction	One Clock Cycle per Instruction
Instruction Length	Variable Length	Standard Length
Instruction Volume	Less Instructions	More Instructions
Pipelining	Pipelining Disadvantage	Pipelining Advantage
Memory Usage	Less RAM Usage	More RAM Usage
Design Orientation	Hardware-Centric Design (Less Dependent on Compilers)	Software-Centric Design (More Dependent on Compilers)

한다. 대부분의 ISA 라이선스 회사는 맞춤형 최종 제품의 핵심 역할을 하는 프로세서를 라이선스한다. 고유한 코어 프로세서 설계가 실현 가능한 기간 내에 완료되더라도 새로운 프로세서와 아키텍처가 실패할 수 있는 제조상의 위험은 항상 존재한다.

더 중요한 것은 다운스트림 소프트웨어에 미치는 영향일 것이다. ARM 및 x86과 같은 ISA는 소프트웨어 개발 스택이 완전히 개발된 성숙한 소프트웨어 "에코시스템"을 갖추고 있다. 독점 아키텍처로 새로운 프로세서를 구축하려면 새로운 펌웨어, 운영체제, 개발 툴을 개발해야 한다(Hill et al., 2016). 하드웨어와 소프트웨어 실행이 원활하게 이루어지더라도 시장 출시 시점이 문제가 될 수 있다. 당신의 회사가 코어 프로세서와 독점 아키텍처를 개발하는 동안 경쟁업체는 신제품을 출시할 수도 있다.

고객이 프로세서를 구매하는 것인지, 아니면 프로세서의 기능을 구매하는 것인지 스스로에게 물어봐야 할 필요가 있다. 고객이 새로운 알고리즘이나 통합 프

	Proprietary ISA	Licensed ISA	Open Source ISA
Hardware Design Costs	High	Low	High
Software Engineering Costs	High	Low	Mid
Existing Software Ecosystem	Low	High	Mid
Time-to-Market	Long	Short	Long
Manufacturing Risk	High	Low	High
Design Flexibility	High	Low	High
Royalties and Licensing Fees	None	Mid	None

그림 8-4 ISA의 장단점 – 독점, 라이선스, 오픈 소스 비교

로세서 및 센서 시스템을 구매하는 경우 기존 ISA에 라이선스를 부여하는 것이 가장 매력적일 수 있다. 그러나 프로세서 자체가 비즈니스의 핵심을 형성하거나 시중에서 구할 수 없는 고유한 가치를 추가하는 경우 맞춤형 설계가 정답일 수 있다. 다양한 ISA 선택의 상대적 위험을 비교한 표가 그림 8-4에 나와 있다.

8.5 이종 집적과 모놀리식(Monolithic) 집적 – PCB에서 SoC까지

역사적으로 제조 및 리소그래피 기술의 발전으로 트랜지스터 크기가 줄어들면서 반도체 설계 회사는 디바이스 아키텍처와 집적에 많은 신경을 쓰지 않고도 디바이스의 성능을 계속 향상시킬 수 있었다(Gupta & Franzon, 2020). 설계에 수백만 개의 불필요한 트랜지스터가 포함되어 있더라도 더 적은 전력과 공간으로 더 낮은 비용 또는 동일한 비용으로 더 큰 성능을 제공할 수 있는 충분한 "여유 공간"이 있었다. 회사가 칩의 효율을 높이고자 하는 의욕은 높았지만, 완전 통합형 디바이스를 만드는 데 필요한 추가 설계 작업은 비용이 많이 들었고 무어의 법칙의 빠른 속도로 인해 출시 시점이 중요한 제약 조건이 되었다. 많은 경우, 완전 통합형 디바이스가 만들어졌을 때는 이미 차세대 제조 기술이 설계 팀이 추가적으로 제공할 수 있는 효율성을 훨씬 뛰어넘은 후였다.

기하학적 스케일링이라고도 하는 성능 향상을 위한 트랜지스터 크기 축소 추세는 지난 10여 년 동안 업계가 세 가지 주요 문제에 직면할 때까지 줄어들지 않고 계속되었다(Gupta & Franzon, 2020).

첫째, 트랜지스터가 작아지고 로직 소자의 밀도가 높아짐에 따라 **전력 관리** 문제가 고급 시스템의 주요 설계 제약 조건이 되어 **주파수**가 지배적인 요인이 되었다(Gupta & Franzon, 2020). 최신 CPU 및 기타 고급 장치는 이러한 속도로 실행하는 데 필요한 열이 말 그대로 회로를 태울 수 있을 정도이기 때문에 전체 "화력"을 사용할 수 없는 경우가 많다.

둘째, EUV와 같은 **리소그래피 기술**은 점점 더 작아지는 다이 피처를 에칭할 수 있을 만큼 짧은 광 파장에 의존한다(IRDS, 2020). 이러한 기술이 지금까지 기하학적 스케일링을 유지해 왔지만, 연구자들은 더 작은 피치를 효과적으로 에칭할 수 있는 광 파장을 찾는 데 어려움을 겪어 왔다(Brown et al., 2004)

마지막으로, 트랜지스터가 만들어지는 재료의 두께는 이제 더 이상 줄어들 여지가 거의 없는 원자 몇 개 두께에 불과하다(Gallego, 2016). 간단히 말해, 특정 임계값 이하에서는 사용 가능한 피처 패턴을 만들 수 있는 원자가 충분하지 않다.

이러한 세 가지 물리적 제약 외에도 각 후속 기술 노드에는 불균형적으로 더 비싼 공정 기술이 필요하므로 새로운 팹을 구축하는 데 드는 비용이 증가하고 제조 단가가 상승한다. 일부 최신 팹의 비용이 200억 달러에 달하기 때문에 최첨단 공정 노드를 사용하여 칩을 제조하는 것은 엄청나게 비싸고, 설계자는 구형 노드에서 더 많은 성능을 끌어내는 것이 유리하다(Lewis, 2019).

요약하면, 최근 몇 년 동안 **무어의 법칙**이 둔화됨에 따라 업계는 기하학적 확장에서 기능적 확장으로 초점을 전환하여 특정 응용에 맞게 설계를 최적화하고 시스템 아키텍처를 보다 이종 및 모놀리식 집적을 포함하도록 전환함으로써 성능을 향상시켰다(Gupta & Franzon, 2020).

이종 집적에서는 수많은 칩이 동일한 보드(PCB) 또는 **패키지형 시스템**(System-in-package; SiP)라고 하는 동일한 패키지 내에 서로 통합된다(Lau, 2017). 보드 수준 이종 집적의 경우, 서로 다른 칩과 구성 요소가 보드에 납땜되고 서로 연결된다. SiP의 경우 서로 다른 칩과 기능 모듈은 동일한 패키지로 묶여 있으며 인터커넥트 또는 **2.5/3D 다이 스태킹** 기술을 사용하여 서로 쌓아 올린 칩을 연결하는 **실리콘 비아**(TSV)를 통해 서로 연결된다 . 시스템 설계자는 기능 구성 요소를 분리하여 보다 긴밀하게 통합된 시스템의 성능 이점을 누리면서 더 효율적으로 "플러그 앤 플레이" 할 수 있다.

모놀리식 또는 **동종 집적**에서는 수많은 기능 모듈이 단일 집적 회로에 포함되어 시스템 온 칩(System-on-Chip; SoC)라고 하는 완전한 기능의 시스템이 탄생한다(IRDS, 2020). 시스템이 고도로 통합될수록 신호가 칩의 다른 부분에 도달하기 위해 이동해야 하는 거리가 줄어든다. 그러나 SoC와 같은 완전 통합 시스템은 설계가 복잡하고 고려해야 할 단점도 많다.

성능, 전력, 면적, 비용의 네 가지 **PPAC** 차원에서 이종(SiP)과 동종(SoC) 집적에는 상당한 장단점이 있다. **폼 팩터**(form factors) (디바이스 면적)가 작아지면 면적과 전력 효율성 측면에서 **SoC**가 상당한 이점을 제공하므로, 휴대폰과 같이 배터리로 구동되는 소형 디바이스에 널리 선택된다. 하지만 응용에 따라 성능이 저하될 수 있다. 칩의 각 부분마다 최고 성능을 위해 서로 다른 재료와 공정 기술이 필요할 수 있으며, 이는 단일 웨이퍼에서 수행하기 어렵거나 불가능하다(IRDS, 2020). SoC와 같이 단일 **웨이퍼**에 모든 구성 요소를 통합하면 일부 부품은 매우 잘 작동하는 반면 다른 부품은 최적화되지 않은 재료와 공정으로 제작되어 성능이 저하될 수 있다(IRDS, 2020).

비용 차이도 모놀리식 통합을 사용할지 이종 집적을 사용할지 여부에 큰 영향을 미친다. 집적 수준이 높을수록 더 많은 설계 작업이 필요하므로 설계 비용이 더 많이 들고 제조 복잡성도 커진다(Gupta & Franzon, 2020). 그러나 모든 경우에 이종 디바이스의 단가가 낮아지는 것은 아니다. 모놀리식 디바이스는 전체적으로 더 적은 면적을 필요로 하므로 단일 웨이퍼에 더 많은 칩을 인쇄할 수 있고 순 제조 비용을 낮출 수 있다(Gupta & Franzon, 2020). 동시에 이종 집적은 시스템의 여러 부분에 서로 다른 **프로세스 노드**를 사용할 수 있는 일종의 "제조 차익 거래(manufacturing arbitrage)"를 가능하게 한다. 예를 들어, SiP에서 메모리 또는 코어 로직과 같은 고급 모듈은 최첨단 3nm 공정 노드를 사용하여 제조할 수 있고, 아날로그 또는 RF 구성 요소와 같은 부품은 130nm 공정 노드를 사용하여 제조할 수 있다(IRDS, 2020). 일부 구성 요소만 첨단 공정 노드를 사용하여 제조함으로써 기업은 더 오래되고 저렴한 기술을 사용하는 시스템 부분을 상당히 절약할 수 있다. 또한 전력 관리 또는 RF 구성 요소는 변경하지 않고 메모리와 논리 소자만 변경하여 더 많은 기능을 지원하는 차세대 시스템을 구축할 수도 있다. 엔지니어링 임원은 어떤 아키텍처를 채택할지 결정할 때 추가 설계 비용과 제조 비용 차이의 균형을 맞추기 위해 세심한 주의를 기울여야 한다.

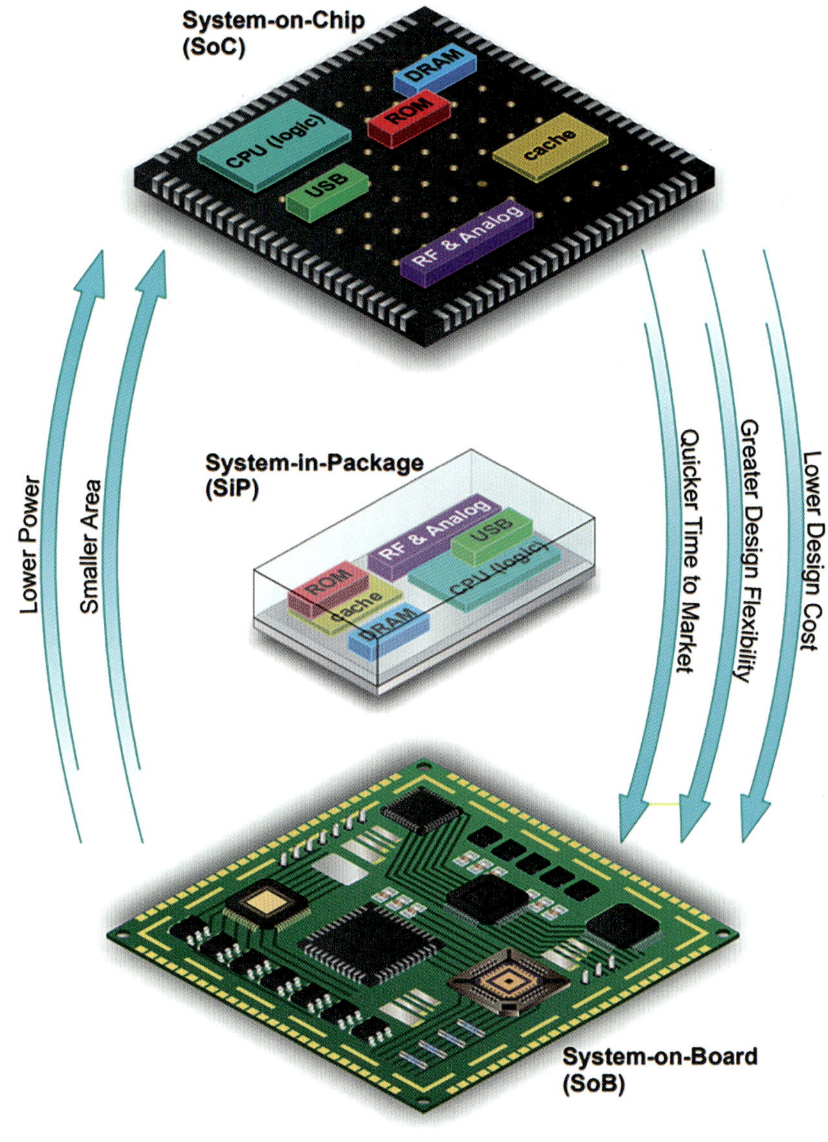

그림 8-5 이종 집적과 모놀리식 집적 비교

그림 8-5에서 이러한 장단점을 확인할 수 있다. 모놀리식으로 통합된 SoC는 보드레벨에 통합된 이종 집적 시스템보다 전력 소비가 적고 공간을 덜 차지한다. 그러나 시스템 온 보드(SOB)는 설계 유연성이 뛰어나고 설계 비용이 낮으며 더 빠르게 설계할 수 있다. 패키지형 시스템은 이 두 가지의 중간 형태로, 더 높은 집적으로 인해 더 높은 성능, 전력 및 면적 이점을 누리면서 더 큰 설계 유연성을 제공한다.

시스템 설계자와 설계 팀은 PPAC의 핵심 요소 외에도 시장 출시 시간을 염두에 두어야 합니다. 일반적으로 시스템의 통합도가 높을수록 설계 시간이 더 많이 필요하다. 경쟁업체가 신제품 출시로 팀을 압박하고 있다면 새로운 SoC를 처음부터 설계하는 것을 피하는 것이 가장 좋다.

8.6 요약

이 장에서는 먼저 매크로 아키텍처와 마이크로 아키텍처의 차이점을 살펴봤는데, 시스템 수준의 명령어 집합 아키텍처(ISA)는 데이터와 명령어가 코어 프로세서로 전달되고 코어 프로세서로부터 수신되는 방식을 설명하는 반면 마이크로 아키텍처는 주어진 회로에서 ISA가 구현되는 방식을 설명한다. 다음으로 폰 노이만과 하버드 매크로 아키텍처를 비교했다. 이론적으로 하버드 아키텍처는 CPU가 두 개의 개별 메모리 뱅크에서 동시에 데이터와 명령을 검색할 수 있도록 하여 처리 속도를 높일 수 있지만, 실제로는 버스 복잡성 증가 및 기타 요인으로 인해 성능이 제한된다. 폰 노이만 아키텍처는 CPU와 하나의 메모리 뱅크 간의 데이터 및 명령어 교환으로 제한하여 설계 복잡성을 줄이고 비용을 낮추며, 1945년 처음 등장한 이래 실제로 가장 많이 사용되는 아키텍처다.

이 장의 후반부에서는 CISC와 RISC의 차이점에 대해 살펴보았다. 1970년 대 중반에 처음 등장한 CISC는 RISC의 광범위한 채택보다 거의 10년 반 정도 앞서 있다(RISC는 1980년에 발명되었지만 1990년대 초까지 널리 사용되지 않았다). 각 방식에는 장단점이 있지만, 파이프라이닝의 장점으로 인해 RISC가 개선된 것으로 널리 알려져 있다. 큰 틀에서 매크로 아키텍처를 살펴본 다음, 다양한 ISA와 그 중에서 선택하는 방법을 살펴보았다. 마지막으로, 오늘날 실리콘 설계팀이 직면한 주요 고려 사항인 이종 집적과 모놀리식 집적 중 어떤 것을 선택해야 할까? 각 접근 방식에는 장단점이 있다. SoC와 같은 모놀리식 IC는 전력 소모가 적고 면적을 덜 차지하지만 초기 설계에 몇 년은 아니더라도 몇 달이 걸릴 수 있으며, 이는 엄청나게 높은 비용이 될 수 있다. 반면 이종 집적을 사용하면 설계 유연성과 시장 출시 기간을 단축하면서 일부 PPAC의 장점을 활용할 수 있다.

개별 확인 질문 (반도체 지식 테스트)

스스로 관련 지식을 충분히 쌓았는지 확인할 수 있는 다섯 가지 질문이다.

1. 매크로 수준 아키텍처와 마이크로 수준 아키텍처의 주요 차이점은 무엇인가? ISA는 어디에 해당하는가?
2. 하버드 아키텍처는 폰 노이만에 비해 어떤 이론적 이점을 가지고 있나? 왜 이것이 실생활에서 적용되지 않았을까?
3. CISC와 RISC의 주요 차이점 네 가지를 말하라.
4. 설계 및 시장 기반 제약 조건에서 가장 유리한 ISA 전략은 무엇일까? 단점은 무엇인가?
5. 모놀리식 집적과 이종 집적 간에 비용 이점이 그렇게 간단하지 않은 이유는 무엇일까? 이러한 요소는 성능과 어떤 관련이 있을까?

CHAPTER 9

반도체 산업 – 과거와 현재, 그리고 미래

지금까지 8장에 걸쳐 트랜지스터 구조부터 시스템 아키텍처에 이르기까지 모든 것을 분석했으니 반도체 기술에 대해 잘 알고 있을 것이다. 이제 이 모든 기술이 큰 그림에서 어떻게 작용할까? 1960년대에 시작된 이래 반도체 산업은 설계 비용 상승과 제조 비용 증가라는 두 가지 주요 과제에 직면해 있다. 이 두 가지 과제로 인해 반도체 업계는 완전 통합형 설계 회사에서 오늘날과 같은 다각적인 팹리스 설계 모델로 발전해 왔다. 다음 섹션에서는 설계 비용과 제조 오버헤드의 동인을 간략하게 살펴본 후 지난 50년간 반도체 에코시스템의 변화에 대해 논의한다.

9.1 디자인 비용

첨단 IC를 설계하는 일은 점점 더 복잡하고 비용이 많이 드는 작업이다. 각 칩은 제조를 위해 팹으로 보내지기 전에 아키텍처 및 IP 검증, 설계 검증, 물리적 설계, 소프트웨어 라이선싱(EDA), 프로토타이핑 및 검증을 거쳐야 한다 (McKinsey & Company, 2020).

반도체 산업의 초기 단계에서는 보편적으로 통용되는 표준과 도구가 부족했기 때문에 설계 비용이 크게 증가했다. 대부분의 기업이 자체적으로 소프트웨어 툴을 개발했기 때문에 인재 양성 비용이 증가하고 다른 기업이 설계한 부품과의 통합이 어려웠다. 이러한 문제를 해결하기 위해 **전자 설계 자동화**(EDA) 기업들은 설계 프로세스를 자동화하는 툴을 개발하기 시작했고, **범용 하드웨어 기술 언어**(HDL)의 채택을 주도했다.

설계 흐름을 "모듈화"하여 설계 회사가 더 관리하기 쉬운 추상화 수준(예: 어셈블리 언어 대신 C++같은)에서 통합된 대규모 시스템을 구축할 수 있고, 추가 투자에 더 유리하게 하였다(Nenni & McLellan, 2014). 설계 회사와 EDA 툴 회사가 분리되면서 효율성이 향상되고 설계 비용이 절감되었으며, 소프트웨어와 하드웨어의 핵심 역량에 더 잘 부합하도록 회사를 재구성할 수 있었다. 고급 아날로그 반도체 회사는 자체적으로 맞춤형 툴을 개발하는 대신 라이선스가 있는 기성 EDA 툴을 사용하여 아날로그 설계 전문성을 개발하는 데 모든 R&D 비용을 집중할 수 있었다. 오늘날의 EDA 업계는 설계 흐름을 엔드 투 엔드로 포괄하는 광범위한 툴 포트폴리오를 갖춘 Cadence, Synopsys, Mentor Graphics와 같은 대기업이 주도하고 있다. EDA 및 디자인 소프트웨어는 디자인 지출의 거의 50%를 차지하며 계속해서 급증하는 디자인 비용의 중요한 동인이 되고 있다(Venture Outsource, n.d.). EDA의 영향력이 얼마나 커지고 있는지는 EDA 기업의 규모만 살펴봐도 알 수 있다 . 예를 들어, EDA 대기업인 Synopsys는 실제 실리콘을 생산하지는 않지만 시가총액이 500억 달러가 넘으며, 이는 포드 자동차의 규모와 비슷하다(Yahoo! Finance, 2021).

1980년대까지 대부분의 집적 회로는 크기와 복잡성이 중간 정도였다. 시스템 회사들은 완전한 기능을 갖춘 제품을 만들기 위해 다양한 유형의 칩을 구매하여 PCB 또는 기타 연결 장치에 납땜하여 장치에 통합했다. 반도체 기술이 더욱 발전하고 시스템 회사들이 더 높은 수준의 통합을 추구함에 따라 **시스템 온 칩**(SoC)에 대한 수요가 급증했다. SoC를 통해 기업들은 전통적으로 분리되어 있던 모든 기능 구성 요소(메모리, 프로세서 등)를 단일 칩에 탑재할 수 있게 되었다. 긴밀한 통합에 대한 필요성이 커지면서 각 시스템 구성 요소의 복잡성도 증가하여 설계가 더욱 어렵고 비용이 많이 들었다. 복잡성을 완화하고 비용을 절감하기 위해 **반도체 IP 회사**가 번성하기 시작했다. IP 회사는 설계 복잡성을 줄이기 위해 (1) 응용 별 회로의 기초로 사용할 수 있는 공통 모듈의 기본 설계를 제공하고, (2) 회로 설계자가 더 복잡한 설계를 생성하는 데 사용할 수 있는 **셀 라이브러리**를 제공하는 두 가지 방법을 사용했다. 설계 회사는 선불 라이선스 비용, 제품별 로열티 또는 라이브러리 접근 구독에 대한 대가로 새로운 설계에서 차별화 되지 않은 부분을 빠르게 확보하고 칩을 차별되게 만드는 부분에 노력을 집중할 수 있었다.

오늘날 성공적인 반도체 IP 기업은 ARM Holdings가 제공하는 **마이크로프로세서**, Arteris가 제공하는 SoC의 여러 부분이 서로 통신할 수 있도록 하는 **통신 아키텍처**, 공정 노드가 거듭될 때마다 설계하기가 점점 더 어려워지는 **아날로그 IP**의 세 가지 범주 중 하나에 속한다. 이 세 가지 영역의 IP 기업은 설계 비용을 통제하는 데 계속해서 중요한 역할을 하고 있다. 아날로그 회사인 경우 이러한 IP 제공업체는 마이크로프로세서 및 메모리와 같은 필요한 모든 디지털 기능을 제공할 수 있으며, 디지털 회사인 경우 발진기 및 전원 레퍼런스 회로와 같은 아날로그 기능을 제공할 수 있다.

리소그래피 및 **제조 장비 공급업체**가 점점 더 작은 트랜지스터를 구현함에 따라 반도체 R&D 및 설계는 양자 터널링 및 **전류 누설**과 같은 현상으로 점점 더 어려워지고 있다(McKinsey & Company, 2020). 가장 진보된 3nm SoC를 설계하는 데 드는 비용은 리서치 및 컨설팅 회사인 국제 비즈니스 전략(International Business Strategies; IBS)에 따르면, 이미 5억 달러에서 15억 달러 사이다(Lapedus, 2019). 이는 고급 SoC를 설계하는 데 드는 비용일 뿐이라는 점을 기억하라.

3nm 노드에서 설계를 제조하는 데 드는 비용은 포함되지 않았다. 덜 진보된 공정 노드를 사용하여 IC를 설계하면 비용을 절감할 수 있지만, 오래된 기술이라도 상당한 비용이 소요된다. 7nm와 10nm 칩의 설계 비용은 각각 3억 달러와 1억 7,500만 달러로 추정된다(McKinsey & Company, 2020). 실리콘 설계는 향후 10년 동안 점점 더 복잡해질 것으로 예상되며, 칩 공급업체의 발전에 계속해서 난제를 제공할 것으로 예상된다(McKinsey & Company, 2020).

9.2 제조 비용

설계 비용도 수익성에 상당한 문제를 야기하지만, 가치 사슬 아래로 내려가면 제조 비용의 급격한 증가가 더 큰 영향을 미쳤다. 각 세대의 공정 기술 노드에는 다이싱 머신(dicing machine), 폴리싱 그라인더(polish grinders), 마스크(masks), 스테퍼(steppers) 등 점점 더 복잡하고 값비싼 제조 장비가 필요하다(Varas et al., 2021). 먼지 입자 하나가 칩 전체를 망칠 수 있으므로 **팹**의 공기는 매우 깨끗해야 하며, 이를 위해서는 고가의 특수 장비가 필요하다. 사용 수명이 5년인 첨단 반도체 팹은 현재 70억 달러에서 최대 200억 달러의 비용이 들 수 있으며, 여기에는 화학 물질 및 재료의 가변 비용이 포함되지 않았다(Platzer, Sargent, & Sutter, 2020).

리소그래피 장비와 같은 프런트 엔드 제조 기술은 역사적으로 제조 비용의 대부분을 차지해 왔지만, 업계가 성능을 향상시키기 위해 **고급 패키징 아키텍처**와 **이종 집적**에 초점을 맞추면서 백 엔드 제조가 더 큰 주목을 받고 있다. 그림 9-1의 차트에서 급증하는 R&D 및 팹 구축 비용을 시각화하여 확인할 수 있다. 이 차트의 데이터는 IBS와 Mckinsey에서 가져온 것이다.

공급 측의 설계 및 제조 비용과 수요 측의 다양한 맞춤형 설계에 대한 압력은 1960년대, 1970년대, 1980년대의 완전 통합형 반도체 회사에서 오늘날 우리가 알고 있는 팹리스 설계 회사, 전문 IP 및 EDA 툴 회사, 시스템 설계 회사, 종합

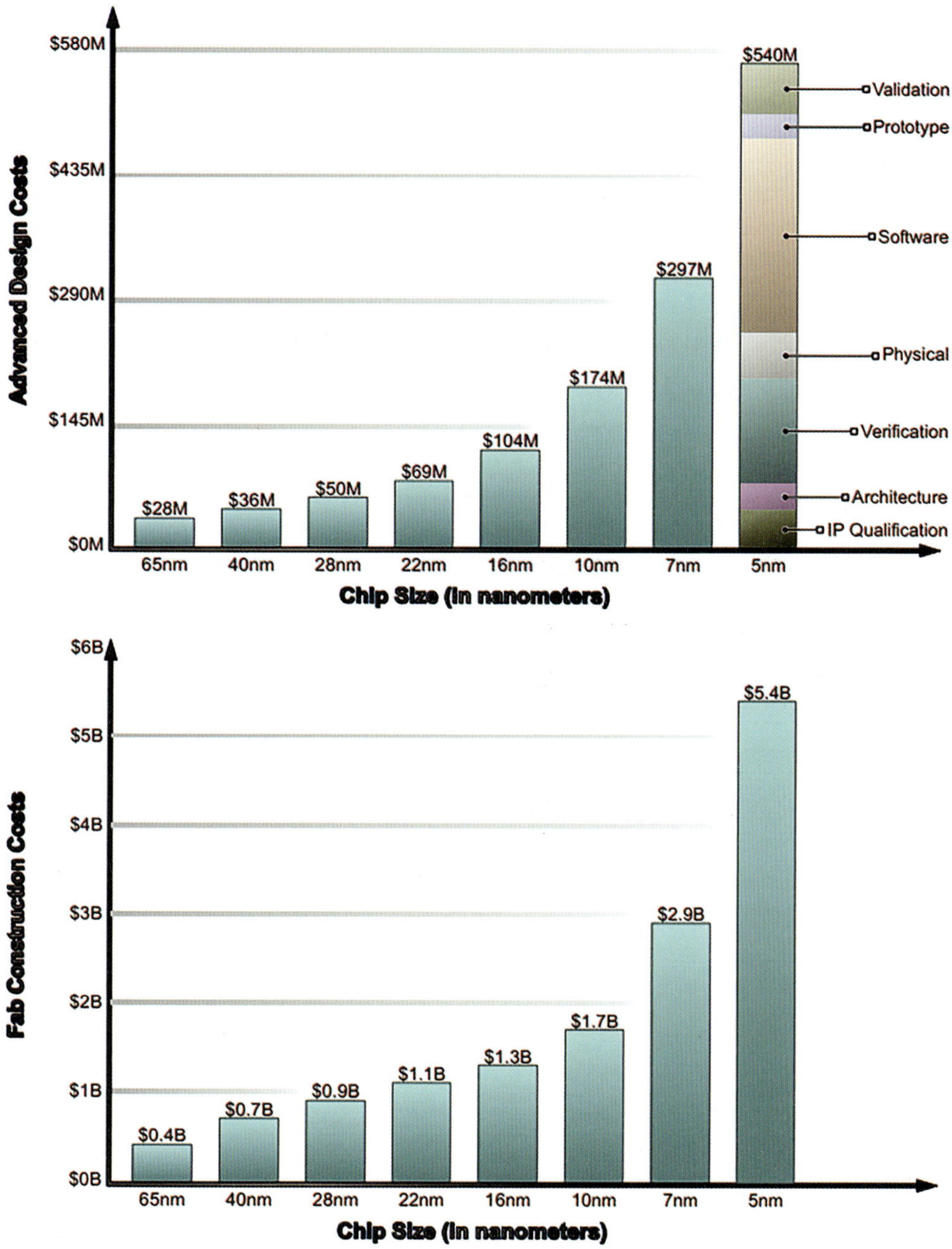

그림 9–1 설계 및 제조 비용(McKinsey & Company, 2020) (IBS, n.d.)

반도체 업체(integrated device manufacturers; IDMs), 순수 파운드리 업체들로 변화하게 했다(그림 9-2 참조). 이는 모두가 자신이 가장 잘할 수 있는 것에 집중할 때 시장이 최적으로 기능한다는 데이비드 리카도(David Ricardo)의 비교우위 이론을 보여주는 훌륭한 실제 사례다.

1 Fully Integrated Semiconductor Companies

Design, manufacture, market, and sell semiconductor components and ICs using their own fabs. Fairchild Semiconductor was one of the earliest semiconductor firms to get off the ground and is an example of a Fully Integrated Semiconductor Company.

2 Integrated Device Manufacturers (IDM)

Design and manufacture some of their ICs, while outsourcing some production to pure-play foundries. Intel and Samsung are examples of IDMs.

3 Fabless Design Companies

Design ICs, but outsource all manufacturing to pure-play foundries or IDMs. Qualcomm and AMD are examples of Fabless Design companies.

4 Pure-Play Foundries

Contract manufacturers that fabricate custom circuit designs, but do not design ICs themselves. TSMC and Global Foundries are examples of Pure-Play Foundries.

5 Semiconductor IP Companies

Design and license system architectures, EDA tools, and reusable design modules. ARM Holdings is an example of a Semiconductor IP Company that creates and licenses ISAs, while Synopsys is an example of a Semiconductor IP Company that provides EDA tools.

6 System Design Companies

Companies that create and sell their own end-products, but have brought some of their semiconductor design activities in-house. Apple and Tesla are examples of System Design Companies that have built out their own semiconductor design divisions to build custom processors for their products.

그림 9–2 반도체 비즈니스 모델

9.3 반도체 산업의 진화

1960년대–1980년대: 완전 통합 반도체 회사

1960년대 페어차일드(Fairchild) 반도체가 IC를 상업적으로 도입한 이래 1980년대까지 반도체 산업은 대부분 **완전 통합 반도체 회사**로 구성되었다. 초기 기업들은 제품 수요를 예측한 후 설계, 제조, 패키징을 거쳐 잠재 고객에게 마케팅 했다. 각 기업은 판매할 칩을 제조하기 위해 자체 **팹**에 상당한 자원을 투자했다. 높은 고정 비용으로 인해 기업은 변동성이 큰 수요 변동에 취약할 수밖에 없었으며, 제품 판매가 조금이라도 감소하면 팹 가동률이 크게 하락하여 더 많은 비용에 걸쳐 수익이 분산되고 수익 마진이 줄어들 수 있었다(Nenni & McLellan, 2014).

1980년대–2000년대: IDM + 팹리스 디자인 + 순수 파운드리

1980년대와 1990년대에 가치 사슬의 여러 부분이 세분화되기 시작했다. 팹을 구축하고 소유하는 데 드는 비용이 점점 더 비싸지면서 각 후속 기술 노드에 더 많은 초기 자본 투자가 필요했다. 일단 팹이 구축되면 기업들은 고정 비용을 충당하지 못하더라도 생산량과 기여 마진을 극대화하기 위해 노력해야 했다. 그 결과, 인텔과 같이 자체적으로 집적 회로를 설계, 제조, 판매하는 **종합반도체업체**(IDM)조차도 **팹 용량**의 일부를 임대하기 시작했다(Nenni & McLellan, 2014). 텍사스 인스트루먼트(Texas Instruments)와 AMD와 같은 이전 IDM은 지난 몇 년 동안 팹리스가 되었다. 프로세서 회사들은 구형 팹 시설을 구형 기술을 더 오랫동안 활용할 수 있는 아날로그 회사같은 "다운마켓"으로 매각했다.

1980년대 중반, 자일링스(1984년 설립)와 퀄컴(1985년 설립)과 같은 기업은 이러한 잉여 생산 능력을 활용하는 비즈니스 모델로 시작했다(Nenni & McLellan, 2014). 칩만 설계하고 잉여 제조 용량을 활용하기 위해 IDM과 계약을 체결함으로써 자체 팹에 대한 높은 초기 자본 투자를 포기하고 이러한 고정 비용을 각 웨이퍼에 부과되는 가격에 포함된 가변적 지출로 전환할 수 있었다. 이 **팹리**

스 모델은 신규 진입업체의 필요 자본을 줄일 뿐만 아니라 가변 공급 경제를 가변 수요에 더 잘 맞출 수 있었다.

1987년, 자일링스와 퀄컴이 설립된 지 얼마 지나지 않아 최초의 **순수 파운드리**인 TSMC가 문을 열었다(Nenni & McLellan, 2014). TSMC는 완전히 새로운 비즈니스 모델로, 다른 회사의 디자인을 제조하는 데 전적으로 집중했다. 따라서 파운드리는 제조 기술을 전문화 함으로써 더 적은 수의 핵심 역량에 집중하고, 더 안정적인 수요와 일관된 물량(자체 설계가 아닌 여러 고객으로부터 주문을 받기 때문에)을 활용하며, 대만과 동남아시아 등 인건비가 낮은 시장에서 전략적으로 입지를 다질 수 있다. 지리적으로도 **팹리스 설계**에서는 미국이, **제조** 및 **조립** 관련 활동에서는 동남아시아가 우위를 점하는 등 이러한 균형이 계속 유지되고 있다. 자일링스 및 기타 팹리스 설계 회사들은 IDM에서 저비용의 국내외 파운드리로 빠르게 전환했으며, 이 모델은 이후 시장을 지배해 왔다. 삼성과 인텔처럼 자체 팹을 보유한 소수의 남은 IDM 조차도 고급 기술 노드를 위해 여전히 순수 파운드리에 의존하고 있으며, 일반적으로 자체 제조 역량을 사용하여 덜 까다롭고 오래된 공정 노드를 필요로 하는 장치를 생산한다.

1980년대 후반과 1990년대에 팹리스 설계 모델이 자리를 잡으면서 설계 측면의 가치 사슬에서도 중요한 변화가 일어나고 있었다. **EDA 툴**을 통해 **프런트 엔드 설계**를 더 쉽게 구축할 수 있게 되면서, 과거에는 기성 제품이나 팹리스 설계 회사 및 IDM의 맞춤형 실리콘에 의존하던 시스템 회사들이 특정 요구 사항에 더 적합한 자체 칩을 구축하기 시작했다. 툴은 이론적으로는 칩 설계 회사를 거치지 않고 파운드리와 직접 협력할 수 있는 프론트엔드 및 백엔드 기능을 제공했지만, 물리적 설계 및 하위 가치 사슬 역할을 수행하는 데 필요한 복잡한 백엔드 전문 지식은 여전히 부족했다. VLSI Technologies 및 LSI Logic과 같은 신생 업체는 물론 Qualcomm과 같은 기존 업체도 혁신적인 ASIC 중심 비즈니스 모델을 통해 이러한 수요를 충족했다(Nenni & McLellan, 2014). LSI와 같은 순수 ASIC 기업은 시스템 기업이 개발한 프런트 엔드 설계를 처리한 후 제조 및 조립 공급업체와 협력하여 제품 설계를 실현했다. Xilinx와 Qualcomm과 같은 설계 서비스 회사도 비슷한 모델에서 많은 수익을 올렸지만, 특정 시장에 집중하고 고유한 전문성을 개발하며 자체 제품 포트폴리오를 성장시키기 시작했다(Nenni & McLellan, 2014). 예를 들어, Xilinx(현재 AMD 소유)는 제조 후 다양한 용도로 재사용할 수 있는 프로그래머블 칩인 FPGA 시장의 50% 이상을 점유하고 있으며, Qualcomm은 무선 연결 및 인프라 제품용 맞춤형 실리콘 분야의 세계적인 선도업체다.

2000–오늘날: 팹리스 설계 회사 + 파운드리 + IDM 낙오자 (Stragglers) + 시스템 회사 인하우스(In-House) 설계

오늘날 반도체 산업은 팹리스 설계 회사와 순수 파운드리가 주도하고 있으며, 나머지 소수의 IDM은 EDA 툴 개발자, 장비 제조업체, IP 제공업체로 구성된 에코시스템으로 유지되고 있다. 시스템 회사들이 전통적인 팹리스 반도체 비즈니스를 계속 잠식하면서 그 역할이 커지고 있다. 이러한 대형 통합 기술 회사들은 이제 자체적으로 실리콘 개발을 수행하고 있다. Apple은 약 10년 전에 자체 실리콘 엔지니어링 부서를 설립하고 이 부서의 칩을 사용하여 iPhone 및 Mac 제품 라인에 사용하고 있으며, Facebook은 자체 칩 부서를 설립하여 VR 오큘러스 헤드셋에 활용할 수 있는 IC를 개발하고, Tesla는 운전자 지원 및 자율 주행 플랫폼을 구동할 수 있는 반도체 기술을 개발하는 등 시스템 회사가 자체 칩을 설계하는 예는 수 없이 많으며 그 범위가 확대되고 있다. 그림 9-3은 IDM에서 시스템 디자인 하우스에 이르기까지 지난 수십 년간 반도체 산업의 변화를 각 비즈니스 모델의 핵심 역량(녹색)과 함께 보여준다.

이러한 회사가 자체 실리콘을 개발하려는 동기는 주로 비용 때문일 수 있지만, 지적 재산을 보호하려는 동기도 있다. 예를 들어, Apple이 최신 iPhone용 칩을 개발하기 위해 실리콘 공급업체와 협력하는 경우, 실리콘 회사가 이상적인 솔루션을 제공하기 위해 시스템에 대한 세부 정보를 너무 많이 공개해야 할 수도 있다. 이러한 모든 작업을 사내에서 진행하면 핵심 논의가 기업 외부로 유출되

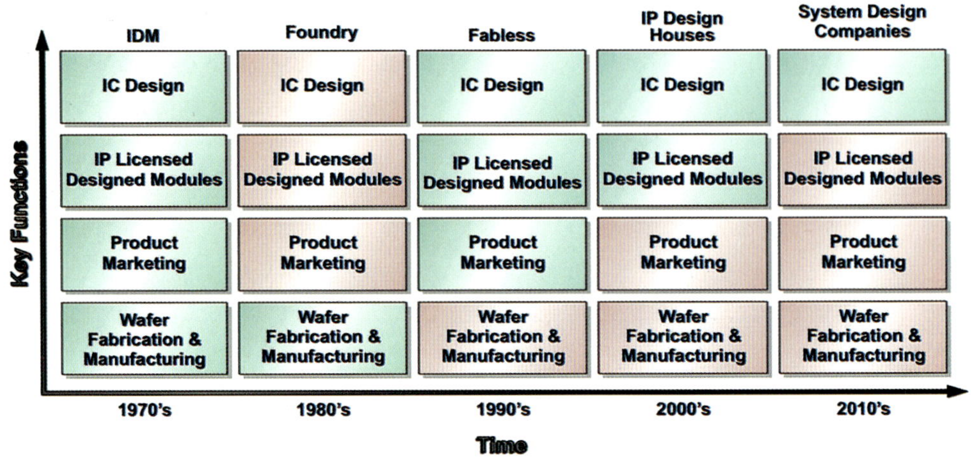

그림 9-3 반도체 비즈니스 모델의 역사적 진화

는 것을 방지할 수 있다.

반도체 산업의 변화 속도는 매우 빨라 2020년대에 은퇴를 맞이하는 엔지니어는 이 네 가지 시대를 모두 경험했을 것이다. 페어차일드 같은 완전 통합 반도체 회사에서 경력을 시작하여 칩을 설계하고, 건물을 가로질러 팹까지 걸어서 이동한 다음, 같은 건물 뒤편에 있는 하역장에서 테스트를 거쳐 출하되는 모습을 보았을 수도 있다. 실제로 일부 테스트를 직접 수행했을 수도 있다. 지금 그 사람은 Apple에서 일하면서 제조, 테스트, 해외로 배송되는 거대한 칩의 단일 블록을 설계하고 있을지도 모른다. 최종 실리콘을 실제로 보지 못할 수도 있다. 산업을 한 번도 바꾸지 않은 사람에게는 엄청난 변화다.

9.4 팹과 팹리스 디자인 – IDM과 정반대 사례

오늘날 반도체 비즈니스 모델에는 팹리스 설계 회사, 순수 파운드리, 종합반도체회사(IDM)의 세 가지 주요 유형이 존재한다. 제조 및 팹 구축 비용이 계속 증가함에 따라 IDM은 비즈니스 방식을 재고해야 한다. 팹을 소유하면 프로세스 제어 강화, 시장 출시 기간 단축, 긴밀한 설계 통합 등 다양한 이점을 누릴 수 있다. 그러나 이러한 이점은 점점 더 비용으로 상쇄되고 있다.

IDM에 비해 순수 파운드리의 가장 큰 장점 중 하나는 여러 고객사의 수요를 한데 모아 용량을 최대한 활용할 수 있다는 점이다. 따라서 시간이 지남에 따라 수익이 균일해지고 고정 자산의 활용도가 낮아지는 것을 방지할 수 있다. 제조 장비 및 파운드리 건설 비용이 계속 상승함에 따라 활용률이 낮은 경우 제조 비용과 직접적으로 연동되어 단위 경제성에서 불리한 결과를 초래하는 등 점점 더 많은 비용이 발생한다.

인텔은 팹을 소유하면 제조 공정을 더 잘 제어할 수 있고, 다른 파운드리 고객사보다 제품 출시를 늦춰야 하는 팹리스 기업보다 시장 출시 시간을 단축할 수 있다고 주장할 수 있다. 파운드리 생산 일정에서 우선순위가 밀릴 수 있는 소량 또는 저마진 주문이 있는 소규모 기업에는 해당될 수 있지만, IDM의 팹에서 기술적 지연이 발생하면 납기 목표를 달성하는 데 큰 장애물이 될 수 있다. 인텔의 차세대 7nm 칩은 최근 2022년까지 출시가 연기되었으며, 인텔은 일부 제품을 생산하기 위해 파운드리와 계약을 체결해야 할 수도 있다(Fox, 2020). 2020년대에 IDM을 운영하는 것은 정말 풍요롭거나 굶주림에 시달리는 일이다. 모든 일정 목표를 달성하고 경쟁사보다 우수한 제조 공정을 출시하면 큰 이점을 얻을 수 있다. 목표를 달성하지 못하면 실패한 공정 개발에 수십억 달러를 투자한 셈이 되며, 경쟁업체가 사용하는 파운드리에서 제품을 생산해야 할 수도 있다. 또한 내부 개발이 한 번 뒤처지면 다시는 따라잡을 수 없을 수도 있다.

독점적인 **제조 IP**(manufacturing IP)와 **데이터 캡처**(data capture)는 IDM이 팹 소유 비용을 정당화하기 위해 사용할 수 있는 또 다른 일반적인 이유다. 과거에는 이것이 이점으로 작용했을지 모르지만, 파운드리는 IDM과 비교하기 어려운 고유한 기술적 이점을 가지고 있다. 파운드리는 더 다양한 부품과 IC를 제조하기 때문에 더 빠른 속도로 공정 기술을 반복하여 팹리스 디자인 하우스 및 기타 주요 고객에게 제공할 수 있는 중요한 역량을 구축할 수 있다. 얼마 전에 비교 우위에 대해 이야기했던 것을 기억하는가?

설계와 제조 간의 긴밀한 통합은 상당한 비용 절감과 성능 향상으로 이어질 수 있는 상당한 이점이다. 팹을 소유한 IDM이 물질적 우위를 점할 수 있지만 소프트웨어 툴, 디자인 제품군, 원격 작업 네트워킹 기술 덕분에 파운드리와 고객 간의 통합이 훨씬 더 효율적으로 이루어지고 있다. 퀄컴이나 브로드컴과 같은 팹리스 설계 회사는 이제 제조 비용과 생산 최적화를 염두에 두고 새로운 칩을

	PROS	CONS
Manufacturing	Control Over Manufacturing Process + Data Acquisition	Excess Capacity and Underutilization
Time-to-Market	Priority Wafer Runs = Shorter Time-to-Market	No Demand Pooling
Org Complexity	Broad Set of Core Competencies (Design + Manufacturing)	Reduced Focus on Each Competency (Design or Manufacturing)
Overhead & Costs	No Margin Paid to Foundries	More Fixed Costs
Tech & Integration	Tighter Design-Manufacturing Integration	Restricted Access to Most Advanced Technology Nodes at Pure-Play Foundries

그림 9-4 팹을 소유하는 것에 대한 장단점

원활하게 설계할 수 있다. 소규모 스타트업도 파운드리가 여러 고객의 설계를 하나의 마스크 세트에 결합하여 단 몇 개의 웨이퍼만 제조하는 **셔틀 런**(shuttle run)을 활용하여 선도적인 통합 및 제조 기술에 접근할 수 있다. 수백 개의 칩만 생산할 수 있지만 데모 보드를 제작하고 밖에 나가 기술을 선보이기에 충분하다. 또한 5백만 달러의 팹 비용 대신 많은 고객이 비용을 분담하기 때문에 50만 달러만 지불하면 된다. 물론 여전히 큰 금액이지만, 많은 벤처 캐피탈 펀드가 새로운 기술에 기꺼이 투자할 수 있는 금액이다. 그런 다음 실제 실리콘에서 개념 증명이 이루어지면 더 큰 규모의 자금을 조달할 수 있다.

그림 9-4에서 팹 소유의 장단점을 요약한 내용을 확인할 수 있다.

팹 소유의 단점을 더 잘 설명하기 위해 연간 수익과 자산, 플랜트 및 장비(Property, Plant, and Equipment; PPE)와 같은 자본 지출을 팹리스 설계 회사와 비교하여 IDM의 시장 가치 지표를 비교할 수 있다. 그림 9-5에서 이러한 비교를 확인할 수 있는데, 이는 조지 칼훈(George Calhoun)의 Forbes 기사 "인텔, 엔비디아, 그

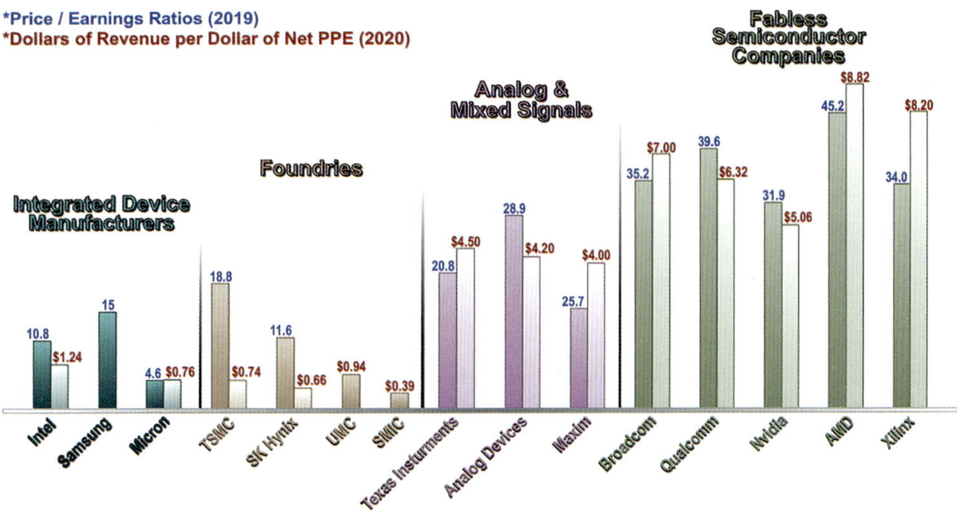

그림 9-5 PPE의 달러당 수익 및 P/E 비율 – IDM과 파운드리, AMS 기업, 팹리스 설계 기업 비교(Calhoun, 2020)

리고 미국 반도체 패권"에 제시된 데이터에서 가져온 것이다(Calhoun, 2020). 이 수치를 통해 어떤 비즈니스 모델이 자산에서 더 많은 가치(즉, 투자 수익률)를 창출하는지 알 수 있다. 보시다시피, 인텔, 삼성과 같은 IDM은 매출 면에서 업계를 선도하고 있다(Calhoun, 2020). 그러나 이들의 매출과 자본 요구 사항(PPE로 측정)을 비교해보면, 매출 대 PPE 자산 비율이 팹리스 설계 회사가 크게 유리하다는 것을 알 수 있다(Calhoun, 2020). 앞서 설명한 모든 이유로 인해 디자인 회사는 IDM보다 자본 1달러당 더 많은 수입을 창출할 수 있으며, 이는 NVIDIA같은 팹리스 디자인 회사가 왜 인텔보다 600억 달러 더 높은 시장 가치를 갖는지를 설명한다(Calhoun, 2020).

이러한 단점을 고려하여 인텔과 삼성 등 몇몇 남은 IDM은 일부 자체 칩을 생산하면서 수요의 상당 부분을 파운드리에 외주를 주는 **팹-라이트**(Fab-Lite) **모델**로 전환했거나 전환하고 있다(Patil, 2021). 여기서 염두에 두어야 할 변수는 최근의 글로벌 반도체 공급 부족과 미국과 중국 간의 경쟁이다. 인텔과 글로벌 파운드리와 같은 몇 안되는 미국 IDM은 최근 의회가 산업을 강화하고 국내 공급망을 강화하기 위해 통과시킨 500억 달러 규모의 정부 인센티브로 상당한 혜택을 받을 수 있을 것으로 보인다. 그러나 이러한 새로운 지원이 현재 IDM이 겪고 있는 근본적인 시장 불이익을 상쇄할 수 있을지는 아직 미지수다.

수십년 전, AMD의 창립자이자 당시 CEO였던 제리 샌더스(Jerry Sanders)는 "진짜 남자들은 팹을 가지고 있다"는 유명한 말을 남겼다. 몇 년 후인 2009년에 AMD는 팹을 분사하여 지금의 GlobalFoundries로 출범했다(Pimentel, 2009). 교훈은 팹을 버리고 파운드리에 연락하라는 것이다.

9.5 업계 전망

반도체 산업은 수많은 변수와 시장의 힘에 의해 형성되며 끊임없이 변화하고 있다. 다음 몇 페이지에서는 업계의 역사, 현재 상태, 미래 성장 전망을 형성하는 5가지 주요 트렌드를 중점적으로 살펴본다.

1. 주기적인 수익과 높은 변동성

반도체 매출은 주로 전자 산업에 의해 주도되며, 수년간 지속될 수 있는 호황과 불황의 주기가 특징인 매우 주기적이고 변동성이 큰 시장이다(그림 9-6 참조). 가장 최근에는 메모리 가격 하락으로 인해 2019년에 시장이 10% 이상 위축되었지만, 2020년에는 7%에 가까운 성장률로 반등했다(SIA Factbook, 2021). 메모리 반도체는 원자재와 마찬가지로 가격에 매우 민감하며 비메모리 반도체보다 훨씬 더 변동성이 크다(SIA Databook, 2021).

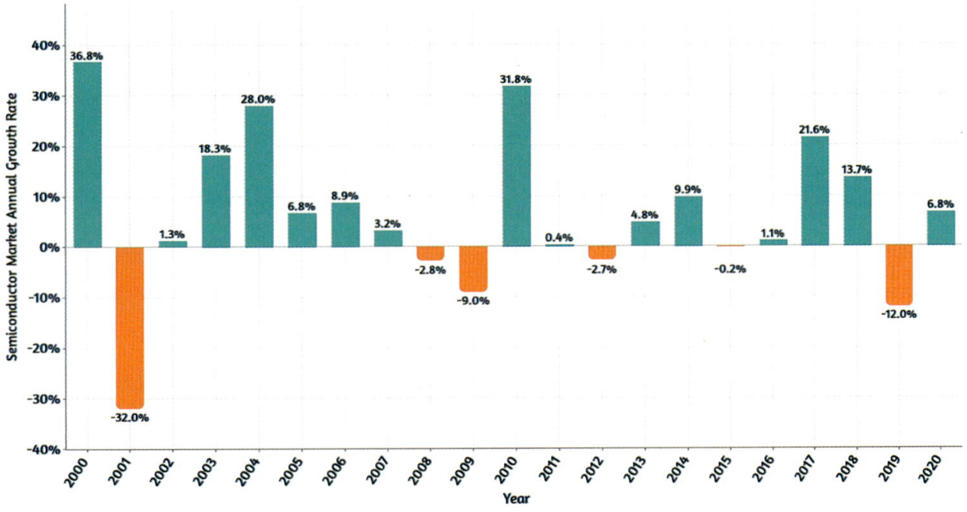

그림 9–6 반도체 시장 매출 연간 성장률 2000~2020년(SIA WSTS, 2021)

실리콘 사이클과 연간 변동성을 관리하기 위해 반도체 기업은 R&D에 대한 주요 투자를 희생하지 않으면서도 비용을 관리할 수 있어야 한다. 미국 기반 반도체 기업의 가장 큰 지출은 제조 부문으로, 평균적으로 전체 비용의 거의 3분의 1을 차지하며 R&D, 감가상각 및 부채상환, 판관비가 그 뒤를 잇는다(SIA Databook, 2021).

팹 소유로 자본 장비 비용이 더 높은 점으로 인해 팹리스 설계 회사와 IDM 간에는 비용이 크게 다를 수 있다. 제조 시설에서 발생하는 막대한 고정 비용이 대차대조표에 있다면 업계 침체를 극복하는 것은 정말 어려운 일이 될 수 있다. 팹이 50% 용량으로만 가동되더라도 모든 장비에 대한 비용을 지불해야 한다. 제조 및 자본 장비 비용의 증가로 지난 20년 동안 총 비용에서 생산 지출이 차지하는 비중이 크게 증가했다.

2. 높은 R&D 및 자본 투자

빠른 기술 발전 속도로 반도체 기업들은 핵심 R&D에 현저하게 많은 자본을 투자하고 있다. 1999년 이후 미국 기업들은 연간 매출의 15~20%를 R&D에 투자했으며, 이는 제약 및 생명공학을 제외한 다른 미국 첨단 기술 분야 중 가장 높은 수준이다(그림 9-7 및 9-8 참조). 또한 미국 기업들은 매년 매출의 8~20%를 새로운 부동산, 플랜트 및 장비에 투자하고 있으며, 이는 대체 에너지를 제외한 모든 산업 중 가장 높은 수준이다(SIA Databook, 2021). 자본 및 R&D에 대한 투자는 기업들이 장기적인 경쟁 우위를 지키기 위해 매출 변동과 상대적으로 무관하게 유지하고 있다. 미국 반도체 기업이 미국 증권거래위원회에 제출

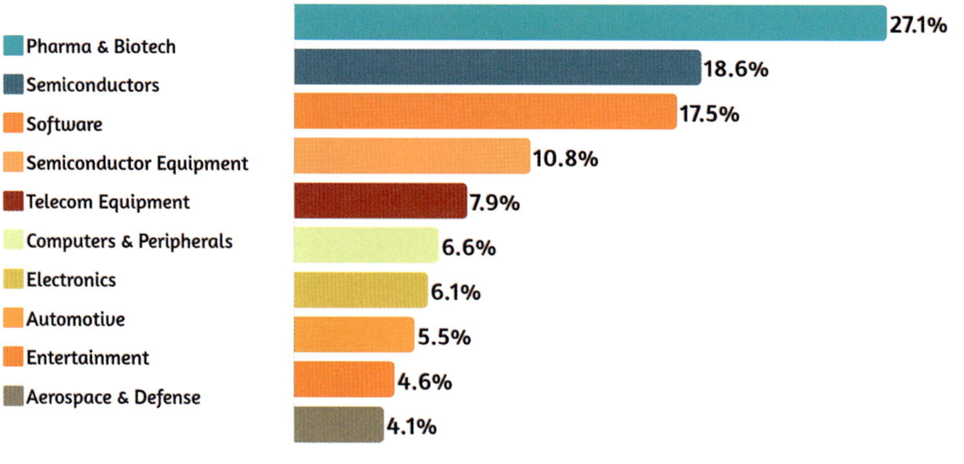

그림 9-7 매출 대비 R&D 지출(SIA Factbook, 2021)

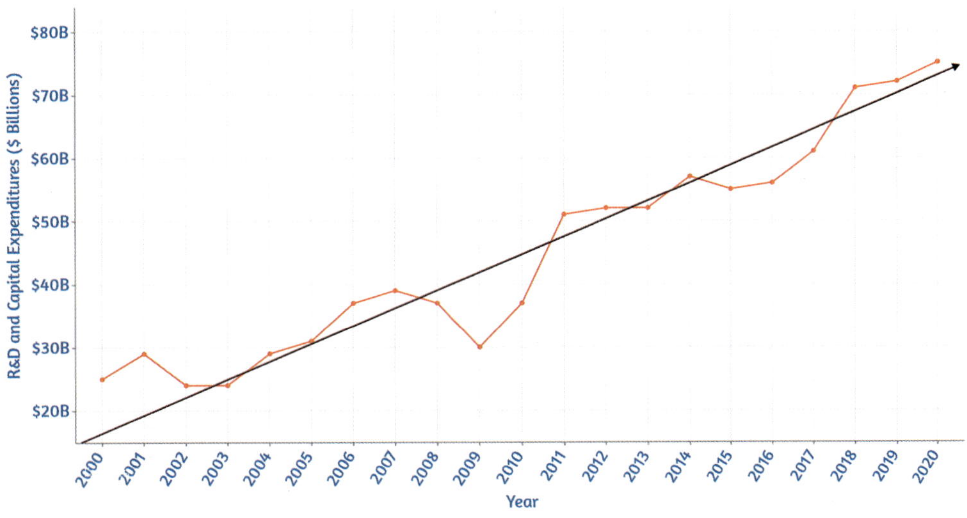

그림 9-8 2000~2020년 R&D 및 자본 지출(SIA Factbook, 2021)

한 10K 및 10Q 데이터와 SIA 추정치에 따르면 2000년부터 2020년까지 반도체 R&D 및 자본 지출은 매년 5.6%씩 증가했으며, 미국 기업은 2020년에만 무려 742억 달러를 지출했다(SIA Factbook, 2021).

3. 높은 보수와 지속적인 생산성 성장

지난 수십 년 동안, 수많은 요인들이 업계의 임금과 생산성을 다른 분야보다 훨씬 높게 만들었다. 예를 들어, 평균 연간 보수는 2001년 약 8만 달러에서 2019년 전체 제조업 일자리 평균 보수의 거의 3배에 달하는 16만 달러 이상으로 증가했다(SIA Databook, 2020)(그림 9-9 참조).

또한 생산성을 나타내는 강력한 지표인 직원 1인당 매출은 지난 20년 동안 두 배로 증가하여 2020년에는 57만 1,000달러에 육박했다(SIA Databook, 2020). 평균 판매 가격이 물가 상승률 이상으로 상승하는 대부분의 산업과 달리, 개당 비용은 기업이 과도한 가격 인상 없이도 수익성을 유지할 수 있을 만큼 빠르게 감소했다. 주요 투입 자재나 제조 비용의 가격 하락 대신 생산 효율성을 높여야

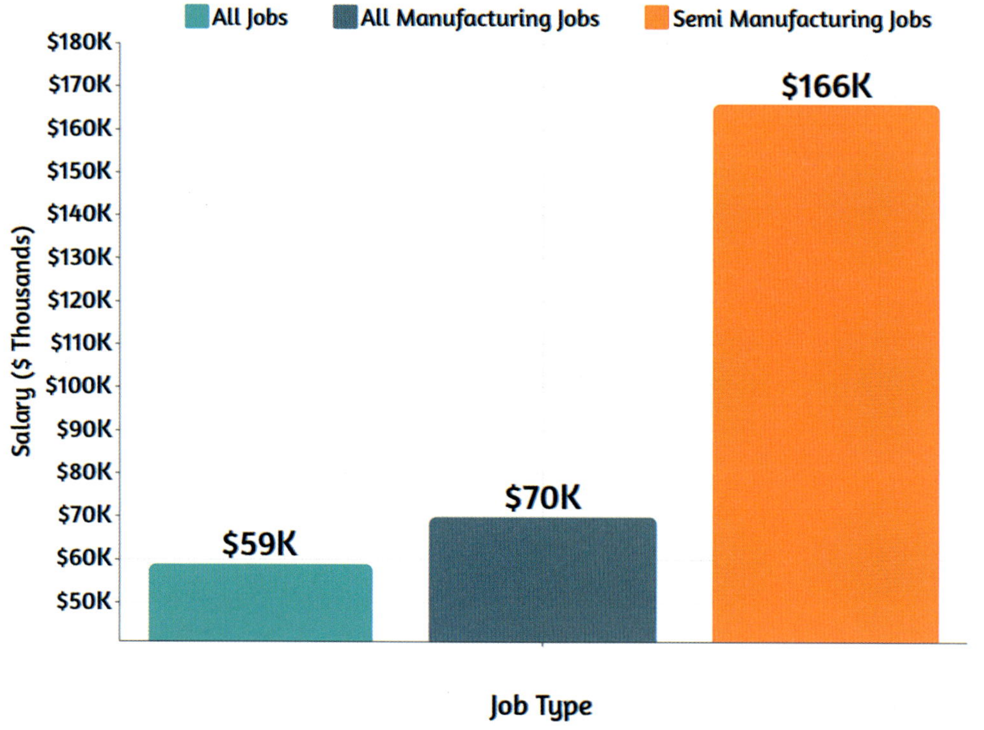

그림 9-9 평균 급여 – 반도체 제조 직무 대 전체 제조 직무 대 전체 직무(SIA Databook, 2020)

만 일관된 수익성을 유지할 수 있다.

4. 장기 수익성

그림 9-10에서도 볼 수 있듯이 매출의 급격한 변동을 가져오기는 하지만, 그럼에도 불구하고 인력과 기술에 대한 광범위한 투자는 업계 전체에 강력한 총수익을 가져다 주었다. 거대한 경쟁자들 가운데 수익은 경기 침체를 극복할 수 있는 규모를 갖추고 PC 및 스마트폰과 같은 파괴적인 기술을 활용한 곳에 집중되었다. 1999년 이후 총 마진율은 37~57%에 이르렀고 평균적으로 매출의 약 20%를 세전 이익으로 거둬 들였다(SIA Databook, 2020).

향후 5년간의 예상 성장은 유망해 보이며, 현재 예측에 따르면 연간 8% 미만의

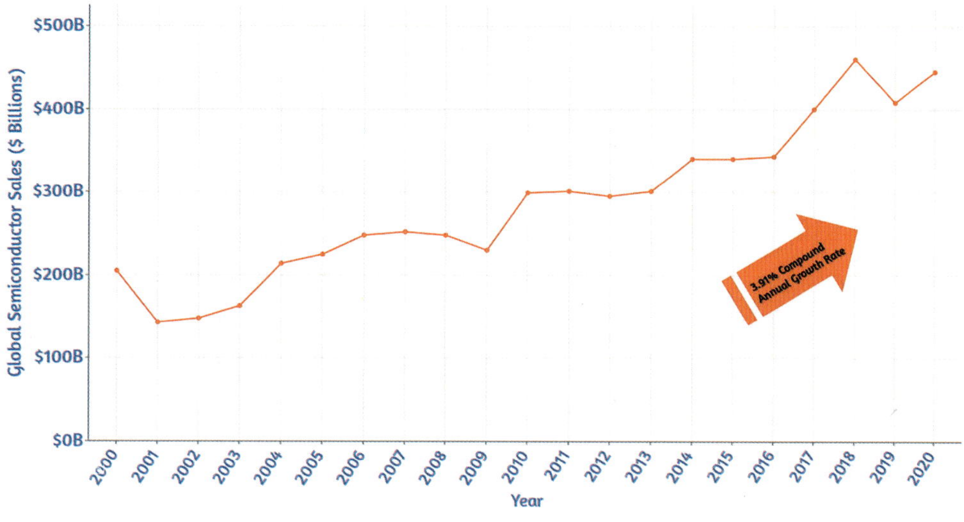

그림 9–10 2000~2020년 전 세계 반도체 매출(SIA WSTS, 2021)

성장률로 2026년까지 총 시장 가치가 약 7,750억 달러에 달할 것으로 예상된다(Lucintel, 2021). 주요 성장 동인은 다음과 같다:

1. 가계 가처분 소득 증가, 도시화 증가, 급속한 인구 증가로 인한 가전제품 수요 증가(Fortune Business Insights, 2021)
2. IC에 대한 수요가 증가하면서 빠르게 성장하는 신흥 경제국(Fortune Business Insights, 2021)
3. 사물인터넷(IoT), 스마트폰 및 5G 통신, 인공 지능 및 기계 학습(AI/ML)을 포함한 기술 동인(Columbus, 2020)

실제로 반도체 산업에 밝은 날이 기다리고 있다는 증거는 코로나19 팬데믹만 봐도 알 수 있다. 봉쇄 조치 초기에 분석가들은 5~15%의 매출 감소를 예측했지만, 2020년 매출은 2019년 4,130억 달러에서 2020년 약 4,400억 달러로 5.1% 성장률을 기록했다(Bauer et al., 2020)(SIA Factbook, 2021). 소비자들은 집에 갇혀 기름값, 휴가비, 새 사무실 옷장 등에 돈을 쓰지 않으면서, 새로운 재택근

무용 컴퓨터와 게임기에 지출할 돈이 생겼다. 자동차, 산업 및 소비시장 일부에 대한 줄어든 수요는 서버 수요, PC, Al 및 5G와 같은 장기 성장 분야로 상쇄 되어 업계가 기대치를 충족하고 계속해서 성장 궤도를 유지할 수 있게 하였다(eeNews, 2021). 그래픽, Al, 암호화폐용 프로세서의 선두주자 중 하나인 NVIDIA는 2021년 매 분기 마다 분기 매출 신기록을 세웠으며, 2021년 8월에 65억 달러의 분기 매출을 기록하며 정점을 찍었다(Tyson, 2021).

지난 수십 년 동안 새로운 기술과 개인용 컴퓨터, 서버, 휴대폰의 폭발적인 증가는 업계 전체에 큰 도움이 되었지만, 거대 기업화는 많은 기업에 부정적인 영향을 미쳤다.

5. 많은 기업 합병

SoC 설계가 점점 더 복잡해지고 트랜지스터가 물리적 한계에 부딪히면서 설계 및 제조 비용이 그 어느 때보다 높아졌다. 업계의 수익성은 지속적인 비용 절감 R&D 혁신에 달려 있다. 전반적으로 이러한 노력은 성공적이었으며, 비용은 2001년 칩당 0.98달러에서 2019년에는 약 0.63달러로 하락했다(SIA Databook, 2020). 다이 당 단가를 낮춰야 한다는 압박과 더불어 각 디바이스에서 더 많은 성능을 끌어내야 한다는 엄청난 압박이 기업들에게 가해졌고, 이는 더 낮은 비용으로 더 큰 컴퓨팅 성능을 이용할 수 있게된 소비자에게는 큰 혜택이 되었다. 비용 절감과 성능 향상에 대한 이러한 이중 압박은 경쟁사 간의 치열한 경쟁을 불러 일으켰고 오늘날과 같은 거대 기업이 탄생하게 되었다.

이러한 패턴은 반도체에만 국한된 것이 아니며, 자본 집약적인 산업에서는 급증하는 고정 비용을 연간 매출 증가에 따라 분산하거나 상각할 수 있기 때문에 규모를 선호하는 경우가 많다. 대기업과 경쟁할 수 있는 간접비와 규모의 경제를 갖추지 못한 소규모 기업의 경우 매출 대비 매출원가(cost of goods sold; COGS)가 훨씬 더 높은 것은 놀라운 일이 아니다. 이러한 추세는 2015년 이후 연평균 거래 규모가 688억 달러에 이르는 등 합병이 확대되는 추세와 궤를 같이한다(IC Insights, 2021). 2020년에만 3건의 대형 인수가 업계 상위 5대 반도체 인수에 포함되었는데, NVIDIA의 400억 달러 규모의 ARM Holdings 인수, AMD의 350억 달러 규모의 Xilinx 인수, Analog Devices의 210억 달러 규모의 Maxim 인수가 그 예다(IC Insights, 2021).

설계 비용과 팹 비용이 200억 달러에 육박하는 상황에서 충분한 규모와 자본을 갖춘 기업만이 충분한 수준의 연간 매출과 생산량에 고정 비용을 분산할 수 있다. 그 결과 상위 5개 기업(삼성, 인텔, TSMC, 퀄컴, 애플)의 연간 수익이 355억 달러인 반면 나머지 업계의 수익은 287억 달러에 그치는 승자독식 구조가 형성되었다(McKinsey & Company, 2020)(그림 9-11 참조). 이러한 역학 관계로 인해 기업들은 규모를 키우거나 파산하게 되었고, 지난 몇 년 동안 급속한 통합의 시기를 맞이하게 되었다. 2018년 맥킨지 보고서에 따르면 2001년에는 최신 팹 서비스를 제공하는 회사가 29개였지만 현재는 5개에 불과하다. 여기에는 단 두 개의 주요 파운드리, 소수의 EDA 회사, 그리고 하나의 리소그래피 장비 공급업체(ASML)가 있을 뿐이다(9).

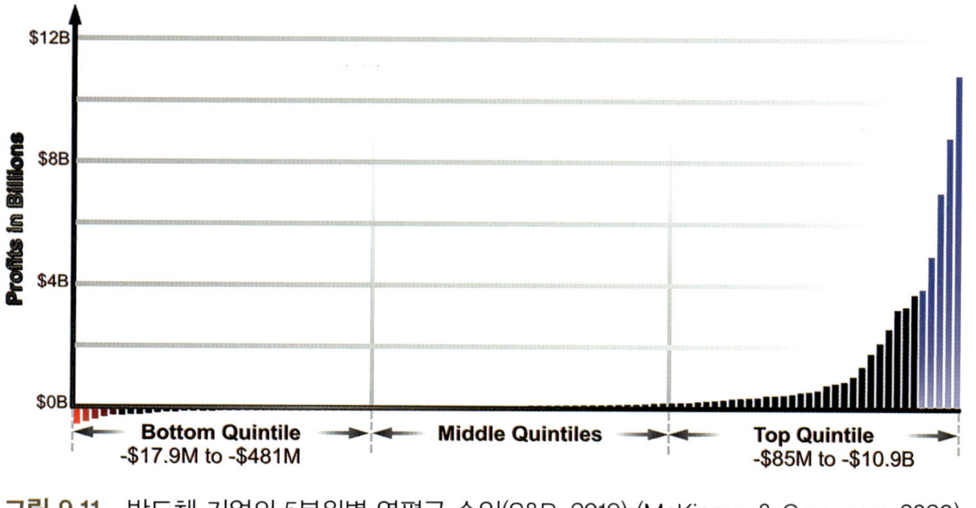

그림 9.11 반도체 기업의 5분위별 연평균 수익(S&P, 2019) (McKinsey & Company, 2020)

최근 몇 년 동안 통합 추세는 더욱 가속화되어 2015년 이후 가장 가치 있는 51개 반도체 기업 중 절반 이상이 인수되었다(Design and Reuse, 2021). 미국의 주요 반도체 기업 중 독립적으로 남아있는 기업이 거의 없다는 점을 고려할 때 지속적인 통합이 이루어질 것으로 보이지만, 얼마나 오래 지속될지는 불분명하다.

이러한 모멘텀은 지난 10년간의 반도체 M&A 활동을 보여주는 그림 9-12에서 명확하게 확인할 수 있다. 이처럼 자본 집약적인 산업에서 상위 10개 반도체 기업이 시장의 55%를 점유하고 있는 상황에서 살아남기 위해 고군분투하는 소규모 기업들은 경쟁력을 유지하기 위해 성장해야 했다(Hertz, 2021).

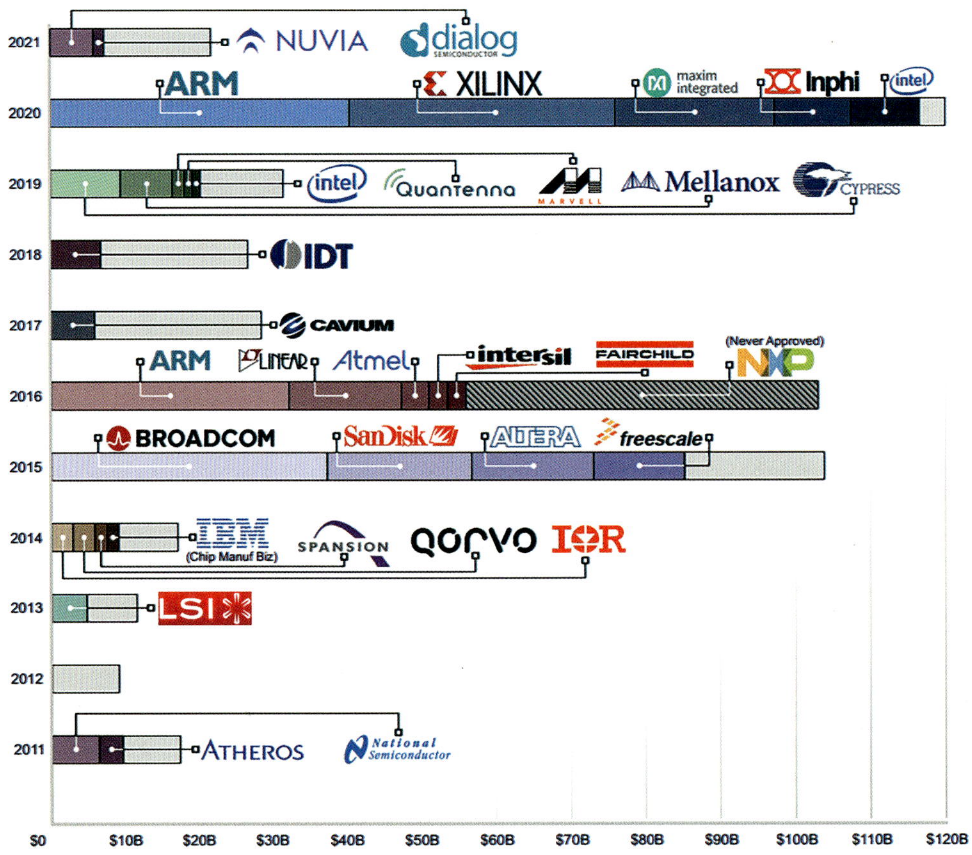

그림 9-12 2011~2021년 반도체 M&A 계약 금액 규모(전체 출처 목록은 부록 B 참고)

이 도표의 맥락을 이해하기 위해 몇 가지 유의해야 할 사항이 있다. (1) 이 도표는 거래 발표일 뿐이며 모든 합병이 반드시 성사된 것은 아니다. 이는 주주들의 거부, 경영진의 저항, 규제 당국의 승인 부족 등 다양한 이유 때문일 수 있으며, 2016년 퀄컴이 NXP를 400억 달러에 인수하려다 실패한 사례도 마찬가지다. (2) 2011~2020년의 기본 누적 가치 평가 데이터는 IC Insights 2021 McClean Report에서 가져온 것이다(IC Insights, 2021). 2021년 기준 누적 가치 데이터는 220억 달러로 추정되었으나, M&A 발표가 보고된 첫 8개월만 포함되었다(Design & Reuse, 2021). (3) 여기서는 IC Insights 2021 McClean Report의 기본 가정을 차용했으며, 특히 "반도체 회사, 사업부, 제품 라인, 칩 지적재산권(IP), 웨이퍼 팹에 대한 구매 계약이 포함되지만, IC 회사의 소프트웨어 및 시스템 수준 사업 인수, 반도체 자본 장비 공급업체, 재료 생산업체, 칩 패키징 및 테스트 회사, 설계 자동화 소프트웨어 회사 간의 거래는 제외한다"는 점을 그대로 가정했다.

모든 스포트라이트를 받은 거래에 대해 IC Insight의 제한 사항을 그대로 따르려고 노력했지만, 적용된 제한 사항에 따라 개별 거래의 순 가치가 배제되어야 하거나 과대평가된 거래가 있을 수 있으며, 특정 거래의 일부 또는 거래 자체가 제한 범주 중 하나에 해당할 수 있다. 예를 들어, 2016년의 경우 모든 인수 가치를 합친 금액만 해도 IC Insights가 추정한 M&A 활동 금액인 1,030억 달러보다 많았는데, 이는 각 거래의 일부 또는 거래 자체가 IC Insight의 순 추정치에 포함되지 않았을 가능성이 높다. 또한 규제 당국에 의해 최종적으로 거부된 NXP 인수 가치에 대한 추정치에도 차이가 있었다. IC Insights는 이 거래 가치를 385억 달러로 추정했는데, 여기에서는 인수 발표 당시의 470억 달러를 인용했다. 이러한 차이는 이 도표가 전달하고자 하는 전체 메시지에는 중요하지 않지만, 정확성을 위해 유의해야 하며, 순 M8A 활동 대비 개별 거래 가치의 비율이 특정 연도에는 불균형적으로 높을 수 있다는 점을 유의해야 한다. 종합적인 출처 목록은 부록 B의 그림 9-12에 주석이 달린 전체 버전을 참고하기 바란다.

지난 5개의 섹션에서 많은 내용을 다루었고 그림 9-13에서 5가지 주요 산업 역학 관계에 대한 요약을 확인할 수 있다.

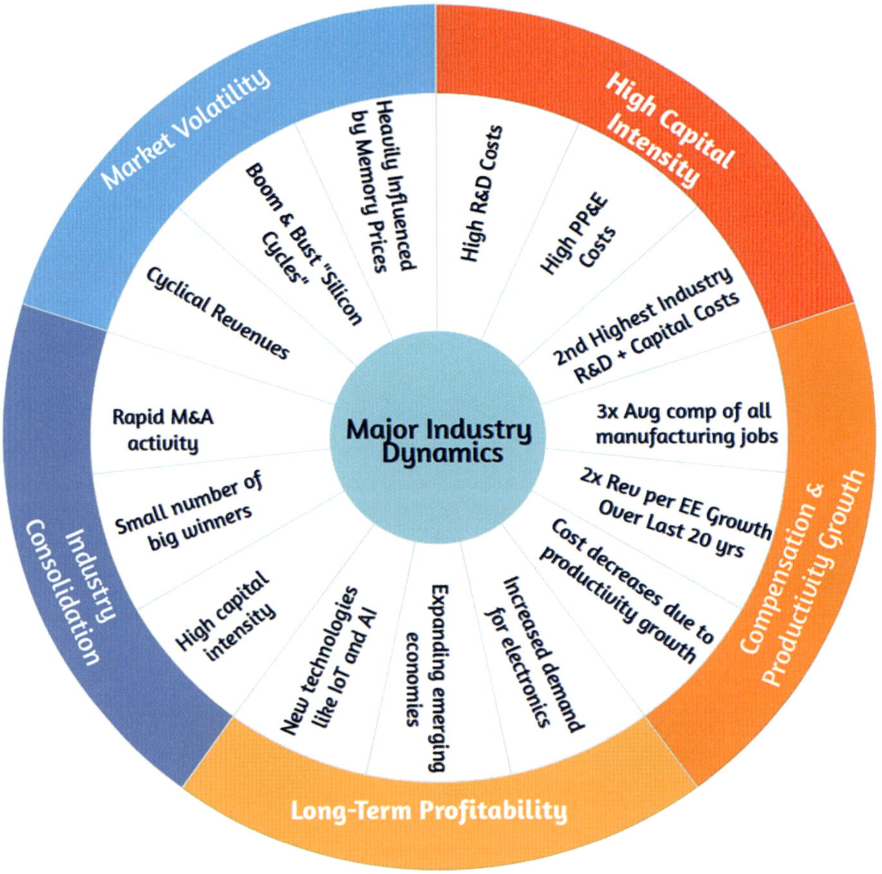

그림 9-13 주요 반도체 산업 역학 관계

9.6 미국 대 국제 반도체 시장

1999년부터 미국은 반도체 시장 점유율의 약 50%를 유지해 왔으며, 2020년에는 총 2,080억 달러의 매출을 기록하며 현재 약 47%의 점유율을 차지하고 있다(SIA Factbook, 2021). 대부분의 설계 회사와 IDM은 미국에 계속 위치하고 있으며, 일부 설계 회사는 유럽과 아시아에서 성장하고 있지만, 여전히 미국에 기반을 둔 설계 작업이 주를 이루고 있다. 제조 및 조립 기업은 주로 대만과 아시아 태평양 지역에 위치하고 있지만, 인도와 남아시아로 제조 기업이 더 많이 이전하고 있을 수 있다. 장기적인 시장 지배력은 다른 어떤 국가보다 매출 대비 R&D에 더 많은 비용을 지출하는 미국 기업의 높은 R&D 투자 비율과 관련이 있을 수 있다(그림 9-14 참조).

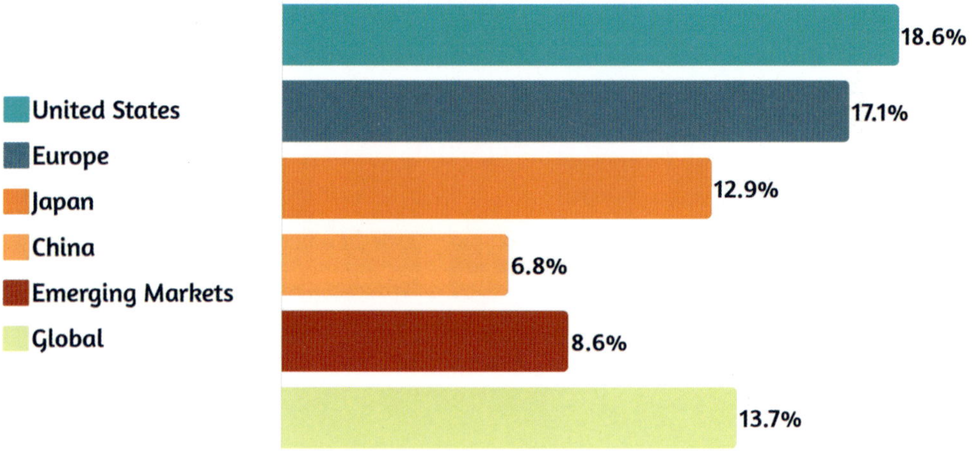

그림 9-14 지역별 매출 대비 R&D 지출 비율(SIA Factbook, 2021)

그림 9-15에서 반도체 가치사슬 활동과 소비를 지역별로 세분화한 자세한 분석을 확인할 수 있다. 이 데이터는 BSG와 SIA의 글로벌 반도체 공급망 강화 보고서에서 가져온 것으로, 국가와 지역별로 공급망의 각 부분에 어떻게 특화되어 있는지 보여준다. 예를 들어 미국은 로직, EDA, 핵심 IP와 같이 집중적인 R&D가 필요한 분야를 선도하는 반면, 아시아는 재료, 웨이퍼 제조, 조립, 패키징, 테스트와 같이 노동 집약적이고 상당한 자본 지출이 필요한 분야에 더 집중하고 있다(Varas et al., 2021).

스마트폰을 만드는 데 필요한 부가가치 활동을 지역별로 추적하면 반도체 공

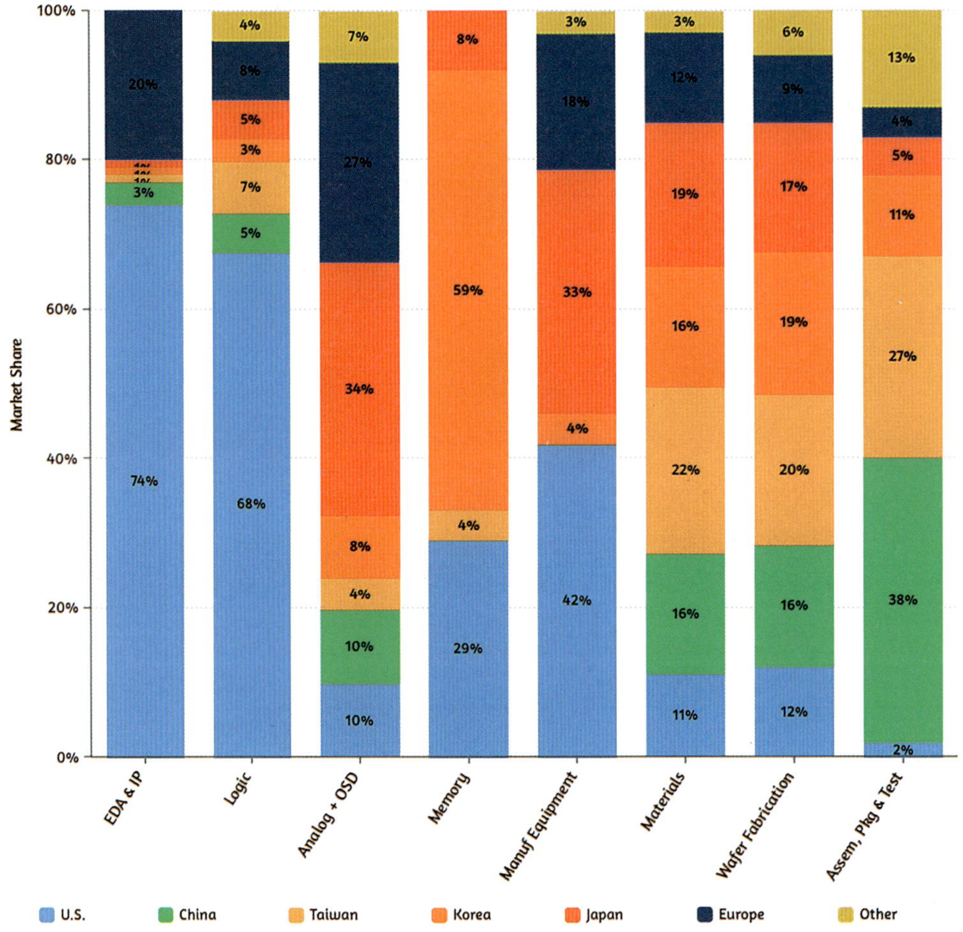

그림 9-15 반도체 가치 사슬 활동 – 지역별 시장 점유율(Varas et al., 2021)

급망의 광범위하고 상호 의존적인 특성을 더 잘 이해할 수 있다(그림 9-16 참조). 주머니 속 휴대전화를 구동하는 프로세서를 설계하고 제조하기 위해서는 재료 조달부터 리소그래피 장비 설계에 이르기까지 모든 것을 전문으로 하는 전 세계 수많은 기업의 노력이 하나의 완제품을 만들기 위해 조율되고 통합되어야 한다(Varas et al., 2021). 그림 9-16은 반도체 가치 사슬의 각 단계별로 정리되어 있으며(1장의 그림 1-11 참조), 새로운 IC가 각 단계를 거치는 세계 지도와 일치하도록 색상으로 구분되어 있다.

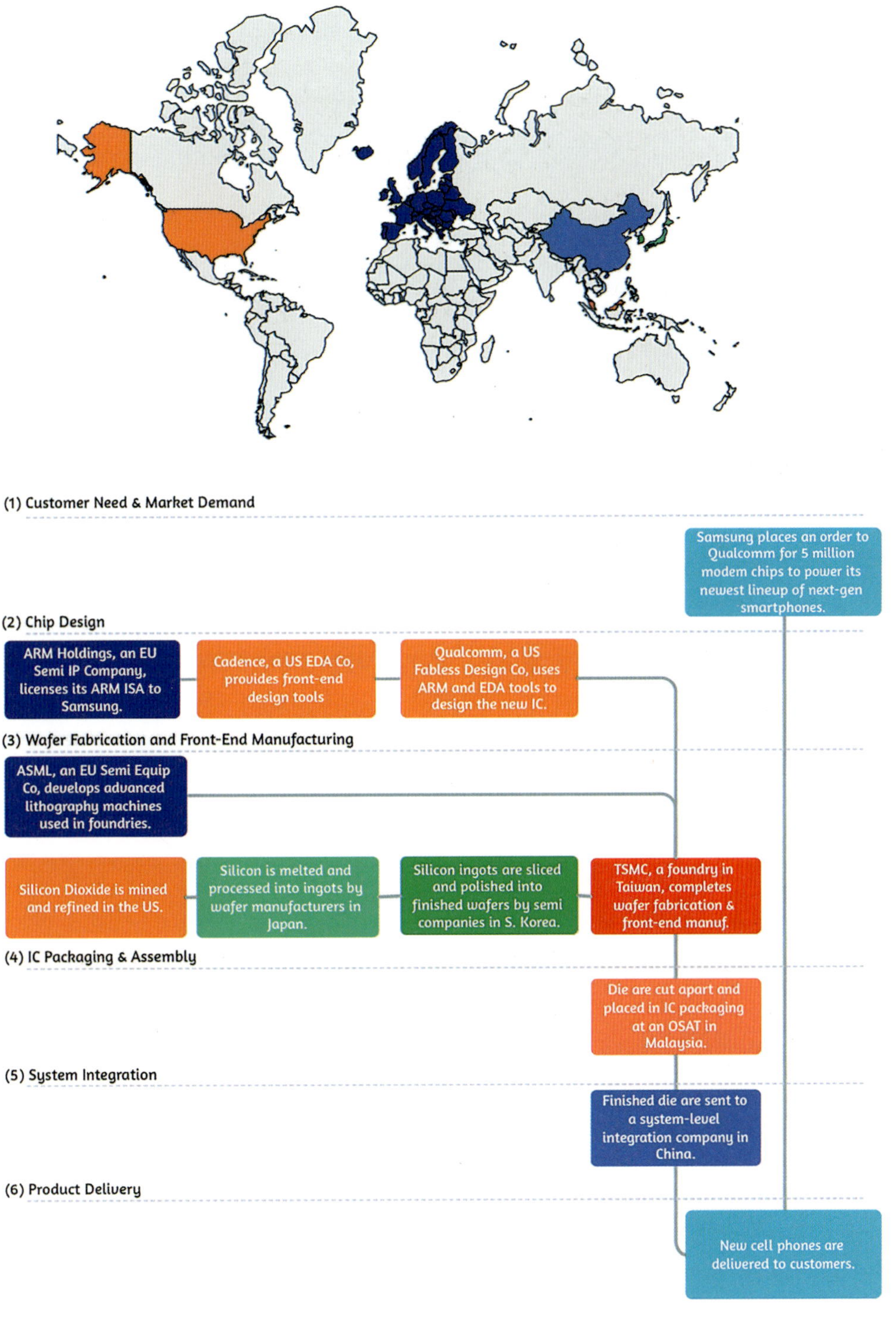

그림 9-16 스마트폰 제조의 글로벌 여정

실리콘 공급망의 여정은 한국에 본사를 둔 IDM인 삼성이 샌디에고에 본사를 둔 팹리스 설계 회사인 퀄컴에 최신 스마트폰 라인업을 구동하는 데 필요한 모뎀 칩 5백만 개를 주문하면서 시작된다. 퀄컴은 새로운 모뎀 칩을 설계하기 위해 영국에 본사를 둔 반도체 IP 회사인 ARM Holdings에서 라이선스를 취득한 ISA와 실리콘밸리에 본사를 둔 EDA 툴 회사인 케이던스 디자인 시스템즈(Cadence Design Systems)의 EDA 툴을 사용한다. 퀄컴이 프런트 엔드 설계 프로세스를 완료하면 대만의 순수 파운드리인 TSMC에 GDS 파일을 전송하여 제조를 의뢰한다. 그러나 TSMC는 다른 여러 국가의 주요 도움없이 자체적으로 제조 공정을 완료할 수 없다. 파운드리에서는 네덜란드에 본사를 둔 반도체 장비 회사인 ASML의 EUV 리소그래피 장비를 사용하여 최첨단 기술 노드의 회로 패턴을 에칭한다. 제조 라인의 장비 외에도 TSMC는 미국에서 공급받은 이산화규소로 만든 웨이퍼를 일본에서 잉곳(ingot)으로 가공하고 한국에서 웨이퍼로 슬라이스하여 사용한다. TSMC에서 웨이퍼 제조 공정이 완료되면 개별 다이를 절단하여 말레이시아의 OSAT(Outsourced Assembly and Test) 업체에서 IC 패키징에 넣는다. 마지막으로 완성된 다이가 중국의 시스템 레벨 통합 회사로 보내져 스마트폰에 탑재되어 전 세계 고객에게 배송된다!

간단한 예시에서는 고객 주문에서 제품 배송까지의 여정을 완료하기 위해 7개의 개별 지역에서 작업이 필요했다. 실제 반도체 공급망은 훨씬 더 밀집되어 있으며, 복잡한 전자 장치에는 수천 개의 부품, 도구, 장비, 수백 개의 공급업체 및 하청 업체가 제공하는 노력이 필요하다.

미국은 로직 및 아날로그 시장의 약 60%를 장악하고 있지만 메모리 및 개별 부품 시장에서는 각각 약 20~25%의 시장 점유율로 뒤를 잇고 있다. 일반적인 생각과는 달리 미국은 여전히 전 세계 반도체의 상당 부분을 제조하고 있으며, 2020년에는 항공기와 석유에 이어 세 번째로 큰 미국 수출 품목이었다(SIA Factbook, 2021). 여전히 제조업의 선두 주자이지만(최근 공급망 문제로 인해 이러한 감소세가 둔화될 수 있다), 제조 역량이 해외 기업의 5배 미만의 속도로 성장함에 따라 해외 경쟁국 대비 최신 제조 역량은 축소될 가능성이 높다.

수요 측면에서 볼 때, 아시아 태평양 지역은 전 세계 수요의 60% 이상을 차지하는 최대 반도체 소비 지역으로, 2020년 매출은 2,710억 달러로 추정된다(SIA

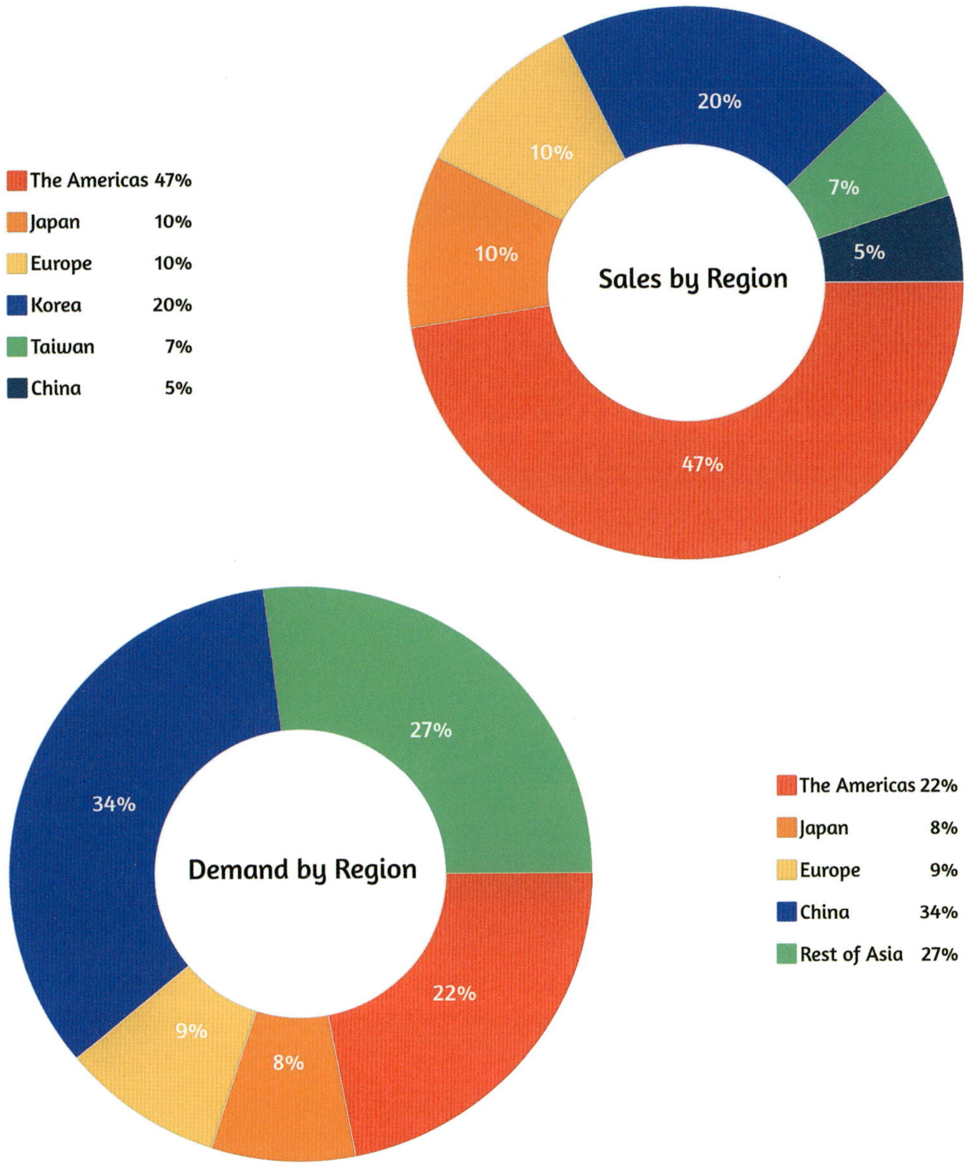

그림 9-17 지역별 반도체 판매량(상단) 및 지역별 반도체 수요(SIA Factbook, 2021)

Factbook, 2021). 반도체 판매 및 수요는 그림 9-17에서 지역별로 세분화되어 있다.

중국은 2005년 이후 IC 최대 소비국이 되었지만, 중국 내에서 설계 및 생산되는 칩은 전체 구매량의 15%에 불과하다(Nenni & McLellan, 2014). 향후 무역 긴장이나 미국에 대한 과도한 의존으로 인한 결과를 피하기 위해 중국 정부는 국내 반도체 산업을 성장시키기 위해 상당한 관심과 자원을 투입하고 있다(Nenni & McLellan, 2014). 2014년 중국은 칭화 유니그룹과 같은 정부 지원 사모펀드에 200억 달러를 투입하여 반도체 기술 개발에 집중했다(Nenni & McLellan, 2014). 최근에는 2019년에 중국 정부가 해외 공급업체에 대한 중국의 의존도를 낮추고 IC 설계 및 제조 기술을 개발하기 위해 비슷한 규모의 290억 달러 펀드를 조성했다(Kubota, 2019).

9.7 코로나19와 글로벌 반도체 공급망

코로나19 팬데믹으로 인해 전 세계적으로 반도체 공급망의 많은 취약점이 노출되는 칩 부족 현상이 발생했다. 이러한 공급 부족은 자동차, 가전제품, 의료기기, 네트워크 장비 산업의 생산량 감소를 포함하여 상당한 경제적 영향을 미쳤으며, 많은 반도체의 리드(lead) 타임이 1년까지 늘어났다(Vakil & Linton, 2021). 현재 상황에는 여러 가지 요인이 있다. 팬데믹 초기에 자동차 제조업체들은 장기적으로 자동차 판매가 심각하게 감소할 것으로 잘못 예측하고 핵심 칩 주문을 줄였다. 파운드리 업체들은 가정용 대형 모니터, 학생용 크롬북(Chromebooks), 펠로톤(Peloton) 자전거(역주: 운동용 실내 자전거) 용 칩으로 주문량을 채우는 데만 급급했다. 자동차 수요가 반등할 무렵에는 이미 다른 소비재를 생산하기 위해 제조 라인이 재조정되어 자동차 회사들은 차량에 동력을 공급할 칩이 없는 상황에 놓였다(Vakil & Linton, 2021). 문제를 더욱 악화시킨 것은 첨단 센서 IC와 PCB를 만드는 데 사용되는 유리 섬유를 생산하는 일본 공장 두 곳에서 화재가 발생하면서 공급이 더욱 중단되었다는 점이다(Vakil & Linton, 2021). 전 세계적인 팬데믹, 부정확한 예측 및 생산량 할당, 일본의 주요 공장 두 곳에서 발생한 화재 등 이러한 각 요인이 일회성, 피할 수 없는 문제처럼 보일 수 있지만, 이렇게 큰 혼란을 초래할 수 있었던 이유는 본질적으로 구조적인 문제다.

현재 반도체 공급망의 핵심 약점은 (1) 주요 활동의 **지역적 계층화**와 (2) 그로 인한 **상호 의존성**이다. 중요한 가치 사슬 노드가 지역적으로 집중되는 이유는 간단하다. 높은 설계 복잡성과 고비용의 제조에는 규모와 기술 전문성이 결합되어야 하므로 글로벌 공급망의 각 플레이어가 국내에서 생산할 수 있는 것이 제한되기 때문이다. 이러한 역학 관계는 각 국가가 고유한 경쟁 우위에 따라 전문화 하도록 동기를 부여하고 오늘날과 같은 세분화된 시장 구조를 초래했다.

예를 들어, R&D 및 디자인 분야에서 미국의 리더십은 기존 인재 풀과 미국 공과 대학 출신의 새로운 엔지니어가 꾸준히 유입되고 있기 때문이라고 할 수 있다. 미국 주요 학교의 전기 공학 및 컴퓨터 과학 졸업생의 약 3분의 2가 해외 출신이지만, 졸업 후에도 80%의 학생이 미국에 남아 있기 때문에 미국은 당분간 엔지니어링 인재 분야에서 상당한 우위를 유지할 가능성이 높다(Varas et al., 2021). 미국은 또한 반도체 산업에서 야심찬 베팅을 할 수 있는 능력과 의지를 가진 방대한 벤처 자금 풀의 혜택을 받는다.

제조업 측면에서 동아시아는 숙련되고 저렴한 제조 인재, 탄탄한 인프라, 높은 수준의 정부 인센티브 등 경쟁 우위를 보유하고 있다. 제조업에는 인재와 인프라가 모두 중요하지만, 정부 인센티브의 중요성은 아무리 강조해도 지나치지 않다. SIA와 BCG가 발표한 보고서에 따르면 인센티브는 "새로운 최첨단 팹의 10년 총 소유 비용의 최대 30~40%를 차지할 수 있으며, 이는 첨단 아날로그 팹의 경우 100~150억 달러, 첨단 로직 또는 메모리의 경우 300~400억 달러에 달할 것으로 추정"된다(Varas et al., 2021). 같은 보고서에 따르면 미국의 총 소유 비용은 아시아보다 20~50% 높으며, 그 차이의 40~70%는 미국 정부가 아시아 경쟁국에 비해 제공하는 인센티브가 낮기 때문이라고 추정했다(Varas et al., 2021).

BCG와 SIA의 글로벌 반도체 공급망 강화에 관한 보고서에서 데이터를 가져 온 그림 9-18에서 이러한 역학 관계를 확인할 수 있다. 이 그림은 미국 팹의 총 소유비용(total cost of ownership; TCO)이 아시아의 총 소유비용보다 훨씬 더 높다는 것을 보여준다. 아시아가 반도체 가치 사슬의 제조 부문에서 우위를 점하는 주된 이유가 낮은 건설 및 인건비 때문이라고 생각할 수 있지만, 데이터에 따르면 실제로는 정부 인센티브가 25~50%의 TCO 차이 중 40~70%를 설명하는 것으로 확인되었다(Varas et al., 2021)

지난 50년 동안 자유무역과 전문화를 통해 글로벌 반도체 생태계 시스템이 번창하여 전 세계 소비자에게 더 낮은 비용으로 강력한 칩을 제공할 수 있었지만, 그 대가로 취약하고 불안정한 공급망이 생겨났다. 오늘날 반도체 공급망에는 단일 지역이 전 세계 시장 점유율의 65% 이상을 차지하는 지점이 50개 이상 존재한다(SIA Whitepaper, 2021). 이러한 집중은 무작위 변동성, 지리적으로 밀집된 제조 역량, 지정학적 갈등이라는 세 가지 주요 위험 요소를 심화시킨다.

이 중 첫 번째인 **자연적 변수**는 피할 수 없다. 2020년 일본 공장에서 발생한 두 건의 화재와 같은 사고는 얼마든지 발생할 수 있다. 이러한 사고를 예측하거나 완전히 피할 수는 없지만, 공급망이 더 분산되어 있으면 한 번의 사고로 인해 큰 혼란이 발생할 위험을 줄일 수 있다.

두 번째 문제인 **지리적 밀집**은 제조 시설의 물리적 배치와 관련된 자연 변동성 리스크의 특수한 경우다. 예를 들어, 10nm 이하의 첨단 반도체 제조 능력은 현재 대만(92%)과 한국(8%) 두 국가에만 집중되어 있다(SIA Whitepaper, 2021).

일본이나 대만과 같이 지진이 자주 발생하는 지역에서는 지진과 같은 자연재해로 인해 전 세계 팹 생산 능력의 상당 부분이 붕괴되어 전체 시스템이 마비되고 전 세계적인 칩 부족 사태가 발생할 수 있다는 점에서 이러한 집중은 특별한 위험을 내포하고 있다. 화재는 한 공장에 피해를 줄 수 있지만 지진은 여러 공장에 피해를 줄 수 있다.

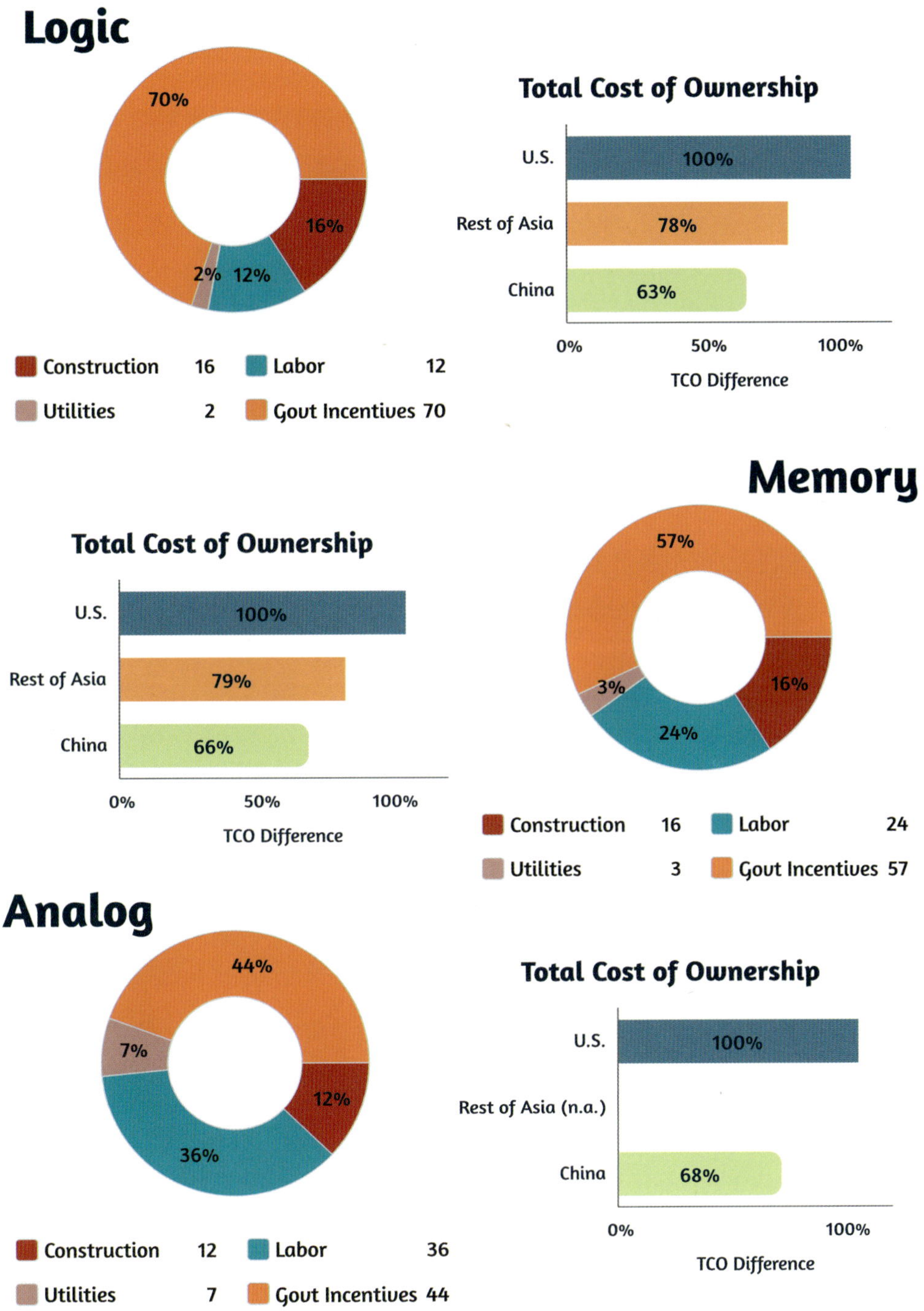

그림 9-18 지역별 및 원인별 총 소유비용(TCO) 차이(SIA and BCG)(Varas et al., 2021)

세 번째 위험 요소인 **지정학적 갈등**은 주로 아시아 내 및 미국과 중국 간의 정치적 긴장과 관련이 있다. 2019년 미국이 국가 안보 우려를 이유로 중국 통신 대기업인 화웨이, ZTE 및 기타 3개 기업을 제재한 것처럼, 상호 의존성이 높은 시장에서 주요 업체 간의 긴장은 공급업체, 고객 및 투자자의 접근을 차단할 수 있다.

전문가들은 공급망을 강화하고 탄력성을 높이기 위해 모든 국가가 완전히 자급자족할 필요는 없다고 생각한다. 완전한 지역 자급자족을 위해서는 일부 추산에 따르면 1조 2,000억 달러에 달하는 막대한 선행 투자가 필요하며, 가격도 35~65% 상승할 것이다(Varas et al., 2021). 그러나 미국의 반도체 제조 능력에 타겟한 투자와 효율성과 중복성 사이의 균형을 맞추면, 미래의 칩 부족과 경기 침체로부터 보호하는 동시에 국가 안보에 필수적인 부품에 대한 다른 국가에 대한 과도한 의존도를 줄이는 데 큰 도움이 될 것이다(SIA Whitepaper, 2021).

9.8 중국과의 경쟁

미국은 교육 및 엔지니어링 인재의 이점을 활용하여 칩 설계 및 제조 장비와 같은 활동을 주도하는 반면, 동아시아 및 중국은 반도체 제조 능력의 약 75%를 점유하고 있다(Varas et al., 2021). 이러한 제조 능력의 큰 격차는 미국 경제와 국가 안보를 위험에 빠뜨리고 있다. 반도체는 현대 경제를 지원하는 데 필수적인 역할을 할 뿐만 아니라 통신 네트워크와 같은 핵심 인프라부터 첨단 사이버 보안 및 인공 지능 응용에 이르기까지 모든 것을 구동한다. 최근 의회에서 통과된 4조 달러 규모의 과학기술 법안 중 5200억 달러가 반도체 제조에 배정될 정도로 반도체 공급망 강화는 최근 미국의 정치적 우선 순위가 되었다(Whalen, 2021). 이 법안은 중국의 경제 및 군사력 강화에 대응하기 위한 방안으로 초당적인 지지를 이끌어냈다.

미국은 여전히 비메모리 반도체 설계의 많은 주요 시장을 장악하고 있지만, 지난 20년 동안 반도체 제조 기반은 약화되었다. 제조 비용의 상승으로 인해 대부분의 미국 업체들은 파운드리를 매각, 분사 또는 포기했으며, 그 자리를 TSMC와 같은 해외 경쟁업체가 대체했다. 현재 미국에서 반도체를 제조하는 주요 기업은 인텔, 삼성, 마이크론, 텍사스 인스트루먼트, 2009년 AMD에서 분사한 글로벌 파운드리 등 5개 기업만 남아있다(Platzer, Sargent, & Sutter, 2020). 소수의 소규모 아날로그 회사들이 오래된 틈새 공정에 대한 제조 역량을 유지하고 있지만, 이들 5개 회사가 가장 큰 규모를 자랑한다(삼성이 한국에 본사를 두고 있다는 점을 고려하면 4개 회사). 미국의 제조 능력은 비교적 안정적으로 유지되고 있지만, 첨단 기술 노드를 대상으로 하는 27개의 신규 팹 건설 프로젝트 중 절반 이상이 향후 몇 년 동안 중국에 건설될 것으로 예상된다(Platzer, Sargent, & Sutter, 2020). BCG와 SIA의 반도체 제조 분야 정부 인센티브와 미국 경쟁력에 관한 보고서(Varas et al., 2020)에 따르면 미국과 중국의 칩 제조 시장 점유율의 예상 궤적을 보여주는 그림 9-19에서 이러한 역동성을 확인할 수 있다.

중국은 자국 반도체 산업 발전을 5개년(2020~2025년) 계획의 핵심 과제로 삼고 2014년부터 2030년까지 1,500억 달러 이상을 투자하기로 약속하는 등 막대한 투자를 아끼지 않고 있다(SIA Whitepaper, 2021). 하지만 자본 투입만으로는 한계가 있다. 첨단 반도체 제조에는 상당한 규모의 관련 엔지니어링 인재풀, 기술 노하우를 갖춘 노련한 기업 기반, 첨단 제조 툴셋에 대한 접근성이 필요하다. 지난 20년간 약 500억 달러의 정부 인센티브가 제공되었음에도 불구하고 중국 기업은 현재 전 세계 반도체 매출의 약 7.6%를 차지할 뿐이며 첨단 로직, 최첨단 메모리 또는 고급 아날로그 칩 분야에서는 거의 존재감이 없다(SIA Whitepaper, 2021). 공정하게 말하자면, 반도체 독립에 대한 중국의 의지와 막대한 자본 투자는 연간 15~20%의 성장률을 이끌어냈고 중국은 노동 집약적인 OSAT 시장의 리더로 자리매김했지만, 대만과 같은 첨단 기술 노드에는 아직 10년 이상 떨어져 있을 가능성이 높다(Allen, 2021).

최근 몇 년 동안 반도체 분야에서 중국의 경쟁이 화제가 되었지만, 아직 패닉

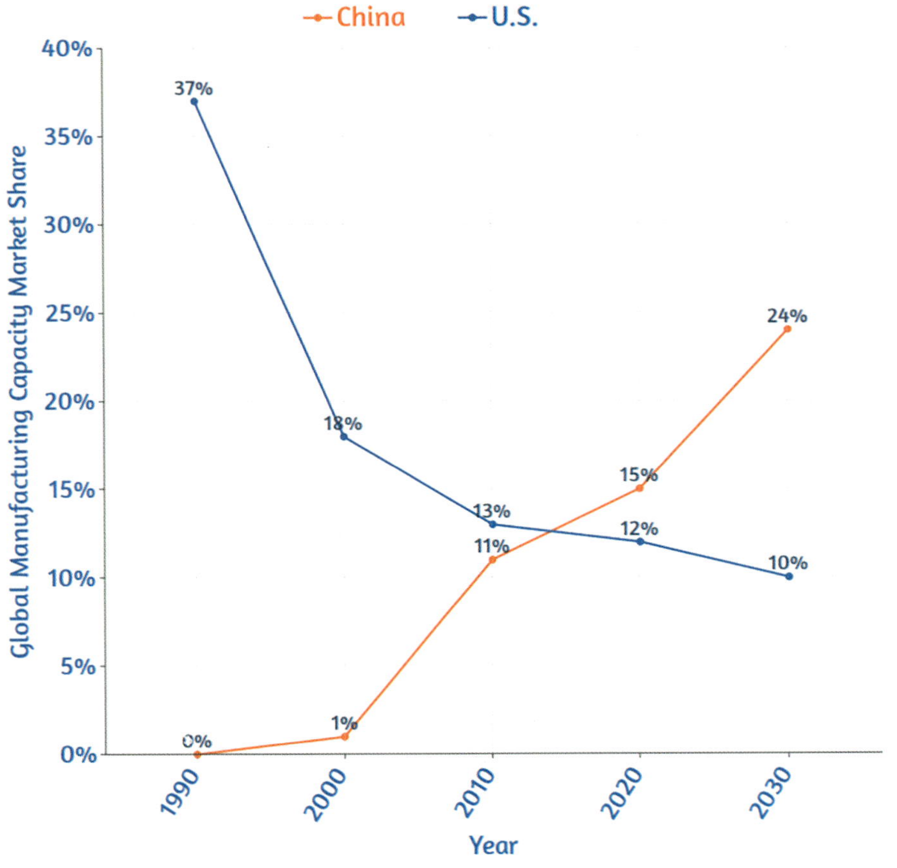

그림 9-19 미국 대 중국 – 칩 제조의 예상 점유율(Varas et al., 2020)

버튼을 누르지는 마라. 중국은 시장 점유율과 기술 노하우 측면에서 미국보다 훨씬 뒤쳐져 있다.

궁극적으로 양국의 제조 기반이 더욱 다양하고 견고해지면 어느 한 국가가 다른 국가에 과도하게 의존하는 것을 줄이고 글로벌 제조 역량을 강화하여 전 세계 소비자들의 비용을 낮출 수 있다.

스마트폰부터 인포테인먼트 시스템에 이르기까지 전 세계는 칩에 대한 끊임없는 수요를 가지고 있다. 기존 시장이 성숙해짐에 따라 그 자리를 대신할 새로운 기술이 끊임없이 쏟아져 나오면서 각국은 시장 지배력을 확보하기 위해 경쟁하고 있다. 사물인터넷(IoT), 스마트폰, 5G 통신, 인공지능(AI) 및 기계학습(ML) 기술은 전 세계적으로 소규모 첨단 공정 노드를 사용하는 고성능 IC에 대한 수요를 지속적으로 견인할 것이다. 설계 및 제조 비용 상승이 성장을 제약하고 마진을 압박하고 있지만, 반도체 산업은 트랜지스터 크기의 근본적인 한계와 무어의 법칙의 둔화라는 훨씬 더 본질적인 위협에 직면해 있다.

9.9 요약

이 장에서는 먼저 오늘날 업계가 직면한 두 가지 주요 과제인 설계 및 제조 비용 상승에 대해 살펴봤다. 이러한 맥락을 바탕으로 1960년대 완전 통합 반도체 회사에서 오늘날의 팹리스-IDM 파운드리 역학 관계로의 전환을 되돌아보며 기억의 길을 따라가 보았다. 다음으로 몇 가지 주요 트렌드에 집중했다. R&D 및 자본 투자가 생명공학 다음으로 많은 반도체 산업은 변동성이 큰 판매 주기를 극복하고 지속적인 생산성 성장을 이루면서 높은 수익과 상당한 임금 인상을 근로자에게 제공했다. 기복이 없는 것은 아니지만 지난 60년 동안 반도체 산업은 성장하고 수익성이 높은 분야였다. 마지막으로, 최근 몇 년 동안 중국이 경쟁적 위협으로 성장하고 있지만 미국은 여전히 칩 설계 및 제조 분야의 선두주자라는 사실을 알게 되었다.

자본 요구 사항이 급증함에 따라 기업은 규모를 키우거나 파산하여 소수의 상위 기업으로 통합될 수밖에 없었다. 이러한 추세는 수요를 모으지 못하고 제조와 디자인에 리소스와 주의를 분산해야 하는 IDM에 유리하지 않다. 주요 IDM인 인텔과 삼성은 명목상 매출 1위 기업이지만 지난 몇 년 동안 자산 수익률과 가격/수익(P/E) 비율과 같은 수익성 지표에서 뒤처져 왔다. 소프트웨어와 하드웨어의 긴밀한 통합으로 인한 몇 가지 이점을 보유하고 있지만, 한 가지 핵심 역량(웨이퍼 제작 및 제조)에만 집중해야 하는 순수 파운드리에 비해 끊임없이 불리한 상황에 직면해 있다. 그러나 IDM 대기업의 천천한 쇠퇴가 강력한 성장 전망과 밝은 미래를 앞두고 있는 업계 전반의 전망을 대변하는 것은 아니다.

개별 확인 질문 (반도체 지식 테스트)

스스로 관련 지식을 충분히 쌓았는지 확인할 수 있는 다섯 가지 질문이다.

1. 급증하는 설계 및 제조 비용이 반도체 산업의 진화에 어떤 영향을 미쳤는가?
2. IDM의 사례를 소개해 보라. 팹리스 기업이 갖지 못한 경쟁 우위에는 어떤 것이 있을까? 이러한 경쟁력이 지속 가능 하다고 생각하는가?
3. 현재 업계의 주요 트렌드 세 가지를 나열하라. 어떤 것이 가장 중요하다고 생각하는가?
4. 기업 합병의 핵심 동인은 무엇인가? 규모가 너무 크면 어떤 단점이 있을까(IDM을 생각해 보라)?
5. 미국과 아시아 전역의 글로벌 가치 사슬 활동과 소비의 분포를 설명하라. 아시아의 제조 비용 이점의 상당 부분을 차지하는 요인은 무엇인가?

CHAPTER 10

반도체 및 전자 시스템의 미래

트랜지스터가 계속 축소됨에 따라 물리적 한계에 직면하는 것은 피할 수 없는 일이 되었다. 리소그래피 "스텐실(stencils)"은 패턴을 아주 작게만 에칭하는 것으로 결국 분자를 여러 번 분할할 수밖에 없다. 하지만 무어의 예측대로 18~24개월마다 컴퓨팅 성능이 두 배로 증가하는 것이 곧 끝날 필요는 없다. "무어의 법칙의 종말"을 주장하는 모든 예견가들에 맞서 수년 동안 많은 돈을 벌 수 있었다. 현재 기존 기술 아키텍처와 새로운 컴퓨팅 파워 소스 모두에서 향후 수년 간 반도체 산업의 기술적 진보를 이어갈 유망한 연구 분야가 많이 있다.

10.1 계속되는 무어의 법칙 – 지속 가능한 기술

전통적인 실리콘 엔지니어링에서는 부품 크기를 줄이는 것에서 설계 효율성과 집적 방법을 개선하고 새로운 재료와 설계 방법을 탐색하여 무어의 예측을 맞출 수 있는 능력을 연장하는 방향으로 초점이 옮겨졌다. 이는 매출 대비 R&D

투자액이 제약 및 생명공학 분야 다음으로 높은 업계의 지속적인 R&D 투자에서 확인할 수 있다.

2.5 및 3D 다이 스태킹은 하드웨어 설계자가 여러 개의 다이를 **실리콘 관통전극**(TSV)이라는 금속 와이어로 연결하여 서로 위에 배치할 수 있는 메모리 및 특정 프로세싱 응용에 이미 사용되고 있는 유망한 기술이다. 그림 5-2와 그림 6-13에서 다이 스태킹의 예를 보았다. 다이를 빼는 대신 쌓아 올리면 다이 간 **데이터 전송 속도**가 크게 향상되고, 비용이 절감되며, 전력이 절약되고, 공간이 보존되어 주어진 기판에 더 많은 트랜지스터를 넣을 수 있다. 유망한 기술이지만 2.5/3D 시스템은 기존 설계의 복잡성을 크게 증가시킨다. 고유한 프로세싱 센터를 서로 쌓아 올리면 더 긴밀한 통합이 가능하고 시스템 성능을 향상시킬 수 있지만 훨씬 더 복잡한 데이터 흐름 구조 및 시스템 아키텍처가 필요하다. 리서치 및 컨설팅 회사인 국제 비즈니스 전략(International Business Strategies; IBS)에 따르면 3nm SoC 설계 비용은 이미 5억 달러에서 15억 달러 사이다(Lapedus, 2019). 스택 로직은 의심할 여지없이 설계 비용을 더욱 증가시킬 것이지만, AI와 같은 고성능 응용은 점점 더 복잡한 시스템 아키텍처에 대한 수요를 증가시킬 것이다. 이러한 설계 기술을 확장하려면 설계 흐름의 모든 측면을 포괄하는 새로운 개발 툴이 필요하다. 이는 개별 설계 단계에서 특정 문제를 해결할 수 있는 역량을 갖춘 EDA 기업에게 풀어야할 과제를 주게 된다.

게이트-올-어라운드(Gate-All-Around; GAA) 트랜지스터와 **새로운 채널 재료**는 트랜지스터 기술 발전의 유망한 다음 단계이며 기하학적 확장을 연장할 수 있는 가장 구체적인 길을 제공한다. 1960년대에 뿌리를 둔 **평면 트랜지스터**는 약 10년 전 까지만 해도 트랜지스터의 지배적인 구조였다. 20nm 공정 노드 이하에서 평면 트랜지스터는 심각한 누설 문제로 인해 전원이 꺼져 있어도 전류가 스며들어 전체 시스템 전력 비용이 크게 증가했다. 2011년부터 이러한 평면 소자는 대부분의 첨단 IC에서 **핀펫**(FinFET)으로 대체되면서 단계적으로 퇴출되고 있다(Lapedus, 2021). 2D 평면에서 소스에서 드레인까지 전류 흐름을 제어하는 대신, FinFET은 게이트 구조를 3차원에 걸쳐 채널을 포함하도록 변경하여 누설 문제를 줄이고 더 낮은 전압에서 더 큰 제어를 가능하게 한다(Lapedus, 2021). 그러나 핀펫 트랜지스터에서는 채널 하단이 여전히 실리콘 기판에 연결되어 있기 때문에 트랜지스터가 꺼져 있어도 일부 전류가 누설될 수 있다(Ye et al., 2019). 팹이 3nm 및 2nm 공정 노드에 접근함에 따라 누설 문제가 다시 한번 중요한 이슈로 떠오르고 있다. 네 면에 걸친 게이트 제어를 통해 **나노와이어** 및 **나노시트, 게이트-올-어라운드**(GAA) **트랜지스터**는 이러한 문제를 해결하는 것을 목표로 한다. GAA 트랜지스터는 수직 게이트 구조로 채널 통로를 완전히 감싸서 제어력을 높이고 많은 FinFET 누설 문제를 해결한다(Lapedus, 2021). 새로운 CMOS 기술은 더 작은 노드에서 점점 더 비싸지고 있으며 GAA 트랜지스터를 구현하는 데 필요한 공정 기술도 다르지 않다. GAA 트랜지스터는 전자 이동성 문제를 완화하기 위해 변형된(압력을 준) **실리콘 게르마늄**(SiGe)과 같은 새로운 채널 재료가 필요할 수 있는 고유한 증착 및 식각 과제를 안고 있다(Angelov et al., 2019). 그림 10-1에서 평면 트랜지스터, 핀펫 트랜지스터, GAA 트랜지스터의 구조적 차이점을 확인할 수 있다.

트랜지스터가 더 작아지고 더 많이 집적됨에 따라 열 방출이 주요 성능 제약이 되어 많은 디바이스가 과열을 피하기 위해 최대 속도 이하로 작동해야 한다(Angelov et al., 2019). 전통적으로 실리콘은 주요 채널 재료로 사용되어 왔지만, **전력 밀도**(IC가 제거할 수 있는 열의 양) 제약으로 더 작은 GAA 트랜지스터의 성능에 많은 제약이 있다(Ye et al., 2019). 이러한 전력 밀도 문제를 해결하기 위한 한 가지 해결책은 전자 이동도가 더 큰 채널 재료를 사용하는 것이다. **스트레인**(strain) **엔지니어링**에서는 **스트레인 실리콘 게르마늄**(SiGe)과 같은 원자가 서로 떨어져 있어 회로에서 방출되는 열의 양을 줄이면서 전자가 더 쉽게 통과할 수 있다(Cross, 2016). 다른 유망한 대체 채널 재료로는 **갈륨 비소**(GaAs), **질화 갈륨**(GaN) 및 기타 **III-V 반도체** 등이 있다(Ye et al., 2019). GAA 트랜지스터 구조와 SiGe와 같은 새로운 채널 재료를 함께 사용하면 트랜지스터의 기하학적 확장이 가능할 뿐만 아니라 성능을 향상시킬 수 있다. 기업들은 이미 이 기술에

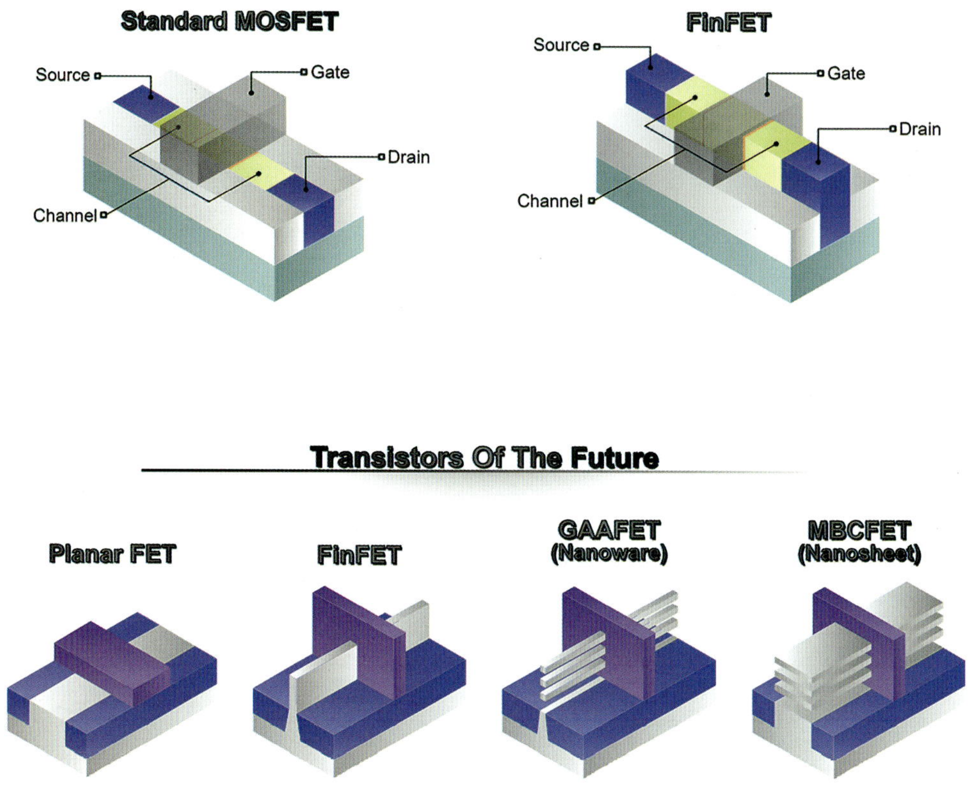

그림 10-1 트랜지스터의 진화 – 현재와 미래 비교

수십억 달러를 투자했으며, 삼성은 2022년 또는 2023년에 3nm 공정 노드에서 세계 최초로 나노시트 GAA를 도입할 계획이다(Lapedus, 2021).

맞춤형 실리콘 및 **특수 가속기**는 전체 회로 세대의 명목상 컴퓨팅 성능을 향상시키지는 못하지만, 애플리케이션 범주의 기능 확장 및 특정 제품의 성능 개선에 성공적인 방법으로 입증되었다. 기하급수적인 속도로 성능이 향상되고 있는 GPU 프로세서의 기능 확장이 그 좋은 예다. CPU는 여러 가지 일반화된 작업을 순서대로 수행하는 데 능숙하지만, GPU는 특히 방대한 수의 반복적인 계산을 동시에 수행하는 데 능숙하여 이러한 계산을 빠르게 처리해야 하는 인공 지능 및 컴퓨터 비전 분야에 특히 적합하다. 2012년 이후 NVIDIA의 주요 AI 계산을 수행하는 GPU의 능력은 매년 약 2배씩 증가하여 2020년 5월까지 317배 증가했다(Mims, 2020). 이러한 현상은 NVIDIA의 CEO인 Jensen Huang의 이름을 따서 "**황의 법칙**"이라고 불리고 있다. 메모리 및 GPU와 같은 주요 영역의 기능적 개선은 기하학적 스케일링이 느려지더라도 IC 성능을 계속 향상시킬 수 있다. 널리 채택되는 서브시스템의 기능적 확장 외에도 맞춤형 실리콘 설계는 기존 기술을 사용하여 더 긴밀한 통합을 통해 성능을 향상시킬 수 있다. Apple, Google, Facebook, Tesla와 같은 기업들은 모두 VR 헤드셋부터 자율 주행 시스템에 이르기까지 모든 것을 구동하기 위해 맞춤형 칩을 개발하고 있다. 팹리스 설계 회사에 칩 설계를 의뢰하는 소규모 업체에게는 비용이 많이 들지만, 대형 제품 회사들은 점점 더 자체적으로 맞춤형 칩을 제작하고 있다. 이러한 기업은 내부 엔지니어링 그룹을 구축하는 데 드는 비용을 감당할 수 있으며, 상품화에서 완전한 맞춤형으로 전환함으로써 타사 제공업체와 협력할 때는 불가능할 수 있는 성능 경쟁 우위를 유지할 수 있다. 또한 인하우스 디자인 팀은 품질 관리의 이점을 제공하고 민감한 정보를 공개할 필요성을 줄여준다.

그래핀, 탄소 나노튜브와 같은 신소재로 만든 구조와 기타 **2D 트랜지스터**는 무어의 법칙을 확장할 수 있는 또 다른 유망한 방법을 제시한다. 트랜지스터의 폭이 원자 몇 개에 불과한 지점으로 갈수록 트랜지스터 게이트(전류 제어를 담당하는 흐름)는 더 이상 전자가 똑바로 통과하지 못할 만큼 충분히 넓지 않다. 이는 전자가 물리적 장벽의 한쪽에서 사라졌다가 다른 쪽에서 나타날 수 있는 **양자 터널링**(quantum tunneling)이라는 현상 때문이다(Fisk, 2020). 이러한 문제를 예상하여 과학자들은 이러한 **터널링 간섭**을 겪지 않고 IC를 지속적으로 축소할 수 있을 만큼 얇은 소재를 연구해 왔다. 수많은 후보 물질이 개발 중이지만, 그중에서도 두 가지 물질이 상당한 주목을 받고 있다. 원자 1개 두께로 알려진 가장 강력한 소재인 **그래핀**은 양자 터널링에 저항하는 데 매우 적합하다(Kingatua, 2020). 미래의 트랜지스터는 그래핀의 고유한 특성을 활용하는 그래핀 시트를 말아 만든 상보적 구조인 **탄소 나노튜브**로 만들 수 있다(Bourzac, 2019). MIT, 스탠 포드, IBM 및 기타 연구자들은 이미 그래핀과 탄소 나노튜브를 사용하여 기능성 칩을 제작했다(Shulaker et al., 2013). 유망하긴 하지만 탄소 나노튜브는 제조가 어렵고 시장에 출시되기까지 많은 추가 연구가 필요하다. 그림 10-2에서 그래핀 시트와 탄소 나노튜브를 볼 수 있다.

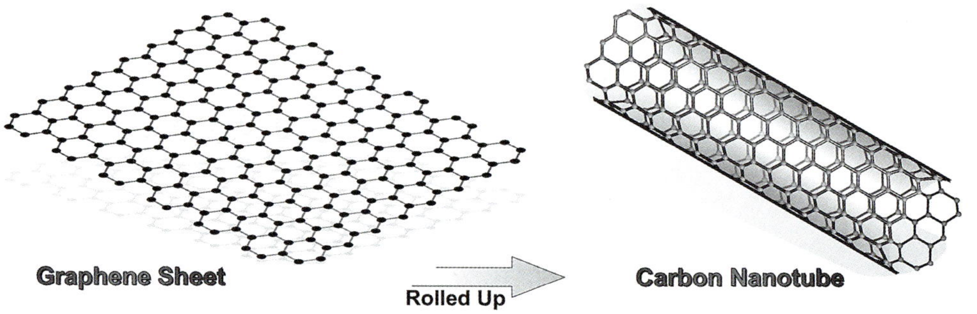

그림 10-2 그래핀 시트와 탄소 나노튜브

광학 칩과 **광학 인터커넥트**는 전자 장치 내부와 장치 간의 주요 신호 전달체로 전자 대신 빛을 활용하는 것을 목표로 한다(Minzioni et al., 2019). 구리선은 한 번에 하나의 데이터 신호로 제한되는 반면, 단일 광선은 서로 다른 파장의 빛을 사용하여 여러 데이터 신호를 전송할 수 있다(Kitayama et al., 2019). 벤처 지원을 받는 Ayar Labs와 DARPA가 지원하는 **광자 최적화 임베디드 마이크로 프로세서**(Photonically Optimized Embedded Microprocessors; POEM) 프로젝트에 참여하고 있는 MIT 및 UC 버클리의 연구팀은 이미 광자 칩 기술을 상용화하기 시작했다(Matheson, 2018). Ayar는 칩 간 통신을 목표로 기존의 구리 배선보다 훨씬 빠르고 전력 효율이 높은 입출력(I/O) **광 인터커넥트**를 만들었다(Matheson, 2018). 이 작업의 중요성과 범위는 엄청난 가능성에 있다. 지구상에서 가장 강력한 자동차 엔진을 가지고 있어도 엔진에서 연료 탱크까지 연료를 공급하는 파이프가 너무 오래 걸리면 자동차의 가속이 느려진다. 마찬가지로 프로세서는 정보를 검색하여 시스템의 나머지 부분에 전달할 수 있는 속도만큼만 정보를 처리할 수 있다. SoC가 이전 제품보다 두 배 더 강력할 수 있지만, 이를 시스템의 다른 부분과 연결하는 회로가 느리면 추가 전력은 쓸모없게 된다. POEM 프로그램과 Ayar 연구소에서 수행하는 광학 칩 및 인터커넥트 연구는 이러한 데이터 전송 병목 현상을 완화하고 무어의 법칙의 힘을 완전히 활용하는 것을 목표로 한다(Matheson, 2018).

10.2 무어의 법칙 극복하기 – 신기술

전통적인 실리콘 엔지니어링 기술의 발전 외에도 포스트 무어 컴퓨팅의 르네상스로 우리를 이끌 수 있는 정말 흥미로운 기술들이 개발 중이다.

양자 컴퓨팅은 많은 언론의 주목을 받는 기술 중 하나이지만, 전문가들은 양자 컴퓨팅의 실질적인 한계에 대해 많은 의구심을 가지고 있다. 디지털 컴퓨터에서 비트는 0(트랜지스터가 꺼져 있고 전류가 흐르지 않음) 또는 1(트랜지스터가 켜져 있고 전류가 흐르고 있음)이어야 한다. 반면에 양자 컴퓨팅에서 **큐비트**는 주어진 시간에 0, 1 또는 두 가지의 조합으로 존재할 수 있다(Brant, 2020). 양자 컴퓨팅의 물리학은 복잡하지만, 본질적으로 양자 컴퓨터는 큐비트의 **중첩**을 두 입자가 멀리 떨어져 서로 묶여 있는 **양자 얽힘**이라는 현상과 함께 활용하여 현대 컴퓨터가 처리할 수 있는 것보다 기하급수적으로 더 복잡한 계산을 실행한다(Jazaeri et al., 2019). 중첩은 양자 입자가 동시에 두 가지 상태(이 경우 0과 1)로 존재할 수 있는 속성을 말한다. 양자 물리학 법칙에 따라 작동하는 양자 컴퓨터가 아이작 뉴턴의 운동 법칙과 같은 고전 물리학 법칙에 따라 작동하는 고전 컴퓨터보다 더 나은 성능을 발휘하는 양자 우위를 달성하기 위해 연구자와 기술 개발자들은 노력하고 있다(Gibney, 2019).

양자 트랜지스터는 이론적으로 현재의 제조 기술을 활용하여 크게 향상된 연산 능력을 제공할 수 있는 소형 양자 장치를 만드는 양자 컴퓨팅의 변형이다. 양자 트랜지스터는 **양자 터널링**과 **양자 얽힘**의 힘을 활용하여 정보를 처리하고 저장한다(Benchoff, 2019). 양자 역학에서 터널링은 입자가 물리적 장벽을 통과할 수 없는 고전 역학에서와 달리 입자가 물리적 장벽을 직접 통과할 때 발생한다. 이는 아 원자(subatomic) 수준에서 더 큰 문제가 되며, 위에서 설명한 바와 같이 트랜지스터 크기를 더욱 축소하는 데 있어 주요 과제 중 하나다. 더 작은 기하학적 구조에서는 이러한 장벽이 더 작아지고 전자는 이 작은 장벽을 쉽게 통과할 수 있다. 그림 10-3에서 양자 터널링을 볼 수 있다. 아직까지 터널링과 얽힘을 활용하는 데 필요한 원자 규모의 제어를 완전히 이해하고 유지하는 것은 상당한 투자와 연구가 필요한 매우 어려운 엔지니어링 과제다. 양자 트랜지스터는 아직 초기 개발 단계에 있지만, 연구자들은 개념을 보이기 위해 동작하는 프로토타입을 개발할 수 있었다.

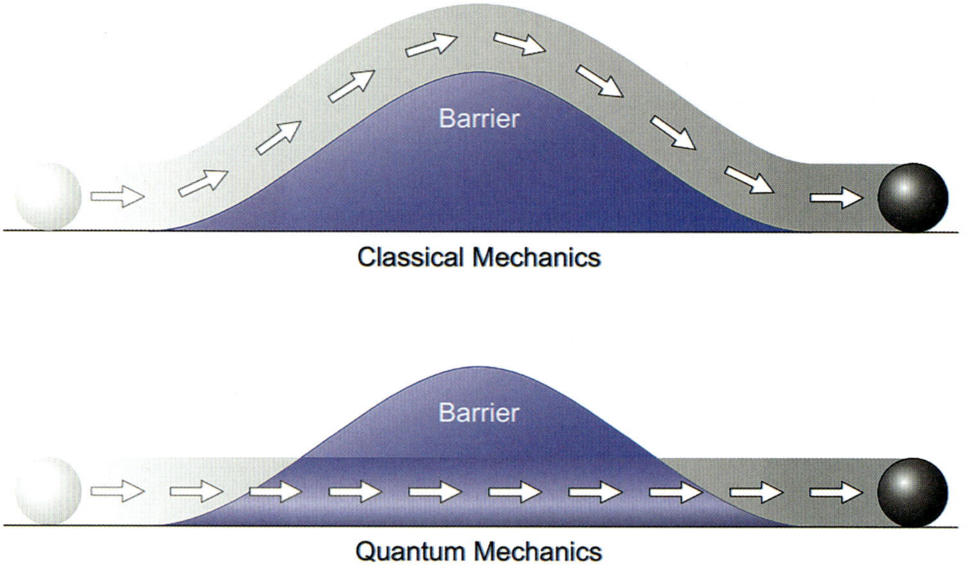

그림 10–3 양자 터널링

양자 기술의 잠재적 응용 분야에는 데이터 보안, 의료 연구, 복잡한 시뮬레이션 및 처리 능력의 기하급수적 증가가 필요한 기타 문제가 포함된다. 양자 기술은 잠재력이 크지만 오류가 자주 발생하기 쉽고, 작동하려면 매우 정밀한 환경 조건이 필요하며, 양자 장치를 물리적 한계에 근접한 온도로 냉각할 수 있는 첨단 **극저온 기술**이 필요하다(Emilio, 2020). 이러한 제약 조건이 희망적으로 들리지 않을 수도 있지만, 1950년대의 대형 강당에 겨우 들어갈 수 있는 컴퓨터가 지금은 주머니에 쏙 들어가는 크기라는 점을 기억하라. 리게티 컴퓨팅(Rigetti Computing)과 같은 벤처 지원 기업과 구글, IBM과 같은 대기업은 이 기술에 상당한 자원을 투자했다(Shieber & Coldewey, 2020). 2019년에는 구글 및 캘리포니아대학교 산타바바라 캠퍼스와 협력하는 존 마티니스(John Martinis)가 이끄는 물리학자 팀이 양자 우위(quantum supremacy)를 달성했다고 주장했는데, 이들이 구축한 실험용 양자 컴퓨터가 슈퍼컴퓨터로 약 1만 년이 걸리는 문제의 해를 계산할 수 있었기 때문이다(Savage, 2020). 그림 10-4에서 핀란드 에스포(Espoo)에 있는 실제 IQM 양자 컴퓨터의 사진(왼쪽)과 컴퓨터 그래픽 렌더링된 모습(오른쪽)을 볼 수 있다(IQM Quantum Computers, 2020).

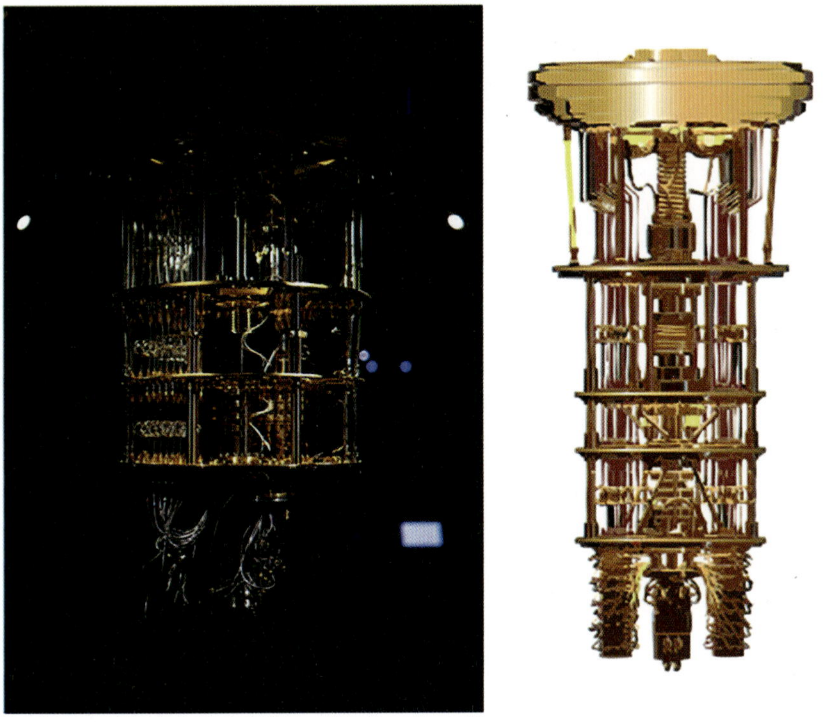

그림 10-4 양자 컴퓨터 – 핀란드 세푸의 IQM 퀀텀 컴퓨터(왼쪽)와 그래픽 렌더링 모습(오른쪽) 비교

양자 컴퓨터가 언젠가 실용화된다고 가정하더라도 현재 우리가 사용하는 클래식 컴퓨터를 대체할 가능성은 거의 없다. 양자 컴퓨터와 클래식 컴퓨터는 서로 다른 문제 해결에 적합하며, 서로를 대체하기보다는 서로를 보완하는 역할을 할 것이다. 예를 들어 암호화 분야에서 양자 컴퓨터는 해커를 막고 클라우드 컴퓨팅을 더욱 안전하게 만드는 데 사용될 수 있다. 의학 및 재료 분야에서 양자 컴퓨팅 성능은 시뮬레이션을 더욱 강력하게 만들어 새로운 치료법과 화합물 개발을 가속화하는 데 도움이 될 수 있다. 기계학습 분야에서 양자 컴퓨터는 기계학습 모델을 더 빠르게 훈련하여 방대한 양의 데이터를 처리하는 데 걸리는 시간을 단축할 수 있다. 마지막으로, 데이터의 양이 해마다 증가함에 따라 양자 컴퓨터는 검색 기능을 지원하여 방대한 개별 데이터 포인트를 유용한 정보로 전환 할 수 있다. 검색 분야의 선두주자인 Google은 2016년부터 양자 컴퓨팅 기술을 연구 및 개발해 왔으며 2029년까지 유용한 양자 컴퓨터를 개발할 수 있기를 희망하고 있다(Porter, 2021). 그림 10-5에서 이러한 다양한 응용 분야를

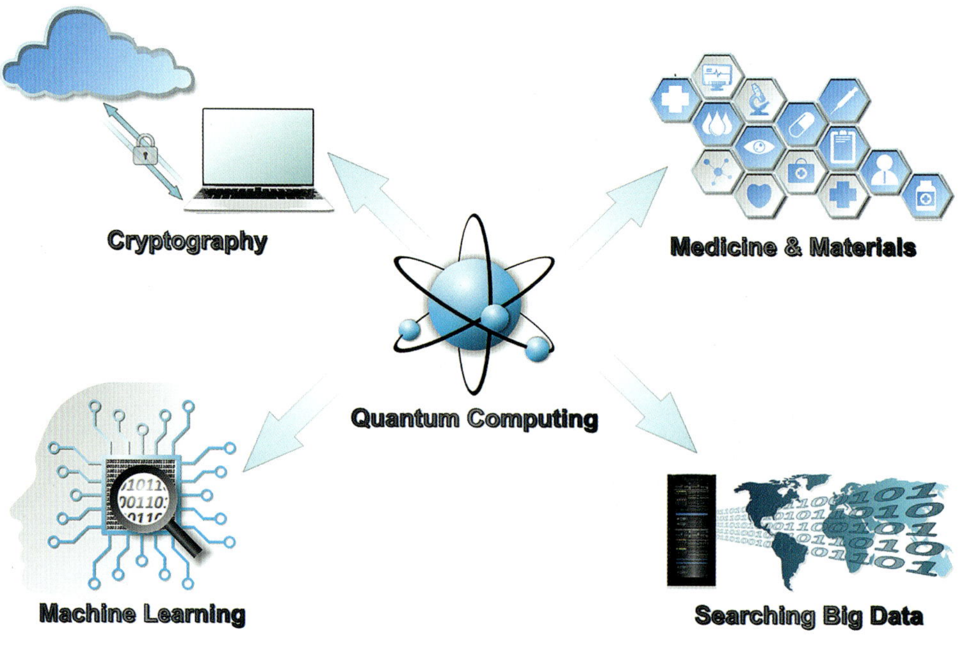

그림 10-5 양자 컴퓨팅 애플리케이션

확인할 수 있다.

뉴로모픽 컴퓨팅 기술은 뉴런과 같은 생명체의 처리 구조를 모델로 하며 무어의 법칙을 뛰어넘는 컴퓨팅 발전을 위한 흥미로운 잠재적 길을 제시한다. Nature Electronics 저널에 발표된 연구에 따르면 과학자들은 정보를 동시에 저장하고 처리할 수 있는 **신경 트랜지스터**를 성공적으로 개발하여 처리 속도를 크게 개선하고 가소성(plasticity)의 특성을 나타냈으며, 이는 신경 트랜지스터가 인간의 뇌처럼 학습하고 작업을 변경할 수 있는 획기적인 발전이라고 한다(Baek et al., 2020). 인텔의 추가 연구는 인간 두뇌 내의 유사한 네트워크와 유사한 신경망에서 실리콘 기반 뉴런처럼 작동하는 **스파이크 신경망**(spiking neural networks; SNN)을 사용하여 AI 및 기타 애플리케이션에 뉴로모픽 컴퓨팅 연구를 사용하는 것을 목표로 한다(Intel Labs, n.d.). 신경과학과 컴퓨팅에 대한 이해를 높이는 데 중점을 둔 널리 알려진 연구 프로젝트인 **인간 두뇌 프로젝트**(Human Brain Project; HBP)는 12가지 중점 분야 중 하나인 뉴로모픽 컴퓨팅에 상당한 자원을 투자했다(Human Brain Project, n.d.). HBP는 누구나 뉴로모픽 머신 중 하나에 등록하고 컴퓨팅 시간을 요청할 수 있는 공동 연구 프로젝트다. 이 프로젝트는 맞춤형 디지털 회로에 배포된 수치 모델을 활용하는 인텔의 시스템과 유사한 **SpiNNaker(SNN) 시스템**과 뉴런과 시냅스를 모사하기 위한 아날로그 및 혼합 신호 구성 요소로 구성된 **BrainScaleS 시스템**을 모두 사용했다(Human Brain Project, n.d.). 가장 복잡한 SoC보다 수백만 배 더 효율적으로 정보를 저장하는 **DNA**도 **데이터 저장**을 위한 잠재적 대안으로 연구의 초점이 되고 있다(Linder, 2020). 그림 10-6은 뉴로모픽 기술과 우리 뇌의 뉴런 사이의 연결을 보여준다.

기하학적 및 기능적 확장 측면에서 연장 기술과 극복 기술을 생각할 수 있다. 연장 기술은 부품을 더 작고 효율적으로 만들어 기하학적으로 확장할 수 있는 기존 트랜지스터 기술을 개발하는 데 중점을 둔다. 반면 극복 기술은 컴퓨팅 구조를 새로운 기본 구성 요소와 시스템 아키텍처로 전환하여 주어진 피처 크기

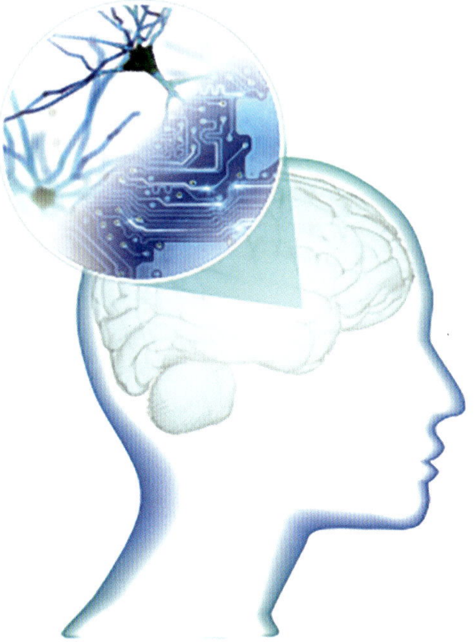

그림 10-6 뉴로모픽 기술

에서 더 큰 성능을 이끌어내거나 피처 크기를 무의미하게 만드는 데 중점을 둔다. 향후 수십 년 동안 끊임없는 기술 개발과 혁신의 속도를 높이기 위해서는 이 두 가지 기술이 모두 필요하다.

그림 10-7에서는 기능적 스케일링과 기하학적 스케일링 다이어그램을 다시 살펴보고 무어의 법칙을 연장할 수 있는 기술과 이를 극복하려는 기술의 잠재적 영향을 비교한다. 기하학적 스케일링 기술은 트랜지스터를 더 작게 만드는 것을 목표로 하는 반면, 기존의 기능적 스케일링 기술은 주어진 노드 또는 피처 크기에서 더 많은 성능을 끌어내는 것을 목표로 한다. 기존 트랜지스터 기술을 사용한 기능적 스케일링과 달리, 여기서 말하는 기능적 스케일링은 nm 크기와 관계없이 컴퓨팅 성능의 패러다임 전환을 통해 달성하는 것을 의미한다.

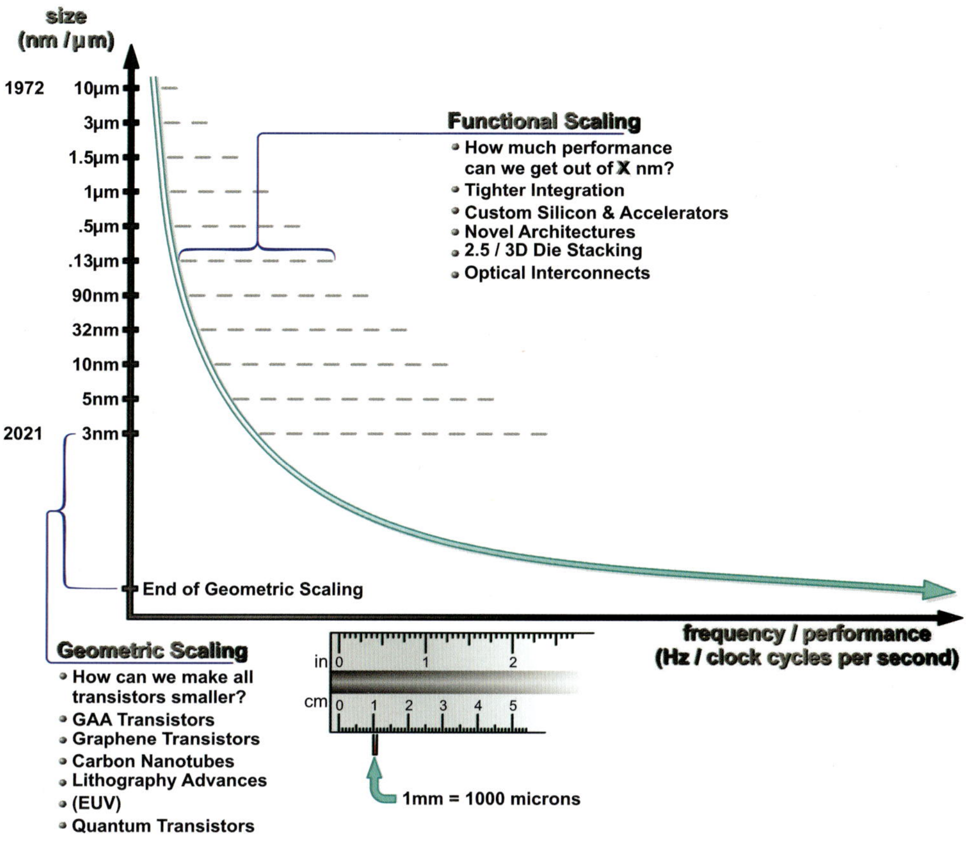

그림 10-7 기하학적 기술 대 스케일링 기술

10.3 요약

이 장에서는 먼저 무어의 법칙을 연장하는 것을 목표로 하는 지속 기술에 대해 살펴보았다:

1. **2.5/3D 다이 스태킹**은 연결성(성능)을 높이고, 에너지 효율성(전력)을 높이며, 귀중한 공간(면적)을 보존하는 대신 쌓아 올릴 수 있게 해준다.
2. **게이트-올-어라운드**(GAA) **나노시트 트랜지스터**는 CMOS 기술 발전의 유망한 다음 단계로, 향후 몇 년 내에 FinFET의 자리를 차지할 것으로

예상된다.

3. 고집적 ASIC 및 IC 가속기와 같은 **맞춤형 실리콘**은 특정 응용과 기능에 맞게 최적화할 수 있다.
4. **2D 그래핀 트랜지스터**와 **탄소 나노튜브**는 기하학적 확장을 연장할 수 있는 고유한 특성을 가지고 있다.
5. **광학 칩**과 **광학 인터커넥트**는 광자를 활용하여 전자 시스템 전반에서 데이터 전송 속도를 가속화하고 지연 시간을 줄인다.

다음으로 무어의 법칙을 극복하기 위한 새로운 기술에 대해 알아보았다:

1. **양자 컴퓨터**와 **양자 트랜지스터**는 큐비트, 중첩, 양자 얽힘을 사용하여 가장 강력한 디지털 슈퍼컴퓨터조차도 해결할 수 없거나 비효율적인 특정 문제 집합을 해결한다.
2. **뉴로모픽 컴퓨팅 기술**은 신경계와 같은 생물학적 처리 센터를 모델링하여 새로운 컴퓨팅 패러다임을 만들기 위한 노력의 일환이다.

세부적인 내용은 차치하고서라도 반도체와 전기 시스템의 미래에 대해 가장 인상적인 점은 이 기술이 궁극적으로 우리를 어디로 이끌 것인지 보다는 그 시작에 훨씬 더 가까워졌다는 점이다. 전 세계의 뛰어난 인재들이 매일 놀라운 혁신을 위해 협업하고 있다. 지금은 상상할 수 없을 것 같은 기술도 머지않아 우리 일상의 일부가 될 수 있다.

개별 확인 질문 (반도체 지식 테스트)

스스로 관련 지식을 충분히 쌓았는지 확인할 수 있는 다섯 가지 질문이다.

1. 스태킹은 기존의 "2차원" IC에 비해 어떤 장점이 있을까? 단점은 무엇인가?
2. 평면 트랜지스터, 핀펫 트랜지스터, GAA 트랜지스터의 구조를 비교하고 대조해 보라. GAA의 장점은 무엇인가?
3. 유망한 채널 재료 세 가지를 말해보라. 이러한 소재가 중요한 이유는 무엇인가?
4. 비트와 큐비트의 차이점을 설명하라. 양자 컴퓨터가 기존 디지털 장치보다 적합한 응용에는 어떤 것이 있나?
5. 기하학적 스케일링과 기능적 스케일링은 우리에게 어떤 질문을 주는가? 이 장에서 다루는 각 기술을 본질적으로 기하학 지향적인지, 기능 지향적인지 분류해 보라.

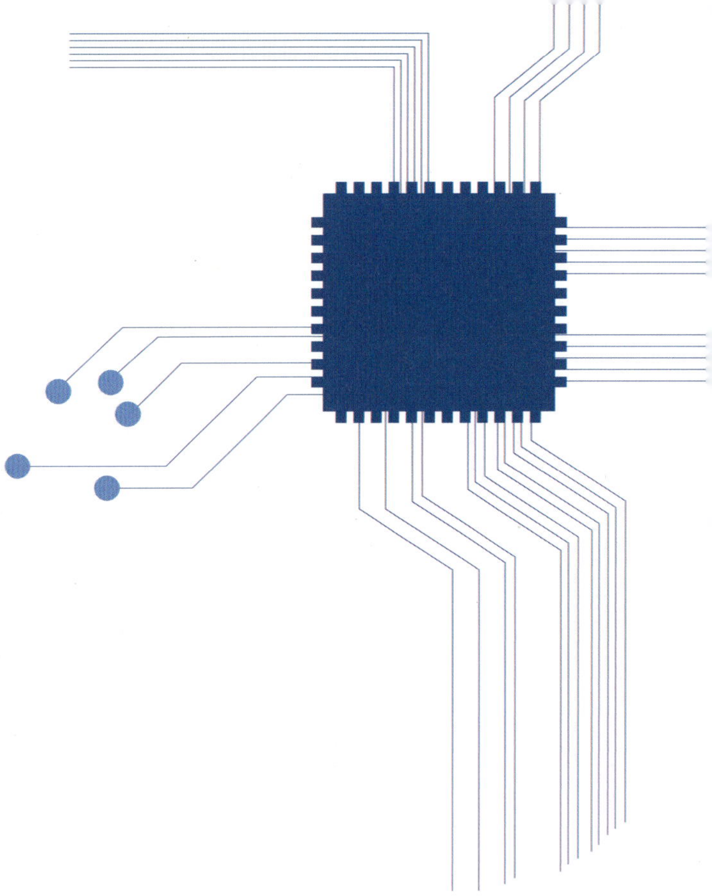

결론

우리는 기술적으로 놀라운 시대에 살고 있으며, 성취할 수 있는 잠재력이 그 어느 때 보다 커졌다. 이 놀라운 혁명을 경험한 우리들은 우리가 목격한 시대를 잊어서는 안된다. 1800년대 중반에 태어나 진흙길에서 말을 타고 자랐고 모델 T를 몰다가 생을 마감한 사람과 다르지 않다. 작은 집을 가득 채울 수 있는 1950년대의 거대한 프로세서부터 주머니에 쏙 들어가는 유사 슈퍼컴퓨터에 이르기까지, 우리 역시 우리가 시작한 곳과는 전혀 다른 세상에서 종착점을 찾을 수 있다.

전자 산업에 직접 참여하든, 관련 분야에서 일하든, 아니면 단순히 세상을 움직이는 기반 기술에 대한 어려운 정보를 찾는 호기심 많은 개인이든, 반도체가 어떻게 설계, 제조 및 시스템에 통합되는지 이해하는 것은 짜릿하고, 깨달음을 주고, 재미있고, 가치 있는 일이 될 수 있다. 하지만 이렇게 복잡한 주제에 대해 전기 공학에 대한 정규 교육 없이는 이해의 기초를 형성하기가 매우 어려울 수 있다. 이 책을 집필한 목적은 수년간의 공들인 연구 결과를 엮어 반도체 기술에 대한 명확한 길을 제시함으로써, 전문 지식이 없거나 실리콘과 퍼티(silly putty)를 구분하지 못하는 사람이라도 누구나 반도체 기술을 이해할 수 있도록 하기 위해서였다. 방대한 이론적 잡초 속에서 길을 잃지 않고 반도체에 대한 폭넓고 총체적인 이해를 발전시킬 수 있을 만큼 깊이 있는 기술 개념을 명확하고 시각적으로 설명하고자 했다. 이 책이 성공적이었다면 그것은 오로지 선생님과 가이드의 도움 덕분이다. 부족했다면 노력이 부족해서는 아닐 것이다. 이 책을 읽어주셔서 감사드리며, 독자 여러분의 반도체 세계로의 여정이 계속 즐거워지기를 바란다.

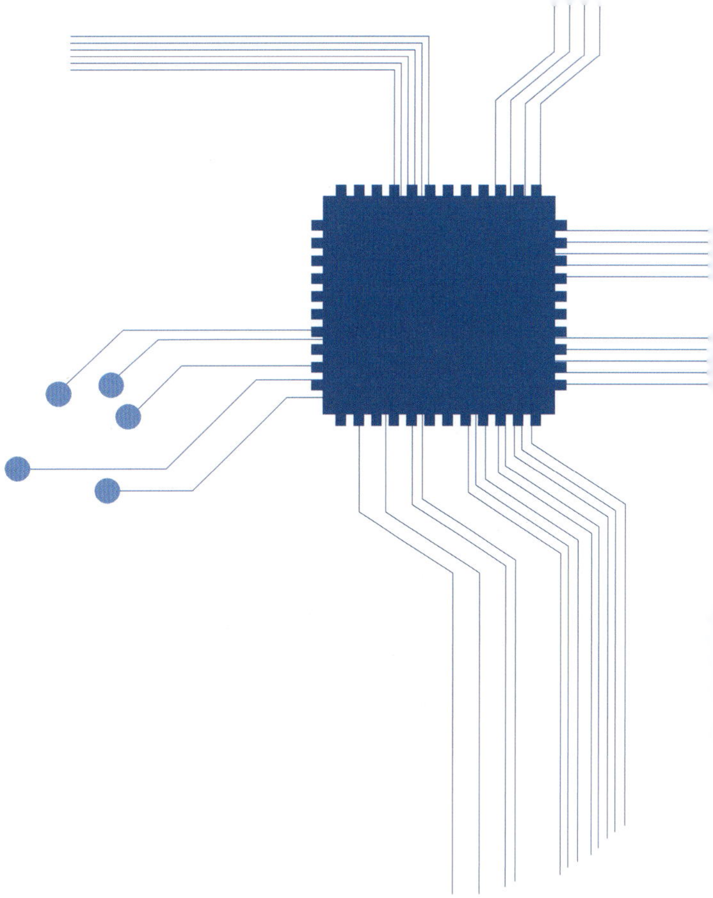

부록

A.1 OSI 참조 모델

개방형 시스템 상호 연결(OSI) 모델은 연결 및 통신 분야에서 전자 장치 및 네트워킹 시스템의 내부 동작을 설명하기 위해 사용되는 개념적 체계다.

계층 7: **응용 계층**은 네트워크의 최종 사용자에게 실제로 표시되는 내용을 설명한다. 이 계층은 소프트웨어가 사용자에게 데이터를 표시하고 사용자와 기본 시스템 간에 데이터를 송수신할 수 있도록 하는 HTTP 또는 FTP와 같은 프로토콜을 제공한다. 응용 계층 시스템의 예로는 Google Chrome과 같은 웹 브라우저, 이메일 앱 또는 상용 사용자 인터페이스(UI) 등이 있다.

계층 6: **표현 계층**은 애플리케이션이 응용 계층에서 최종 사용자에게 표현할 정보를 준비하거나 추가 처리를 위해 하위 계층으로 이동하는 도중에 응용 계층으로부터 정보를 수신하는 곳이다. 암호화 및 암호 해독은 이 계층에서 이루어진다(Imperva, 2020).

계층 5: 세션 계층은 컴퓨터와 서버가 서로 통신 채널을 여는 계층이다. 이 계층은 통신을 시작하고 조정하지만, 실제 데이터 전송은 계층 4인 전송 계층에서 이루어진다(Cloudflare, n.d.).

계층 4: 전송 계층은 시스템의 여러 컴퓨터와 서버 간에 정보를 전송한다. 한 장치에서 발신 데이터를 수신한 다음 다른 장치로 보내기 전에 관리 가능한 수준의 부분들로 나눈다. 그런 다음 부분들은 수신 측에서 재조립되어 세션 계층에서 사용할 수 있다. 계층 3 **인터넷 프로토콜**(IP)을 기반으로 구축된 **TCP**(전송 제어 프로토콜)에 익숙할 것이다. 네트워크 계층에서 IP 주소를 찾으면 최종 장치로 데이터를 전달하는 프로토콜은 TCP다. 컴퓨터의 IP 주소는 다른 컴퓨터의 네트워크 참여자가 사용자를 찾아 데이터와 정보를 전달하거나 요청할 수 있게 해주는 디지털 집 주소와 같다고 생각하면 된다.

계층 3: 네트워크 계층은 특정 순서로 세 가지 작업을 수행한다. 첫째, 전송 계층의 데이터 부분들이 네트워크 패킷으로 분할된다. 둘째, 이러한 네트워크 패킷은 **인터넷 프로토콜**(IP)과 같은 네트워크 주소를 사용하여 물리적 네트워크를 통해 최적의 경로를 따라 라우팅되어 올바른 목적지에 도달하도록 한다. 마지막으로, 이러한 패킷은 수신 측에서 전송 계층에서 사용할 수 있는 부분들로 다시 재조립된다(Raza, 2018).

계층 2: 데이터 연결 계층은 두 노드(컴퓨터, 휴대폰 또는 서버와 같은 물리적 접근 지점) 간에 연결을 설정하여 두 노드 간에 데이터를 전송할 수 있도록 한다. 이 계층은 두 부분으로 구성된다. **논리적 연결 제어**(Logical Link Control: LLC) 계층은 오류를 확인 하고 적절한 프로토콜(데이터 전송 방법에 대한 규칙 집합)을 식별한다. **미디어 접근 제어**(Media Access Control; MAC) 계층은 LLC의 "아래"에 있으며 물리적 계층과의 상호 작용을 처리한다. 데이터 연결 계층 프로토콜의 예로는 이더넷과 Wi-Fi가 있다.

계층 1: 물리 계층(PHY)은 노드 간의 물리적 연결을 담당한다. 이 계층에서는 데이터 자체(1과 0의 문자열)가 기본 하드웨어로 전송된다. 실제로 PHY 계층은 전자 장치를 네트워크에 연결하는 전자 회로로 구성되며, 일반적으로 혼성 신호 및 아날로그 회로, 송수신기 및 수신기와 같은 RF 구성 요소, 수신 및 발신 신호를 해석하고 수정할 수 있는 DSP 모듈로 구성된다. 장치와 연결되는 대상에 따라 다양한 종류의 칩이 PHY 계층을 구성할 수 있다.

SoC와 같이 고도로 집적되고 공간 제약이 있는 디바이스에서는 일반적으로 네트워크 인터페이스 컨트롤러라고 하는 동일한 회로에 PHY 및 MAC 계층 기능이 통합되는 경우가 많다. 이 네트워크는 셀룰러 서비스, Wi-Fi부터 즐겨 듣는 TV나 라디오 방송국의 방송까지 모든 것이 될 수 있다.

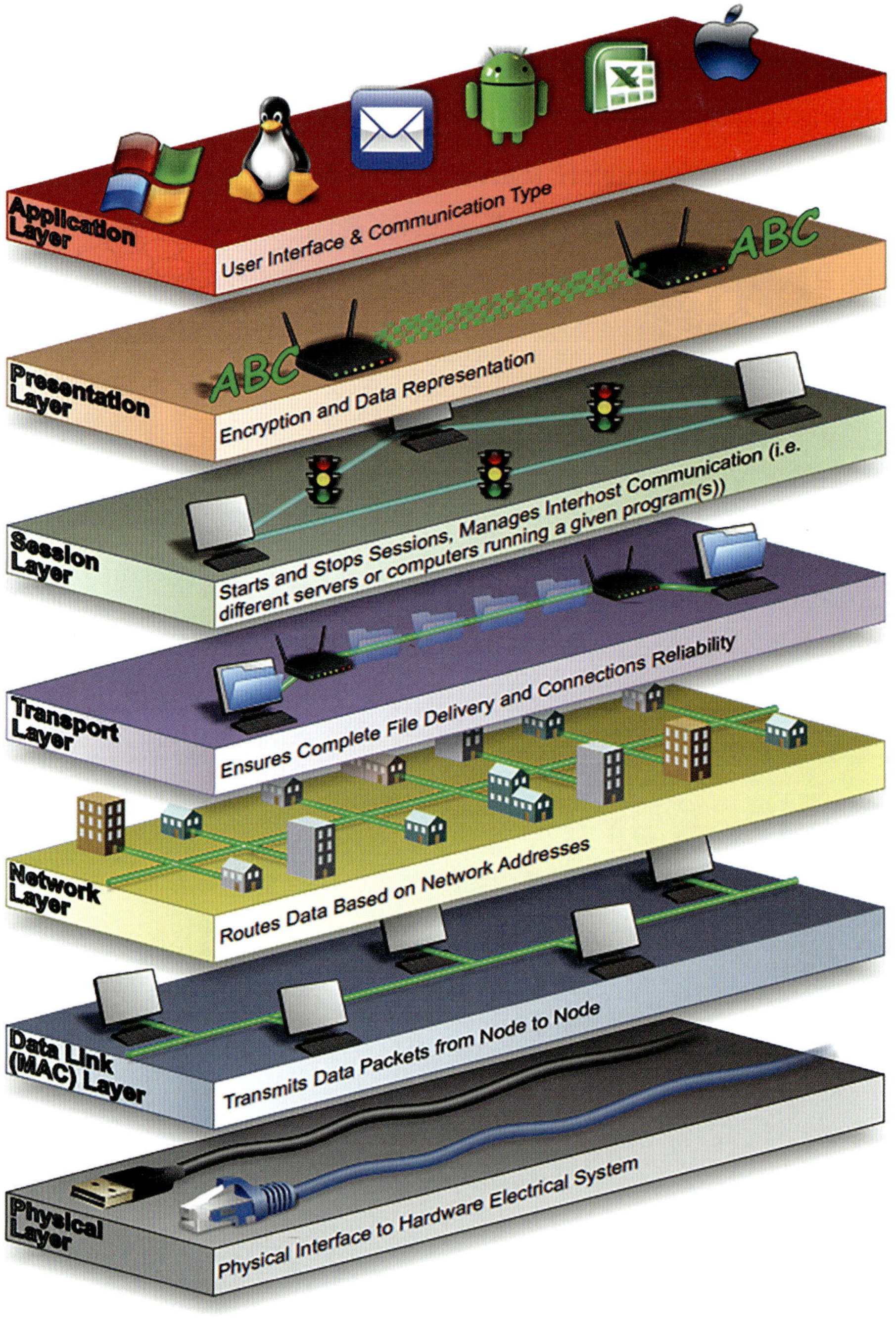

OSI 모델은 물리 계층부터 응용 계층까지 7개의 계층으로 구성된다.

A.2 반도체 M&A 계약 발표, 세부 정보 및 출처

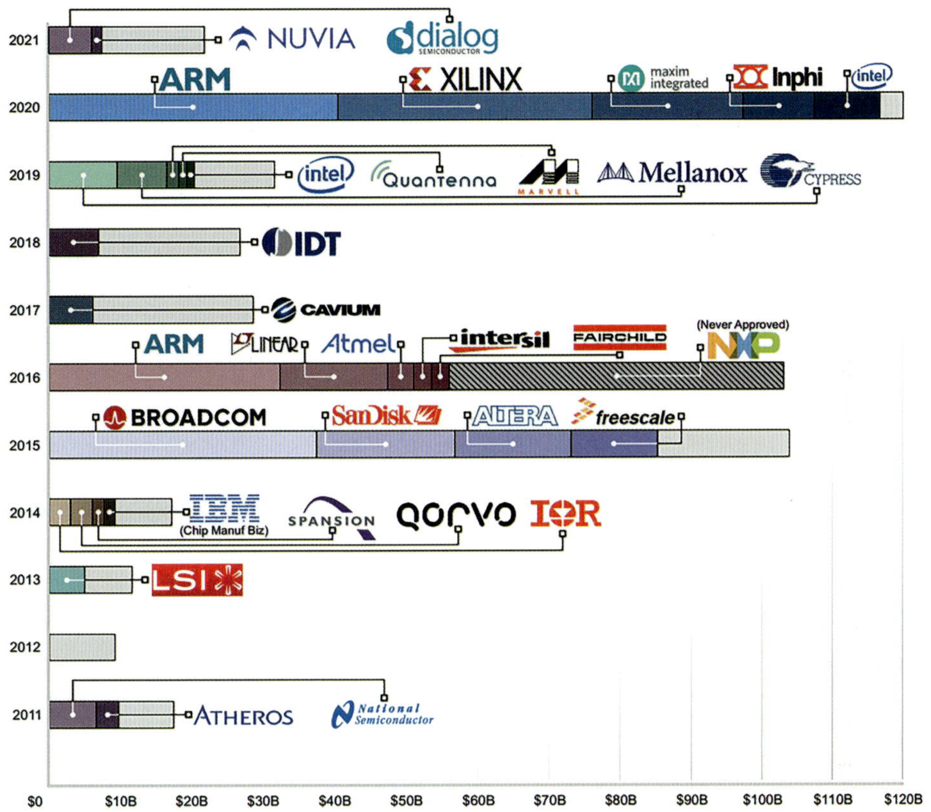

연도별 주요 반도체 M&A 계약 발표 현황	
2011	• 텍사스 인스트루먼트는 내셔털 세미컨덕터를 65억 달러에 인수(Rao, 2011) • 퀄컴이 31억 달러에 아테로스(Atheros) 인수(Ziegler, 2011)
2012	• 낮은 M&A 발표 활동
2013	• 아바고 테크놀로지스는 LSI Corporation를 66억 달러에 인수(Broadcom, 2013)
2014	• 인피니언 테크놀로지스는 인터내셔널 렉티파이어 코퍼레이션을 ~30억 달러에 인수(Business Wire, 2014) • RF Micro Devices(RFMD)와 TriQuint가 합병하여 Qorvo가 탄생(Qorvo, 2014). 발표 당시 합병 회사의 기업 가치는 30억 달러로 평가되었다(Manners, 2015). • 사이프레스 반도체는 스팬션을 16억 달러에 인수(Silicon Valley Business Journal, 2014) • 글로벌파운드리는 IBM 칩 제조 사업부를 15억 달러에 인수(Brodkin, 2014)
2015	• 아바고 테크놀로지스는 브로드컴을 370억 달러에 인수(Broadcom, 2015) • 웨스턴 디지털에 190억 달러에 인수된 SanDisk(Semiconductor Digest, 2015) • 인텔에 알테라를 167억 달러에 인수(인텔 뉴스룸, 2015) • NXP는 프리스케일을 120억 달러에 인수(CNBC, 2015)
2016	• 소프트뱅크는 ARM을 320억 달러에 인수(Kharpal, 2016) • 아날로그 디바이스는 14.8억 달러에 리니어 인수(Clark, 2016) • 마이크로칩는 Atmel을 36억 달러에 인뒨(피커, 2016) • Renesas는 32억 달러에 Intersil 인수(설계 및 재사용, 2016) • 온세미컨덕터는 24억 달러에 페어차일드 인수(Ringle, 2016) • 퀄컴이 470억 달러에 NXP 인수 발표(Etherington, 2016)
2017	• 60억 달러에 마벨 테크놀로지에 인수된 Cavium(Palladino, 2017)
2018	• Renesas에 67억 달러에 인수된 IDT(Renesas, 2018)
2019	• 인피니언은 94억 달러에 싸이프레스 인수(Bender & Dummett, 2019) • NVIDIA는 69억 달러에 멜라녹스 인수(NVIDIA 뉴스룸, 2019) • NXP는 마벨 W-Fi 커넥티비티 사업부를 17억 달러에 인수(EPS 뉴스, 2019) • 온세미컨덕터는 11억 달러에 양자 커뮤니케이션즈 인수(Business Wire, 2019) • 애플은 인텔의 휴대폰 모뎀 사업부를 10억 달러에 인수(EPS 뉴스, 2019)
2020	• NVIDIA는 400억 달러에 ARM 인수(NVIDIA 뉴스룸, 2020) • AMD는 350억 달러에 자일링스 인수(AMD 뉴스룸, 2020) • 아날로그 디바이스는 210억 달러에 맥심 인터그레이티드 인수(Analog Devices 뉴스룸, 2020) • 마벨 테크놀로지는 100억 달러에 Inphi 인수(Marvell 뉴스룸, 2020) • SK하이닉스가 90억 달러에 인텔 낸드 메모리 사업 인수(SK하이닉스, 2020)
2021	• 르네사스는 다이얼로그 반도체를 60억 달러에 인수(James, 2021) • 퀄컴은 누비아를 14억 달러에 인수(퀄컴 뉴스룸, 2021)

출처

Ada, L. (2013, June 4). What is an ampere? Retrieved September 2, 2021, from https://learn.adafruit.com/circuit-playground-a-is-for-ampere/ what-is-an-ampere

Ahmed, Z. (n.d.). Flip Chip Bonding. Microelectronic Packaging Facility. Retrieved July 27, 2021, from https://advpackaging.co.uk/flip-chip#:~:text=Flip%20chip%20is%20a%20die,down%20onto%20the%20substrate%2Fpackage.

Allen, D. (2021, February 22). China's Computer Chip Industry Plays Catch Up. EastWestBank ReachFurther. Retrieved September 2, 2021, from www.eastwestbank.com/ReachFurther/en/News/Article/Chinas-Computer-Chip-Industry-Plays-Catch-Up

Altera. (2007). Basic Principles of Signal Integrity. Intel. Retrieved July 27, 2021, from www.intel.de/content/dam/www/programmable/us/en/pdfs/literature/wp/wp_sgnlntgry.pdf

Ammann, L. (2003, March 11). The package interconnect selection quandary. EETimes. Retrieved July 27, 2021, from www.eetimes.com/the-packageinterconnect-selection-quandary/

Analog Devices. (n.d.). A Beginner's Guide to Digital Signal Processing (DSP). analog.

com. Retrieved July 28, 2021, from www.analog.com/en/designcenter/landing-pages/001/beginners-guide-to-dsp.html

Angelov, G. V., Nikolov, D. N., & Hristov, M. H. (2019, November 3). Technology and Modeling of Nonclassical Transistor Devices. Journal of Electrical and Computer Engineering. Retrieved September 2, 2021, from www.hindawi.com/journals/jece/2019/4792461/

AnySilicon. (2021, April 13). Does size matter? Understanding wafer size. AnySilicon.com. Retrieved July 27, 2021, from https://anysilicon.com/does-size-matter-understanding-wafer-size/

Apple Newsroom. (2022, June 29). Apple unveils M1 Ultra, the world's most powerful chip for a personal computer. Apple Newsroom. Retrieved August 1, 2022, from www.apple.com/newsroom/2022/03/apple-unveils-m1-ultrathe-worlds-most-powerful-chip-for-a-personal-computer/

armDeveloper. (n.d.). Harvard vs von Neumann Architectures. Retrieved September 2, 2021, from https://developer.arm.com/documentation/ka002816/latest

Aruvian Research. (2019, August). Analyzing the Global Semiconductors Industry 2019. Research and Markets. Retrieved December 29, 2020, from www.researchandmarkets.com/reports/4825860/analyzing-theglobal-semiconductors-industry-2019? utm_source=CI&utm_medium=PressRelease&utm_code=sx8523&utm_campaign=1286387%2B-%2BGlobal%2BSemiconductors%2BIndustry%2BReport%2B2019%3A%2BSales%2Bare%2BExpected%2Bto%2BKeep%2BGrowing%2Bto%2BCross%2BUS%24572%2BBillion%2Bby%2Bthe%2BEnd%2Bof%2B2022&utm_exec=chdo54prd

ASML. (2022). ASML EUV Lithography Systems. ASML. Retrieved January 17, 2022, from www.asml.com/en/products/euv-lithography-systems

Backer, K. D., Huang, R. J., Lertchaitawee, M., Mancini, M., & Tan, C. (2018, May 2). Taking the next leap forward in semiconductor yield improvement. McKinsey & Company. Retrieved July 27, 2021, from www.mckinsey.com/industries/semiconductors/our-insights/taking-thenext-leap-forward-in-semiconductor-yield-improvement

Baek, E., Das, N. R., Cannistraci, C. V., Rim, T., Bermúdez, G. S. C., Nych, K., Cho, H., Kim, K., Baek, C.-K., Makarov, D., Tetzlaff, R., Chua, L., Baraban, L., & Cuniberti, G. (2020, May 25). Intrinsic plasticity of silicon nanowire neurotransistors for dynamic memory and learning functions. Nature News. Retrieved September 2, 2021, from www.nature.com/articles/ s41928-020-0412-1

Bartley, K. (2021, February 16). Big Data Statistics: How Much Data is There in the world? Rivery. Retrieved September 1, 2021, from https://rivery. io/blog/big-data-statistics-how-much-data-is-there-inthe-world/

Bauer, H., Burkacky, O., Kenevan, P., Mahindroo, A., & Patel, M. (2020, April 14). Coronavirus: Implications for the semiconductor industry. McKinsey & Company. Retrieved September 2, 2021, from www.mckinsey.com/industries/semiconductors/our-insights/coronavirus-implicationsfor-the-semiconductor-industry

BBC. (n.d.). Architecture. BBC News. Retrieved September 2, 2021, from www.bbc.co.uk/bitesize/guides/zhppfcw/revision/3

BBC. (n.d.). What is electricity? BBC Bitesize. Retrieved September 2, 2021, from www.bbc.co.uk/bitesize/topics/zgy39j6/articles/z8mxgdm

Beaty, W. (1999). Electricity is Not a Form of Energy. amasci.com. Retrieved September 2, 2021, from http://amasci.com/miscon/energ1.html

Benchoff, B. (2019, November 7). Quantum Transistors: New Advances In Manufacturing Electronics. medium.com. Retrieved September 2, 2021, from https://medium.com/supplyframe-hardware/quantum-transistorsnew-advances-in-manufacturing-electronics-63b1a53894e6

Bisht, H. S. (2022, January 13). Computer Organization: RISC and CISC. GeeksforGeeks. Retrieved July 12, 2022, from www.geeksforgeeks. org/computer-organization-risc-and-cisc/

Blaabjerg, F. (2018). Control of Power Electronic Converters and Systems: Volume 1. Elsevier Science.

Borth, D. E. (2018, August 28). Modem. Encyclopædia Britannica. Retrieved September 1, 2021, from www.britannica.com/technology/modem

Bourzac, K. (2019, February 19). Carbon nanotube computers face a makeor-break moment. C&EN. Retrieved September 2, 2021, from https://cen.acs.org/materials/electronic-materials/Carbon-nanotube-computersface-makebreak/97/i8

Brant, T. (2020, November 11). Quantum Computing: A Bubble Ready to Burst? PCMAG. Retrieved September 2, 2021, from www.pcmag.com/news/ quantum-computing-a-bubble-ready-to-burst

Brant, T. (2020, September 2). SSD vs. HDD: What's the Difference? PCMAG. Retrieved

July 28, 2021, from www.pcmag.com/news/ssd-vs-hdd-whats-the-difference

Breed, G. (2010, July). Signal Integrity Basics: Digital Signals on Transmission Lines. High Frequencey Electronics. Retrieved July 27, 2021, from www.highfrequencyelectronics.com/Jul10/HFE0710_Tutorial.pdf

Brown, G. A., Zeitzoff, P. M., Bersuker, G., & Huff, H. R. (2004). Scaling CMOS Materials & devices. Materials Today, 7(1), 20–25. https://doi.org/10.1016/s1369-7021(03)00050-6

Cadence PCB Solutions. (2019). FPGA vs. ASIC: Differences and Choosing Best for Your Business. cadence.com. Retrieved July 28, 2021, from https://resources.pcb.cadence.com/blog/2019-fpga-vs-asic-differencesand-choosing-best-for-your-business

Calhoun, G. (2020, August 2). Intel, Nvidia, Et Al., And American Semiconductor Hegemony. Forbes. Retrieved September 2, 2021, from www.forbes.com/sites/georgecalhoun/2020/08/02/intel-nvidia-et-al-and-americansemiconductor-hegemony/?sh=72013a34c298

Caulfield, B. (2009, December 16). What's the Difference Between a CPU and a GPU? NVIDIA Blog. Retrieved July 28, 2021, from https://blogs.nvidia.com/blog/2009/12/16/whats-the-difference-between-a-cpu-anda-gpu/

Chang, Y.-W., Cheng, K.-T., & Wang, L.-T. (2009). Electronic design automation: synthesis, verification, and test. Elsevier, Morgan Kaufmann.

Channel MOSFET Basics. Learning about Electronics. (2018). Retrieved March 29, 2021, from http://www.learningaboutelectronics.com/Articles/N-Channel-MOSFETs

Clarke, P. (2021, January 18). Semiconductor market shakes off 2020 Covid-19 gloom. eeNews Europe. Retrieved September 2, 2021, from www.eenewseurope.com/news/semiconductor-market-2020-covid-19

Cloudflare. (n.d.). What is the OSI Model?. Retrieved January 17, 2022, from www.cloudflare.com/learning/ddos/glossary/open-systemsinterconnection-model-osi/

Columbus, L. (2020, January 19). Roundup Of Machine Learning Forecasts And Market Estimates, 2020. Forbes. Retrieved September 2, 2021, from www.forbes.com/sites/louiscolumbus/2020/01/19/roundup-of-machine-learning-forecasts-and-market-estimates-2020/?sh=5bd5326c5c02

Commscope. (2018). Understanding the RF path. commscope.com. Retrieved September 1, 2021, from www.commscope.com/globalassets/digizuite/3221-rf-path-ebook-eb-112900-en.pdf

Cross, T. (2016, February 25). After Moore's law | Technology Quarterly. The Economist. Retrieved April 3, 2021, from www.economist.com/technologyquarterly/2016-03-12/after-moores-law

Design And Reuse. (2021, January 13). Value of Semiconductor Industry M&A Agreements Sets Record in 2020. Retrieved January 17, 2022, from www.design-reuse.com/news/49290/2020-semiconductor-industry-mergeacquisition-agreements.html

Dsouza, J. (2020, April 25). What is a GPU and do you need one in Deep Learning? towardsdatascience.com. Retrieved July 28, 2021, from https://towardsdatascience.com/what-is-a-gpu-and-do-you-needone-in-deep-learning-718b9597aa0d

EETimes. (2003, October 24). Maxim buys philips' fab in Texas for $40 million. EETimes. Retrieved July 27, 2021, from www.eetimes.com/maxim-buysphilips-fab-in-texas-for-40-million-2/

Electrical4U. (2020, October 23). Electric Potential. Retrieved February 20, 2022, from www.electrical4u.com/electric-potential/

Electronics Tutorials. (2021, July 19). Bipolar Transistor. electronicstutorials.com. Retrieved January 17, 2022, from www.electronics-tutorials.ws/transistor/tran_1.html

Electronics Tutorials. (2021, May 31). Electrical Energy and Power. Retrieved September 2, 2021, from www.electronics-tutorials.ws/dccircuits/electrical-energy.html

Emilio, M. D. P. (2020, January 6). Intel cryogenic chip for quantum computing. eetimes.com. Retrieved September 2, 2021, from www.eetimes.com/intel-cryogenic-chip-for-quantum-computing/

Encyclopædia Britannica, inc. (2021, February 26). electric charge. Encyclopædia Britannica. Retrieved September 2, 2021, from www.britannica.com/science/electric-charge

Encyclopædia Britannica. (n.d.). Central Processing Unit. Encyclopædia Britannica. Retrieved July 28, 2021, from www.britannica.com/technology/central-processing-unit

Encyclopædia Britannica. (n.d.). Hertz. Encyclopædia Britannica. Retrieved July 28, 2021, from www.britannica.com/science/hertz

Engheim, E. (2020, July 26). What does RISC and CISC mean in 2020? Medium. Retrieved September 2, 2021, from https://medium.com/swlh/what-doesrisc-and-cisc-mean-in-2020-7b4d42c9a9de

Engheim, E. (2021, January 24). Why Pipeline a Microprocessor? Medium. Retrieved July 12, 2022, from https://erik-engheim.medium.com/microprocessor-pipelining-f63df4ee60cf

FCC. (2020, September 9). Fact Sheet - Facilitating 5G in the 3.45-3.55 GHz Band. fcc.gov. Retrieved September 1, 2021, from https://docs.fcc.gov/public/attachments/DOC-366780A1.pdf

Firesmith, D. (2017, August 21). Multicore Processing. cmu.edu. Retrieved July 28, 2021, from https://insights.sei.cmu.edu/sei_blog/2017/08/multicore-processing.html

Fisk, I. (2020, March 2). A Reckoning for Moore's Law. Simons Foundation. Retrieved September 2, 2021, from www.simonsfoundation.org/2020/03/02/a-reckoning-for-moores-law/#:~:text=Moore's%20law%20is%20the%20observation,was%20to%20wait%20two%20years.f

Fluke. (2021, May 9). What is resistance? Retrieved September 2, 2021, from www.fluke.com/en-us/learn/blog/electrical/what-is-resistance

Fortune Business Insights. (2021, May). The global semiconductor market is projected to grow from $452.25 billion in 2021 to $803.15 billion in 2028 at a CAGR of 8.6% in forecast period, 2021-2028... Read More at:- www.fortunebusinessinsights.com/semiconductor-market-102365. Retrieved September 2, 2021, from www.fortunebusinessinsights.com/semiconductor-market-102365

Foster, H. (2021, January 6). The 2020 Wilson Research Group Functional Verification Study. Retrieved January 17, 2022, from https://blogs.sw.siemens.com/verificationhorizons/2021/01/06/part-8-the-2020-wilson-research-group-functional-verification-study/

Fox, C. (2020, July 24). Intel's next-generation 7nm chips delayed until 2022. BBC News. Retrieved September 2, 2021, from www.bbc.com/news/technology-53525710#:~:text=Intel%20says%20the%20production%20of,current%2Dgeneration%20chips%20on%20sale.&text=In%20June%2C%20Apple%20said%20it,and%20design%20its%20own%20chips.

Fox, P. (n.d.). Central Processing Unit (CPU). Khan Academy. Retrieved July 28, 2021, from www.khanacademy.org/computing/computers-and-internet/xcae6f4a7ff015e7d:computers/xcae6f4a7ff015e7d:computercomponents/a/central-processing-unit-cpu

Fox, P. (n.d.). Logic gates. Khan Academy. Retrieved April 3, 2021, from www.khanacademy.org/computing/computers-and-internet/xcae6f4a7ff015e7d:computers/xcae6f4a7ff015e7d:logic-gates-andcircuits/a/logic-gates

Frumusanu, A. (2020, August 24). TSMC details 3nm PROCESS TECHNOLOGY: Full Node scaling for 2H22 volume production. anandtech.com. Retrieved July 27, 2021, from www.anandtech.com/show/16024/tsmcdetails-3nm-process-technology-details-full-node-scalingfor-2h22

Gallego, J. (2016, February 12). The Semiconductor Industry Is Anticipating The End of Moore's Law. Futurism. Retrieved April 3, 2021, from https://futurism.com/semiconductor-industry-anticipating-endmoores-law

GeeksforGeeks. (2020, July 28). Kernel in Operating System. GeeksforGeeks. Retrieved September 2, 2021, from www.geeksforgeeks.org/kernel-in-operating-system/

Gibney, E. (2019, October 23). Hello Quantum World! Google publishes landmark quantum supremacy claim. Nature News. Retrieved January 17, 2022, from www.nature.com/articles/d41586-019-03213-z

Gilleo, K., & Pham-Van-Diep, G. (2004). Step 10: ENCAPSULATION Materials, processes and equipment. Semiconductor Digest. Retrieved July 27, 2021, from https://sst.semiconductor-digest.com/2004/10/step-10-encapsulation-imaterials-processes-and-equipment-i/

GIS Geography. (2021, June 14). Passive vs Active Sensors in Remote Sensing. GIS Geography. Retrieved July 28, 2021, from https://gisgeography.com/passive-active-sensors-remote-sensing/#:~:text=Active%20sensors%20have%20its%20own,passive%20sensors%20measure%20this%20energy.

Gupta, D., & Franzon, P. (2020). Packaging Integration White Paper. IEEE. Retrieved July 27, 2021, from https://irds.ieee.org/images/files/pdf/2020/2020IRDS_PI.pdf

Hameed, T., & Airaad, S. (2019, January 25). NORTH AND SOUTH BRIDGES OF A MOTHERBOARD: EXPLAINED. Tech.78. Retrieved July 28, 2021, from https://srgtech78.wordpress.com/2019/01/25/north-and-south-bridges-of-a-motherboard-explained/

Hashagen, U., Van Der Spiegel, J., Tau, J. F., Ala'ilima, T. F., & Ang, L. P. (2002). The ENIAC–history, operation and reconstruction in VLSI. In The First Computers: History and Architectures (1st ed.). essay, MIT Press.

Hill, M., Christie, D., Patterson, D., Yi, J., Chiou, D., & Sendag, R. (2016). PROPRIETARY VERSUS OPEN INSTRUCTION SETS. Wisc.edu. Retrieved July 12, 2022, from https://

research.cs.wisc.edu/multifacet/papers/ieeemicro16_card_isa.pdf.

Hoerni, J. A. (1962, March 20). Method of manufacturing semiconductor devices.

Holt, R. (n.d.). Schematic vs. Netlist: A Guide to PCB Design Integration. Optimum Design Associates Blog. Retrieved April 3, 2021, from http://blog.optimumdesign.com/schematic-vs.-netlist-a-guide-to-pcb-deisgnintegration

Honsberg, C. B., & Bowden, S. G. (2019). Doping. Photovoltaics Education Website. Retrieved March 29, 2021, from www.pveducation.org/pvcdrom/pn-junctions/doping

Howe, D. (1994, December 16). clock. Free On-line Dictionary of Computing. Retrieved April 3, 2021, from https://foldoc.org/Clock

Human Brain Project. (n.d.). Neuromorphic Computing. Retrieved September 2, 2021, from www.humanbrainproject.eu/en/silicon-brains/

Hutson, M. (2021, August 20). The World's Largest Computer Chip. The New Yorker. Retrieved July 27, 2022, from www.newyorker.com/tech/annals-of-technology/the-worlds-largest-computer-chip

IBM. (n.d.). RISC Architecture. ibm.com. Retrieved July 12, 2022, from www.ibm.com/ibm/history/ibm100/us/en/icons/risc/

IBS. (n.d.). International Business Strategies, Inc. (IBS). Retrieved February 21, 2022, from www.ibs-inc.net/

IC Insights. (2021, January 12). Value of Semiconductor Industry M&A Agreements Sets Record in 2020. Retrieved September 2, 2021, from www.icinsights.com/news/bulletins/Value-Of-Semiconductor-Industry-MA-Agreements-Sets-Record-In-2020/

Imperva. (2020, June 10). OSI Model. Retrieved January 17, 2022, from www.imperva.com/learn/application-security/osi-model/

Integrated Circuit Engineering Corporation. (n.d.). Yield and Yield Management. smithsonianchips.si.edu. Retrieved July 27, 2021, from http://smithsonianchips.si.edu/ice/cd/CEICM/SECTION3.pdf

Intel Labs. (n.d.). Neuromorphic Computing. Intel. Retrieved September 2, 2021, from www.intel.com/content/www/us/en/research/neuromorphic-computing.html

Intel. (2018, April 18). Inside An Intel Chip Fab: One Of The Cleanest Conference Rooms On Earth. Intel Newsroom. Retrieved July 27, 2021, from https://newsroom.intel.

com/news/intel-bunnies-arent-like-yourbunnies/#gs.rj6bun

Intel. (n.d.). What is CPU clock speed? Intel. Retrieved July 12, 2022, from www.intel.com/content/www/us/en/gaming/resources/cpu-clockspeed.html

Intersil. (n.d.). The Benefits of Power Modules vs. Discrete Regulators. Mouser. Retrieved July 28, 2021, from www.mouser.com/applications/benefitsmodules-regulators-power/

IRDS (International Roadmap for Devices and Systems). (2020). IRDS Lithography. IEEE.org. Retrieved September 2, 2021, from https://irds.ieee.org/images/files/pdf/2020/2020IRDS_Litho.pdf

IRDS. (2020). International Roadmap for Devices and Systems. irds.ieee.org. Retrieved July 27, 2021, from https://irds.ieee.org/images/files/pdf/2020/2020IRDS_ES.pdf

ITU (International Telecommunication Union). (2011). All about Technology. Retrieved September 1, 2021, from www.itu.int/osg/spu/ni/3G/technology/

Jazaeri, F., Beckers, A., Tajalli, A., & Sallese, J.-M. (2019, August 7). A Review on Quantum Computing: From Qubits to Front-end Electronics and Cryogenic MOSFET Physics. IEEE Xplore. Retrieved September 2, 2021, from https://ieeexplore.ieee.org/abstract/document/8787164

Kay, R. (2003, November 17). Serial vs. Parallel Storage. Computerworld. Retrieved July 28, 2021, from www.computerworld.com/article/2574104/serial-vs--parallel-storage.html

Khillar, S. (2018, March 26). Difference between Von Neumann and Harvard architecture. Retrieved September 2, 2021, from http://www.differencebetween.net/technology/difference-between-von-neumannand-harvard-architecture/

Kilby, J. S. (1964, June 23). Miniaturized Electronic Circuits.

Kingatua, A. (2020, November 12). What Is a Graphene Field Effect Transistor(GFET)? Construction, Benefits, and Challenges. All About Circuits. Retrieved September 2, 2021, from www.allaboutcircuits.com/technical-articles/graphene-field-effect-transistor-gfet-constructionbenefits-challenges/

Kitayama, K.-ichi, Notomi, M., Naruse, M., Inoue, K., Kawakami, S., & Uchida, A. (2019, September 24). Novel frontier of photonics for data processingphotonic accelerator. AIP Publishing. Retrieved September 2, 2021, from https://aip.scitation.org/doi/10.1063/1.5108912

Klein, M. (2017, August 17). What Is a "Chipset", and Why Should I Care? How-To

Geek. Retrieved July 28, 2021, from www.howtogeek.com/287206/what-is-a-chipset-and-why-should-i-care/

Knerl, L. (2019, November 11). Microcontroller vs Microprocessor: What's the difference? hp.com. Retrieved July 28, 2021, from www.hp.com/us-en/shop/tech-takes/microcontroller-vs-microprocessor

Kubota, Y. (2019, October 25). China Sets Up New $29 Billion Semiconductor Fund. The Wall Street Journal. Retrieved September 2, 2021, from www.wsj.com/articles/china-sets-up-new-29-billion-semiconductorfund-11572034480

Lapedus, M. (2019, December 18). The Race To Next-Gen 2.5D/3D Packages. Semiconductor Engineering. Retrieved July 27, 2021, from https://semiengineering.com/the-race-to-next-gen-2-5d-3d-packages/

Lapedus, M. (2019, June 24). 5nm vs. 3nm. Semiconductor Engineering. Retrieved September 2, 2021, from https://semiengineering.com/5nmvs-3nm/

Lapedus, M. (2020, July 23). The Race To Much More Advanced Packaging. Semiconductor Engineering. Retrieved September 2, 2021, from https://semiengineering.com/the-race-to-much-more-advanced-packages/

Lapedus, M. (2021, January 25). New Transistor Structures At 3nm/2nm. Semiconductor Engineering. Retrieved September 2, 2021, from https://semiengineering.com/new-transistor-structures-at-3nm-2nm/

Lau, J. (2017, August 7). MCM, SIP, SoC, and HETEROGENEOUS Integration defined and explained. 3D InCites. Retrieved July 27, 2021, from www.3dincites.com/2017/08/mcm-sip-soc-and-heterogeneous-integrationdefined-and-explained/

Lee, C. (2017, November 16). What's What In Advanced Packaging. Semiconductor Engineering. Retrieved July 27, 2021, from https://semiengineering.com/whats-what-in-advanced-packaging/

Lewis, J. A. (2019, January). Learning the Superior Techniques of the Barbarians - China's Pursuit of Semiconductor Independence. https://csiswebsite-prod.s3.amazonaws.com/s3fs-public/publication/190115_Lewis_Semiconductor_v6.pdf. Retrieved July 27, 2021, from https://csis-website-prod.s3.amazonaws.com/s3fs-public/publication/190115_Lewis_Semiconductor_v6.pdf

Linder, C. (2020, July 26). DNA Is Millions of Times More Efficient Than Your Computer's Hard Drive. Popular Mechanics. Retrieved September 2, 2021, from www.

popularmechanics.com/science/a33327626/scientists-encodedwizard-of-oz-in-dna/

Lowe, D. (n.d.). Radio Electronics: Transmitters and Receivers. dummies.com. Retrieved September 1, 2021, from www.dummies.com/programming/electronics/components/radio-electronics-transmitters-andreceivers/

Lucintel. (2021, August). Semiconductor Market Report: Trends, Forecast and Competitive Analysis. ReportLinker. Retrieved January 16, 2022, from www.reportlinker.com/p05817483/Semiconductor-Market-Report-Trends-Forecast-and-Competitive-Analysis.html?utm_source=GNW

Maity, A. (2022, January 21). Microarchitecture and Instruction Set Architecture. GeeksforGeeks. Retrieved July 12, 2022, from www.geeksforgeeks.org/microarchitecture-and-instruction-set-architecture/

Matheson, R. (2018, April 6). Photonic communication comes to computer chips. Phys.org. Retrieved September 2, 2021, from https://phys.org/news/2018-04-photonic-chips.html

Maxfield, M. (2014, June 23). ASIC, ASSP, SoC, FPGA – What's the Difference? EETimes. Retrieved July 28, 2021, from www.eetimes.com/asic-asspsoc-fpga-whats-the-difference/

McGregor, J. (2018, April 6). The Difference Between ARM, MIPS, x86, RISC-V And Others In Choosing A Processor Architecture. Forbes. Retrieved September 2, 2021, from www.forbes.com/sites/tiriasresearch/2018/04/05/what-you-need-to-know-about-processor-architectures/?sh=1ac78a504f57

McKinsey & Company. (2020, August 20). Semiconductor design and manufacturing: Achieving leading-edge capabilities. McKinsey & Company. Retrieved September 2, 2021, from www.mckinsey.com/industries/advancedelectronics/our-insights/semiconductor-design-and-manufacturing-achieving-leading-edge-capabilities#:~:text=Designing%20a%205%20nm%20chip,especially%20for%20leading%2Dedge%20products.

Mehra, A. (2021). Market Leadership - FPGA Market. Retrieved January 16, 2022, from www.marketsandmarkets.com/ResearchInsight/fpga-market.asp

MEMS Journal. (2021). Retrieved September 1, 2021, from www.memsjournal.com/

Mims, C. (2020, September 19). Huang's Law Is the New Moore's Law, and Explains Why Nvidia Wants Arm. Retrieved September 2, 2021, from www.wsj.com/articles/huangs-law-is-the-new-moores-law-andexplains-why-nvidia-wants-arm-11600488001

Minzioni, P., Lacava, C., Tanabe, T., Dong, J., Hu, X., Csaba, G., Porod, W., Singh, G., Willner, A. E., Almaiman, A., Torres-Company, V., Schröder, J., Peacock, A. C., Strain, M. J., Parmigiani, F., Contestabile, G., Marpaung, D., Liu, Z., Bowers, J. E., ... Nunn, J. (2019, May 17). Iopscience. Journal of Optics. Retrieved September 2, 2021, from https://iopscience.iop.org/article/10.1088/2040-8986/ab0e66

Mitchell, G. (n.d.). How fast does electricity flow? sciencefocus.com. Retrieved September 2, 2021, from www.sciencefocus.com/science/how-fast-doeselectricity-flow/

Mittal, A. (2020, August 2). What is Power Integrity and Power Distribution Network? Sierra Circuits. Retrieved July 28, 2021, from www.protoexpress.com/blog/power-integrity-pdn-and-decoupling-capacitors/

Moore, G. (1965). Cramming more components onto integrated circuits. Electronics, 38(8).

Mordor Intelligence. (2021). GLOBAL ELECTRONIC DESIGN AUTOMATION TOOLS (EDA) MARKET - GROWTH, TRENDS, COVID-19 IMPACT, AND FORECASTS. Retrieved January 17, 2022, from www.mordorintelligence.com/industry-reports/electronic-design-automationeda-tools-market

Moyer, B. (2017, January 2). HBM vs. HMC. EEJournal. Retrieved July 28, 2021, from www.eejournal.com/article/20170102-hbm-hmc/

MPS. (n.d.). Analog Signals vs. Digital Signals. Monolithic Power Systems. Retrieved April 3, 2021, from www.monolithicpower.com/en/analog-vsdigital-signal

MPS. (n.d.). Analog Signals vs. Digital Signals. Monolithic Power. Retrieved July 27, 2021, from www.monolithicpower.com/en/analog-vs-digital-signal

MPS. (n.d.). Voltage Regulator Types and Working Principles. Monolithic Power. Retrieved July 28, 2021, from www.monolithicpower.com/en/voltageregulator-types#:~:text=A%20voltage%20regulator%20is%20a,input%20voltage%20or%20load%20conditions.&text=While%20voltage%20regulators%20are%20most,DC%20power%20conversion%20as%20well.

MRSI. (n.d.). Die Bnding. MRSI Systems. Retrieved July 27, 2021, from https://mrsisystems.com/die-bonding/#:~:text=Die%20bonding%20is%20a%20manufacturing,die%20placement%20or%20die%20attach.&text=The%20die%20is%20placed%20into,placed%20into%20solder%20(eutectic).

Murata. (2010, December 15). Basic Facts about Inductors [Lesson 1] Overview of inductors - "How do inductors work?". Murata Manufacturing Articles. Retrieved March 29, 2021, from https://article.murata.com/en-us/article/basic-facts-about-inductors-lesson-1

Nair, R. (2015). Evolution of memory architecture. Proceedings of the IEEE, 103(8), 1331–1345. https://doi.org/10.1109/jproc.2015.2435018

NASA Hubble Site. (n.d.). The Electromagnetic Spectrum. HubbleSite.org. Retrieved July 28, 2021, from https://hubblesite.org/contents/articles/the-electromagnetic-spectrum

NASA. (2018, June 27). Introduction to Electromagnetic Spectrum. NASA. Retrieved September 1, 2021, from www.nasa.gov/directorates/heo/scan/spectrum/overview/index.html

Nave, R. (2000). Voltage. Retrieved September 2, 2021, from http://hyperphysics.phy-astr.gsu.edu/hbase/electric/elevol.html

Nenni, D., & McLellan, P. M. (2014). Fabless: The transformation of the semiconductor industry. SemiWiki.com Project.

New World Encyclopedia, C. (2014, April 17). Integrated circuit. Integrated circuit. Retrieved March 29, 2021, from www.newworldencyclopedia.org/entry/Integrated_circuit

Newhaven Display International. (n.d.). Serial vs Parallel Interface. Retrieved July 27, 2021, from www.newhavendisplay.com/app_notes/parallelserial.pdf

Nobel Media. (2000, October 10). Prize Announcement. NobelPrize.org.Retrieved March 29, 2021, from www.nobelprize.org/prizes/physics/2000/popular-information/

Nobel Prize Outreach AB 2021. (n.d.). The Nobel Prize in Physics 1956. NobelPrize.org. Retrieved March 29, 2021, from www.nobelprize.org/prizes/physics/1956/summary/

Nussey, B. (2019, November 2). Understanding the basics of electricity by thinking of it as water. Freeing Energy. Retrieved September 2, 2021, from www.freeingenergy.com/understanding-the-basics-of-electricity-by-thinking-of-it-as-water/

NVIDIA. (2020). GPU-Accelerated Applications. GPU Applications Catalog. Retrieved July 27, 2021, from www.nvidia.com/content/dam/en-zz/Solutions/Data-Center/tesla-product-literature/gpu-applications-catalog.pdf

Patil, C. A. (2021, January 17). The FAB-LITE Semiconductor Fabrication Model. Retrieved September 2, 2021, from www.chetanpatil.in/the-fablite-semiconductor-fabrication-model/

Patterson, A. (2021, August 19). Samsung Considering 3 U.S. Fab Locations. EETimes. Retrieved December 23, 2021, from www.eetimes.com/samsungconsidering-3-u-s-fab-locations).

PCMAG. (n.d.). Definition of bus. PCMAG. Retrieved July 28, 2021, from www.pcmag.com/encyclopedia/term/bus

PCMAG. (n.d.). Definition of GPU. PCMAG. Retrieved July 28, 2021, from www.pcmag.com/encyclopedia/term/gpu

Pedamkar, P. (n.d.). What is Assembly Language. EDUCBA. Retrieved July 12, 2022, from www.educba.com/what-is-assembly-language/

Photonics Leadership Group. (2020). Future horizons for photonics research 2030 and beyond. Retrieved July 27, 2021, from photonicsuk.org/wp-content/uploads/2020/09/Future-Horizons-for-Photonics-Research_PLG_2020_b.pdf

Pimentel, B. (2009, March 4). GlobalFoundries created from AMD spin-off. MarketWatch. Retrieved September 2, 2021, from www.marketwatch.com/story/globalfoundries-created-amd-spin-off-the

Platzer, M. D., Sargent, J. F., & Sutter, K. M. (2020). (rep.). Semiconductors: U.S. Industry, Global Competition, and Federal Policy. Congressional Research Service.

Platzer, M. D., Sargent, J. F., & Sutter, K. M., Semiconductors: U.S. Industry, Global Competition, and Federal Policy (2020). Washington, DC; Congressional Research Service.

Porter, J. (2021, May 19). Google wants to build a useful quantum computer by 2029. The Verge. Retrieved January 17, 2022, from www.theverge.com/2021/5/19/22443453/google-quantum-computer-2029-decade-commercial-useful-qubits-quantum-transistor

Precedence Research. (2021, November 23). Semiconductor production equipment market to hit USD 121.87 bn by 2030. GlobeNewswire News Room. Retrieved January 16, 2022, from www.globenewswire.com/newsrelease/2021/11/23/2340230/0/en/Semiconductor-Production-Equipment-Market-to-Hit-USD-121-87-Bn-by-2030.html

Printed-Circuit-Board Glossary Definition. Maxim Integrated - Analog, Linear, and Mixed-Signal Devices. (n.d.). Retrieved April 3, 2021, from www.maximintegrated.com/en/glossary/definitions.mvp/term/Printed-Circuit-Board/gpk/973#:~:text=A%20printed%20circuit%20board%2C%20or,a%20working%20circuit%20or%20assembly.

process technology. PCMAG. (n.d.). Retrieved July 27, 2021, from www.pcmag.com/encyclopedia/term/process-technology

PSD. (2013). Successful Semiconductor Fabless Conference. In Power Systems Design. Paris. Retrieved February 20, 2022, from www.powersystemsdesign.com/articles/power-electronics-and-the-fabless-businessmodel-will-be-explored-at-successful-semiconductor-fabless-2013-in-paris/8/4872.

Rai-Choudhury, P. (1997). Handbook of Microlithography, Micromachining, And Microfabrication. Volume 1: Microlithography (Vol. 1). SPIE.

Raza, M. (2018, June 29). OSI Model: The 7 Layers of Network Architecture. BMC Blogs. Retrieved January 17, 2022, from www.bmc.com/blogs/osi-model-7-layers/

Rice University. (2013). Circuits and Electricity. Retrieved September 2, 2021, from www.acaedu.net/cms/lib3/TX01001550/Centricity/Domain/389/5.6B%20Circuts%20and%20Electricity.pdf

Riordan, M. (1998, July 20). Junction transistors. Encyclopædia Britannica. Retrieved March 29, 2021, from www.britannica.com/technology/transistor/Junction-transistors

RTL (Register Transfer Level). Semiconductor Engineering. (2021, February 2). Retrieved April 3, 2021, from https://semiengineering.com/knowledge_centers/eda-design/definitions/register-transfer-level/

Rubin, S. M. (1993). Computer Aids for Vlsi Design. Addison-Wesley Publishing Company.

S&P Global. (2019). S&P Global Market Intelligence. Retrieved February 21, 2022, from www.spglobal.com/marketintelligence/en/

Saint, J. L., & Saint, C. (1999, July 26). Integrated circuit. Encyclopædia Britannica. Retrieved March 29, 2021, from www.britannica.com/technology/integrated-circuit

Samsung. (2020, February 20). Samsung Electronics Begins Mass Production at New EUV Manufacturing Line. Samsung Global Newsroom. Retrieved July 27, 2021, from https://news.samsung.com/global/samsung-electronicsbegins-mass-production-at-new-euv-manufacturing-line

Samuel, M. K. (2018, January 5). EUV Lithography Finally Ready for Chip Manufacturing. IEEE Spectrum: Technology, Engineering, and Science News. Retrieved July 27, 2021, from https://spectrum.ieee.org/semiconductors/nanotechnology/euv-lithography-finallyreadyfor-chip-manufacturing

Sand, N. J., & Aasvik, M. (2019, January 25). Physical Properties of a MOSFET. Norwegian Creations. Retrieved March 29, 2021, from www.norwegiancreations.com/2019/01/physical-properties-of-a-mosfet/

Sanghavi, A. (2010, May 21). What is formal verification? eetasia.com. Retrieved April 3, 2021, from www.scribd.com/document/46878179/Formal-Verification

Savage, N. (2020, September 4). Google's Quantum Computer Achieves Chemistry Milestone. Scientific American. Retrieved September 2, 2021, from www.scientificamerican.com/article/googles-quantum-computerachieves-chemistry-milestone/

Schafer, R., & Buchalter, J. (2017). (rep.). Semiconductors: Technology and Market Primer 10.0. New York, NY: Oppenheimer Equity Research.

Science World. (n.d.). Current Electricity. Science World. Retrieved September 2, 2021, from www.scienceworld.ca/resource/current-electricity/

SCME (Southwest Center for Microsystems Education). (2017, May). History of MEMS. Retrieved September 1, 2021, from https://nanohub.org/resources/26535/download/App_Intro_PK10_PG.pdf

Semiconductor Industry Association. (2021). Retrieved March 29, 2021, from www.semiconductors.org/

Semiconductor Packaging Market by Type. Allied Market Research. (2021, June 21). Retrieved January 16, 2022, from www.alliedmarketresearch.com/semiconductor-packaging-market-A09496

Shamieh, C. (n.d.). The Power of Joule's Law in Electronics. dummies.com. Retrieved September 2, 2021, from www.dummies.com/programming/electronics/components/the-power-of-joules-law-in-electronics/

Shet, R. (2020, January 31). Memories in Digital Electronics – Classification and Characteristics. Technobyte. Retrieved July 28, 2021, from https://technobyte.org/memories-digital-electronics/

Shieber, J., & Coldewey, D. (2020, March 5). Rigetti Computing took a $71 million down round, because quantum computing is hard. TechCrunch. Retrieved September 2, 2021, from https://techcrunch.com/2020/03/05/rigetti-computing-took-a-71-million-down-round-because-quantum-computing-is-hard/

Shilov, A. (2021, October 7). Samsung to Mass Produce 2nm Chips in 2025. Tom's Hardware. Retrieved January 17, 2022, from www.tomshardware.com/news/samsung-foundry-to-produce-2nm-chips-in-2025

Shireen. (2019, June 20). What is an RF filter and Why is it so Important? Retrieved September 1, 2021, from www.shireeninc.com/what-is-an-rffilter-and-why-is-it-so-important/

Shulaker, M. M., Hills, G., Patil, N., Wei, H., Chen, H.-Y., Wong, H.-S. P., & Mitra, S. (2013, September 25). Carbon nanotube computer. Nature News. Retrieved September 2, 2021, from www.nature.com/articles/nature12502

SIA (Semiconductor Industry Association). (2020, December 3). Global Semiconductor Sales Increase 6 Percent Year-to-Year in October; Annual Sales Projected to Increase 5.1 Percent in 2020. Semiconductor Industry Association. Retrieved September 2, 2021, from www.semiconductors.org/globalsemiconductor-sales-increase-6-percent-year-to-year-in-october-annual-sales-projected-to-increase-5-1-percent-in-2020/

SIA Databook. (2020). 2020 Databook. semiconductors.org. Retrieved January 16, 2022, from www.semiconductors.org/data-resources/market-data/sia-databook/

SIA Databook. (2021). Semiconductor Industry Association (SIA) 2020 Databook. semiconductors.org. Retrieved September 2, 2021, from www.semiconductors.org/data-resources/market-data/sia-databook/

SIA End Use Survey. (2021). Semiconductor Industry Association (SIA) 2019 End Use Survey. semiconductors.org. Retrieved September 2, 2021, from www.semiconductors.org/data-resources/market-data/end-use-survey/

SIA Whitepaper. (2021, July). TAKING STOCK OF CHINA'S SEMICONDUCTOR INDUSTRY. semiconductors.org. Retrieved September 2, 2021, from www.semiconductors.org/wp-content/uploads/2021/07/Taking-Stock-of-China%E2%80%99s-Semiconductor-Industry_final.pdf

SIA WSTS (Semiconductor Industry Association and World Semiconductor Trade Statistics). (2021). Semiconductor Industry - Tables and Figures. Retrieved January 16, 2022.

SIA. (2021, May 19). SIA Factbook. Retrieved January 16, 2022, from www.semiconductors.org/wp-content/uploads/2021/05/2021-SIA-Factbook-May-19-FINAL.pdf

Singer, P. (2020, February 8). Scaling the BEOL: A Toolbox Filled with New Processes,

Boosters and Conductors. Semiconductor Digest. Retrieved July 27, 2021, from www.semiconductor-digest.com/scaling-the-beol-a-toolboxfilled-with-new-processes-boosters-and-conductors/

STMicroelectronics. (2000). Introduction to Semiconductor Technology AN900 Application Note. st.com. Retrieved July 27, 2021, from www.st.com/resource/en/application_note/cd00003986-introduction-to-semiconductor-technology-stmicroelectronics.pdf

systemverilog.io. (n.d.). Retrieved April 3, 2021, from www.systemverilog.io/gentle-introduction-to-formal-verification

Teach Computer Science. (2021, December 21). RISC and CISC Processors. Teach Computer Science. Retrieved July 12, 2022, from teachcomputerscience.com/risc-and-cisc-processors/

Teja, R. (2021, April 2). What is a Sensor? Different Types of Sensors and their Applications. Electronics Hub. Retrieved July 28, 2021, from www.electronicshub.org/different-types-sensors/

Teja, R. (2021, April 28). Classification and Different Types of Transistors. Electronics Hub. Retrieved January 17, 2022, from www.electronicshub.org/transistors-classification-and-types/

Templeton, G. C. (2015, June 22). What is silicon, and why are computer chips made from it? ExtremeTech. Retrieved March 29, 2021, from www.extremetech.com/extreme/208501-what-is-siliconand-why-are-computer-chips-made-from-it

Texas Instruments. (2018). POWER DISTRIBUTION FOR SOC AND FPGA APPLICATIONS. training.ti.com. Retrieved July 27, 2021, from https://training.ti.com/sites/default/files/docs/pmicvsdisc.pdf

Thornton, S. (2016, December 29). The Internal Processor Bus: data, address, and control bus. Microcontroller Tips. Retrieved July 28, 2021, from www.microcontrollertips.com/internal-processor-bus-data-addresscontrol-bus-faq/

Thornton, S. (2018, January 9). Risc vs. cisc architectures: Which one is better? Microcontroller Tips. Retrieved September 2, 2021, from www.microcontrollertips.com/risc-vs-cisc-architectures-one-better/#:~:text=RISC%2Dbased%20machines%20execute%20one,than%20one%20cycle%20to%20execute.&text=The%20CISC%20architecture%20can%20execute,at%20once%2C%20directly%20upon%20memory.

TIRIAS Research. (n.d.). High-Tech Experts - Research and Advisory. TIRIAS Research.

Retrieved February 21, 2022, from www.tiriasresearch.com/

Trimberger, S. M. (2015). Three ages of FPGAs: A retrospective on the first thirty years of FPGA Technology. Proceedings of the IEEE, 103(3), 318–331. https://doi.org/10.1109/jproc.2015.2392104

Tsai, M.-Y., Hsu, C. H. J., & Wang, C. T. O. (2004). Investigation of thermomechanical behaviors of flip chip bga packages during manufacturing process and thermal cycling. IEEE Transactions on Components and Packaging Technologies, 27(3), 568–576. https://doi.org/10.1109/tcapt.2004.831817

Tucker, J. H. (1994). Hardware Description Languages. The Role of Computers in Research and Development at Langley Research Center. https://doi.org/19950010062

Turley, J. L. (2002). The Essential Guide to Semiconductors. Pearson.

Tyson, J. (n.d.). How Computer Memory Works. HowStuffWorks. Retrieved July 28, 2021, from https://computer.howstuffworks.com/computermemory4.htm

Tyson, M. (2021, August 19). Nvidia announces record quarterly revenue of $6.5 billion. HEXUS.net. Retrieved September 2, 2021, from https://m.hexus.net/business/news/general-business/148259-nvidia-announces-record-quarterly-revenue-65-billion/

U.S. Department of Energy. (n.d.). How Lithium-ion Batteries Work. Energy. gov. Retrieved April 24, 2022, from www.energy.gov/science/doeexplainsbatteries#:~:text=When%20the%20electrons%20move%20from,circuit%20and%20discharge%20the%20battery.

Vakil, B., & Linton, T. (2021, February 26). Why We're in the Midst of a Global Semiconductor Shortage. Harvard Business Review. Retrieved September 2, 2021, from https://hbr.org/2021/02/why-were-in-the-midst-of-a-globalsemiconductor-shortage

Valentine, C. (2019, October 25). Photolithography Basics. Inseto UK. Retrieved July 27, 2021, from www.inseto.co.uk/lithographybasics/

Varas, A., Varadarajan, R., Goodrich, J., & Yinug, F. (2020, September). Government Incentives and US Competitiveness in Semiconductor Manufacturing. semiconductors. org. Retrieved January 16, 2022, from www.semiconductors.org/wp-content/uploads/2020/09/Government-Incentives-and-US-Competitiveness-in-Semiconductor-Manufacturing-Sep-2020.pdf

Varas, A., Varadarajan, R., Goodrich, J., & Yinug, F. (2021, April). Strengthening the Global Semiconductor Supply Chain in an Uncertain Era. Retrieved September 2, 2021, from www.semiconductors.org/wp-content/uploads/2021/05/BCG-x-SIA-Strengthening-the-Global-Semiconductor-Value-Chain-April-2021_1.pdf

Venture Outsource. (n.d.). Electronic product design automation software drives hardware product launch and EDA JOBS. VentureOutsource.com. Retrieved September 2, 2021, from www.ventureoutsource.com/contractmanufacturing/electronic-product-design-automationsoftware-controlling-hardware-product-launch/

VLSI Guide. (2018, July). Clock Tree Synthesis (CTS). vlsiguide.com. Retrieved April 3, 2021, from www.vlsiguide.com/2018/07/clock-tree-synthesis-cts.html

Voltage and Current. All About Circuits. (n.d.). Retrieved September 1, 2021, from www.allaboutcircuits.com/textbook/direct-current/chpt-1/voltage-current/

Vora, L. J. (2015). Evolution of Mobile Generation Technology: 1G to 5G and Review of Upcoming Wireless Technology 5G. International Journal of Modern Trends in Engineering and Research (IJMTER), 2(10), 281–290. Retrieved September 1, 2021, from www.ijmter.com/papers/volume-2/issue-10/evolution-of-mobile-generation-technology-1g-to-5g-and-reviewof-5g.pdf.

Weisman, C. J. (2003). The Essential Guide to Rf and Wireless. Publishing House of Electronics Industry.

Whalen, J. (2021, June 14). Countries lavish subsidies and perks on semiconductor manufacturers as a global chip war heats up. The Washington Post. Retrieved September 2, 2021, from www.washingtonpost.com/technology/2021/06/14/global-subsidies-semiconductors-shortage/

Wile, B., Goss, J. C., & Roesner, W. (2005). Comprehensive functional verification the complete industry cycle. Elsevier/Morgan Kaufmann.

Williams, M. (2016, April 8). What Is The Electron Cloud Model? Universe Today. Retrieved September 2, 2021, from www.universetoday.com/38282/electron-cloud-model/

Wilson, T. V., & Johnson, R. (2005, July 20). How Motherboards Work. HowStuffWorks. Retrieved July 28, 2021, from https://computer.howstuffworks.com/motherboard4.htm

Wright, G. (2021, March 4). What is a base station? WhatIs.com. Retrieved September 1, 2021, from https://whatis.techtarget.com/definition/base-station

WSTS (World Semiconductor Trade Statistics). (2017, December 16). WSTS Product Classification 2018. Semiconductors.org. Retrieved September 1, 2021, from www.

semiconductors.org/wp-content/uploads/2018/07/ Product_Classification_2018.pdf

Xilinx. (n.d.). Emulation & Prototyping. Xilinx. Retrieved July 28, 2021, from www.xilinx.com/applications/emulation-prototyping.html

Yahoo! Finance. (2021, September 2). Synopsys, Inc. (SNPS) stock Price, NEWS, quote & history. Retrieved September 2, 2021, from https://finance.yahoo.com/quote/SNPS/

Ye, P. D., Ernst, T., & Khare, M. V. (2019, July 30). THE NANOSHEET TRANSISTOR IS THE NEXT (AND MAYBE LAST) STEP IN MOORE'S LAW. IEEE Spectrum. Retrieved September 2, 2021, from https://spectrum.ieee.org/semiconductors/devices/the-nanosheet-transistoris-the-next-and-maybe-last-step-in-moores-law

Yellin, B. (2019). SAVING THE FUTURE OF MOORE'S LAW. Dell Technologies Proven Professional Knowledge Sharing.

Zhao, L. (2017, December 18). All About Interconnects. Semiconductor Engineering. Retrieved July 27, 2021, from https://semiengineering.com/all-about-interconnects/

Sources – Illustrations

A13ean. (2012). Autostep i-Line Stepper. photograph, Wikimedia Commons. Retrieved April 3, 2021, from https://commons.wikimedia.org/wiki/File:Autostep_i-line_stepper.jpg.

Aldrich, S. (2018). Physical Vapor Deposition (Pvd). Wikimedia Commons. Retrieved April 3, 2021, from https://commons.wikimedia.org/wiki/File:Physical_Vapor_Deposition_(PVD).jpg.

Alistair1978. (2020). 'Twin and Earth' electrical cable. photograph, Wikimedia Commons. Retrieved February 20, 2022, from https://commons.wikimedia.org/wiki/File:%27Twin_and_Earth%27_electrical_cable._BS_6004,_6mm%C2%B2.jpg.

AMD Newsroom. (2020, October 27). AMD to Acquire Xilinx, Creating the Industry's High Performance Computing Leader. Retrieved April 25, 2022, from www.amd.com/en/press-releases/2020-10-27-amd-to-acquirexilinx-creating-the-industry-s-high-performance-computing

Analog Devices Newsroom. (2020, July 13). Analog Devices Announces Combination with Maxim Integrated, Strengthening Analog Semiconductor Leadership. Retrieved April 24, 2022, from www.analog.com/en/about-adi/news-room/press-releases/2020/7-13-2020-analog-devicesannounces-combination-with-maxim-integrated.html

Argonne National Laboratory. (2008). Argonne's Tribology Lab Plasma-Assisted Chemical-Vapor Deposition. flickr. photograph. Retrieved April 2, 2021, from www.flickr.com/photos/35734278@N05/3469453524.

Ashri, S. (2014). Parallel and Serial Transmission. Wikibooks. Retrieved April 3, 2021, from https://commons.wikimedia.org/wiki/File:Parallel_and_Serial_Transmission.gif.

Bautista, D. (2015). Suny College of Nanoscale Science and Engineering's Michael Liehr, left, and Ibm's Bala Haranand look at wafer comprised of 7nm chips. photograph, Albany, NY; IBM. Retrieved April 3, 2021, from http://www-03.ibm.com/press/us/en/photo/47302.wss.

Bender, R., & Dummett, B. (2019, June 3). German Chip Maker Infineon Buys U.S. Rival in $9.4 Billion Deal. Retrieved April 24, 2022, from www.wsj.com/articles/infineon-to-buy-cypress-semiconductor-inmultibillion-dollar-deal-11559540811

Broadcom Inc. (2013, December 16). Avago Technologies to Acquire LSI Corporation for $6.6 Billion in Cash. GlobeNewswire News Room. Retrieved April 24, 2022, from www.globenewswire.com/news-release/2013/12/16/597048/10061554/en/Avago-Technologies-to-Acquire-LSICorporation-for-6-6-Billion-in-Cash.html

Broadcom Inc. (2015, May 28). Avago Technologies to Acquire Broadcom for $37 Billion. GlobeNewswire News Room. Retrieved April 24, 2022, from www.globenewswire.com/news-release/2015/05/28/739835/10136316/en/Avago-Technologies-to-Acquire-Broadcom-for-37-Billion.html

Brodkin, J. (2014, October 20). Struggling IBM pays $1.5 billion to dump its chipmaking business. Ars Technica. Retrieved April 24, 2022, from https://arstechnica.com/information-technology/2014/10/struggling-ibm-pays-1-5-billion-to-dump-its-chipmakingbusiness/

Business Wire. (2014, August 20). Infineon Technologies AG to Acquire International Rectifier Corporation for US-Dollar 40 per share, approximately US-Dollar 3 billion in cash. Retrieved April 24, 2022, from www.businesswire.com/news/home/20140820005867/en/Infineon-Technologies-AG-to-Acquire-International-Rectifier-Corporation-for-USDollar-40-per-share-approximately-US-Dollar-3-billion-in-cash

Business Wire. (2019, March 27). ON Semiconductor to Acquire Quantenna Communications. Retrieved April 24, 2022, from www.businesswire.com/news/home/20190327005791/en/ON-Semiconductor-to-Acquire-Quantenna-Communications

Clark, D. (2016, July 26). Analog Devices to Acquire Linear Technology for $14.8 Billion. Retrieved April 24, 2022, from www.wsj.com/articles/analog-devices-to-acquire-linear-technology-for-14-8-billion-1469563887

CNBC. (2015, December 7). NXP closes deal to buy Freescale and create top auto chipmaker. CNBC. Retrieved April 24, 2022, from www.cnbc.com/2015/12/07/nxp-closes-deal-to-buy-freescale-and-createtop-auto-chipmaker.html

Currier, N., & Ives, J. M. (2009, November 24). Franklin's Experiment, June 1752 [Benjamin Franklin flies kite during thunderstorm]. History.com. Retrieved February 20, 2022, from www.history.com/this-day-in-history/franklin-flies-kite-during-thunderstorm.

Davis, C. (2019). Google Data Center. Wikimedia Commons. photograph, Council Bluffs; flickr. Retrieved May 11, 2022, from https://commons.wikimedia.org/wiki/File:Google_Data_Center,_Council_Bluffs_Iowa_(49062863796).jpg.

Design & Reuse. (2016, September 13). Renesas to Acquire Intersil to Create the World's Leading Embedded Solution Provider. Retrieved April 24, 2022, from www.design-reuse.com/news/40504/renesas-intersil-acquisition.html

Design & Reuse. (2021, September 29). Chip M&A Deals Reach $22 Billion in First Eight Months of 2021. Retrieved April 24, 2022, from www.designreuse.com/news/50674/2021-semiconductor-acquisition-agreements.html

Enricoros. (2007). SiliconCroda. Wikimedia Commons. Wikimedia Commons. Retrieved April 2, 2021, from https://commons.wikimedia.org/wiki/File:SiliconCroda.jpg.

EPS News. (2019, September 20). Semiconductor M&A Accelerates in 2019. Retrieved April 24, 2022, from https://epsnews.com/2019/09/20/semiconductor-ma-accelerates-in-2019/

Etherington, D. (2016, October 27). Qualcomm to acquire NXP Semiconductor for $47 billion. TechCrunch. Retrieved April 24, 2022, from https://techcrunch.com/2016/10/27/qualcomm-to-acquire-nxp-semiconductorfor-47-billion/

Gibbs, M., & Uberpenguin. (2006). Interconnects Under the Microscope. Wikimedia Commons. Retrieved April 3, 2021, from https://commons.wikimedia.org/wiki/File:80486DX2_200x.png.

Hertz, J. (2021, September 11). The Swiftly Changing Landscape of Semiconductor Companies: 2021 Acquisitions Update. All About Circuits. RetrievedApril24,2022, from www.allaboutcircuits.com/news/the-swiftlychanging-landscape-of-semiconductorcompanies-2021-acquisitions-update/

Iam, M. (2017). Photolithography. Wikimedia Commons. Retrieved April 3, 2021, from https://commons.wikimedia.org/wiki/File:Photolithography.tif.

IBM Research. (2019). Ibm Quantum Computer. flickr. photograph. Retrieved April 3, 2021, from www.flickr.com/photos/ibm_research_zurich/50252942522/in/photolist-2jyFt2u-WAMVUZ-UwMT2P-xzowft-BJvjFa-25UdWHB-UTiVVw-Wga1Ro-WRucfA-2hbTfxm-2iwebnp-qLD1Nn-XurtEhqA8nzH-2iGGkKs-U71Lj3-P2xPB7-241ciS4-GeeX-n-VbbAYh-3762-232N7FT-26tLwDy-2gnoFkA-WGMXyd-ScbQFo-4f5LeC-2j5ZdY7-BQdkR9-WfbJ8Nfrkgp-T6BLkS-QAoqhf-VuCZLF-2iVsyuN-GxAA54-79HDkv-pmK1t2-oDC7LA-2kw1A1c-dgLNXi-24Ax4dj-2hEUhiK-23qF8wx-2hbT82V-2krQGy5-Eqbkev-fyDfcH-GxVKi8-2kupFSJ/.

IBM. (n.d.). Retrieved January 16, 2022, from ibm.com

IC Insights. (2021). The McClean Report 2021. Retrieved April 24, 2022, from www.icinsights.com/services/mcclean-report/

Ikeda, M. (2007). Rca '808' Power Vacuum Tube. Wikimedia Commons. Retrieved April 2, 2021, from https://commons.wikimedia.org/wiki/File:RCA_%E2%80%99808%E2%80%99_Power_Vacuum_Tube.jpg.

Intel Newsroom. (2016, September 22). Intel Acquisition of Altera. Intel Newsroom. Retrieved April 24, 2022, from https://newsroom.intel.com/press-kits/intel-acquisition-of-altera/#gs.xw7164

IntelFreePress. (2013). Mobile Device Sensors. flickr. Retrieved April 3, 2021, from www.flickr.com/photos/intelfreepress/7791649188/sizes/o/in/photostream/.

IQM Quantum Computers. (2020, August 21). IQM Quantum Computer in Espoo Finland. Wikimedia Commons. Retrieved January 16, 2022, from https://commons.wikimedia.org/wiki/File:IQM_Quantum_Computer_Espoo_Finland.jpg

Jacinsoncables. (2007). Core Round Jainson Cable. photograph, Wikimedia Commons. Retrieved February 20, 2022, from https://commons.wikimedia.org/wiki/File:3_Core_Round_Jainson_Cable.jpg.

James, L. (2021, February 9). Renesas Acquires Dialog Semiconductor in $6Billion Deal. All About Circuits. Retrieved April 24, 2022, from www.allaboutcircuits.com/news/renesas-acquires-dialogsemiconductor-in-6-billion-deal/

Kharpal, A. (2016, July 18). Japan's Softbank to buy chip-design powerhouse arm for $32 billion. CNBC. Retrieved April 24, 2022, from www.cnbc.com/2016/07/17/softbank-poised-to-take-uks-arm-for-234-billion.html

Kumar, V. (2022). Apple's Mesa Data Center. rankred.com. photograph, RankRed. Retrieved February 20, 2022, from www.rankred.com/largestdata-centers-in-the-world/.

Macera, F. (1998). Packaged Eniac-on-a-Chip. www.seas.upenn.edu. photograph, Philadelphia; Trustees University of Pennsylvania. Retrieved May 11, 2022, from www.seas.upenn.edu/~jan/pictures/eniacpictures/EniacChipPackaged.jpg.

Manners, D. (2015, January 5). RFMD and Triquint Complete Merger. Electronics Weekly. Retrieved April 24, 2022, from www.electronicsweekly.com/news/business/finance/rfmd-triquintcomplete-merger-2015-01/

Marvell Newsroom. (2020, October 29). Marvell to Acquire Inphi - Accelerating Growth and Leadership in Cloud and 5G Infrastructure. Retrieved April 24, 2022, from www.marvell.com/company/newsroom/marvell-to-acquireinphi-accelerating-growth-leadership-cloud-5g-infrastructure.html

Mineralogy Museum. (2017). Silicon Wafers. Wikimedia Commons. photograph, Munich. Retrieved April 2, 2021, from https://commons.wikimedia.org/wiki/File:Silicon_wafers.jpg.

NASA. (2010). Electromagnetic Spectrum. NASA Science. Retrieved April 3, 2021, from https://science.nasa.gov/ems/.

NNI. (n.d.). Size of the Nanoscale. National Nanotechnology Initiative. Retrieved July 27, 2022, from www.nano.gov/nanotech-101/what/nano-size

Nowicki, W. (2019). Computer System Bus. Wikimedia Commons. Retrieved April 3, 2021, from https://commons.wikimedia.org/wiki/File:Computer_system_bus.svg.

NVIDIA Newsroom. (2020, September 13). NVIDIA to Acquire Arm for $40 Billion, Creating World's Premier Computing Company for the Age of AI. Retrieved April 24, 2022, from https://nvidianews.nvidia.com/news/nvidia-to-acquire-arm-for-40-billion-creatingworlds-premier-computing-company-for-the-age-of-ai

NVIDIA Newsroom. (2019, March 19). NVIDIA to Acquire Mellanox for $6.9 Billion. Retrieved April 24, 2022, from https://nvidianews.nvidia.com/news/nvidia-to-acquire-mellanox-for-6-9-billion

Oyster, F. T. (2014). Chipset Schematic. Wikimedia Commons. Retrieved April 3, 2021, from https://commons.wikimedia.org/wiki/File:Chipset_schematic.svg.

Palladino, V. (2017, November 20). Marvell technology to buy Chipmaker Cavium for about $6 billion. Retrieved April 24, 2022, from https://arstechnica.com/information-technology/2017/11/marvell-technology-strikes-deal-to-buy-chipmaker-cavium-for-6-billion/

Paumier, G. (2007). Molecular-beam epitaxy system at Laas. gauillaumepaumier. photograph, Toulouse, France. Retrieved April 3, 2021, from https://guillaumepaumier.com/, CC-BY.

Peellden. (2011). Semiconductor Photomask. photograph, Wikimedia Commons. Retrieved April 3, 2021, from https://commons.wikimedia.org/wiki/File:Semiconductor_photomask.jpg.

Picker, L. (2016, January 20). Microchip Technology to Buy Atmel for Nearly $3.6 Billion. The New York Times. Retrieved April 24, 2022, from www.nytimes.com/2016/01/20/business/dealbook/microchip-technologyto-buy-atmel-for-nearly-3-6-billion.html

Potrowl, P. (2012). Clean Room. Wikimedia Commons. photograph, Villeneuve-d'Ascq, France. Retrieved April 3, 2021, from https://commons.wikimedia.org/wiki/File:Villeneuve-d%27Ascq_-_IEMN_clean_room_-_6.jpg.

Qorvo, Inc. (2014, February 24). RFMD and TriQuint to Combine, Creating a New Leader in RF Solutions. GlobeNewswire News Room. Retrieved April 24, 2022, from www.globenewswire.com/news-release/2014/02/24/612604/10069612/en/RFMD-and-TriQuint-to-Combine-Creating-a-New-Leader-in-RF-Solutions.html

Qualcomm Newsroom. (2021, January 13). Qualcomm to Acquire NUVIA. Retrieved April 24, 2022, from www.qualcomm.com/news/releases/2021/01/13/qualcomm-acquire-nuvia

Rao, L. (2011, April 4). Texas Instruments Acquires National Semiconductor for $6.5 Billion in Cash. TechCrunch. Retrieved April 24, 2022, from https://techcrunch.com/2011/04/04/texas-instruments-acquires-manufacturer-national-semiconductor-for-6-5-billion-incash/#:~:text=Texas%20Instruments%20has%20signed%20an,in%20six%20to%20nine%20months

Reinhold, A. (2020). Transistor Package and Schematic. Wikimedia Commons. Retrieved April 2, 2021, from https://commons.wikimedia.org/wiki/File:Transistor_pakage.png.

Renesas. (2018, September 11). Renesas to Acquire Integrated Device Technology, to

Enhance Global Leadership in Embedded Solutions. Renesas. Retrieved April 24, 2022, from www.renesas.com/us/en/about/pressroom/renesas-acquire-integrated-device-technologyenhance-global-leadership-embedded-solutions

Ringle, H. (2016, September 19). ON Semiconductor completes its $2.4 billion acquisition of Fairchild. Bizjournals.com. Retrieved April 24, 2022, from www.bizjournals.com/phoenix/news/2016/09/19/on-semiconductorcompletes-its-2-4-billion.html# :~:text=announced%20its%20%242.4%20billion%20cash,10%20non%2Dmemory%20semiconductor%20company.

Roser, M., & Ritchie, H. (2020). Moore's Law Transistor Count 1970-2020. Wikimedia Commons. Retrieved August 14, 2022, from https://commons. wikimedia.org/wiki/File:Moore%27s_Law_Transistor_Count_1970-2020.png.

Sandia National Laboratories. (n.d.). MEMS Video & Image Gallery. Microsystems Engineering, Science and Applications (MESA). Retrieved August 14, 2022, from www.sandia.gov/mesa/mems-video-image-gallery/

Scoble, R. (2020). Microsoft Bing Maps' datacenter. photograph, Wikimedia Commons. Retrieved February 20, 2022, from https://commons.wikimedia.org/wiki/File:Microsoft_Bing_Maps%27_datacenter_-_Flickr_-_Robert_Scoble.jpg.

Semiconductor Digest. (2015). Western Digital announces acquisition of SanDisk. Semiconductor Digest. Retrieved April 24, 2022, from https://sst.semiconductor-digest.com/2015/10/western-digital-announces-acquisition-of-sandisk/

Shigeru23. (2011). Wafer Die's Yield Model (10-20-40mm). Wikimedia Commons. Retrieved April 3, 2021, from https://commons.wikimedia.org/wiki/File:Wafer_die%27s_yield_model_(10-20-40mm).PNG.

Silicon Valley Business Journal. (2014, December 14). Cypress Semiconductor buys Spansion for about $1.6 billion. Bizjournals.com. Retrieved April 24, 2022, from www.bizjournals.com/sanjose/news/2014/12/01/cypresssemiconductor-buys-spansion-for-about-1-6.html

Silicon Wafer. (2010). Wikimedia Commons. photograph. Retrieved April 2, 2021, from https://commons.wikimedia.org/wiki/File:Silicon_wafer.jpg.

SK hynix Newsroom. (2020, October 20). SK hynix to Acquire Intel NAND Memory Business. Retrieved April 24, 2022, from https://news.skhynix.com/sk-hynix-to-acquire-intel-nand-memory-business/

Stahlkocher. (2004). Silicon Ingot. Wikimedia Commons. photograph. Retrieved April 2, 2021, from https://commons.wikimedia.org/wiki/File:Monokristalines_Silizium_f%C3%BCr_die_Waferherstellung.jpg.

STAMPRUS. (1959). Stamp 1959 Cpa 2326 Soviet Union. Catalogue of postage stamps of Russia and the USSR. photograph. Retrieved April 2, 2021, from https://commons.wikimedia.org/wiki/File:The_Soviet_Union_1959_CPA_2326_stamp_(Przewalski%27s_horse)_Counter_sheet_(pane)_cancelled.jpg.

TronicsZone. (2017). Pcb Design. photograph. Retrieved April 2, 2021, from https://commons.wikimedia.org/wiki/File:PCB_design.jpg.

Twisp. (2008). Flip Chip. Wikimedia Commons. Retrieved April 3, 2021, from https://commons.wikimedia.org/wiki/File:Flip_chip_flipped.svg.

U.S. Army. (1947). Eniac. Historical Monograph: Electronic Computers Within the Ordnance Corps. photograph, Philadelphia. Retrieved April 2, 2021, from https://commons.wikimedia.org/wiki/File:Eniac.jpg.

Usher, O. (2013). Cleanroom - Photolithography Lab. flickr. photograph, London, England; UCL Mathematical & Physical Sciences. Retrieved April 3, 2021, from www.flickr.com/photos/uclmaps/9148360385/.

Ziegler, C. (2011, January 5). Qualcomm snaps up Atheros for $3.1 billion. Engadget. Retrieved April 24, 2022, from www.engadget.com/2011-01-05-qualcomm-snaps-up-atheros-for-3-1-billion.html

용어집

2.5D 패키징 (2.5D Packaging)
다이들이 인터포저라고 하는 공유 기판에 연결된 패키징 구조로 이 기판은 다시 PCB에 연결된다.

2D 트랜지스터 (2D Transistors)
채널과 한쪽 면만 접하는 평면 게이트 구조의 트랜지스터. 예를 들면 BJT와 MOSFET이 있다.

3D 패키징 (3D Packaging)
다이가 서로 바로 위에 쌓여 있는 패키징 구조.

3D 트랜지스터 (3D Transistors)
채널과 세 면 또는 네 면과 접하는 돌출형 게이트 구조의 트랜지스터. 예를 들면 FinFET과 GAA가 있다.

액추에이터 (Actuator)
전기 신호를 실생활의 신호로 다시 변환하는 장치. 능동 액추에이터는 외부 전원이 필요하지만 수동 액추에이터는 동작에 전원이 필요하지 않다.

주소 버스 (Address Bus)
프로세서가 특정 데이터를 찾을 수 있게 해주는 버스 인터페이스.

교류 (Alternating Current; AC)
주기적으로 방향(극성)이 바뀌는 전류. 장거리 전력 수송에 가장 적합하며 유틸리티 전력망에서 자주 사용한다.

암페어 (Amperes; amp 또는 A)
전류의 기본 단위. 1초 동안 특정 지점을 얼마나 많은 전하가 통과하는지를 나타낸다.

증폭기 (Amplifier)
신호 세기를 높이는 전자 부품.

진폭 (Amplitude)
아날로그 "파동" 신호의 높이.

아날로그 전자공학 (Analog Electronics)
아날로그 신호와 이를 제어하고 처리하는 부품을 연구하는 전자공학 분야.

아날로그 신호 (Analog Signals)
빈 공간 상에 정보를 전송할 수 있는 전자기 "파동" 에너지. 일반적으로 파장과 주파수에 따라 분류된다.

아날로그 디지털 변환기 (Analog-to-Digital; ADC)
아날로그 신호 정보를 디지털 형식으로 변환하는 데이터 변환기.

AND 게이트 (AND Gate)
게이트신호를 통과시키기 전에 두 가지 입력 조건이 충족되어야 하는 논리 게이트.

양극 (Anode)
"과잉" 전자를 가진 물질로 구성된 음전하를 띤 전극. 배터리의 음극을 형성하고 회로를 통해 흐르는 전자를 다른 쪽의 음극에 준다.

안테나 (Antenna)
다른 시스템으로 신호를 수신하거나 전송하는 전자 부품. 많은 안테나가 송신기와 수신기 기능을 번갈아 수행하며 두 가지 역할을 모두 수행할 수 있다.

응용 계층 (Application Layer)
OSI 모델의 레이어 7. 여기에는 사용자 인터페이스가 포함되고 네트워크의 최종 사용자에게 실제로 표시되는 내용을 설명한다.

주문형 반도체(Application Specific Integrated Circuit; ASIC)
단일 시스템에서 특정 용도에 맞게 설계되고 최적화된 논리 장치의 한 유형(역주: 보통 집적회로를 일컬음).

응용 별 표준 부품 (Application Specific Standard Part; ASSP)
ASIC과 유사하게 한 시스템에 설계되고 집적되는 논리 장치의 한 유형. 동일한 부품을 다양한 제품에 사용할 수 있기 때문에 "표준 부품"이라는 용어를 사용함.

응용 별 표준 제품 (Application Specific Standard Products; ASSPs)
SIA 프레임워크의 로직 세그먼트와 유사하게 특정 응용을 위해 설계된 아날로그 집적회로.

산술 논리 장치 (Arithmetic Logic Unit; ALU)
프로세서가 제공하도록 설계된 소프트웨어 프로그램을 실행하는 데 필요한 모든 수치 및 논리 기반 연산을 수행하는 중앙처리장치의 일부.

ARM 아키텍처 (ARM Architecture)
대중적인 라이선스 ISA.

인공지능 (Artificial Intelligence)
일반적으로 인간에게 맡겨진 "지능적인" 작업을 수행할 수 있는 컴퓨터 시스템을 만드는 광범위한 분야. 기계 학습과 심층 학습이 인공지능의 한 유형이다.

어셈블리 (Assembly)
완성된 집적 회로 또는 반도체 장치를 IC 패키지 안에 넣고 밀봉하는 여러 단계의 프로세스.

어셈블리 언어 (Assembly Language)
컴퓨터 하드웨어에 직접 명령을 전달하는 데 사용되는 낮은 수준의 프로그래밍 언어.

원자층 증착 (Atomic Layer Deposition; ALD)
반도체 제조 공정 과정에서 실리콘 웨이퍼 표면에 박막을 증착 하는 데 사용하는 화학 증착 기술. 화학 기상 증착(CVD)의 한 가지.

백엔드 응용 체계 (Backend Application Framework)
소프트웨어 프로그램에서 어떤 목적이나 최종 목표를 위해 데이터베이스에 저장된 데이터를 처리하는 데 사용되는 프로그래밍 로직. 소프트웨어 백엔드는 최종 사용자에게 유용한 출력을 제공하기 위해 일반적으로 소프트웨어 프론트 엔드와 연결된다.

백엔드 설계 (Back-End Design)
반도체 설계 흐름에서 프론트엔드 설계 이후의 한 단계로, 넷리스트라고 하는 상세한 명령어 목록을 물리적 레이아웃으로 변환하고 제조를 위해 반도체 팹으로 보내기 전에 테스트 및 검증하는 단계. 일반적으로 물리적 설계라고도 한다.

백엔드 제조 (Back-End Manufacturing)
웨이퍼 제작이 완료된 후 반도체 제조 공정의 나머지 단계들로 웨이퍼 범핑, 웨이퍼 다이싱, 다이 본딩, 외부 인터커넥트 형성, 봉지, 밀봉, 최종 테스트 등이 해당.

백엔드 공정, 후 공정 (Back-end of the Line; BEOL)
로컬 및 글로벌 인터커넥트가 논리 게이트를 형성하고 더 다양한 시스템 구성 요소를 연결하는 프런트엔드 제조 공정의 일부. 이러한 인터커넥트는 일반적으로 구리 또는 알루미늄과 같은 금속으로 만들어지기 때문에 제조 공정의 "포스트 메탈" 부분이라고도 한다.

백엔드 검증 (Back-End Validation)
칩이 선택한 공정의 모든 규칙을 준수하는지 확인하는 백엔드 설계 프로세스의 한 단계. 물리적 검증 또는 백엔드 검증이라고도 한다.

볼 그리드 어레이 (Ball Grid Array; BGA)
솔더 볼 그리드를 사용하여 다이 패키지 어셈블리를 PCB에 연결하는 표면 실장 패키징 기술의 일종.

대역 통과 필터 (Band Pass Filter)
두 주파수 사이의 신호만 허용하는 필터.

대역 차단 필터 (Band Reject Filter)
특정 주파수 범위를 벗어난 신호만 허용하는 필터.

베이스 (Base)
이미터와 컬렉터 사이에 있는 바이폴라 접합 트랜지스터의 중간 부분으로, MOSFET의 게이트와 유사하다.

기지국 (Base Station)
특정 지역이나 커버리지 셀로 서비스 네트워크를 확장하는 무선 중계 지점.

배터리 (Battery)
전기화학 반응을 통해 셀에 저장된 화학 에너지를 전기 에너지로 변환하는 전력 저장 장치.

이진 컴퓨터 언어 (Binary Computer Language)
소프트웨어 개발자가 컴퓨터와 의사 소통하는 데 사용하는 "커짐"(1) 및 "꺼짐"(0) 트랜지스터 패턴.

바이폴라 접합 트랜지스터(Bipolar Junction Transistor; BJT)
전류를 사용하여 베이스를 제어하는 트랜지스터의 일종. 베이스, 이미터, 컬렉터의 세 부분으로 구성된다(MOSFET의 소스, 게이트, 드레인과 유사).

바이폴라 제조 (Bipolar Manufacturing)
특정 유형의 집적 회로 및 트랜지스터를 제작하는 데 사용되는 특화된 제조 기술.

비트 (Bit)
컴퓨터가 처리할 수 있는 가장 작은 데이터 단위. 켜짐(1) 또는 꺼짐(0)의 두 가지 값 중 하나를 나타내며, 이진 컴퓨터 언어의 기초를 형성한다.

비트 전송률 (Bit Rate)
주어진 시간 동안 처리되는 비트 수. 종종 초당 비트로 표현된다.

블록 다이어그램 (Block Diagram)
도식 및 도형을 사용하여 표시하는 다이어그램으로 복잡한 시스템 및 프로세스에서 관련 개체 간의 관계를 나타낸다. 전기 공학에서 회로 및 기타 장치를 묘사하는 데 일반적으로 사용된다.

부울 논리 (Boolean Logic)
변수에 참 또는 거짓으로 레이블을 지정하는 수학적 논리. 일반적인 부울 연산자로는 “OR”, “AND”, “NOT” 등이 있다.

부팅 명령 (Booting Instructions)
컴퓨터가 켜지도록 지시하는 특정 컴퓨팅 명령.

(메모리로) 굽기 (Burning to memory)
프로그래밍 가능한 읽기 전용 메모리(PROM)를 일련의 데이터로 프로그래밍하는 과정.

버스 바 (Bus-bar)
프로세서를 전자 시스템의 다양한 부품과 연결하는 데 사용되는 전선 묶음. 이 용어는 주로 초기 개인용 컴퓨팅에서 사용되었다.

버스 인터페이스 (Bus Interface)
시스템 또는 PCB의 여러 구성 요소 간에 데이터가 이동하는 물리적 전선.

캐시 메모리 (Cache Memory)
CPU에 가장 가깝게 위치한 RAM의 한 유형. 캐시는 모든 메모리 유형 중 가장 빠른 속도를 요구하며 일반적으로 실행 대기 중인 명령어를 저장한다. CPU 메모리라고도 한다.

축전기 (Capacitor)
전압을 조절하고 전기 에너지를 저장하는 데 사용되는 장치.

탄소 나노튜브 (Carbon Nanotubes)
멀지 않은 미래에 실리콘 트랜지스터의 대안이 될 수 있는 그래핀 시트를 말아 만든 구조물.

캐리어 신호 (Carrier Signal)
디지털 정보를 부호화 상당한 거리를 무선으로 전송하는데 사용하는 아날로그 “파동” 신호.

음극 (Cathode)
전자를 “필요로 하는” 물질로 구성된 양전하를 띤 전극. 배터리의 양극을 형성하고 다른 쪽의 양극에서 회로를 통해 흐르는 전자를 받아들인다.

중앙 처리 장치 (Central Processing Unit; CPU)
컴퓨팅 시스템의 주요 처리 역할을 하는 가장 정교한 논리 장치 및 마이크로프로세서의 일종.

채널 (Channel)
전류가 흐를 수 있는 트랜지스터 게이트를 가로지르는 개구부.

화학 에너지 (Chemical Energy)
화합물의 결합에 저장되어 있다가 화학 반응 중에 방출되는 에너지. 배터리는 저장된 화학 에너지를 전기 에너지로 변환한다.

화학적-기계적 평탄화 (Chemical-Mechanical Planarization; CMP)
화학적 힘과 기계적 힘을 결합하여 웨이퍼 표면을 매끄럽게 만드는 제거 공정의 일종.

화학 기상 증착 (Chemical Vapor Deposition; CVD)
반도체 제조 공정 과정에서 실리콘 웨이퍼 표면에 박막을 증착하는데 사용되는 증착 기술의 범주. CVD는 PVD보다 훨씬 높은 온도에서 이뤄지며 기체 형태의 코팅 물질을 사용한다.

칩 스케일 패키징 (Chip-Scale Packaging)
웨이퍼가 다이싱 되기 전에 패키징 프로세스를 시작하는 집적 회로(IC) 패키징으로, 칩 자체 크기 정도의 작은 다이 패키지 면적이 가능하다. 웨이퍼 레벨 패키징이라고도 한다.

칩셋 (Chipset)
버스 인터페이스 및 버스 인터페이스와 연결되는 마이크로프로세서의 구성. 칩셋 아키텍처라고도 한다.

칩 테이프아웃 (Chip Tapeout)
GDS 파일을 만들어 파운드리에 보내는 프로세스. 간단히 "테이프아웃"이라고도 한다.

회로 (Circuit)
서로 다른 전하를 띠는 두 물체 사이의 닫힌 루프. 전자 제품에서는 전류를 공급하는 전원, 전류를 사용하는 전력 소비 부품, 전류를 전달하는 연결 전선 등이 회로에 포함될 수 있다.

회로 노드 (Circuit Node)
인터커넥트, 트랜지스터 또는 회로를 구성하는 기타 구성 요소 등 전기 신호를 전송할 수 있는 모든 개별 요소를 포괄하는 용어(제조 또는 프로세스 노드와 혼동하면 안된다).

클린룸 (Clean Room)
반도체 팹의 클린룸은 매우 정밀하고 민감한 제조 공정을 할 수 있도록 설계된 공간이다. 클린룸에는 공기 중 입자 수를 멸균 병원 수술실보다 1,000배 이하로 줄이는 특수 공기 여과 시스템이 설치되어 있다.

클럭 주기 (Clock Cycle)
프로세서 오실레이터의 두 펄스 사이 시간.

클럭 에지 (Clock Edge)
주어진 클럭 주기에서 전송되는 신호의 시작점과 끝점. 캡처 에지라고도 한다.

클럭 주파수 (Clock Frequency)
마이크로프로세서의 동작을 동기화하는 데 사용되는 오실레이터에서 생성되는 초당 신호 펄스 수. 헤르츠(Hz) 단위로 측정한다. 클럭 속도라고도 한다.

클럭 트리 합성 (Clock-tree Synthesis; CTS)
백엔드 설계 프로세스의 한 단계로, 물리 설계 엔지니어는 회로 주변에 정보를 전달하는 전기 신호가 칩 전체에 균일하게 또는 의도한 대로 "클럭"되는지 확인해야 한다.

클라우드 컴퓨팅 (Cloud Computing)
서비스 네트워크를 통해 액세스할 수 있는 데이터 센터에 모아 놓은 컴퓨팅 파워의 사용.

상보성 금속 산화물 반도체 (Complementary Metal-Oxide-Semiconductor; CMOS)
p 채널 및 n 채널 트랜지스터의 생산을 용이하게 할 수 있는 설계 방법론 및 제조 공정. 또한 CMOS 공정을 사용하여 개발된 회로를 지칭하는 데 사용할 수도 있다.

부호 분할 다중 접속 (Code Division Multiple Access; CDMA)
알고리즘을 사용하여 디지털화된 음성 비트 또는 기타 데이터를 부호화하고 더 넓은 채널(더 넓은 주파수 범위)을 통해 전송한 다음 수신 측에서 "디코딩(복호화)"하는 다중 접속 표준 기술.

컬렉터 (Collector)
반송자가 바이폴라 접합 트랜지스터를 빠져나가는 곳으로, MOSFET 트랜지스터의 드레인과 유사하다.

컴파일러 (Compiler)
Java, C#과 같은 고급 프로그래밍 언어를 컴퓨터가 이해할 수 있는 기계어 수준으로 변환하는 장치.

복합 명령어 집합 컴퓨팅 (Complex Instruction Set Computing; CISC)
긴 다중 클럭 주기 명령을 사용하는 ISA 유형.

계산 함수 (Compute Function)
주어진 명령어 집합에 따라 수행되는 최종 작업.

계산 명령어 (Compute Instructions)
컴퓨터나 프로세서에 특정 작업을 실행하도록 지시하는 소프트웨어 코드. 간단히 "명령어"라고도 한다.

전도성 (Conductivity)
물질이 전류를 쉽게 통과시킬 수 있는 정도. 저항과 반대 개념이다.

도체 (Conductor)
전도성이 높아 전류가 쉽게 통과할 수 있는 소재.

제어 버스 (Control Bus)
프로세서가 시스템의 여러 부분의 작동을 제어하는 데 사용하는 버스 인터페이스.

제어 장치 (Control Unit)
어떤 명령어를 사용할지 결정하는 CPU의 일부.

구리 하이브리드 본딩 (Copper Hybrid Bonding)
구리 대 구리 인터커넥트를 사용하는 다이 스태킹 기술은 더 높은 인터커넥트 밀도와 낮은 저항으로 적층된 다이를 연결하여 기존의 실리콘 관통 전극(TSV)보다 더 빠른 데이터 전송과 처리 속도를 가능하게 한다.

커버리지 셀 (Coverage Cell)
기지국의 커버리지 범위. 셀 유형에는 매크로 셀, 마이크로 셀, 피코 셀 및 인빌딩(In-Building) 시스템이 포함된다.

중앙처리장치 코어 (CPU Core)
CPU, GPU 또는 멀티 코어 아키텍처를 갖는 기타 프로세서를 구성하는 개별 마이크로프로세서. 컴퓨팅 코어를 다른 "코어 마이크로프로세서"와 결합하여 더 복잡한 작업을 처리하고 더 많은 부하가 걸리는 애플리케이션을 실행할 수 있다.

임계 경로 (Critial Path)
신호가 회로를 통과하는 데 필요한 가장 긴 경로.

크로스토크 (Crosstalk)
한 신호의 에너지가 의도치 않게 인접한 전송 라인으로 전달될 때 발생하는 간섭의 일종.

극저온 기술 (Cryogenic Technology)
물질을 매우 낮은 온도로 냉각할 수 있는 기술 및 장비.

전류 누설 (Current Leakage)
회로에서 의도하지 않은 전기 에너지의 점진적인 손실. 단순히 "누설"이라고도 한다.

데이터 버스 (Data Bus)
데이터를 마이크로프로세서로 전송하는 버스 인터페이스.

데이터 센터 (Data Center)
데이터를 저장하고, 애플리케이션을 호스팅하는 수백 또는 수천 대의 서버로 가득 찬 거대한 공간. 소비자와 기업이 자체 인프라를 모두 투자하고 관리할 필요 없이 용량을 늘릴 수 있다.

데이터 변환기 (Data Converter)
데이터를 다양한 신호 유형으로 변환할 수 있는 전자 장치.

데이터 전송률 (Data Transfer Rate; DTR)
주어진 시간 동안 한 위치에서 다른 위치로 이동한 비트 수. 일반적으로 초당 비트로 표시한다.

이중 데이터 전송 메모리 (Double Data Rate RAM; DDR)
이전 세대의 DRAM에 비해 데이터 전송 속도가 크게 향상된 DRAM의 한 종류.

디버깅 (Debugging)
검증 과정에서 확인된 디자인 문제를 수정하는 방법.

심층 학습 (Deep learning)
인공 신경망이라고 불리는 두뇌와 유사한 뉴런 네트워크를 구축하기 위해 알고리즘을 사용하는 특정 종류의 기계 학습.

복조기 (Demodulator)
수신된 아날로그 반송파 신호를 복호 및 분해하여 컴퓨터가 이해할 수 있는 디지털 신호로 변환하는 데 사용되는 장치. 변조기와 반대 개념이다.

증착 (Deposition)
반도체 제조 과정에서 웨이퍼 표면에 박막이라는 물질을 추가하는 공정의 통칭.

디자인 규칙 검사기 (Design Rule Checkers; DRC)
칩 설계가 선택한 파운드리의 모든 규칙을 준수하는지 확인하는 데 사용되는 EDA 툴.

설계 검증 (Design Verification)
실리콘 설계 프로세스의 핵심 단계로, 프런트엔드 설계가 의도한 대로 작동하는지 확인하기 위해 하나 이상의 검증 프로세스를 거친다. 이러한 프로세스에 는 형식 검증, 기능 검증 및 에뮬레이션이 포함될 수 있다.

장치 드라이버 (Device Driver)
대형 컴퓨터 시스템 내에서 특정 종류의 장치 또는 모듈을 작동하는 특정 컴퓨터 프로그램. 예를 들어 프린터 드라이버, 그래픽 드라이버, 사운드 카드 드라이버, 네트워크 카드 드라이버 등이 있다.

다이 (Die)
단일 집적 회로. 집적 회로를 참조하시오.

다이 본딩 (Die Bonding)
절단된 다이를 패키징 기판에 부착하거나 PCB에 직접 부착하는 일련의 공정. "다이 부착"이라고도 한다.

다이 수율 (Die Yield)
동작하는 다이의 수를 웨이퍼 프로빙하는 총 다이 수로 나눈 값.

유전체 손실 (Dielectric Loss)
신호 속도 문제로 인해 발생하는 손실 간섭의 한 유형.

유전체 재료 (Dielectric Materials)
금속 인터커넥트를 서로 절연하고 회로 전체에 구조적 지지력을 제공하는 데 사용되는 재료.

다이 패키지 어셈블리 (Die-Package Assembly)
다이와 이를 봉지하는 보호용 플라스틱 또는 세라믹 IC 패키지의 결합 구조.

디지털 전자공학 (Digital Electronics)
디지털 신호와 이를 제어하고 처리하는 구성 요소를 연구하는 전자공학 분야.

디지털 신호 프로세서 (Digital Signal Processor; DSP)
오디오, 비디오, 온도, 압력, 위치 등과 같은 멀티미디어 및 실제 신호를 처리하는 데 사용되는 프로세서.

디지털 신호 (Digital Signal)
전기 시스템 전체에 걸쳐 곳곳으로 정보를 전달하는 송전선을 따라 이동하는 전기 펄스.

디지털 아날로그 (Digital-to-Analog; DAC)
디지털 신호로 부호화한 정보를 아날로그 형식으로 변환하는 데이터 변환기.

다이오드 (Diode)
전기가 한 방향으로 흐르도록 하는 장치. 스위치보다는 밸브에 가깝다.

직류 (Direct Current; DC)
한 방향으로만 흐르는 전류. 텔레비전이나 진공청소기와 같은 소비자용 저전력 응용 제품에 전원을 공급하는 데 가장 적합하다. 벽면 콘센트의 교류(AC) 전원을 가전제품에 전원을 공급하는 데 필요한 직류(DC) 전원으로 변환하기 위해서는 전원 어댑터가 필요하다.

개별 부품 (Discrete Components)
트랜지스터, 저항기, 축전기, 인덕터, 다이오드 등과 같은 기본적인 기능을 독립적으로 만들어 놓은 부품. 특정 기능을 하는 부품과 달리 하나의 기판에 집적될 수 있다.

왜곡 (Distortion)
신호 패턴이 손상되거나 뒤틀릴 때 발생하는 간섭의 한 유형. 극단적인 경우 왜곡이 너무 심해 잘못된 데이터가 수신기에 전달될 수 있다.

도펀트 (Dopant)
전기 전도도를 변경하기 위해 반도체에 첨가되는 화학적 불순물. 도핑 에이전트라고도 한다.

도핑 (Doping)
트랜지스터 구성 요소에 전류 흐름을 더 잘 제어할 수 있도록 전도성 특성을 부여하기 위해 실리콘 웨이퍼에 화학 원소를 추가하는 반도체 제조 기술.

드레인 (Drain)
트랜지스터에서 전류가 빠져나가는 단자. (역주: 반송자가 빠져나가는 단자)

동적 랜덤 액세스 메모리 (Dynamic Random-Access Memory; DRAM)
CPU의 단기 메모리로 정보에 빠르게 액세스하고 처리할 수 있도록 하는 RAM의 한 유형. DRAM은 SRAM보다 더 많은 데이터를 저장할 수 있지만 전반적으로 속도가 느리다.

건식 식각 (Dry Etching)
플라즈마를 사용하여 더 이상 필요하지 않은 감광제를 제거하는 공정.
(역주: 감광제 뿐만 아니라 플라즈마를 이용한 식각 공정을 통칭.)

전자 설계 자동화 (Electronic Design Automation; EDA)
집적 회로 및 기타 전자 시스템을 설계하는 데 사용되는 소프트웨어 도구의 범주. e-CAD 또는 전자 컴퓨터 지원 설계라고도 한다.

전기 에너지 (Electrical Energy)
전하의 이동으로 발생하는 에너지.

전기적 소거 및 프로그램 가능 읽기 전용 메모리 (Electrically Erasable Programmable Read-Only Memory; EEPROM)
자외선 도구 없이 지울 수 있지만 한 번에 1바이트씩만 변경할 수 있는 읽기 전용 메모리. 지우고 다시 프로그래밍하는 속도가 상대적으로 느리다.

전기 저항 (Electrical Resistance)
물질이 전류를 통과시키는 어려움의 정도. 절연체는 저항이 높은 반면 도체는 저항이 낮다. 전도도의 반대 개념.

전기 신호 (Electrical Signal)
정보를 전달하거나 부호화하는 일련의 전기 펄스. 예를 들어 디지털 전자기기에서 1과 0으로 구성된 이진 컴퓨터 시퀀스는 회로의 한 부분에서 다른 부분으로 정보를 구성하는 고유한 패턴을 형성한다. 데이터 신호 또는 간단히 신호라고도 한다.

전하 (Electric Charge)
양성자나 전자 같은 아원자 입자가 운반하는 물질의 기본 속성. 양성자와 전자의 실 차이에 따라 물체의 전체 전하가 결정된다.

전류 (Electric Current)
공간 또는 전도성 물질을 통해 같은 방향으로 이동하는 전자처럼 전하를 띤 입자의 흐름.

전기장 (Electric Field)
전하를 띤 입자를 둘러싸고 있는 물리적 장으로, 다른 하전 입자에 힘을 가할 수 있다. 간단히 "필드"라고도 한다.

전위 (Electric Potential)
특정 시점에 물체의 전하 상태를 측정한 값. 양전하를 띤 물체는 음전하를 띤 물체보다 전위가 높은 것으로 간주된다. 두 개의 개별 물체 사이의 전하 차이를 측정하는 전위차와 밀접한 관련이 있다.

전기 (Electricity)
전하의 이동으로 인해 발생하는 에너지의 한 형태 또는 일련의 물리적 현상. 엄밀히 말하면 "사물"이 아니라 전하와 전류의 관계를 설명하는 데 사용되는 용어.

전기화학 증착 (Electrochemical Deposition; ECD)
반도체 제조 공정 중 실리콘 웨이퍼 표면에 박막을 증착하는 기술. 전도성 기판에 두꺼운 금속층을 생성하는 데 사용된다. 전기 도금이라고도 한다.

전극 (Electrode)
회로의 금속 및 비금속 부품을 연결하는 데 사용되는 도체. 배터리 양쪽 끝을 구성하는 양전하를 띤 음극과 음전하를 띤 양극을 예로 들 수 있다.

전자기력 (Electromagnetic Force)
자연의 네 가지 기본 힘 중 하나. 전하를 띠거나 자기적으로 극성을 띤 입자 사이의 상호작용을 일컬으며, 서로 반대되는 전하 사이의 인력과 비슷한 전하 사이의 반발력도 이에 해당한다.

전자파 간섭(Electromagnetic Interference; EMI)
무작위 적인 환경 교란으로 인해 발생하는 신호 간섭.

전자기학 (Electromagnetics)
전기장의 물리학과 상호 작용을 탐구하는 분야.

전자기 스펙트럼 (Electromagnetic Spectrum)
파장 및 주파수에 따라 분류된 광범위한 아날로그 신호.

기전력 (Electromotive Force; EMF 또는 E)
전하가 같지 않은 두 지점 사이의 전기적 장력을 볼트(V) 단위로 측정한다. 두 지점 사이의 전하 차이가 클수록 두 지점 사이에 존재하는 전압이 커진다. 전선을 따라 전류를 밀어내는 "전기적 수압"과 비슷하다. 전압 또는 전위차라고도 한다.

전자 (Electron)
원자핵 주위를 자유롭게 존재하거나 공전하는 음전하를 띤 아원자 입자.

전자 빔 리소그래피 (Electron Beam Lithography)
빛 대신 전자 빔을 사용하여 웨이퍼 표면에 패턴을 형성하는 특별한 종류의 리소그래피 기술.

에니악 (Electronic Numerical Integrator and Computer; ENIAC)
최초의 프로그래밍 가능한 전자식 범용 디지털 컴퓨터. 1946년 펜실베니아 대학교의 J. 프레스퍼 에커트(J. Presper Eckert)와 존 마우클리(John Mauchly)가 발명했으며, 기본적으로 약 1,800평방피트의 면적을 차지하고 무게는 약 50톤에 달하는 진공관으로 이루어졌다(U.S. Army, 1947).

전자 이동도 (Electron Mobility)
전기장에 의해 금속이나 반도체 내 전자가 움직이게 되는 자연스러운 능력.

이미터 (Emitter)
신호가 바이폴라 접합 트랜지스터로 들어오는 곳으로, MOSFET의 소스와 유사하다.

에뮬레이션 (Emulation)
검증 방법으로 FPGA 에뮬레이터를 새로운 회로 설계로 프로그래밍하여 실제 환경에서 테스트하고 확인할 수 있다.

봉지 (Encapsulation)
표면 실장 기술(SMT)을 사용하여 IC 패키지 인클로저에 다이를 실장하고 봉지 화합물 또는 몰딩 언더필을 사용하여 밀봉하여 완성된 다이 패키지 어셈블리를 형성하는 프로세스.

에폭시 다이 접착 (Epoxy Die Attach)
특수 수지를 접착제로 사용하는 일반적인 다이 본딩 공정.

소거 및 프로그램 가능 읽기 전용 메모리 (Erasable Programmable Read-Only Memory; EPROM)
여러 번 지우고 다시 쓸 수 있지만 특수한 자외선 도구를 사용해야 하는 등 제한적인 프로세스가 필요한 읽기 전용 메모리.

극자외선 리소그래피 (EUV Lithography)
기존 광원 대신 자외선을 사용하여 웨이퍼 표면에 패턴을 형성하는 특별한 종류의 리소그래피 기술. 다른 광원보다 파장이 훨씬 짧기 때문에 더 작은 피처 크기를 만들 수 있다.

팹 (Fab)
집적 회로 및 기타 전자 장치를 제조하는 반도체 제조 공장. 파운드리라고도 한다.

팹리스 디자인 회사 (Fabless Design Companies)
설계는 하지만 자체 칩을 직접 제조하지는 않는 반도체 회사.

팹 라이트 모델 (Fab-Lite Model)
인텔이나 삼성과 같은 IDM이 일부 칩을 자체 생산하고 일부 제품의 제조를 아웃소싱하는 반도체 비즈니스 모델.

불량 분석 (Failure Analysis)
프로세스를 개선하고 수율을 높이기 위해 생산을 모니터링하고 낮은 성능 또는 주요 불량을 체계적으로 분석하는 일.

불량 분석 엔지니어 (Failure Analysis Engineer)
생산을 모니터링하고 낮은 성능 또는 주요 장애를 체계적으로 분석하여 공정을 개선하고 수율을 높이는 엔지니어.

미국 연방 통신 위원회 (Federal Communications Commission; FCC)
사람들이 서로의 신호를 방해하지 않도록 누가 어떤 유형의 통신에 어떤 주파수 범위(대역)를 사용할 수 있는지 엄격하게 규제하는 정부 기관.

전계 효과 트랜지스터 (Field Effect Transistor; FET)
전기장을 사용하여 게이트를 제어하는 트랜지스터의 일종. 소스, 게이트, 드레인의 세 부분으로 구성된다.

필터 (Filter)
의도한 주파수의 신호는 시스템으로 들어오고 의도하지 않은 주파수의 신호는 차단하는 전자 부품.

핀펫 트랜지스터(핀 모양 트랜지스터) (FinFET Transistor)
전계 효과 트랜지스터의 일종으로, 3면이 채널을 덮는 게이트 구조로 되어 있어 트랜지스터가 전류의 흐름을 더 잘 제어하고 전력 소비를 줄이며 전류 누설을 줄일 수 있다.

플립 칩 본딩 (Flip Chip Bonding)
플립 칩 패키징에서 다이를 뒤집어 볼 그리드 어레이에 납땜 하거나 PCB에 직접 납땜하여 칩 표면에 인터커넥트를 형성하고 시스템의 전체 속도를 향상시키는 공정.

평면 배치 (Floor Planning)
물리 설계 엔지니어가 전체 시스템에서 각 블록 또는 모듈의 위치를 결정하는 백엔드 설계 프로세스의 한 단계.

플라이와이어 연결 (Flywire Connection)
반도체 산업의 초기 진화 과정에서 트랜지스터를 서로 연결하 는 데 사용된 금속 선.

형식 검증 (Formal Verification)
시뮬레이션 대신 수학적 추론과 증명을 사용하여 RTL 설계가 원하는 기능을 수행할 수 있는지 확인하는 검증 방법.

폼 팩터 (Form Factor)
디바이스 크기, 모양 및 면적.

파운드리 (Foundry)
반도체 제조를 전문으로 하는 기업. 이 용어는 반도체 제조 공장 자체를 지칭할 수도 있다. 간단히 팹이라고도 한다.

필드 프로그래머블 게이트 어레이 (Field Programmable Gate Array; FPGA)
칩이 이미 제조된 상태에서 고객 또는 설계자가 회로를 구성하거나 프로그래밍할 수 있는 특수한 집적 회로.

주파수 (Frequency)
아날로그 신호 파동이 일정 기간 동안 위아래 주기를 완료하거나 스스로 반복하는 횟수.

주파수 대역 (Frequency Band)
특정 목적이나 응용을 위해 사용되는 주파수 범위. 대역폭 또는 채널이라고도 한다.

프런트 엔드 설계 (Front-End Design)
반도체 설계 흐름의 한 단계로, 시스템 요구 사항을 수집하고 백엔드 설계 과정으로 넘어가기 전에 세부 회로도를 개발 및 검증한다. 일반적으로 RTL 설계라고 한다.

프런트 엔드 제조 (Front-End Manufacturing)
실리콘 웨이퍼에 회로 패턴을 에칭하고 글로벌 및 로컬 인터커넥트를 통해 구성 요소를 서로 연결하는 패키징 및 조립 전의 여러 단계에 걸친 공정 과정.

전공정 (Front–end of the Line; FEOL)
트랜지스터가 웨이퍼 자체에 직접 식각되는 프런트 엔드 제조 공정의 일부. 제조 공정의 "프리 메탈(Pre-Metal)"" 부분으로도 알려져 있다.

프론트 사이드 버스 (Front–Side Bus; FSB)
CPU를 노스브릿지에 연결하는 버스 인터페이스로, 메모리 및 그래픽 모듈과 같이 고성능을 요구하는 구성 요소에 연결된다.

기능 구성 요소 (Functional Components)
단일 기판에 집적되어 제조되는 트랜지스터 및 저항과 같은 기본적인 구성 요소. 개별적으로 제조해야 하는 개별 부품과 다르다.

기능적 스케일링 (Functional Scaling)
특정 세대의 칩 기술 내에서 활용도를 극대화하는 방법으로, 피처 크기와 제조공정 노드를 동일하게 유지한 상태에서 성능을 개선하는 방법.

기능 검증 (Functional Verification)
SystemVerilog HDL 코드를 사용하여 프런트 엔드 설계를 시뮬레이션하여 설계가 가능한 모든 조건에서 제대로 동작하는지 검증하는 유형이다.

이득 (Gain)
신호가 증폭기와 같은 전자 부품을 통과한 후 더 크고 강력해지는 것을 일컬음.

갈륨 비소 (Gallium Arsenide; GaAs)
갈륨과 비소로 만든 반도체 화합물의 일종으로 전자 장치를 만드는 데 사용된다. 깨지기 쉽고 실리콘보다 제조가 어렵지만 휴대폰의 고주파 신호 처리, 레이저 및 조명 시스템용 발광 다이오드와 같은 특수 응용 분야에 일반적으로 사용된다.

질화 갈륨 (Gallium Nitride; GaN)
갈륨과 질소로 만든 반도체 화합물의 일종으로 전자 장치를 만드는 데 사용된다. 실리콘보다 깨지기 쉽고 제조가 어렵지만 고효율 전력 트랜지스터, RF 부품, 레이저, 포토닉스, 발광 다이오드와 같은 특수한 응용에 사용된다.

게이트 (Gate)
소스와 드레인 사이에 위치한 트랜지스터의 베이스. 채널을 보호하고 신호의 통과 여부를 결정한다.

게이트 올 어라운드 트랜지스터 (Gate All Around Transistor; GAA Transistor)
전계 효과 트랜지스터의 일종으로, 네 면이 모두 채널을 덮는 게이트 구조로 되어 있어 트랜지스터가 전류의 흐름을 더 잘 제어하고 전력 소비를 줄이며 전류 누설을 줄일 수 있다.

게이트 길이 (Gate Length)
트랜지스터 내부의 소스와 드레인 사이 거리.

GDS II (Graphic Data System)
IC 설계 주기가 끝날 때 완성된 설계를 팹으로 전송하는 데 사용되는 표준화된 형식.

기하학적 스케일링 (Geometric Scaling)
집적 회로 전체 세대에 걸쳐 피처 크기와 트랜지스터 게이트 길이를 줄임으로써 성능을 개선.

게르마늄 (Germanium)
전자 장치를 만드는 데 사용되는 반도체 원소의 일종(주기율표상 Ge32). 초창기에는 트랜지스터를 만드는 데 사용되다가 더 저렴하고 성능이 뛰어난 실리콘 트랜지스터로 대체되었다. 여전히 고주파 및 고전력 장치와 일부 오디오 전자 장치와 같은 특정 장치에 사용된다.

글로벌 이동 통신 시스템 (Global System for Mobile Communication; GSM)
전 세계 통신 네트워크의 주요 표준. GSM은 TDMA 기술을 사용하여 구축된다.

그래핀 (Graphene)
원자 1개 두께에 불과하지만 매우 강한 소재로 그래핀은 실리콘이 겪고 있는 양자 터널링 문제를 잠재적으로 해결할 수 있다.

그래픽 처리 장치 (Graphics Processing Unit; GPU)
전자 기기의 그래픽 및 3D 시각 처리를 구동하는 것으로 가장 잘 알려진 특수한 종류의 프로세서. CPU와 달리 GPU는 병렬 처리를 사용 하여 계산을 수행한다.

하드 디스크 드라이브 (Hard Disk Drive; HDD)
읽기/쓰기 암(arm)이 있는 데이터를 저장할 수 있는 마그네틱 디스크로 구축된 보조 메모리.

하드웨어 추상화 계층 (Hardware Abstraction Layer)
소프트웨어와 하드웨어 간 인터페이스를 제공하는 매크로 시스템 스택의 계층.

하드웨어 가속기 (Hardware Accelerator)
특정 컴퓨팅 작업에 최적화된 특수 하드웨어 모듈 또는 회로. 간단히 “가속기”라고도 한다.

하드웨어 기술 언어 (Hardware Description Language; HDL)
IC 및 전자 시스템의 물리적 구조를 기술하는 데 사용되는 특정 컴퓨터 “프로그래밍” 언어. VHDL, Verilog, SystemVerilog가 널리 사용 되는 HDL의 예이다.

하드웨어 계층 (Hardware Layer)
계층전자 시스템의 기반을 형성하는 핵심 처리 하드웨어 및 회로를 포함하는 매크로 시스템 스택의 계층.

하버드 아키텍처 (Harvard Architecture)
명령어와 데이터를 두 개의 개별 메모리 뱅크로 분석하는 이론적 매크로 아키텍처로, 각 입력 유형에 고유한 버스가 있다.

헤르츠 (Hertz; Hz)
클럭 주파수의 기본 단위. 초당 1클럭 사이클에 해당한다.

이종 집적 (Heterogeneous Integration)
수많은 칩을 동일한 보드(PCB) 또는 동일한 패키지 내에 서로 집적하는 시스템 통합 전략.

고대역폭 메모리 (High Bandwidth Memory; HBM)
코어 로직을 별도의 부품으로 분할하여 그 중 하나 위에 메모리 다이를 쌓고 다른 하나는 그대로 두는 2.5D 메모리 장치 구조.

고주파 통과 필터 (High Pass Filter)
특정 주파수 이상의 신호만 허용하는 필터.

고성능 컴퓨팅 (High Performance Computing; HPC)
더 빠른 처리 속도를 제공하기 위해 슈퍼컴퓨터 또는 컴퓨터 클러스터를 사용하는 일.

상위 수준 합성 (High-Level Synthesis; HLS)
실리콘 설계 프로세스의 한 단계로, VHDL 또는 Verilog와 같은 HDL 로 작성된 RTL 설계를 백엔드 물리 설계에 사용할 수 있는 설계 넷리스트로 변환하는 단계. 이 단계는 프론트엔드 설계의 끝과 백엔드 설계의 시작을 알리는 단계다.

황의 법칙 (Huang's Law)
2012년 이후 GPU AI 처리 능력이 매년 두 배씩 증가했다는 NVIDIA의 CEO인 젠슨 황 (Jensen Huang)의 주장.

인간 두뇌 프로젝트 (Human brain project; HBP)
신경과학과 컴퓨팅에 대한 이해를 높이는 데 중점을 둔 유명한 연구 프로젝트.

하이브리드 메모리 큐브 (Hybrid Memory Cube; HMC)
DRAM 메모리 칩을 로직 디바이스 위에 수직으로 쌓고 실리콘 관통전극(TSV)으로 서로 연결한 3D 메모리 디바이스 구조.

I/O 컨트롤러 허브 (I/O Controller Hub; ICH)
노스브리지와 사우스브리지 사이의 인터페이스.

I/O 밀도 (I/O Density)
주어진 다이 표면적에 대한 I/O 인터커넥트의 밀도. I/O 밀도가 높을수록 전자 시스템의 한 부분에서 다른 부분으로 정보를 이동하는 데 걸리는 처리 시간이 줄어들고 스택 다이 구성에서 귀중한 실리콘 공간을 절약할 수 있다.

IC 패키징 (IC Packaging)
기본 회로 또는 반도체 장치를 보호하기 위해 설계된 특수 인클로저. 일반적으로 플라스틱 또는 세라믹 재질로 제작된다.

3–5족 원소 (III–V elements)
주기율표에서 3족과 5족에 속하는 원소. 이러한 원소는 특히 반도체와 전자 장치를 만드는 데 적합하다. 실리콘, 게르마늄, 갈륨 비소 등이 그 예다. (역주: 실리콘과 게르마늄은 4족 원소다. 3-5족 원소 반도체로는 갈륨 비소 외에 질화 갈륨 등이 있다.)

불순물 (Impurities)
전기 전도도를 변경하기 위해 반도체에 첨가하는 화학적 불순물.

유도기 (Inductor)
자기장을 사용하여 전압을 조절하고 전기의 흐름을 제어하는 장치. 인덕터는 전원 공급 장치의 개별 부품으로 흔히 볼 수 있다.

잉킹 (Inking)
결함이 있는 다이에 검은색 점으로 표시하여 폐기하거나 완벽하지는 않더라도 동작하는 경우 할인된 가격으로 판매할 수 있도록 하는 프로세스.

명령어 파이프라이닝 (Instruction Pipelining)
긴 작업 절차를 더 작은 병렬 작업으로 분할하여 작업 속도를 높이는 방법으로, 추가 프로세스 없이도 처리 속도를 높일 수 있다.

명령어 집합 아키텍처 (Instruction Set Architecture; ISA)
특정 시스템이 수행할 수 있어야 하는 명령어 유형을 정의하는 매크로 아키텍처.

절연체 (Insulator)
전도도가 낮아 전류가 쉽게 통과하지 못하는 소재.

집적 회로 (Integrated Circuit; IC)
트랜지스터와 기타 기능 부품을 한 블록의 기판(반도체 기본 재료)에 집적하여 형성한 전자 회로. 집적 회로는 1960년대 텍사스 인스트루먼트의 잭 킬비(Jack Kilby)와 페어차일드 반도체의 로버트 노이스(Robert Noyce)에 의해 발명되었다.

종합 반도체 업체 (Integrated Device Manufacturers; IDMs)
자체 집적 회로를 설계, 제조 및 판매하는 반도체 회사.

인터커넥트 (Interconnects; I/O)
시스템의 개별 부품을 서로 연결하는 지점. 특정 IC 내에서 “프리 메탈(pre-metal)” 로컬 인터커넥트는 회로의 베이스에 로직 게이트 및 기타 핵심 회로를 형성하는 데 도움이 될 수 있으며, 상위 레벨의 "포스트 메탈(post-metal)" 글로벌 인터커넥트는 칩의 더 넓은 부분을 서로 연결한다. 시스템 인터커넥트는 IC 패키지를 통해 전체 칩을 시스템의 나머지 부분과 연결할 수 있다.

간섭 (Interference)
신호의 정확도를 저하시켜 데이터 손실, 정확도 문제 또는 잠재적인 시스템 장애를 초래할 수 있는 물리적 장애. 간섭의 일반적인 형태에는 노이즈, 크로스토크, 왜곡, 손실 등이 있다.

인터포저 (Interposer)
기본 기판 위에 위치하며 두 개 이상의 다이를 서로 연결하고 시스템의 나머지 부분과 연결하는 역할을 하는 중간 기판.

이온 주입 (Ion Implantation)
공정의 일부로 웨이퍼 표면 아래에 도펀트 또는 불순물을 주입하는 공정. "이온 도입"이라고도 한다.

이온화 (Ionizing)
원자와 분자에서 전자를 분리하기에 충분한 에너지를 가진 전자기 방사선. 이는 원자력 발전소에서 방출되는 위험한 방사선의 일종으로 매우 위험할 수 있다.
(역주: 전자의 이동으로 이온이 만들어지는 것을 이온화라고 하며, 이 과정에서 방사선이 반드시 필요한 것은 아니다. 반도체에서는 도펀트가 작은 열에너지만으로도 이온화 된다.)

줄의 법칙 (Joule's Law)
전력, 전압, 전류 사이의 관계를 설명하는 법칙. 1840년에 이를 발견한 영국의 물리학자 제임스 프레스콧 줄(James Prescott Joule)의 이름을 따서 명명되었다. 전력(P) = 전압(E) × 전류(I).

커널 (Kernel)
컴퓨터 운영 체제의 핵심으로, 운영 체제와 하드웨어 사이에 있는 컴퓨터 프로그램.

운동 에너지 (Kinetic Energy)
운동에서 파생되는 에너지의 한 형태, 즉 움직이는 물체가 갖고 있는 에너지다.

발광 다이오드 (Light Emitting Diode; LED)
전류가 흐르면 빛을 방출하는 특별한 종류의 반도체 장치.

라인 수율 (Line Yield)
폐기되지 않고 웨이퍼 프로빙까지 성공적으로 도달한 웨이퍼의 수를 의미. "웨이퍼 수율"이라고도 한다.

로직 설계 엔지니어 (Logic Design Engineer)
RTL 설계 언어를 사용하여 회로의 핵심 논리 회로와 기능을 설계하여 시스템 설계자의 비전을 구현하는 엔지니어.

로직 설계 (Logic Design, RTL Design)
부울 논리 게이트를 기반으로 하는 디지털 컴퓨터의 기본 회로 설계. RTL 설계라고도 한다.

논리 소자 (Logic Device)
특정 응용을 위해 맞춤 설계된 집적 회로. SIA 체계의 논리 IC는 마이크로 컴포넌트가 아닌 디지털 논리회로를 포함하는데, 주문형 반도체(ASIC), 필드 프로그래머블 게이트 어레이(FPGA) 및 보다 다목적이지만 특정 응용에 맞춘 디지털 논리 장치가 포함된다.

논리 게이트 (Logic Gate)
입력 데이터 신호에 부울 논리를 적용하고 시스템의 다음 게이트로 출력 신호를 차단하거나 내보내는 트랜지스터로 구성된 단위. 로직 게이트는 총 7가지 종류가 있으며, AND, OR, XOR, NOT, NAND, NOR, XNOR가 있다.

손실 (Loss)
여러 가지 이유로 인해 에너지가 주변 환경으로 분산되는 간섭의 한 유형. 손실에는 저항 손실, 유전체 손실, 방사 손실의 세 가지 종류가 있다.

저주파 통과 필터 (Low Pass Filter)
특정 주파수 이하의 신호만 허용하는 필터.

기계 학습 (Machine Learning)
알고리즘을 사용하여 데이터의 패턴을 분석하고 학습하여 컴퓨터가 적응하고 개선하는 능력을 향상시키는 계산 방법. 인공 지능의 광범위한 하나의 분야다.

매크로 아키텍처 (Macroarchitecture)
전체 칩 제품군을 정의하는 데 사용되는 상위 수준의 규칙 및 구조적 지침. 프로그래머에서 컴퓨터로 명령어가 전달되는 방식을 설명한다. 명령어 집합 아키텍처(ISA)라고도 한다.

매트릭스 (Matrix)
기계학습 연산에 사용되는 방대한 숫자 배열.

메모리 (Memory)
더 큰 시스템의 처리 센터에서 사용하는 데이터와 정보를 저장하는 것이 주요 기능인 회로 유형.

메모리 계층구조 (Memory Hierarchy)
코어 시스템 프로세서와의 근접 정도에 따라 체계화한 메모리의 순차적 구조. 가장 가까운 것부터 가장 먼 것까지 메모리 계층 구조에는 CPU 레지스터, 캐시 메모리, RAM 작업 메모리,

ROM 장기 저장 메모리, 마우스 및 키보드와 같은 외부 인터커넥트가 포함된다.

금속 산화물 반도체 전계 효과 트랜지스터 (Metal Oxide Semiconductor Field Effect Transistor; MOSFET)
전압을 사용하여 게이트를 제어하는 전계 효과 트랜지스터의 일종. 소스, 게이트, 드레인의 세 부분으로 구성된다.

마이크로 아키텍처 (Microarchitecture)
상위 수준의 매크로 아키텍처 또는 특정 명령어 집합 아키텍처(ISA)가 실제로 하드웨어 자체에 구현되는 방식을 설명한다.

마이크로 컴포넌트 (Micro Components)
일반적인 디지털 하위 컴포넌트와 같이 다른 시스템에 연결하여 계산 또는 신호 처리에 사용할 수 있는 모든 범용 디지털 장치. 마이크로프로세서, 마이크로컨트롤러, 디지털 신호 프로세서(DSP) 등이 그 예다.

마이크로컨트롤러 (Microcontroller)
특정 기능을 수행하는 컴퓨터 프로세서로, 메모리와 입출력 연결이 하나의 칩에 통합되어 있다. 마이크로컨트롤러는 마이크로 프로세서보다 작고 성능이 떨어지며 간단한 작업을 위한 플러그 앤 플레이 컴퓨팅 파워를 제공한다.

미세 전자 기계 시스템 (Micro-Electro-Mechanical System; MEMS)
미세한 크기의 기어나 레버를 작동하는 작은 기계 장치로, 반도체 기술을 사용하여 제조된다.

미크론 (Micron)
100만 분의 1미터.

마이크로프로세서 (Microprocessor; MPU)
일반적인 컴퓨팅 기능을 수행하며 메모리 및 기타 주변 구성 요소에 연결하기 위해 외부 버스가 필요한 컴퓨터 프로세서.

마이크로파 (Microwaves)
전자기 스펙트럼의 다양한 주파수 중 특정 범위에 해당하는 아날로그 "파동" 신호.
마이크로파는 전파보다는 주파수가 높지만 적외선이나 가시광선보다는 주파수가 낮다.

미들웨어 계층 (Middleware Layer)
주어진 소프트웨어 프로그램을 구동하는 소프트웨어 로직과 백엔드 애플리케이션 체계를 포함하는 매크로 시스템 스택의 계층.

혼성 신호 장치 (Mixed-Signal Device)
디지털 및 아날로그 회로가 모두 포함된 전자 장치.

모뎀 (Modem)
변조기와 복조기가 있는 장치로, 변조 및 복조 알고리즘을 동시에 실행할 수 있어 아날로그에서 디지털, 디지털에서 아날로그 신호로 빠르게 변환할 수 있다.

변조 (Modulation)
주파수 또는 진폭을 변경하여 디지털 정보를 아날로그 반송파 신호로 부호화 하는 과정. 변조는 디지털 정보를 무선으로 전송할 수 있게 해주는 기술이다.

변조기 (Modulator)
아날로그 반송파 신호를 디지털 정보로 부호화 하는 장치. 복조기와 반대 개념이다.

몰딩 언더필 (Molded Underfills)
완성된 다이를 IC에 봉지하는 데 사용되는 특수 재료. 완성된 다이 패키지 어셈블리를 형성하기 위한 패키징.

분자 빔 에피택시 (Molecular Beam Epitaxy; MBE)
반도체 제조 공정 중 실리콘 웨이퍼 표면에 박막을 증착하는 데 사용되는 물리적 증착 기술. 물리적 기상 증착의 일종이다.

모놀리식 집적(동종 집적) (Monolithic Integration (Homogeneous Integration))
다양한 기능의 모듈을 단일 집적 회로에 포함시키는 시스템 집적 방법으로 이러한 모든 기능을 갖춘 시스템을 시스템 온 칩(SoC)라고 한다.

무어의 법칙 (Moore's Law)
1965년 인텔의 창립자 고든 무어가 마이크로 칩에 들어갈 수 있는 트랜지스터의 수가 2년마다 두 배로 늘어나는 동시에 컴퓨터 비용이 절반으로 줄어들 것이라고 예측한 법칙.

다중 칩 모듈 (Multi-Chip-Modules; MCM)
여러 개의 다이를 하나의 패키지에 통합하는 패키징 구조. 패키지형 시스템(SiP)은 다이를 수평(2D) 및 수직(2.5/3D)으로 집적하는 반면, 다중 칩 모듈은 모든 모듈이 동일한 패키징 기판에 연결되는 2D 구조를 갖는다.

멀티 코어 아키텍처 (Multi-core Architecture)
여러 컴퓨팅 코어를 결합하여 더 복잡한 작업을 처리하고 더 많은 부하가 걸리는 애플리케이션을 실행하는 프로세서 구조.

다원 접속 표준 기술 (Multiple Access Standard Technology)
서비스 제공업체가 동일한 기지국 또는 주어진 대역폭에서 여러 통화를 라우팅(routing)할 수 있도록 하는 기술.

멀티플렉스 (Multiplex)
단일 통신 채널 또는 대역폭을 사용하여 여러 메시지 또는 데이터 신호를 동시에 전송.

낸드 플래시 메모리 (NAND Flash Memory)
정보를 지울 수도 있고, 한 번에 1바이트가 아닌 덩어리 단위로 데이터를 쓸 수 있는 주요 ROM 유형. EEPROM보다 훨씬 빠르게 작동하며, 오늘날 전자 기기에 데이터를 저장하는 데 사용된다.

나노미터 (Nanometer; nm)
마이크로 전자공학에서 피처 크기를 측정하는 기본 단위. 10억분의 1미터에 해당.

나노시트 트랜지스터 (Nanosheet Transistor)
돌출된 게이트 구조와 넓은 "시트형" 채널을 갖춘 GAA 전계 효과 트랜지스터의 일종.

나노와이어 트랜지스터 (Nanowire Transistor)
돌출된 게이트 구조와 얇은 "와이어형" 채널을 갖춘 GAA 전계 효과 트랜지스터의 일종.

넷리스트 (Netlist)
회로의 전자 부품과 이 부품이 연결된 모든 노드의 상세 목록. RTL 코드로 작성된 프런트 엔드 설계에서 파생되며 백엔드 물리적 설계의 지침으로 사용된다.

뉴로모픽 컴퓨팅 기술 (Neuromorphic Computing Technology)
새로운 컴퓨팅 패러다임을 만들기 위해 신경계와 같은 생물학적 처리 센터를 모델링하는 기술.

뉴로트랜지스터 (Neurotransistor)
정보를 동시에 저장하고 처리할 수 있는 트랜지스터로, 처리 속도를 크게 향상시킬 뿐만 아니라 인간의 뇌와 같은 가소성 및 학습 특성을 나타낸다.

중성자 (Neutron)
양성자와 함께 모든 원자의 핵에 존재하는 중성 아원자 입자. 양성자와 거의 같은 질량을 가지고 있다.

NMOS 트랜지스터 (NMOS Transistor)
두 개의 n형 반도체 사이에 p형 반도체를 끼워 넣은 트랜지스터.

노이즈 (Noise)
원하는 신호의 일부가 아닌 에너지가 전송 중인 신호를 방해할 때 발생하는 간섭의 한 유형.

비휘발성 메모리 (Non-Volatile Memory)
전원에 연결하지 않고도 데이터를 저장할 수 있는 메모리. 비휘발성 메모리는 영구적인 데이터 저장에 사용된다.

노스브릿지 (Northbridge)
메모리 및 그래픽 모듈과 같이 높은 성능을 요구하는 구성 요소에 FSB(Front-Side Bus)로

CPU를 연결하는 버스 인터페이스.

N형 반도체 (N-Type Semiconductor)
도핑 과정을 거쳐 전자가 더 추가된 반도체 물질.

옴 (Ohms)
전기 저항의 기본 단위. 전기 회로에서 전류의 흐름을 방해하는 정도를 나타낸다.

오픈소스 (Open Source)
특정 제품이나 서비스에 사용하기 위해 라이선스 비용이 들지 않는 공개적으로 접근 가능한 표준 또는 기술. 하드웨어의 경우, 디자인 팀이 회로를 구축할 수 있는 기본 매크로 아키텍처로 RISC-V와 같은 오픈소스 ISA를 사용할 수 있다. 소프트웨어의 경우, 다른 사용자 및 오픈소스 소프트웨어 회사가 구축한 오픈소스 소프트웨어에 쉽게 접근할 수 있도록 GitHub와 같은 도구를 제공한다.

개방형 시스템 상호 접속 모델 (Open Systems Interconnection Model; OSI Model)
통신에서 전자 장치 및 네트워킹 시스템의 내부 동작을 설명하는 데 사용되는 개념적 체계.

광학 칩 (Optical Chips)
전자 장치 간 또는 장치 내부에서 빛과 광자를 주요 신호 전달체로 사용하는 회로.

광학 인터커넥트 (Optical Interconnects)
칩 간 데이터 전송 및 통신에 사용되는 인터커넥트 기술. 기존 구리 배선에 대한 강력한 대안이 될 수 있다.

광 트랜시버 (Optical Transceiver)
데이터 센터에서 구리 케이블보다 더 먼 거리에서 정보를 더 효과적이고 효율적으로 전송하기 위해 사용하는 특정 종류의 광 집적 회로(PIC).

광전자 (Optoelectronics)
광파를 생성하고 수신하는 반도체 장치.

OR 게이트 (OR Gate)
두 개 입력 조건 중 하나가 충족될 때 신호를 통과시키는 논리 게이트.

아웃소싱 조립, 테스트 및 패키징 공급업체 (Outsourced Assembly, Test, and Packaging Suppliers; OSAT)
백엔드 제조 조립, 테스트 및 패키징을 전문으로 하는 반도체 기업. 주로 인건비 측면에서 상당한 이점이 있는 동아시아에 기반을 두고 있다.

발진기 (Oscillator)
신호 방출 장치. 무선 전자기기에서 발진기는 전송되는 정보의 "반송파"로 사용되는 RF 파 신호의 소스다.

OSI 시스템 스택 (OSI System Stack)
동심원 추상화 계층을 나타내는 OSI 모델의 7가지 계층. 하드웨어에서 사용자에 이르기까지 스택 계층에는 물리 계층, 데이터 연결 계층, 네트워크 계층, 전송 계층, 세션 계층, 표현 계층, 응용 계층이 포함된다.

산화 (Oxidation)
웨이퍼 표면에 박막 층을 증착하기 위해 용광로에서 산화 가스와 함께 웨이퍼를 가열하는 공정.

패키지-다이 어셈블리 (Package-Die Assembly)
조립 공정의 최종 결과물. IC 패키지로 봉지한 완성된 다이로 구성된다.

패드 (Pads)
납땜, 와이어 본딩 또는 칩 실장 등에 사용하기 위한 회로 기판 또는 집적 회로의 지정된 영역.

병렬 인터페이스 (Parallel Interface)
두 구성 요소 간에 여러 개의 와이어를 연결하고 동시에 여러 비트를 전송하는 인터커넥트. DDR(Double Data Rate Bus)및 PCI(Peripheral Component Interface Bus)가 그 예다.

병렬 처리 (Parallel Processing)
더 복잡한 문제를 더 작은 구성 요소로 분해해서 처리하는 계산 형태.

파라메트릭 테스팅 (Parametric Testing)
웨이퍼 제조 공정이 예상대로 수행되는지 확인하기 위해 테스트 회로 구조에서 여러 주요 회로 파라미터를 측정하는 테스트 방법론.

기생 (Parasitics)
다른 구성 요소로부터의 원치 않는 간섭. 이러한 문제는 구성 요소가 서로 너무 밀집되어 있을 때 발생할 수 있다.

패터닝 (Patterning)
반도체 제조 과정에서 웨이퍼 표면의 재료를 바꾸거나 모양을 만드는 공정의 모음.

주변장치 버스 (Peripheral Buses)
이더넷, USB, PCl, BIOS 등과 같은 낮은 성능의 노스브리지가 아닌 버스 인터페이스.

포토리소그래피 (Photolithography)
개별 다이를 구성하는 실리콘 웨이퍼 표면에 회로 패턴을 각인하기 위해 포토마스크 또는 일련의 포토마스크를 통해 전자빔이나 자외선과 같은 특정 에너지원을 비추는 핵심 제조 공정. 포토리소그래피 공정은 스텝퍼(Stepper)라는 고가의 기계에서 수행된다.

포토마스크 (Photomask)
리소그래피 공정에서 웨이퍼에 패턴과 회로 모양을 만드는 데 사용하는 반투명 판. 특수 광원이 포토마스크에 비춰져 스텐실처럼 작동하고 표면을 코팅한 감광제의 노출된 부위와 반응한다. 간단히 "마스크"라고도 한다.

광학적 최적화 임베디드 마이크로프로세서 프로젝트 (Photonically Optimized Embedded Microprocessors Project; POEM Project)
광자 칩 기술을 상용화하는 DARPA 지원 프로젝트.

광자 집적 회로 (Photonic Integrated Circuit; PIC)
LIDAR와 같은 광 검출 응용, 광섬유 통신 등의 영역에서 광학 기능을 수행하는 칩.

감광제 (Photoresist)
포토리소그래피에 사용되는 화학 물질로 빛에 반응하여 분해된다. 포토레지스트에 반응성 광원을 비추면 웨이퍼 표면에 포토마스크 모양으로 회로 패턴을 형성할 수 있다.

물리 설계 (Physical Design)
제조 준비가 완료될 때까지 프런트엔드 디자인부터 백엔드 설계 프로세스의 수많은 단계까지의 여러 단계

물리 설계 엔지니어 (Physical Design Engineer)
프론트엔드 설계부터 백엔드 설계 프로세스의 수많은 단계를 거쳐 제조 준비가 완료될 때까지 책임지는 엔지니어.

물리 계층, PHY 계층 (Physical layer; PHY Layer)
OSI 모델에서는 계층 1, 매크로 시스템 스택에서는 계층 2이다. 데이터 자체(1과 0의 문자열)가 기본 처리 하드웨어로 전송되는 계층이다.

물리적 기상 증착 (Physical Vapor Deposition; PVD)
반도체 제조 공정 중 실리콘 웨이퍼 표면에 박막을 증착 하는데 사용되는 증착 기술의 범주. PVD는 CVD보다 훨씬 낮은 온도에서 진행되며 고체 형태의 코팅 재료를 사용한다.

배치 및 경로 (Place-and-Route)
백엔드 설계 프로세스의 한 단계로, 물리 설계 엔지니어가 모든 전자 부품을 배치할 정확한 위치를 결정한 다음, 이를 서로 연결하는 데 필요한 모든 배선을 집적하는 단계.

평면 제조 (Planar Manufacturing)
동일한 기판(실리콘 웨이퍼)에서 동시에 수천 개의 집적 회로를 제작할 수 있는 일련의 제조 방법 및 프로세스. 평면 제조는 1960년대 페어차일드 반도체의 진 호에니(Jean Hoerni)가 발명했다.

플랫폼 계층 (Platform Layer)
커널 및 장치 드라이버가 지원하는 운영 체제를 포함하는 매크로 시스템 스택의 계층.

PMOS 트랜지스터 (PMOS Transistor)
두 개의 p형 반도체 사이에 n형 반도체를 끼워 넣은 트랜지스터.

포스트 메탈 사이클링 (Post-Metal Cycling)
웨이퍼 제조 공정 중 백엔드 공정(BEOL)에서 반복적으로 사용되는 일련의 일반적인 증착, 패터닝, 제거 및 물리적 특성 변경 공정. 일반적으로 알루미늄 또는 구리로 만들어진 금속 인터커넥트가 유전체로 분리된 층에 증착되어 개별 부품과 더 넓은 시스템 회로 사이에 금속 인터커넥트를 형성한다.

전위차 (Potential Difference)
전하가 같지 않은 두 지점 사이의 전기적 장력을 볼트(V) 단위로 나타낸다. 두 지점 사이의 전하 차이가 클수록 두 지점 사이에 존재하는 전압이 커진다. 전선을 따라 전류를 밀어내는 '전기 수압'과 비슷하다. 전압 또는 기전력이라고도 한다.

전력 (Power)
전류가 유용한 형태의 에너지로 변환되어 전기 회로가 수행한 일.

전력 변환기 (Power Converter)
전압 조절을 위해 교류(AC)와 직류(DC) 간 또는 같은 유형의 전류 간 변환 장치.

전력 밀도 (Power Density)
단위 부피당 전력 출력의 양을 의미. 회로가 제거할 수 있는 열의 양과 밀접한 관련이 있으며, 이는 더 작은 트랜지스터 크기에서 프로세서 성능을 제한한다.

전력 분배 네트워크 (Power Distribution Network; PDN)
전하와 전압을 전원에서 집적 회로 및 전자 시스템의 여러 처리 센터로 전송하는 네트워크로 금속 평면, 전압 조정기 및 전력 변환기로 구성.

전력 엔지니어 (Power Engineer)
전압 조정기, 전력 변환기, 금속 평면 등 강력한 전력 분배 네트워크를 구축하여 필요한 곳에 전력을 공급하는 동시에 시스템의 어느 지점에서도 전압이 너무 높거나 낮지 않도록 하는 엔지니어.

전력 무결성 (Power Integrity)
시스템 전체에 걸친 전압 흐름의 품질을 측정하는 척도.

전력 관리 집적 회로 (Power Management Integrated Circuit; PMIC)
시스템 또는 장치에서 전력 및 전압 조절을 담당하는 집적 회로 유형.

전원 관리 장치 (Power Management Unit; PMU)
전자 시스템 내에서 전력과 전압을 조절하는 마이크로 컨트롤러.

프리 메탈 사이클링 (Pre-Metal Cycling)
트랜지스터를 웨이퍼 자체에 직접 식각하는 웨이퍼 제조 공정의 프론트엔드(FEOL) 부분에서 사용되는 일반적인 증착, 패터닝, 제거 및 물리적 특성 변경 공정의 집합.

기본 메모리 (Primary Memory)
컴퓨터의 기본 작업 메모리로 프로세서가 더 빠르게 접근할 수 있지만 용량이 제한되어 있으며 일반적으로 보조 메모리보다 더 비싸다.

인쇄 회로 기판 (Printed Circuit Board; PCB)
집적 회로 및 기타 전자 부품을 납땜하고 서로 연결하여 전체 시스템을 기계적으로 지탱할 수 있는 적층 기판.

프로그램 가능 읽기 전용 메모리 (Programmable Read-Only Memory; PROM)
제조 후 프로그래밍할 수 있지만 한 번 프로그래밍하면 변경할 수 없는 읽기 전용 메모리 (ROM).

양성자 (Proton)
중성자와 함께 모든 원자의 핵에 존재하는 양전하를 띤 아원자 입자. 중성자와 거의 같은 질량을 가지고 있다.

순수 파운드리 (Pure-Play Foundries)
자체 칩을 설계하지는 않지만 제조하는 반도체 회사.

P형 반도체 (P-Type Semiconductor)
도핑 과정을 거쳐 전자가 더 적은 반도체 재료.

양자 컴퓨팅 (Quantum Computing)
멀리 떨어져 있는 두 입자가 서로 묶여 있는 양자 얽힘 현상과 함께 큐비트의 중첩을 활용하여 현대 컴퓨터가 처리할 수 있는 것보다 기하급수적으로 더 복잡한 계산을 실행하는 컴퓨팅 및 컴퓨팅 시스템 분야. 특히 암호화, 기계학습, 빅 데이터, 의학, 재료 과학 분야 응용에 적합하다.

양자 얽힘 (Quantum Entanglement)
두 입자가 먼 거리에서 서로 묶여 있는 현상. 얽힘은 양자 컴퓨터가 현대 컴퓨터가 처리할 수 있는 것보다 기하급수적으로 더 복잡한 계산을 실행할 수 있게 하는 핵심 현상이다.

양자 우월성 (Quantum Supremacy)
양자 물리학 법칙에 따라 작동하는 양자 컴퓨터가 아이작 뉴턴의 운동 법칙과 같은 고전 물리학을 사용하여 작동하는 고전 컴퓨터보다 주어진 작업을 더 잘 수행하는 시점을 말한다.

양자 트랜지스터 (Quantum Transistor)
터널링과 얽힘의 힘을 활용하여 정보를 처리하고 저장하는 양자 트랜지스터.

양자 터널링 (Quantum Tunneling)
전자가 물리적 장벽의 한쪽에서 사라졌다가 다른 쪽에서 나타날 수 있는 양자 현상.

큐비트 (Qubit)
주어진 시간에 0, 1 또는 두 가지의 조합으로 존재할 수 있는 양자 계산 단위.

방사 (Radiation)
전자기파 형태의 에너지 방출 또는 전달.

방사 손실 (Radiation Loss)
시스템 밀봉 문제로 인해 발생하는 손실 간섭의 한 유형.

무선 주파수 (Radio Frequency; RF)
전자기 스펙트럼의 특정한 아날로그 "파동" 신호 범위. 일반적으로 방송, 네트워킹 및 무선 통신에 사용된다.

랜덤 액세스 메모리 (Random Access Memory; RAM)
프로세서가 입력 데이터를 읽거나 "가져오고" 출력 데이터를 메모리에 쓰거나 "전달"할 수 있는 메모리. RAM은 프로그램을 실행하고 빠른 접근을 위해 CPU 가까이에 임시 데이터를 저장하는 작업 메모리로 사용된다.

급속 열처리 (Rapid Thermal Annealing)
실리콘 웨이퍼를 단시간에 초고온으로 가열하여 도펀트를 활성화하는 물성 변경 제조 공정.

읽기 전용 메모리 (Read Only Memory; ROM)
한 번만 프로그래밍할 수 있고 쉽게 용도를 변경할 수 없는 비휘발성 메모리. ROM은 영구 데이터 저장에 사용된다.

수신기 (Receiver)
전기 신호를 수신하는 장치.

축소 명령어 집합 컴퓨팅 (Reduced Instruction Set Computing; RISC)
짧은 단일 클럭 주기 명령을 표준으로 사용하는 ISA 유형.

참조 클럭 (Reference Clock)
디지털 프로세서가 여러 기능 블럭에서 수행하는 처리를 조정하고 시스템 전체적으로 적절한 타이밍을 보장하기 위해 사용하는 클럭. 간단히 "클럭"이라고도 한다.

레지스터 (Register)
CPU에서 시스템의 나머지 부분으로 데이터를 주고받는 물리적 진입 및 출구 지점. 각 CPU

에는 데이터가 흐를 수 있는 고정된 수의 레지스터가 있으며, 일반적인 레지스터 용량은 8비트, 16비트, 32 비트 또는 64비트를 갖는다.

레지스터 전달 레벨 (Register Transfer Level; RTL)
레지스터와 논리 연산자를 사용하여 디지털 회로 설계를 모델링하는 데 사용되는 낮은 수준의 설계 추상화. 논리 설계라고도 한다.

제거 프로세스(제조용) (Removal Processes for Manufacturing)
반도체 제조 과정에서 웨이퍼 표면에서 박막이라는 물질을 제거하는 공정의 모음.

저항 손실 (Resistive Loss)
전송선 전도도 문제로 인해 발생하는 손실 간섭의 한 유형.

저항기 (Resistor)
회로를 통한 전기의 흐름을 방해하는 데 사용되는 장치.

RF 집적 회로 (RF Integrated Circuit; RFIC)
무선 RF 신호를 송수신하는 데 사용되는 특정 종류의 회로.

스크라이브 라인 (Scribe Line)
각 다이 사이에 있는 공간으로 웨이퍼 공정의 마지막 단계에서 웨이퍼 다이싱과 프런트 엔드 제조 공정 중에 절단할 수 있는 공간을 제공한다.

보조 기억 메모리 (Secondary Memory)
인터커넥트 및 중개자를 통해서만 액세스할 수 있는 느린 메모리. 백업 메모리 또는 보조 메모리라고도 한다.

반도체 (Semiconductor)
절연체와 도체 사이의 중간 정도의 전도도를 가진 물질. 균형 잡힌 전도도 프로파일을 가진 반도체는 전자 장치의 전류를 제어하고 조작하는 데 특히 적합하다.
(역주: 반도체는 전기 전도도를 조절할 수 있는 재료를 의미한다.)

반도체 산업 협회 (Semiconductor Industry Association; SIA)
1977년에 설립된 선도적인 반도체 무역 협회 및 로비 그룹. 주요 개발 및 동향에 대한 심층적이고 전체적인 산업 분석을 수행한다.

반도체 IP 기업 (Semiconductor IP Companies)
회로 설계자가 더 복잡한 설계를 하는 데 사용할 수 있는 공통 모듈 및 셀 라이브러리를 설계하고 라이선스를 부여하는 반도체 회사.

반도체 가치 사슬 (Semiconductor Value Chain)
고객의 초기 요구부터 칩 설계, 제조, 패키징, 조립, 시스템 통합, 최종 제품 납품에 이르기까지 반도체 완제품을 만드는 부가가치 활동의 핵심 시퀀스.

센서 (Sensor)
열이나 압력과 같은 실제 입력을 감지하여 전기 신호로 변환하는 장치. 능동 센서는 외부 전원이 필요하지만 수동 센서는 전원이 없어도 작동한다.

직렬 인터페이스 (Serial Interface)
두 장치 간에 단일 와이어를 통해 데이터를 한 번에 한 비트씩 송수신하는 인터커넥트지만 병렬 인터페이스보다 훨씬 빠른 속도로 전송한다. PCle(PCI Express BUs), USB(Universal Serial Bus), SATA(Serial Advanced Technology Attachment Bus), 이더넷 버스(Ethernet Bus) 등이 그 예다.

직렬 처리 (Serial Processing)
처리작업을 매우 빠르게 실행하지만 명령을 차례로 순서대로만 완료할 수 있는 계산 형식.

셔틀 런 (Shuttle Run)
여러 고객의 디자인을 동시에 생산하는 파운드리 제조.

신호 압축 (Signal Compression)
특정 정보를 전송하는 데 필요한 대역폭의 양을 줄이기 위해 DSP에서 사용하는 기술 및 알고리즘.

신호 무결성 엔지니어 (Signal Integrity Engineer)
잠재적인 신호 무결성 문제가 발생하기 전에 이를 식별하고 해결하기 위해 전자기 시뮬레이션 및 분석을 수행하는 엔지니어.

신호 무결성 (Signal Integrity)
전기 신호의 품질을 측정하는 척도.

실리카(이산화규소) (Silica, Silicon Dioxide)
녹여서 원통형 잉곳으로 만든 뒤 얇고 미완성된 웨이퍼 형태로 자른 화합물.

실리콘 (Silicon)
대부분의 집적 회로와 전자 장치를 만드는 데 사용되는 반도체 원소의 일종(주기율표상 Si14). 저렴하고 풍부하며 지구 지각의 약 30%를 차지한다.

실리콘 사이클 (Silicon Cycle)
산업 매출과 기업 가치의 최고점과 최저점 사이의 차이로 정의되는 반도체 비즈니스 주기. 이 용어는 연간 수익이 크게 변동하는 반도체 산업의 높은 변동성을 설명하는 데 사용된다.

실리콘 게르마늄 (Silicon Germanium; SiGe)
전자 이동성 문제를 완화하는 데 도움이 될 수 있는 잠재적인 새로운 채널 소재.

솔더 볼 (Solder Balls)
다이와 기판 또는 PCB를 연결하는 금속 볼. "웨이퍼 범프(Wafer Bumps)"라고도 한다.

솔리드 스테이트 드라이브 (Solid State Drive; SSD)
마그네틱 디스크 대신 상호 연결된 낸드 플래시 메모리 칩을 사용하여 메모리를 무한정 저장할 수 있는 보조 메모리.

소스 (Source)
트랜지스터에 반송자가 유입되는 단자.

사우스브릿지 (Southbridge)
노스브리지를 이더넷, USB 및 기타 저속 버스와 같이 우선 순위가 낮은 모든 구성 요소 및 인터페이스에 ICH(I/O 컨트롤러 허브)를 통해 연결하는 버스 인터페이스.

스파이크 신경망 (Spiking Neural Networks; SNN)
인간 두뇌의 뉴런 네트워크 구조를 모방한 신경망.

스퍼터링 가스 (Sputtering Gas)
반도체 제조의 증착 공정에서 웨이퍼 표면에 박막을 형성하기 위해 스퍼터링 타겟에서 원자를 떨어뜨리는 데 사용되는 특수 가스.

스퍼터링 타겟 (Sputtering Target)
반도체 제조에서 증착 시 웨이퍼 표면에 박막을 만드는 데 사용되는 재료. 진공 챔버의 웨이퍼 맞은편에 배치되고 스퍼터링 가스로 타겟팅되어 스퍼터링 타겟 재료에서 손실된 원자를 웨이퍼 표면으로 떨어뜨린다.

정적 랜덤 액세스 메모리 (Static Random-Access Memory; SRAM)
CPU의 단기 메모리로 동작하며 정보에 빠르게 액세스하고 처리할 수 있도록 하는 RAM의 한 유형. SRAM은 DRAM보다 빠르지만 더 적은 데이터를 저장할 수 있다.

정적 타이밍 분석 (Static Timing Analysis; STA)
디지털 회로의 예상 타이밍을 계산하고 검증하는 일반적인 시뮬레이션 방법.

스텝퍼 (Stepper)
반도체 제조 공정의 포토리소그래피 단계에서 웨이퍼 위에 포토마스크를 정렬하는 데 사용되는 장비.

스트레인 엔지니어링 (Strain Engineering)
특정 물질의 원자를 좀 더 멀리 떨어뜨려 전자가 더 쉽게 통과하고 회로에서 열 방출을 줄이는 엔지니어링 유형.

강한 힘 (Strong Force)
자연의 네 가지 기본 힘 중 하나. 양성자가 유사한 전하를 띰에도 불구하고 핵을 구성하는 중성자와 양성자를 서로 붙잡아 두는 역할을 한다.

기판 (Substrate)
기본 물질 또는 기본 레이어로 광범위하게 정의된다. 전자 제품에서 일반적으로 집적 회로를 제조하는 데 사용되는 웨이퍼 반도체 기본 재료를 말하며, 가장 일반적으로 실리콘으로 만들어진다.

중첩 (Superposition)
양자 입자가 동시에 두 가지 상태(이 경우 0과 1)로 존재할 수 있게 하는 양자 입자의 특성.

표면 실장 기술 (Surface Mount Technology; SMT)
전자 부품을 PCB 표면에 부착하는 조립 공정.

동기식 설계 (Synchronous Design)
모든 신호가 회로의 관련 부분에 적시에 도달할 수 있도록 모든 회로에서 공통 "클럭"을 사용하는 설계 방법론.

시스템 설계자 (System Architect)
사용자 요구 사항 또는 시장의 요구에 따라 팀이 설계하려는 칩에 대한 상위 수준의 아이디어를 개발하고, 이를 구축하는 데 사용할 기술, 재료 및 구성 요소를 결정하는 일을 담당하는 엔지니어.

시스템 버스 (System Bus)
데이터 버스, 주소 버스, 제어 버스 등 세 가지 버스 인터페이스의 모음으로, CPU 또는 마이크로프로세서와 주고받는 정보 흐름을 종합적으로 제어한다.

시스템 집적 (System Integration)
최종 회로 또는 다이 패키지 어셈블리를 최종 제품 또는 장치에 집적하는 프로세스.

패키지형 시스템 (System-in-Package; SiP)
여러 개의 다이를 하나의 패키지로 통합하는 패키징 구조의 일종. 모든 다이가 동일한 기본 기판에 연결되는 2D 구조로 제한되는 다중 칩 모듈(MCM)과 달리 패키지형 시스템(SiP)는 수평(2D) 및 수직(2.5/3D) 구조를 모두 가지며, 일부 다이가 실리콘 관통비아(TSV)를 통해 기본 기판에 연결된 다른 다이 위에 적층된다.

시스템 수준 아키텍처 (System Level Architecture)
사용자 요구 사항 또는 시장의 필요에 따라 칩의 용도에 대한 개략적인 개요와 이를 구축하는 데 사용될 시스템 모듈, 설계기술, 재료 및 구성 요소에 대한 대략적인 청사진.

시스템 온 칩 (System on Chip; SoC)
단일 기판에 전체 시스템을 포함하는 집적 회로(IC)의 일종.

시스템 회사 (System Companies)
Apple이나 Google과 같은 최종 제품 회사로, 자체적으로 커스텀 프로세서를 설계하기 시작했다.

시스템 베리로그 (SystemVerilog)
프론트엔드 설계 검증에 사용되는 하드웨어 기술 언어.

기술 노드(또는 프로세스노드 또는 그냥 노드) (Technology Node, Process Node, Node)
칩 제조업체가 이전 노드보다 더 작은 트랜지스터(nm 단위로 측정)로 칩을 만들 수 있도록 특정 세대의 반도체 제조 기술은 개선된 장비, 새로운 재료 및 공정 개선으로 구성된다.

테스트벤치 (Testbench)
주어진 입력 세트에서 올바른 출력이 생성되는지 확인하기 위해 사용되는 FPGA 및 ASIC 검증 또는 시뮬레이션에 사용되는 특별한 컴퓨터 코드.

박막 (Thin Films)
반도체 제조에서 증착 공정 중에 웨이퍼 표면에 추가되는 물질 층. 박막은 이후 단계에서 회로 패턴과 피처를 에칭할 수 있는 층을 형성한다.

실리콘 관통전극 (Through Silicon Via; TSV)
수직 인터커넥트는 적층된 다이를 서로 연결하고 아래 기판과 연결한다.

시분할 다중 접속 (Time Division Multiple Access; TDMA)
멀티플렉싱을 사용하여 통화를 동기식 청크로 분할하여 전달하는 다중 접속 표준 기술로, 기존 대역폭의 활용도를 극대화한다.

트랙 (Tracks)
전자 시스템 구성 요소를 서로 연결하는 데 사용되는 회로 기판의 전도성 경로.

트랜스퍼 몰딩 (Transfer Molding)
용융된 수지를 사용하여 완성된 다이 또는 기타 반도체 부품을 IC패키지에 봉지하는 공정.

트랜지스터 (Transistor)
전기가 흐르는 것을 막거나 전류가 흐르도록 하는 전자 스위치. 트랜지스터는 논리 게이트를 만들기 위해 서로 연결되어 디지털 전자 장치의 중추를 형성한다.

송전선 (Transmission Line)
전기 시스템 전체에서 정보를 전달하는 금속선.

송신기 (Transmitter)
전기 신호를 보내거나 전송하는 장치.

자외선 처리 (Ultraviolet Light Processing; UVP)
웨이퍼를 자외선에 노출시켜 전기적 특성을 변경하는 특성 변경 제조 공정.

사용자 인터페이스 (User Interface)
최종 사용자가 특정 시스템과 상호 작용하는 연결 지점.

범용 검증방법론 (Universal Verification Methodology; UVM)
검증 엔지니어가 각 시스템 모듈의 모델을 구축한 다음 설계의 결과물을 이 모델과 비교하여 회로가 예상대로 작동하는지 확인하는 검증 방법.

진공 챔버 (Vacuum Chamber)
반도체 제조에서 증착 공정 중 오염 입자의 존재를 줄이는 데 사용되는 장비의 일부.

진공관 (Vacuum Tube)
전자의 흐름을 제어할 수 있는 전극이 들어있는 유리 또는 금속 인클로저. 진공관은 1940년대 ENIAC과 같은 초기 컴퓨터에 사용되었지만 취약한 특성으로 인해 트랜지스터의 등장 이후 빠르게 대체되었다. 진공관은 오늘날에도 전자렌지나 오디오 장비와 같은 일부 응용에서 여전히 사용되고 있다.

검증 엔지니어 (Validation Engineer)
설계 규칙 검사기(DRC)와 같은 EDA 툴을 사용하여 칩을 제조할 준비가 되었는지 검증하는 엔지니어.

검증 엔지니어 (Verification Engineer)
프론트엔드 설계가 예상대로 동작하는지 검증하는 엔지니어.

베릴로그 (Verilog)
프론트엔드 디지털 설계에 사용되는 하드웨어 기술 언어. VHDL과 유사하지만 더 최신이며 Ada 및 파스칼 프로그래밍 언어를 기반으로 한다.

초고속 집적 회로 하드웨어 기술 언어 (Very high speed integrated circuits Hardware Description Language; VHDL)
프론트엔드 디지털 설계에 사용되는 하드웨어 기술 언어. Verilog와 유사하지만 C 프로그래밍 언어를 기반으로 한다.

비아 구조 (Via Structures)
수직 방향의 금속 인터커넥트가 다이 표면의 다른 레벨에 있는 구성 요소를 서로 연결한다.

초대규모 집적회로 (Very Large Scale Integration; VLSI)
매우 많은 양의 부품(수백만 개의 트랜지스터)이 포함된 집적 회로를 설계하는 프로세스.

휘발성 메모리 (Volatile Memory)
전원이 공급될 때만 데이터를 저장할 수 있는 메모리.

볼트 (Volt)

전압의 기본 단위. 두 지점 사이에 존재하는 전위 차이로 인한 두 지점 사이의 전기적 압력의 양을 나타낸다.

전압 (Voltage)

전하가 같지 않은 두 지점 사이의 전기적 장력을 볼트(V) 단위로 나타낸다. 두 지점 사이의 전하 차이가 클수록 두 지점 사이에 존재하는 전압이 커진다. 전선을 따라 전류를 밀어내는 "전기 수압"과 비슷하다. 기전력 또는 전위차라고도 한다.

전압 조정기 (Voltage Regulator)

다양한 환경 변화와 조건에서 전압을 안정적으로 공급하도록 설계된 전원 공급 장치 부품. 예를 들어 DC/DC 컨버터, PMU(전원 관리 장치), 벅(Buck) 컨버터(특정 유형의 DC/DC 컨버터), 부스트(Boost) 및 플라이백(Flyback) 컨버터가 있다.

폰 노이만 아키텍처 (von Neumann Architecture)

CPU와 단일 메모리 뱅크를 연결하는 단일 버스가 있는 이론적 매크로 아키텍처.

웨이퍼 (Wafer)

가장 일반적으로 실리콘 결정으로 만들어진 집적 회로 시트를 제조하는 데 사용되는 둥글고 얇은 반도체 재료 조각.

웨이퍼 범핑 (Wafer Bumping)

웨이퍼에 직접 납땜되는 작은 금속 볼(또는 범프)을 통해 다이가 다른 부품에 직접 연결되는 백엔드 제조 공정. 이 단계는 일부 종류의 다이 패키지 어셈블리에만 적용된다.

웨이퍼 다이싱 (Wafer Dicing)

패키징 및 조립을 위한 백엔드 시설로 보내기 전 완성된 웨이퍼를 다이아몬드 톱으로 절단해 개별 다이로 나누는 공정

웨이퍼 제조 (Wafer Fabrication)

반도체 팹 또는 파운드리에서 평평하고 둥근 실리콘 웨이퍼에 "인쇄"한 완성된 집적 회로 "시트"를 생산하기 위해 사용하는 복잡한 제조 공정.

웨이퍼 수준 패키지 (Wafer Level Packaging; WLP)

웨이퍼가 다이싱 되기 전에 패키징 공정을 시작하는 집적 회로(IC) 패키지로, 다이 패키지 면적이 칩 자체 크기 정도로 작아진다. 칩 스케일 패키지(CSP)라고도 한다.

웨이퍼 프로버 (Wafer Prober)

최종 패키징, 조립 및 테스트가 완료되기 전에 웨이퍼 다이를 전기적으로 테스트하는 데 사용되는 장치.

웨이퍼 프로빙 (Wafer Probing)
최종 패키징, 조립 및 테스트가 완료되기 전에 웨이퍼 프로버라는 장치가 웨이퍼 다이를 전기적으로 테스트하는 후기 단계의 프런트 엔드 제조 공정.

웨이퍼 런 (Wafer Run)
웨이퍼 제작부터 웨이퍼 다이싱에 이르기까지 팹 또는 파운드리에서 수행하는 웨이퍼 제조 공정의 전체 과정.

웨이퍼 테스트 (Wafer Testing)
각 개별 다이에 결함이 없고 완전한 기능을 보장하는 테스트 방법론. 웨이퍼 테스트를 통해 팹은 동작하지 않는 다이를 식별하여 폐기하고, 성능을 측정하고, 반복되는 오류를 추적하여 공정을 개선할 수 있다.

와트(Watt; W)
전력의 기본 단위. 1암페어가 1볼트에 의해 "흐르는" 전자 회로에서 실행되는 작업량을 나타낸다.

파장 (Wavelength)
주어진 빛의 파동, RF 신호 또는 기타 전자기파 에너지에서 연속적으로 높은 지점 또는 낮은 지점 사이의 거리. 포토 리소그래피에서 빛의 파장은 엔지니어가 웨이퍼 표면에 형성할 수 있는 패턴 크기를 제한한다.

습식 식각 (Wet Etching)
화학 물질을 사용하여 더 이상 필요하지 않은 감광제를 씻어내는 제거 공정의 일종.

와이어 본딩 (Wire Bonding)
패키지 주변으로 이어지는 작은 와이어를 통해 다이를 시스템의 나머지 부분에 연결하여 나머지 시스템과 상호 연결(I/O)을 형성하는 공정 과정.

세계 반도체 무역 통계 (World Semiconductor Trade Statistics; WSTS)
반도체 산업의 주요 매출 및 제품 카테고리 별 판매 데이터를 수집하는 선도적인 비영리 단체.

수율 (Yield)
특정 제조 공정 또는 웨이퍼 런의 생산 성공 여부를 측정하는 데 사용되는 통계. 수율에는 라인 수율과 다이 수율의 두 가지 유형이 있으며, 이 두 가지 유형은 함께 엔드투엔드(end-to-end) 수율을 나타낸다.

수율 최적화 (Yield Optimization)
수율을 극대화하고 단위 제조 비용을 낮추며 마진을 높이는 것이 목표인 일련의 실행, 피드백 메커니즘 및 테스트 과정.